Shadows of Forgotten Ancestors
A Search for Who We Are

被遗忘祖先的影子

［美］ 卡尔·萨根（Carl Sagan）
安·德鲁扬（Ann Druyan） 著

余凌 译

重庆大学出版社

献给

莱斯特·格林斯普恩

他让我们相信

人类这个物种

或许具备

继续生存的能力

她这样说道：我渴望拥抱

已逝母亲的灵魂。

每当我试图抓住她的影像，

它都会从我手中溜掉，

如梦似幻。

——荷马

《奥德赛》

序言

　　我们是幸运的。父母尽职尽责地把我们养大，让我
们成为世代繁衍链条中的重要环节。写作这样一本书的
想法可说始于童年，父母用无条件的关爱和保护让我们
免于真实世界的危险。自古以来这就是哺乳动物的天
性。此事向来不易，现代社会则更觉艰难。各种危险因
子纷繁交错，且多数尚无先例。

　　这本书始作于 20 世纪 80 年代初期。美苏争霸达到
了恐怖的巅峰，出于威慑、胁迫、骄横和恐吓的目的，这两
个国家储备了约六万枚核弹。双方都夸赞自己，攻击对
方，把对方说得一无是处。美国在冷战期间耗资十万亿
美元，可以买下国内除土地外的任何东西。其间，基础设
施坍塌、自然环境恶化、民主进程遭到破坏、不公正事件
频发，美国从世界最大的债权国变成最大的债务国。不
禁自问，我们缘何沦落至此？怎样才能走出这摊烂泥？
有可能成功吗？

于是,我们从政治和感性的角度着手研究核武器竞赛的实质,这要追溯到第二次世界大战。第二次世界大战起源于第一次世界大战。第一次世界大战源自单一民族国家的崛起。对单一民族国家崛起的研究让我们追溯到人类文明的开端。人类文明是农业发明和动物驯化的副产品,在那之前的漫长岁月里人类只能以狩猎和采集为生。这个进程中没有明显的标识,没法认定某一处就是问题的根源。我们不自觉地把眼光放在了最早期的人类及其祖先身上。结论是:在人类出现之前发生的事,对理解人类如今为何会作茧自缚至关重要。

我们决心自省,尽力回溯影响历史进程的重大历史波折。我们约定不管此番探寻将我们引到何处都绝不回头。这些年来,我们从对方身上学到了很多东西,但彼此的政治观点并不完全一致,有时甚至到了要双方都放弃某些根深蒂固的信念的地步。若我们当时能摒弃固执,哪怕只是部分,或许我们的认知范围就不会止步于民族主义、核军备竞赛和冷战了吧。

写完本书时冷战已结束。这并不意味着从此天下太平,新的危险涌到了台前,旧的危险重新抬头。我们面前是一锅女巫杂酿——种族间暴力不断、民族主义卷土重来、领导人笨拙无能、教育投入不足、家庭社会功能失调、环境持续恶化、物种加速灭绝、人口激增、无所顾忌之徒以百万计增长。我们比任何时候都迫切需要弄清人类是如何跌进这个烂摊子的,以及要怎样才能走出来。

这本书探讨久远的过去,人类一路走来最重要的几个脚印。我们会在书中串起这些线索。研究工作把我们引到前辈们的著作上,引向遥远的纪元和全新的世界,跨越学科的界限。我们牢记物理学家尼尔斯·鲍尔的名言:"深度源于广度。"所需学问的宽广令人生畏。人类用高墙将本项研究所需的知识割裂成无数个小方块——多领域自然科学、政治学、宗教学和民族学。我们努力在高墙下寻找曲径通幽的小门,有时还尝试翻墙而入或从墙缝钻过去。我们清楚地认识到在知识储备和辨识能力方面的不足,在此向各位读者致歉。若想在此类研究上取得成功,就务必拆除隔断各领域知识的高墙。希望在我们失败的地方,别人会受到鼓舞做得更好。

　　本书融合了多个领域的科学研究的成果。提醒读者,切莫忘记人类现有知识的局限性。科学没有终点,我们只能亦步亦趋,朝着永远不可企及的目标——全面、准确地了解大自然——施施而行。看看 19 世纪或者仅是近十年的重要发现就能明白我们还有很长的路要走。科学离不开辩论、修正和改进,与之相伴的还有令人痛苦的自我否定,革命性的全新见解。不过,靠着目前已有的知识,我们或能重现历史上的关键时刻,解读人类缘何行至于此。

　　很多人对我们的求索之旅慷慨相助,用时间和知识带给我们智慧与鼓励,有些还认真细致地阅读了手稿。在他们的帮助下,我们尽量做到去伪存真、精益求精。特别感谢戴安·埃克曼,美国国家航空航天局艾姆斯研究中心的克里斯朵夫·希巴、乔纳森·考特,威斯康星大学(麦迪逊)遗传学系的詹姆斯·F.科罗,牛津大学动物学系的理查德·道金斯,哈佛大学人类学系的厄文·德沃,埃默里大学心理学系暨耶基斯灵长目研究中心的弗兰斯·德瓦尔,佐治亚州立大学心理学系的詹姆斯·M.达布斯,康奈尔大学神经生物与行为学部的史蒂芬·埃姆伦,韦恩州立大学医学院解剖与细胞生物学系的莫里斯·古德曼,哈佛大学比较动物学博物馆的史蒂芬·杰伊·古尔德,普林斯顿大学生物学系的詹姆斯·L.古尔德和卡罗尔·格兰特·古尔德,哈佛医学院精神病学系的莱斯特·格林斯普恩,哥伦比亚大学发展心理学系的霍华德·E.格鲁伯、乔恩·龙伯格,哈佛大学肯尼迪政府学院肖伦斯坦新闻与政治中心的南希·帕尔默、林达·奥博斯特,康奈尔大学基因与科学史系的威廉姆·普罗文,佐治亚州立大学语言研究中心的杜安·M.鲁姆博夫、E.苏·萨维奇-鲁姆博夫、多里昂·萨根、杰里米·萨根和尼古拉斯·萨根,洛杉矶加州大学进化论与生命起源研究中心的 J.威廉姆·肖夫、莫蒂·西尔斯,史密森学会的史蒂文·索式耳;美国科学家联合会的杰里米·斯通以及保罗·韦斯特。不少科学家友善地将尚未发表的研究成果提供给我们参考。卡尔·萨根还要感谢他早期的生命科学老师——H.J.缪勒、休厄尔·赖特和乔舒亚·莱德伯格。当然,书中尚存的缺点错误与上述专家、朋友们无关。

　　本书几易其稿,在此对所有提供过帮助的同仁表示真诚的谢意。特别感谢安·德鲁扬的助手凯伦·勃莱希特和卡尔·萨根的行政助理埃莉诺·约克。同样感谢南希·伯恩·斯特拉克曼、多洛雷斯·西加勒达、米歇尔·雷恩、罗兰·穆尼、格雷厄姆·帕克斯、黛博拉·柏尔斯坦和约翰·P.沃尔夫。康奈尔大学有着无与伦比的图书馆,为此书的写作提供了至关重要的资料来源。若没有玛丽亚·法奇、朱丽亚·福特、黛蒙德、莉斯贝丝·阔拉齐、马尼·琼斯和利昂娜·卡明斯的帮助,此书同样无法完成。

感谢斯科特·梅瑞迪斯著作人代理公司的斯科特·梅瑞迪斯和杰克·斯科韦尔给予的鼓励与支持。很高兴看到安·高朵夫担任本书编辑并将其出版发行。还要感谢兰登书屋的哈里·埃文斯、琼尼·埃文斯、南希·英格里斯、基姆·兰伯特、卡罗尔·施耐德和山姆·沃恩。

《大观》杂志社的主编沃尔特·安德森使我们能够把思想传播给最广大的读者群。与他和高级编辑大卫·克利尔合作万分愉快。

本书为广泛的读者群而作。为清晰起见,有时会数次强调同一论点,或者在不同章节反复提及。对任何观点都尽量指出先决条件和例外情况。书中"我们"这个代词有时指本书作者,但多数情况泛指人类,通过上下文应该很容易理解。如果希望了解更多信息,本书最后的参考文献不仅说明了那一章相关内容的来源,而且涵盖了通俗读物和技术专著。同时还附上了评论、注解和说明。本书书名来自1964年谢尔盖·帕拉杰诺夫那部令人难忘的电影,不过其他地方两者没有相同之处。

在写作本书的岁月里,作为重要的灵感来源,也是出于强烈的紧迫感,我们为在此期间生育的两个孩子起名为亚历山大·拉斐尔和塞缪尔·德谟克里特斯,他们与我们不能忘却的祖先同名。

卡尔·萨根

安·德鲁扬

于纽约州伊萨卡

1992年6月1日

前言

孤儿档案

只看到生命的一小部分，

很快就会死去，

人们像烟一样升起又飞走，

人们只相信

自己的亲历的事……

谁又能说找到了生命的全部意义？

——恩培多克勒

《论自然》

我们是谁？

探寻该问题的答案不是科研的任务之一，

而是科研的唯一任务。

——埃尔温·薛定谔

《科学与人文》

这无边无垠、压倒一切的黑暗多少被这里、那里的一个个微弱的亮点缓解。靠近一些便发现这亮点其实是巨大的恒星，通过热核反应产生的火焰使周围微小的空间得到些许热量。宇宙几乎是一片黑色虚空，但恒星的数量却是惊人的。恒星周围迅速形成"社区"，其质量在无垠太空中微不足道。环绕恒星的地带欢快、明亮又温和，其大部分区域都挤满了各式各样的天体——单银河系里大概就有千亿个这样的天体——它们离自己的恒星不远不近，在引力作用下，安静、虔诚地绕其公转。

本书要讲的故事就是这无数世界中的一个，和邻居相比它好像没多少特别之处。这个故事重点着墨于居于其上的不断进化的生物，特别聚焦于其中一种。

在生命出现几十亿年之后依然还存在，那种生物必须强悍、机智且够幸运——周遭环境可谓危机四伏。要想活着必须具备下列条件之一：有耐心，有野心，能伪装和独处，能大量产子，是捕猎高手，能飞，能游，能钻，能喷出令敌人晕头转向的毒液，能不被察觉地渗透进其他物种的遗传物质，当捕食者来觅食、河水有毒、食物供应不济之时恰好身居他处。我们特别关心的动物在不久前还喜群居、爱吵闹、好打架、会训人、好色、聪明且能使用工具，他们的童年期很长，对下一代充满温柔。万事就这样自然发展着，眨眼间他们的子孙便已遍布全球。他们杀光竞争对手，发明创造了改变世界的科技，结果成了威胁自身和同住在这小小家园里的其他生物的致命危险。与此同时，他们还在造访别的星球。

— — — — — — — — — — — —

我们是谁？来自何方？为什么是这个样子？做一个人意味着什么？如果需要，我们是否有能力做出根本改变？抑或那些被遗忘的先祖们不由分说地把我们推向好坏未知的前方？我们能改变自己的品性吗？能改进社会吗？能留给孩子们一个更好的世界吗？能让他们逃离不断折磨我们、破坏人类文明的魔鬼的手心吗？放眼未来，人类是否有足够多的智慧认清哪些变革势在必行？能否放心地把人类的未来交到人类自己手中？

一些有识之士担心我们的问题已经变得太大，担心人性的缺点让这些问题变得无法解决；担心我们迷失方向；担心主流的政治和宗教意识形态无法阻止人类历史不断堕落的趋势——正是拜前者的顽固、无能及不可避免的权利腐败所赐。果真如此吗？如果事实如此，我们能做些什么？

为了回答"我是谁"，每个文化都发明了一套神话，把人与人之间的矛盾归咎于力量相当的众神之间的争斗；归咎于不完美的创世主；甚至自相矛盾地归咎于全能的上帝和叛逆的天使，归咎于全能的上帝和不听话的人类间力量悬殊的对抗。也有人认为，这一切与神灵无关。小堀南岭就是其中一位。他是京都佛教圣所龙光院的住持。他说：

"上帝是人造的，读懂上帝容易，弄懂人却很难。"

假如生命和人类的出现只是几百年或几千年前的事，我们或许就能对自己的过去有个清楚的认知，对历史长河中的重要节点如数家珍。研究人类最初状态将会容易很多。可现实是，人类的存在已有几十万年，人属则是几百万年，灵长目的存在时间以千万年计，哺乳动物的存在更有两亿年，而生命的存在已有长达四十亿年。在追溯生命起源的路上，文字只记下了百万分之一的旅程。我们接触不到人类的开端，无法得知早期有哪些重要事件。没有现成的一手资料，也不可能在人们的记忆或编年史中找到。我们的时间深度浅得可怜，令人不安。绝大部分祖先我们完全不认识。无从得知他们的名字、长相、缺点或家长里短。我们没法把他们给找回来，永远地失去了他们，不知道他们和亚当有无区别。别说一千代甚至一万代前的祖先，哪怕仅仅一百代之前的祖先在街上向你伸开双臂，哪怕只是轻拍你的肩膀，你会回礼还是报警？

话说作为本书的作者，我们对自己家族的历史也知之甚少，前两代的情况尚能弄清楚，再往前一代已比较模糊，更早的就几乎看不到了。我们连高曾祖父母的名字都不知道，更不用说其从事的职业、出生在哪个国家、有哪些个人经历。我们感觉，曾在地球上走过一遭的绝大多数人，如今都被时间所孤立。我们大多数人只勉强保存了前几代人的历史痕迹罢了。

　　一条由人类和其他动物组成的长链把我们与最早的先人联系起来。现存的记忆像一道微光，照亮其上离我们最近的几段。其余部分则跌进了不同程度的黑暗中，时间越久远，画面越模糊。即便一些家庭很幸运地保存了较为详尽的家谱，也只能往前追溯几十代。然而十万代以前我们的祖先就已进化为现代人，在之前已有数个地质年代。随着人类一代接一代地出现在地球上，我们寻根的探照灯能照亮的代数也随之后移，早期的信息不断丢失。将我们与昨日、与根源割裂开的既不是健忘症也不是脑白质切除术，而是生命之短暂和时间之浩渺，让我们遗忘祖先一路走来的足迹。

　　人类就像被抛在门槛边的弃婴，身上没有任何字条。他是谁？来自何方？有何遗传特征和疾病？祖先是谁？我们渴望看到这个孤儿的档案。

　　不管身处何种文化，人类总是幻想着父母有多爱我们——他们有多伟大，有多勇敢。就像孤儿一样，我们有时会因为被遗弃而责备自己，一定是我们自己的错。或许我们罪孽深重，要不就是道德沦丧。没有安全感的我们死抱着这些想法，对任何胆敢质疑的人都施以最严厉的惩罚。有执念总比没有强，总比承认我们对自己的身世一无所知强，总比承认我们是被人扔在门口的弃儿强。

　　据说婴儿总认为自己是宇宙的中心，我们也曾坚信自己不仅是中心，还是整个宇宙存在的原因。人们沉醉在这个古已有之的狂妄想法中，但该世界观却在过去5个世纪里逐渐崩塌。对宇宙起源知道得越多，越不需要发明神灵，对神介入的时间界定及其因果关系也越往前推。成长的代价就是丢掉安全毯。青春期像在坐过山车。

　　从1859年开始，坊间出现了一个声音，大意是人类的起源可以通过一个自然的、非神秘的过程来解释，再也用不着上帝或者众神，我们那份隐约作痛的孤立感变得再也无法抑制。用人类学家罗伯特·瑞德菲尔德的话说，宇宙开始"失去其道德属性"，变得"冷漠，成了一个对人漠不关心的系统"。

　　进一步说，没有了上帝或众神，没有了与之相伴而来的神的惩罚，人类会与禽兽无异吗？陀思妥耶夫斯基警告那些拒绝宗教的人，即便其初衷是好的，"最后都将在腥风血雨中终结"。另外有人指出，腥风血雨早在人类文明的黎明期就已开始——且常以宗教之名。

　　一想到宇宙竟这般冷漠，甚至全无意义，实在让人大倒胃口。人类由此滋生出恐惧、否定、厌倦的负面情绪，认为科学不过是让人彼此疏远的工具。很多人不喜欢科学时代里那些冷冰冰的真相。我们感觉自己陷入了困境，孤立无援。我们渴望有个目标，好让自己的存在变得有点意义；不愿听到谁说世界的存在不是因为我们；对芸芸众生编制的道德准则不屑一顾，得从上天传下来才行；不愿承认"近亲"——它们仍是让我们觉得丢脸的陌生人。在想象中，我们的先人是宇宙之王，现在却被迫承认我们来自最低贱之物——泥土、黏液和肉眼看不见的无脑微生物。

　　为什么要专注于过去呢？干嘛跟自己过不去，痛苦地把人和野兽作一番比较？怎么就不能简单地畅想一下未来？我们知道这些问题的答案。如果不弄清楚人类的本事——我指的不仅是几位圣人如何德高望重或几名战犯如何臭名昭著——就不知道哪些需要特别留意，不知道哪些倾向需要鼓励，哪些需要警惕；也不会知道摆在人类面前的几条路中哪些走得通，哪些是不现实的危险冒进。哲学家玛丽·米奇利写道：

> 　　知道自己天生脾气坏并没有使我改掉乱发脾气的恶习。　相反，通过强迫自己分清乱发脾气和义愤填膺之区别，我更好地控制了脾气。　因此，不论是坦然承认自己的缺点，还是通过与动物作比较进而了解自身的坏脾气，似乎都未明显影响我的自主权。

　　研究生命历史、进化过程以及同住一个星球的其他生物的本质，逐渐让世人略微看清这条长链的某些环节。虽然尚未遇见已被遗忘的祖先，但渐渐开始感觉到，在这团漆黑的迷雾中有他们的存在。我们发现他们的身影遍布四周。曾经他们也和今天的我们一样真实。没有他们就不会有现在的你、我。虽然隔着亿万年的岁月，我们和他们，本质上却紧密相连。解答"我们是谁"的关键，就在那些影子里。

———————————

　　我们惶恐地借助科学手段和研究成果，开始了对起源的探索。一开始我们十分忧虑，害怕出现不愿看到的结论。最后我们发现，我们有理由也有能力对明天充满希望。本书将一一解释。

作为一个真正的孤儿，人类的卷宗十分厚重。我们只是窥探到了其中的零星碎片，充其量偶尔能看到连续的几页，却从未看到过任何完整的一章。很多字模糊不清，绝大多数内容都遗失了。

本书就是这份孤儿档案最初几页的其中一个版本，是那被遗弃在门口的孤儿身上本该留有的字条。本书将谈到我们的开端和被遗忘的祖先——他们一直影响着人类故事的最终结局。和多数家庭的经历一样，人类故事的开端杳无声息——过于久远，太过遥远，起始环境黯淡无光，没有人能看清路在何方。

我们即将开始追溯生命的历史，找寻来时的路——我们缘何行至于此。这自然要从开头说起。或许，可以再往前探索一些。

目 录

第一章

天上地下一个样

有多久了,星星

在逐渐逝去,灯光

越来越暗淡……

——南泉普愿

为了有地球,他们说"大地",

于是,

地球突然出现,如云,似雾,

成形,展开……

——《波波尔·乌:玛雅人记录中的生命的黎明》

最初的宇宙

世上没有永生之物，天上地下都如此。就连星星也会衰竭、腐朽、死亡。老的逝去，新的诞生。有那么一段时间，太阳和地球还未形成，既无白天也无黑夜。当然，也就没有谁为后来人记录下这原始的开端。

然而，请把自己想象成那段时间的目击者吧。

一团巨大无比的气体和尘埃在自身重量下很快坍塌，加速旋转，从一个动荡混乱的云层变成一个看起来清晰有序的圆状薄盘，圆心的火焰呈暗红色。从圆盘上方居高临下地观察它一亿年，发现圆心越来越白，越来越亮。在几次失败的尝试后，它最终迸发出灿烂的光芒——那是热核反应形成的持续火焰。太阳诞生了。未来的 50 亿年里它忠实地闪耀着，其间构成圆盘的物质不断演化发展，重建太阳及自身周边的环境。

有光亮的只是圆盘最深处。稍远离圆心便是漆黑，光线无法透射过去。为一探究竟，我们纵身跳入圆盘深处。那儿有数百万颗小星球围绕位于圆心的炙热星球——太阳旋转。其中的几千个体积相当可观：它们多在太阳附近转动，还有一些离圆心很远。它们今后注定会相遇、融合，最终造就地球。

很多星球正在这个旋转的圆盘中产生。圆盘本身是由散落在广袤的银河系星际间真空中的稀疏的天体组成的。构成这些物质的原子和颗粒其实是银河系进化过程中的残骸与漂浮物——氧原子来源于很久以前死掉的红巨星内部炼狱的氦原子；碳原子从位于银河其他区域的某个碳元素丰富的恒星的大气层逃逸而来；制造世界必不可少的铁原子则来自更古老的超新星爆发。谁能想到 50 亿年后的今天，这些原子或许就在你的血液中流淌。

我们的故事就从这个黑暗、拥挤、稍有微光的圆盘开始。故事的走向大家都知道了，但这个过程中倘若任何一个因素稍微发生点变化，就会有无数全然不同的结局；故事不仅会讲到我们的星球和居于其上的各个物种，还会讲其他星球和那些注定无法出现的生命形态。无数种可能，此时正在圆盘里荡漾开来。

最初的恒星

恒星大半辈子都在做一件事——把氢转变成氦,发光发热。这个过程发生在其内部巨大的压力之下和高温之中。百亿年来,不断有恒星诞生于银河系巨大的气团和尘埃云中。气团和尘埃云就像环抱、滋润恒星的胎盘,它们消逝得很快,或被它的住户吞食,或被吐回星际空间。等恒星长大一点儿了——但仍在孩童时期——就能看到一个巨型的气体和尘埃组成的圆碟,圆心部分围绕着恒星快速旋转,外圈则庄重、缓慢得多。那些刚过青春期的恒星周围也可以看到类似的圆盘,不过仅剩下轮廓——大多数只剩尘埃,几乎没有气体。每一个尘粒就是一颗小行星,绕着中央的恒星旋转。有些还能勉强辨认出那道没有尘粒的暗带。跟太阳同重量级的年轻恒星中或许一半都有这样的圆盘。更加古老的恒星却没有,至少目前没有发现。今天太阳系仍保留了一条宽阔的尘带环绕太阳。这就是"黄道尘",是产生行星的大圆盘的缩小版。

通过观察,我们发现故事应该是这样的:恒星由巨大的气团和尘埃云坍缩形成的。一块高密度物质吸引了周边气体和尘埃,变得越来越大,越来越沉,更快速地吸引其他物质,逐步变成一个星球。待内部温度和压力达到一定程度,全宇宙最丰富的材料——氢原子被挤压,触发热核反应。热核反应规模足够大时,恒星诞生了,耀眼的光芒驱散了周围的黑暗。物质转换成了光。

不断坍缩的云团加速旋转,被挤压成一个圆盘。一块块的物质聚拢成团,由小到大,顺次出现烟雾颗粒、沙粒、石头、巨砾、山脉,最后形成小型星球。接着,云团通过让大物体用引力蚕食掉碎片这个简单粗暴的办法把自己打扫得干干净净。现在,环状轨道几无尘埃,变成新行星的饲养区。中央的恒星一边放射光芒,一边用猛烈的氢原子风暴将尘粒吹回无垠的太空。或许几十亿年后在银河系深处诞生的某些星球会把这些废弃建材利用起来吧。

我们认为环绕在恒星附近的由气体尘埃组成的圆盘就像温床,遥远、奇妙的星球世界逐渐汇聚成形。在我们的银河系里,巨大、块状、漆黑、不规则的星际间云团在自身重力下坍缩，繁衍出恒星和行星，每月一次。在目前能观察到的范围里有多至一千多亿个星河系，也许每秒钟都有一百个太阳系产生。如此众多的星球世界，许多是荒凉的不毛之地。而在那些丰盛肥沃的星球上，能够巧妙适应不同环境的生物得以延续，生长成熟，努力拼凑自己的开端。宇宙实在是丰富到难以想象。

最初的太阳系

尘埃初定，圆盘变薄，现在可以看清里面了。无数小天体在太阳周围横冲直撞，各自的运行轨道不尽相同。我们耐心地观察，多少时代如白驹过隙转瞬即逝。如此多的星球这般飞快运行，撞上只是迟早的问题。定睛细观，方发现碰撞无处不在。太阳系在不可想象的爆炸中诞生。有时候，两个星球是飞速迎面相碰，毁灭性的无声爆炸后只留下残余碎片。有时候，两个星球的轨道和速度几乎一致，两者只是轻微接触——两个球体黏到一起，一个大一倍的新球体就出现了。

又过了一两个时代，我们发现几个更大的球体在不断变大——它们在脆弱的早期非常幸运地避免了毁灭性的碰撞。这几个球体诞生于行星饲养区，贪婪地将弱小的星球尽收麾下。它们变得如此巨大，以至于自身的重力磨掉了身上的棱角，变成几近完美的圆球体。当小天体靠近大星球时，虽然由于距离较远没有撞上，但是较小的那个仍然会转向，改变运行轨道。在新的路线上，它或许撞到别的物体，把对方撞得粉碎；或许遇到年轻的太阳，葬身火海，毕竟太阳会消耗周边的物质；又或许被引力拖入又黑又冷的星际空间。只有少数几个星球留在幸运的轨道上，没被吞噬，没被撞散，没被烤干，也没被驱逐。它们得以不断成长。

达到一定质量的星球不仅吸引尘埃，还吸引了巨大的星际间气流。能看到它们变大后，都会有氢与氦的巨大气层笼罩着由金属和石头组成的核心。它们逐渐成长为四颗大型行星：木星、土星、天王星和海王星。它们周围出现了颇具特点的带状云系。彗星与它们的卫星相撞会产生优美鲜明、色彩斑斓、转瞬即逝的光环。星球爆炸后的碎片聚集到一起,形成一个混乱、驳杂、怪异的新卫星。说话间,一个如地球般大小的天体冲向天王星,将其撞翻躺在轨道上,不论如何运动总有一极直指遥远的太阳。

靠近一看,圆盘的气体已被清理干净,一些星球变成像地球一样的行星。它们是这场"引力毁灭星球"轮盘赌中的幸存者。类地行星形成周期末段不过一亿年时间——就太阳系的生命长度而言,相当于人类平均寿命的前九个月。几百万个石质、金属、有机的小天体组成形似甜甜圈的小行星带。几百亿个冰物质构成的小天体——彗星在比最外端的行星更远的黑暗处绕着太阳缓慢运转。

现在,太阳系的主要行星已经形成。阳光穿过透明的几无尘埃的星际空间,温暖并照亮了每个星球。它们倾斜着,绕着太阳一圈一圈地公转。倘若看得够仔细,就能发现其中仍然有新情况。

别忘了,天体可没有自主意识——进入某特定轨道并非出于主观意愿。结果是,那些在规则的圆形轨道上运行的天体容易成长和繁荣,而在不规则的、狂放的、古怪的、忽东忽西的轨道上运行的天体则多灾多难。随着时间的推移,太阳系逐渐摆脱早期混乱无序的状态,稳步成长为一个越来越有秩序的简洁的空间,其内的各条轨道彼此隔开适当的距离,视觉上越发美观。物竞天择,有的天体生存下来,有些则遭到毁灭或流放。至于选择的标准,其实无外乎那几条人尽皆知的运动定律和引力法则。尽管大家都与邻为善,偶尔还是有亡命的小天体横穿轨道狂奔。在圆形轨道上规则运行的天体不管多么小心翼翼,也不能免于被毁的危险。类地行星要生存下去离不开运气。

凡事皆偶然。这个事实令人吃惊。究竟哪个天体会被毁灭,哪个会遭到排斥,哪个能平安发育成行星,谁也说不准。如此复杂的一套交互体系中有如此多的物体,仅靠观察最初阶段气体和尘埃的布局,甚至行星初步成型后的情形,是很难预测天体的最终分布情况的。要想通过计算预测这些结果,要么拥有非常发达的观测技术,要么就是所有这一切——各个天体的运行——都是由某人启动,经过数十亿年复杂、精确的操作,时至今日方慢慢达到他当初预期的效果。但能做到这一步的绝不是人类。

我们现在回顾一下：刚开始只是气体和尘埃组成的混乱的不规则云团，在黑暗的星际间翻滚、收缩；最后得到如宝石般绚烂夺目的太阳系。各行星整齐有序地间隔开，运行似钟表般精准。我们恍然大悟，它们之所以彼此友善地保持恰当距离，只是因为那些没做到的天体已经被除掉了。

最初的地球

现在很容易理解为什么早期洞悉行星存在不相交共面轨道的物理学家，会认为这一切的背后存在上帝之手。他们无法想象此般精准和秩序该如何解释。随着科学的进步，我们不再归结于神的指引，至少目前的物理和化学知识已足够让我们给出答案。我们看到的事实是，曾有一段残酷无情的暴力期，其间被毁掉的天体远多于生存下来的天体。今天我们多少知道，这个精确的太阳系是从不断进化的星际间混乱云团精练而来的，背后的规则就是今天我们熟悉的自然定律——运动、引力、流体力学和物理化学。正是这种持续的非主观意志的选择，将无序转变成有序。

约45亿到46亿年前，我们的地球就在这样的背景下诞生了。它原本是一个由石头和金属构成的小天体，从太阳数起位居第三。不要以为地球只是开局比较多灾多难，其余时间都是一帆风顺的，其实，小星球撞击地球的情况从未停止。直到今天还有太空物体和地球相互撞击。我们这颗行星上留有近期和小行星及彗星碰撞的清晰伤痕。但是，地球有自己的调节机制来填塞和掩盖疤痕——潺潺流水、火山熔岩、大山突起和板块构造。最古老的撞击大坑找不到了，但月亮仍是素颜。抬首望天，在月球、火星南部高地或其他行星的卫星上均能看到撞击留下的无数大坑，层层叠叠，诉说着往昔的灾难。我们已经采集了月亮上的物质并带回地球测定其年代，现在可以编制撞击大坑的编年史，一瞥塑造太阳系的天体碰撞的宏大场面。从附近天体表面上保留下来的记录中，我们必然得出一个结论：当时发生的绝不是偶然为之的小磕碰，而是巨大无比、令人惊悚、灾难性的大撞击。

转眼间太阳已到中年。地球所处的这片区域已基本扫清了流窜的小星球。地球周边虽然仍有好多小行星,但被大家伙撞击的概率很低。有几颗彗星从遥远的家乡来造访我们这一片天区。途中它们时常会被过路的恒星或附近巨大的星际云团推搡,分裂成一把冰状小天体横冲直撞到内太阳系。现在巨大的彗星撞击地球的机会少之又少。

我们即将把所有注意力集中到一个星球上——地球。我们会分析地球的大气、地表和内部的演变,探索生命、动物和人类如何登场。随着研究的深入,我们的视场越收越窄,容易错误地认为我们和宇宙关系不大,以为能自给自足,不问世事。其实,我们这个星球以及生于其上的生物,大家的历史和命运很大程度上都受外部宇宙的影响——自地球诞生之初至今从未间断。如果还认为地球和宇宙几乎隔离,不过是有一点阳光从外太空透进来而已的话,很多事物都将无法理解——海洋、气候、构筑生命的材料、生物变异、物种灭绝、生物进化的节奏和时间点……

组成这个世界的物质是在天上聚合到一起的。多到难以估量的有机物落到地球上或通过阳光产生,为生命的出现搭好舞台。生命从出现开始就通过不断变异以适应变化的环境,背后的动力部分来自宇宙辐射和天体的碰撞。今天,地球上几乎所有的生命都靠着从最近的恒星汲取能量生存。天地从未割裂。可以说地上的每粒原子都曾存在于天上。

不是每一位祖先都像我们这样把天地分得如此泾渭分明。有祖先看到了两者的联系。希腊神话里奥林匹克众神的祖父母,也就是人类的祖先,分别是天神乌拉诺斯及其妻子地神盖亚。古代美索不达米亚的宗教也有同样的说法。在古埃及王朝,性别的顺序颠倒过来:努特是天空女神,而盖布是大地之神。今天,喜马拉雅山印度一侧的克伦-那加人称自己的神为伽王和藏般,分别意为"地-天"和"天-地"。基切玛雅人(在今天的墨西哥和危地马拉境内)称宇宙为卡罗尔,字面意思即"天-地"。

这就是我们的家园。我们从这里走来。天地一体。

第二章

雪花落在了壁炉上

那时还没有一个人、

一头走兽、一只鸟、

一条鱼、一只螃蟹、一棵树、

一块石头、一个洞、一条峡谷、

一片草地、一座森林。

有的

只是天空……

——《波波尔·乌》

玛雅人记录中的生命的黎明

还在那遥远古老的年代之前，

啊我最亲爱的，是时光的最初的开端。

在那些日子里，最古老的魔术师把一切准备好。

他先备好了大地；

然后他备好了海洋；

然后他告诉所有的动物可以出来玩耍。

——鲁德亚德·吉卜林

《螃蟹为什么要玩海？》

假使能驾车径直驶向地心，一两个小时后就能到达大陆架下很深的上地幔，这里靠近地狱，石头化成液态在炽热地流动。假使驾车往天上走，一个小时就能到星际间的准真空。身下是无边无垠、充满生命的可爱的蓝白色星球，人类和无数其他物种在那儿繁衍生息。我们生活在狭窄的环境温和地带。与地球的体积相比，这个狭窄生命带的厚度比学校地球仪上那层虫漆还薄。不过在更早以前，这条天堂和地狱之间可供居住的狭窄地带，生命也不能存活。

最初的月球

黑暗中，地球逐渐成形。原始的太阳光芒万丈，但地日间有太多气体和尘埃，阳光到不了地球。地球被包裹在星际间废墟组成的黑暗蚕茧中。借着偶然的闪电，可以看到一个满目疮痍、遍布麻点的并不很圆的天体。它不断收集物质——小至尘埃，大至天体——逐渐变圆，不再有棱有角。

莽撞的小天体与地球相撞，引发毁灭性爆炸，留下巨大的撞击坑。来犯者撞得粉身碎骨，散成粉末和原子。此类碰撞非常频繁。碰撞让冰升华成水蒸气。整个星球被水蒸气包围，碰撞产生的热量无法扩散，温度直线上升。地表被高温熔化，变成熔岩滚滚的海洋，炽热到发光，笼罩着令人窒息的水蒸气。这就是地球聚集成形的最后阶段。

这时地球尚年轻，而史上最大的灾难发生了：地球与一个大型天体碰撞。这一撞虽然没能把地球劈成两半，但把地球很大的一块撞飞到附近的太空中。碰撞产生的残片环绕地球，不久便聚到一块变成了如今的月球。

那时一天只有几个小时长。月球引起的引力潮作用于地球的海洋和地球内部，地球引起的引力潮作用于月球，地球的自转逐渐放缓，日长增加。月球从诞生的那一刻起就不断远离地球。今天它依然在我们头顶盘旋，让世人无法忘记一个惊悚的事实——假如当初撞击地球的天体再大一些，地球或已被撕扯成碎片，分散在内太阳系，像许多不幸的天体那样昙花一现。人类将不可能出现，而成为长长的"未能实现的可能性"清单上的一项罢了。

地球上生命的形成

地球刚成形不久，其熔融态内部搅拌着，大规模的对流不断循环，整个天体就像在文火慢炖。重金属落到了球体的中心，形成巨大的熔融态核心。由于液态铁的运动，巨大的磁场开始产生。

太阳系终于基本扫清了气体、尘埃和捣蛋的小天体。把热量锁在地球上的巨大气层消散了。其实，碰撞也把部分气层带到了太空中。对流把炽热的熔浆带到地表，熔岩的热气现在可以辐射到太空。地表开始缓慢冷却。部分熔岩固化了，起初很脆弱的一层薄薄的地壳形成了，然后变厚、变硬。通过地面的裂缝、裂口，岩浆、地热和气体继续从内部涌出。

一波又一波小天体间歇性地从空中落下，但对地球的轰击减弱了。每一次大规模碰撞都会产生巨大的尘埃云。一开始碰撞太多，由微小粒子组成的巨型罩子罩住了整个地球，以至于阳光到不了地面，等于关掉了大气层的温室效应，地球被冻住了。或许有那么一段时期，在岩浆海洋已经固化但外星撞击尚未停止期间，曾是熔融态的地球冰封雪冻，屡遭锤打。看着这个荒凉的星球世界，当时谁敢说它适合生命？得是多么乐观之人才敢预见在这片废墟上未来会有牡丹花开，雄鹰翱翔？

小天体如不停歇的雨水般将原始的大气层推到太空。新的大气层从地球内部缓慢升起，留存下来。随着撞击减少，裹住地球的那层尘埃愈发稀薄。从地表可以看到忽明忽暗的太阳，仿佛在看一段延时摄影。终于，阳光首次穿透了尘埃。假如那时候有人的话，就能看到太阳、月亮和星星了。第一次日出似火，第一次夜幕降临。

阳光间或光临，地表变得温暖。蒸腾的水汽遇冷凝结形成水滴，渗透到低地和陨击盆地。仍不断有冰块从空中落下，进入地球即被汽化。从太空降下的大雨形成了地球上早期的海洋。

有机分子由碳和其他原子构成。地球上所有的生命都是由有机分子组成。很显然要有生命出现，有机分子须在生命出现之前就合成。和水一样，有机分子既来自地上，也来自天上。早期的大气层能量来自紫外线、太阳风、闪电雷鸣、极光电子、强烈的早期辐射以及天体砸向地面的冲击波。我们可以在实验室里模拟早期地球的大气层，引入上述能量源后，很容易就能生成一些组成生命的有机物质。

在天体对地球持续撞击的末期，生命出现了。这应该不是巧合。月球、火星和水星表面的大坑清晰展示了这种撞击是多么剧烈。既然幸存至今的小天体——比如彗星和小行星——相当大的部分都是由有机物质组成的，则可以推断当时与它们类似的小天体（同样含有大量有机物质，但数量远超现在）在 40 亿年前撞击地球，或许对生命的出现做出了贡献。

一些天体及其碎片在冲入早期大气层时完全烧尽，一些却完整无损，有机分子得以安全抵达地球。小小的有机颗粒像细微的黑色雪花从星际间慢慢飘落到地面。我们不知道进口和自制各占多少比例——有多少有机物质来自太空，又有多少产自早期地球。不过那时的地球似乎不缺创造生命的材料，比如氨基酸（蛋白质的建造材料）、核苷酸碱基和糖（核酸的建造材料）。

想象几亿年前的这段时期，地球上到处都是可用于构筑生命的材料。外星天体的撞击不定期地改变着地球上的气候。撞击掀起的尘埃遮蔽了太阳，温度就下降到零度以下；尘埃落定，气温又回升。池塘和湖泊的状况大起大落——有时会沐浴在太阳的紫外线里，温暖而明亮；有时冰封雪冻，一片黑暗。在这多般变化的地貌和涵养丰富的有机物质的共同怀抱中，生命产生了。

生命产生时，天上盘踞着巨大的月亮，它有着世人熟悉的面貌特征，那是剧烈的撞击和溶岩的海洋铭刻的印记。如果说今晚的月亮看上去像伸直手臂捏着的五分镍币般大小，那么远古的月亮则如茶碟。这该是多么醉人的美景！可惜最早的人类，还需要几十亿年才出现。

如果按照恒星演变的速率来衡量地球上生命的出现速度，后者堪称迅速。溶岩的海洋一直持续到 44 亿年前。那个永恒的——或者说近乎永恒的——尘埃盖布持续的时间还要更长一些。之后的几亿年间巨大的天地碰撞时有发生。其中几次特大型撞击融化了地表,烧干了海洋,把气体吹向宇宙。这段地球历史的最早阶段被恰如其分地称作"地狱"[1],实属名副其实。或许生命之火几番燃起,都因来自宇宙深处的鲁莽小天体撞击而功亏一篑。生命的"难产"似乎一直持续到约 40 亿年前。不过到了 36 亿年前时,生命终于热情地到来了。

地球上最早的生命形态

地球是一个巨大的墓场,我们时不时地挖出一个祖先来。可以想象,现存最古老的化石是多么的微小,只有通过艰苦的科学分析才能被发现。其实,普通人用肉眼就能看到生命留在地球上的最古老的痕迹,尽管留下这些痕迹的物体本身是很微小的。它们被完美地保存下来,称作"叠层石",通常有篮球或西瓜那么大。有几个甚至有半个橄榄球场那么长。"叠层石"确实巨大。它们镶嵌在古老的玄武质熔岩中,其年代可以通过熔岩这个放射钟确定。

它们今日仍然在生长繁荣——在下加利福尼亚[2]、西澳大利亚、巴哈马,那里有温暖的水湾、海湾和环礁湖。它们由一层层菌垫产生的沉淀物组成。独立的细胞们生活在一起。它们必须学会与邻居相处。

看看地球上最早的生命形态吧。我们发现当时的自然界并非弱肉强食、鲜血淋漓,而是充满合作与和谐。当然,真相从来都不会太极端。再仔细观察现代的叠层石,发现单细胞微生物自由地在菌垫里面和附近游来游去。它们有些还在忙着吃掉自己的伙伴。也许它们从生命出现之时就在那里了。

有些叠层石群落还有光合作用,知道怎样把阳光、水和二氧化碳转化成食物。时至今日,人类仍无法制造出能像微生物那样高效进行光合作用的机器,更别说跟地钱比了。早在 36 亿年前叠层石里的细菌就做到了。

---

1 原文为 Hadean。——译者注
2 墨西哥西北部的半岛。——译者注

在富含有机分子、前途一片光明的最早海洋和最早的叠层石之间这段时间里到底发生了什么，目前人类尚无法重构。形成叠层石的微生物不太可能就是最早的生物。在群体生存状态出现前，应该先有独立的、自由生存的单细胞生物。更早时期还有更简单的生命形态。也许在第一批能进行光合作用的有机体出现之前已有以地面上散落的有机物质为食的微生物——消耗食物应该比制造食物容易得多。这些微生物或还有更早的祖先……以此类推可追溯到最早的能粗略自我复制的分子或分子系统。

为什么群体生存状态会出现得这么早？空气或许是原因。由绿色植物产生的氧气在地球尚未有植被时必定稀薄。臭氧由氧气产生，没有氧气就没有臭氧。没有臭氧层，灼人的紫外线就能长驱直入。那时候的紫外线强度对于缺乏保护的微生物而言足可致命，就像现在火星上的情况。我们如今有足够的理由担忧，氯氟碳化合物和工业文明所带来的其他产品会导致臭氧层减少几十个百分点，可以预见十分严重的生物学后果。而当时完全没有臭氧层保护，该有多么糟糕。

致命的紫外线直达水面，防晒霜或许是能否生存的关键——搞不好未来还会如此。现代叠层石微生物能分泌一种细胞外胶质，把微生物们黏到一起，同时把大家牢固地黏在海底。一定有一个最佳深度，既不太浅，不然会被强烈的紫外线烧死；也不太深，否则可见光太弱无法进行光合作用。海水对有机体而言十分重要，在它们和紫外线间形成一层半透明的屏障，起到了恰当的保护作用。假设，在细胞分化过程中，单细胞有机体的子细胞没有分离而去，而是黏连在一起，经过多次分化后形成不规则形状的物质。外层细胞直接承受紫外线的攻击，内部细胞得到保护。假如所有细胞都在海面上薄薄地平铺开来，大家都会死；如果黏连在一块，则内部细胞大多能躲过一劫。也许这就是早期细胞们寻求集体生活方式的最大动力。牺牲小我，成就大我[1]。

现在没有更早的化石，部分原因是比 36 亿年前更早的地球表层已所剩无几。那个时代的地表差不多都被卷入地球内部，早已消亡。在格陵兰岛发现了罕见的 38 亿年前的沉淀物化石。其中的碳原子证明了早在彼时生命已很普遍。如果这个推断正确，那么生命就是出现于 38 亿年前和约 40 亿年前之间，不可能更早。因此，鉴于地狱期的地球不适合生命居住，且需要足够多的时间让有机物进化到能构成叠层石，以地质学的年代计，生命一定起源于比较窄的一个时间窗口。生命的出现，动作似乎挺快。

我们作为孤儿费尽周折想弄明白的是，最近一亿年间，究竟从何时开始出现了家谱。说起来，"如何出现"比"何时出现"更难判断。生命的特征几乎从一开始就是这样：环境险恶、抱团取暖、大量微小个体死亡——不论其愿意不愿意。有些微生物会拯救兄弟，有些却手刃乡里。

地球上大陆的形成

生命伊始，地球大概还是个海洋星球，只有天体撞击留下的无处不在的大坑打破这份单调。大陆的出现可以追溯到 40 亿年前。当时和现在一样，它们由比较轻疏的石头组成，高坐在与其大小相当的板块上。与今日无异，板块显然是从地球内部挤压出来的，像被大的传送带送到地表，某一天又陡直落回半流体状的地球内核。同时，新的板块出现了。大量的移动石块缓慢地在地表和内核之间往复。一个大的热能引擎就这样建成了。

大概在 30 亿年前，大陆变得越来越大。通过地壳板块的运转，它们被运送到世界各处，打开一个大洋，关闭另一个大洋。大陆偶尔会以极其缓慢的速度互相碰撞，表面翘起、弯曲，山脉隆起。水蒸气等气体喷射出来，主要发生于大洋中间的山脊或板块边缘的火山。

今天我们已经能探测到大陆的增长与地表的相对移动（有时被称作大陆漂移）以及由此产生的海底往地球内部方向的运动——板块构造。即便下面的板块堕入毁灭的深渊，大陆依然会漂浮着。可是时光催人老，大陆亦不例外。一些古老的陆地的表层不断被带入地球的纵深处。至于完全原始的陆地,只有分布在澳大利亚、加拿大、格陵兰岛、斯威士兰和津巴布韦等地的零星残片流传至今。

温室气体和同温层的细微颗粒都是火山爆发产生的,两者都能使地球变暖或变冷。大陆位置的变化决定了降雨量、季风规律、暖流和寒流的水循环。大陆聚在一块时,海洋环境的种类十分有限;当大陆分离漂流到全球各地时,才出现了多种海洋环境——海岸附近尤为明显——产生了数量惊人的全新物种。由此可见,在生命的历史以及人类从无到有的过程中,纵横流淌的巨大熔岩起了决定性作用。熔岩的循环往复依赖的热能,一部分来自产生地球的远古天体大碰撞,一部分来自形成地核的液态铁的下沉,一部分来自放射性原子——遥远恒星垂死挣扎的产物——的衰变。上述变量稍有改变,所产生的热量将大不一样,将改变板块构造的速度和模式,未来生命的进化路径也将完全不同。结果就是,现在在地球上占统治地位的将很可能不是人类,而是某个其他物种。

我们对地球形成前40亿年间的大陆分布几无所知。或许历经分分合合数个回合。在地球史上至少85%的时间里,世界地图都是那么陌生,仿佛外星。我们能精确重建的地球模型顶多追溯到6亿年前:北半球几乎全是海洋,南半球是一整块大陆,加上一些未来大陆的碎片,以比蜗牛慢得多的每年一英寸的速度在地球表面移动。树木垂直生长的速度比大陆水平漂移的速度快得多。但如果有几百万年的时间,那足以使大陆板块发生碰撞,让地图重新排版。

几亿年的时间里,现在的南部大陆——南极洲、大洋洲、非洲和南美洲——加上印度,曾连在一起,地质学家称之为冈瓦纳大陆[1]。今天的北美洲、欧洲和亚洲在当时还漂移在海上。这些漂浮的陆地最终汇集到一起,成为巨大的超级大陆。我们既可以把地球描述为有着巨大盐水湖的陆地行星,也可以说它是有着巨大岛屿的海洋星球,不过是定义的措辞不同罢了。

---

1 有时能在地质学研究生的汽车保险杠上看到写着怀旧情绪的恳求的贴纸:"冈瓦纳大陆联合起来。"若非是政治暗喻(在这儿可能性不大),这是所有徒劳中最绝望的——除非用地质时间来考量。但是大陆的瓦解和分离只能达到这个程度了。地球是圆的,从一侧跑步最终会抵达另一侧。几亿年后我们遥远的后裔,假如还有的话,可能会看到重聚的超级大陆。冈瓦纳大陆终于重现了。

地球看上去颇为友好：起码我们可以走到任何地方；没有什么被大海分隔的远方大陆。地质学家称这个超级大陆为盘古大陆，意为"全部的土地"。盘古大陆包括了冈瓦纳大陆，但比后者大很多。

盘古大陆大约形成于两亿七千万年前的二叠纪，那段时期对地球来说极为艰难。全球变暖，有些地方湿度极大，形成巨大的沼泽，其后又被广袤的沙漠取代。到两亿五千五百万年前，盘古大陆开始破裂，起因据说是由于熔岩突然从滚热的地球内核穿过地幔喷薄而出。得克萨斯州、佛罗里达州和英格兰当时位于赤道；中国北部和南部还是分散的地块；中南半岛和马来半岛则连在一起；西伯利亚还只是一座巨大岛屿。冰河世纪每隔250万年出现一次，海面随之升降。

二叠纪末期的地图仿佛被人粗暴地重画了一遍。西伯利亚各州被溶岩淹没。盘古大陆一边转动角度一边漂向北方，把西伯利亚大陆移到了现在接近北极的位置。伴随着"超级季风"，季节性的瓢泼大雨降在大地上，暴雨规模远超现在。这种暴雨把大地浸透、淹没。中国南方被渐渐地挤进亚洲。许多火山的山头一齐崩掉，把硫磺酸喷射至同温层，也许对地球降温发挥了重要作用。这在生物方面产生了极为深远的影响——无论陆上还是海里，全球出现了空前绝后的死亡高潮。

盘古大陆继续破裂。今天的南美洲和非洲就像游戏里完美契合的两块拼图，当时仅被一条狭窄的海峡隔开，以每年一英寸的速度分离。北美洲和南美洲是两个独立的大陆，没有巴拿马地峡相连。印度是个巨大的岛屿，离开马达加斯加往北移动。格陵兰岛和英格兰与欧洲大陆连在一起。印度尼西亚、马来西亚和日本则是亚洲大陆的一部分。从阿拉斯加或许能步行到西伯利亚。当时尚有今已无存的内陆海。如果从太空窥视，你能认出眼前这颗星球就是地球——只是陆地和海洋的位置很奇怪，仿佛粗心的制图师草率地移动了一下。这是恐龙的世界。

大陆在板块的作用下进一步漂移分开。非洲和南美洲继续后退，打开了大西洋。大洋洲从南极洲分裂出去。印度撞上亚洲大陆，高高托起喜马拉雅山脉。这是灵长类动物的世界了。

地球上最初的生物体

每个人都是一个微小的生物,有幸在一颗相对较小的行星的表面绕着当地的恒星兜上几十圈。构造板块的巨大内部引擎对生命漠不关心。同样冷漠的还包括地球轨道与倾斜度的微小变化、太阳亮度的变化、地球与流窜的小天体相碰对轨道的影响等。这些活动自顾自地进行着,毫不在意几十亿年来我们这个星球表面发生了些什么。

地球上活得最长的有机体的寿命是地球寿命的百万分之一。细菌能活到地球寿命的千万亿分之一。因此,单独的生物看不到变化的全部——大陆、气候、进化。它们在世界舞台上还没站稳便灰飞烟灭。正如罗马帝国皇帝马可·奥勒留写的那样:昨夜的精液,明日即尘土。假如地球和人同样寿命,那么大多数生物体从出生到死亡,还不足一秒钟。我们转瞬即逝,就像雪花掉在炉火上。能够懂一点儿自己的起源,已算是人类认知和勇气的巨大成就。

我们是谁? 为什么在这里? 唯有拼出完整的画面才能有些许皮毛的认识——包括无数年代、百万物种、浩瀚苍穹。从这个角度看,我们自身毫无疑问就是一个谜。尽管非常自负,我们就连在自己的小房子里也做不了主。

论无常

啊,国王! 人的一生对我来说,与我们所不知的时代相比,好像一只麻雀在冬天飞快地进入屋里,此时你和将军大臣们坐着吃晚饭,屋中间一盆暖暖的火,外面雨雪交加; 就像我说的,麻雀从一个门飞入,立刻从另一个门飞出。 它在屋里的时候,避开了冬天的暴风雨; 但温暖不多时,它立刻从眼前消失,回到进屋前的黑暗的冬天。所以,人的生命转瞬即逝,以前发生了什么、以后会发生什么,我们全然不知。

可敬的比德,《教会史》

第三章

"你是谁创造的？"

泥土岂可对抟弄他的说：你做什么呢？

——《以赛亚书》45：9

整个世界和世间的一切都是为我们造的，就像我们是为上帝造的一样：

在过去的几千年里，特别是从中世纪末以来，从皇帝到奴隶、从教皇到牧师，越来越多的人信仰这个豪迈自信的主张。地球是一个装扮华丽的舞台，由一位深不可测的天才导演设计。他想办法从只有他才知道的地方圈来了一大群各式各样的配角——犀鸟、粉虫、鳗鱼、田鼠、岬虫、牦牛以及许多别的动物。在首秀之夜，他把它们盛装打扮，带到我们面前。这些动物由我们随便支配：帮我们运货、拉犁、看家、为我们的婴儿产奶，甚至成为餐桌上的美味佳肴，同时不忘为我们提供有用的知识——比如大黄蜂，既表现了勤劳的美德，又展示了世袭君主制的益处。可是没人知道为什么创世主认为我们需要千百种的虱子和蟑螂，明明有一两种就足够了；也不知道为什么在这个地球上甲壳虫的种类比其他任何生物都多。这不要紧。要理解生命的丰富多彩的合成效应，只能断言有一位创世主为我们创造了舞台、布景和群演，其用意我们无法完全知晓。几千年来，不管是神学家还是科学家，几乎所有人都认为这种解释在感性和理性上讲得通。

破坏这团和气的人并非心甘情愿。他不是理论家，不是造反派，对打倒当权派不感兴趣。如果不是机缘巧合，他可能会成为广受欢迎的英国国教牧师，在 19 世纪风景如画的乡村度过一生。但他点燃了一场大火，摧毁的社会旧秩序超过任何政治运动。这位连对话都觉得累人的绅士通过威力巨大的科学方法，成了革命家中的革命家。一百多年来，只要提起他的名字就足以使虔诚的信徒不安，让那些永眠的烧书人睡不安宁。

达尔文家族史

查尔斯·达尔文于 1809 年 2 月 12 日出生于英格兰舒兹伯利，是父亲罗伯特·达尔文和母亲苏珊娜·威治伍德的第五个孩子。达尔文家和威治伍德家祖上是世交——伊拉斯谟斯·达尔文是著名的作家、医生和发明家；乔赛亚·威治伍德出身贫寒，通过奋斗创立了威治伍德搪瓷家业。这两位都有着激进的观点，甚至和美国独立战争的叛逆者们站到一起。伊拉斯谟斯写道："赞同压迫的人和压迫之人同罪。"

他们的俱乐部被称作"圆月俱乐部"，原因是俱乐部成员只在满月时聚会，这样深夜回家比较明亮和安全。成员包括威廉·史莫，他教过托马斯·杰斐逊科学课（授课地点在弗吉尼亚州的威廉与玛丽学院。杰斐逊认为这位老师基本上决定了他的一生。）；詹姆斯·瓦特，他的蒸汽机驱动了英国工业革命；化学家约瑟夫·普里斯特里，他发现了氧气；以及电学专家本杰明·富兰克林。

诗人塞缪尔·泰勒·柯尔律治认为伊拉斯谟斯·达尔文是他认识的人里"最有思想的人"。伊拉斯谟斯作为医生非常出名。乔治三世曾邀他担任保健医生。（伊拉斯谟斯拒绝了这一职位，因为不愿意离开乡村的幸福家庭。恐怕这个美国革命的支持者还有其他政治原因。）他真正的名气却是来自其成功的无所不包的押韵诗歌。

伊拉斯谟斯·达尔文最早出版的著作有《植物园》（其中包括《植物的爱》，写于 1789 年），和读者热切期待的下集《植物系统》，这两本都是抢手的畅销书。巨大的成功使他决定再写一本关于动物的书。其结果就是一本两千五百页的大作，全部用散文体写成，书名是《动物学》（或曰《有机生命法则》）。他在书中提出一个有先见之明的问题：

> 动物出生后产生了巨大的变化，比如从爬行的毛毛虫变成蝴蝶，或者从水底的蝌蚪变成青蛙；各类动物经人工干预发生了巨大变化，比如马和狗；所有恒温动物以及四足动物、鸟类、两栖动物在结构上和人类高度相似——当我们认真思考以上现象，是否可以大胆设想，所有恒温动物都是从有生命的丝状体（原形，最初形态）演变而来？

伊拉斯谟斯·达尔文认为"为竭尽全力达到欲望的三大目的——饥饿、安全和性欲，许多动物改变了自己的形态。"特别是性欲。他在最后一部作品《自然殿堂》（或曰《社会的起源》）里用轻快的叠句写道："万岁啊，**性爱的神祇们**。"其原文此处即如此加粗显示。他评述说：雄鹿长出犄角，是为了打败对手，"以便独占母鹿"。毫无疑问，他有所发现。但是他的独创力是散乱的，他的才华不愿受到系统研究的羁绊。科学研究需要做大量"艰苦"和"乏味"的工作，以换取新的洞见。伊拉斯谟斯不愿意下注。

他的孙子查尔斯·达尔文将来会付这笔学费。他读了两遍爷爷的《动物学》。第一次是 18 岁那年，另一次是 28 岁后，那时他已周游了世界。他自豪于爷爷的先见之明，竟能预见到使让-巴蒂斯特·拉马克 20 年后成名的思想。同时达尔文也非常失望，爷爷没能做细致严格的调查研究，以证明他这神来的猜想是否确有根据。

拉马克曾经是个士兵，是个自学成才的植物学家和动物学家，创办了现代自然历史博物馆。就在人们还以几千年的时间观念思考问题的时候，他已经在以百万年计思考问题了。他坚信把生物世界视为互不相干的不同种类——也就是"物种"的想法不过是幻想。他教导说：物种慢慢变形，从一样变成另一样。倘若人类寿命能够长一些，这一点将是显而易见的。

拉马克最有名的论点是有机生物能够遗传祖先获得的特征。他最著名的例子是长颈鹿的脖子。在长颈鹿啃咬树的顶端的嫩叶时需要伸长脖子，长脖子的特征遗传到了下一代。拉马克不可能知道长颈鹿一代一代的家族史，不过他故意忽视了一些相关信息：几千年来犹太人和穆斯林都依照传统对男孩施以割礼，从未停止，可至今为止没有一个犹太人或穆斯林的男孩生下来就无包皮；在不知多少地质年代的漫长岁月里，蜂王和雄蜂从不工作，但是父母为蜂王和雄蜂的工蜂（非其他的工蜂），经过一代又一代，并没有偷懒，依然是公认的劳模；每一代驯养和农场的动物尾巴都会被剪短，耳朵被修剪，侧腹印上烙印，但新生动物从来没有被残害的痕迹；中国女人多少个世纪以来因为残酷的缠足使得足部畸形，但女婴依然固执地带着正常的附肢降生下来。尽管有此类反例，达尔文穷其一生都认真对待拉马克和祖父伊拉斯谟斯的观点——后天得来的生物特征可以遗传。

独立的遗传单位——基因通过怎样的机制被重新排序然后传到下一代？基因以怎样的方式发生随机改变？其分子的本质是什么？以及它们如何通过一长串化学密码对信息进行编码并精确复制加密信息？所有这一切

对达尔文来说都是未知的。一个生于遗传学尚未建立的时代的科学家企图理解生命进化，要么特别傻，要么极其厉害。

达尔文这个人

乔赛亚和伊拉斯谟斯一直希望两家结下的深情厚谊能通过孩子们的联姻进一步强化。遗憾的是只有伊拉斯谟斯活着看到了这一天。他的儿子罗伯特娶了苏珊娜·威治伍德。罗伯特是个慷慨而又忧郁的医生，大个子，肥胖，像狄更斯小说里的人物轮廓。他对广大病患时而安慰时而恐吓。苏珊娜则广受推崇，"她不仅温柔还很有同情心"，积极支持丈夫在科学上的兴趣。苏珊娜死于痛苦不堪的肠胃病，四下无人，唯有8岁的儿子查尔斯·达尔文在附近。他在逝世前不久写道：对母亲的回忆只有她临终时躺的病床、黑色天鹅绒睡衣和那设计奇特的工作台。

查尔斯·达尔文的自传是作为礼物写给儿女和孙辈的，他说自己"好像是个已逝之人，在另一个世界回顾自己的一生。"查尔斯·达尔文在书中承认："从很多方面看，我都是个调皮的小孩……喜欢精心编造谎言，为的是引起轰动。"他向另一个男孩吹牛说："用有颜色的液体浇灌西洋樱草和报春花，使它们长出不同的颜色。这纯属无稽之谈。"他很小便开始推测植物的可变性，对自然世界的终身兴趣就是从那时候开始的。他热衷于收藏大自然的零零碎碎，和其他孩子一样兜里装满沙砾和碎石，特别钟情于甲壳虫。姐姐说只是为了收藏就夺取甲壳虫的生命是不道德的行为。他很听话，只收藏刚死掉的甲壳虫；他观察小鸟，把观察到的鸟类行为一一记录下来。后来他写道："我那时候很单纯，还记得自己曾一度大惑不解——为什么不是所有人都想当鸟类学家？"

九岁的查尔斯·达尔文被送到巴特勒博士的日间学校学习。他后来写道："没有比这所学校更糟蹋我智力的地方了。"巴特勒认为学校不是引发学习兴趣或激情的地方。查尔斯·达尔文只好依靠一本翻旧了的《世界的奇迹》，或者请教家长，他们会耐心地解答他的很多问题。年老的查尔斯·达尔文依然能回忆起当一位叔叔给他解释温度计的工作原理时他有多高兴。查尔斯·达尔文的哥哥也叫伊拉斯谟斯·达尔文,他把花园里的工具间改造成化学实验室,允许查尔斯·达尔文帮忙实验。这让查尔斯·达尔文在学校里得了一个外号,人称"气体",巴特勒博士曾愤怒地当众批评他。

查尔斯·达尔文在校成绩很糟,当哥哥伊拉斯谟斯·达尔文启程就读爱丁堡大学时,父亲决定把查尔斯·达尔文也一块送去。两个男孩儿计划学习医学。查尔斯·达尔文感觉学习枯燥得让人窒息。他不敢解剖任何东西。"远在使用氯仿麻醉剂的美好日子到来前",查尔斯·达尔文观摩了一场失败的儿童手术,那场面在他脑子里永远挥之不去。不过在爱丁堡他终于找到了和他一样对科学充满激情的朋友。

爱丁堡大学的两个学期结束后,罗伯特·达尔文不得不面对事实:查尔斯·达尔文不是当医生的料。或许可以当个好牧师? 听话的查尔斯·达尔文没有反对,可他觉得有必要先研究一番英国国教的教义再决定是否要把一辈子都用来传教。"于是乎,我很认真地读了皮尔森的《信条》和其他几本有关神学的书。那时候我对《圣经》的每个字的绝对正确性毫不怀疑。我很快说服自己,圣经信条须被全盘接受。"

查尔斯·达尔文在剑桥大学度过了接下来的三年时光。他在剑桥的分数稍微好了一些。但他依然浮躁不安,对课程不太感兴趣。他最幸福的时候就是搜捕可爱的甲壳虫,死活都可。

> 有个例子说明我有多热情。有一天,我扒掉一块老树皮,发现两个稀有的甲虫,便一手抓一个。我又看到第三个新的甲虫,这可不能放过。于是我就把右手里的那只甲虫塞到嘴里。呜呼! 它竟然喷出一股厉害的酸液,我的舌头像在燃烧。我只好把它吐出来,找不到了,第三个也没抓到。

作为一个捕捉甲虫的人,查尔斯·达尔文的名字第一次出现在刊物上。"诗人第一次看到自己的诗歌发表时的喜悦远远赶不上我在斯蒂芬斯的《不列颠昆虫图谱》里看到这几个神奇的字时的快乐:由查尔斯·达尔文先生捕获。"

有人说服查尔斯·达尔文选修地质学,由亚当·塞奇威克讲授。查尔斯·达尔文告诉塞奇威克教授,有工人告诉他一个奇怪但可信的消息——有人发现一个很大、很旧的热带螺旋贝壳(螺旋形的温水软体动物的壳)镶嵌在废弃的舒兹伯利石矿里。塞奇威克不感兴趣,不屑一顾,他认为一定是被谁扔在那里的。查尔斯·达尔文(简称达尔文)在自传里回忆道:

> 可是那样的话,(塞奇威克补充说,)如果(软壳)真的被镶嵌在那里,这将是地质学的巨大不幸,因为它会推翻我们关于中部诸郡表层沉积物的一切现有认知。这些砾石层实际属于冰川纪,后来我在那里找到破碎的北极贝壳。对于在英格兰中部浅层地表找到热带贝壳这样奇妙的事,塞奇威克先生竟然不感兴趣,我十分吃惊。尽管之前我读了各种科学书籍,没有什么比这一次使我更彻底地认识到,科学就是把事实分类,以便从中提炼出一般规则或结论。

也就在那时,达尔文的表兄带他听了亨斯洛牧师的植物学讲座。"那次讲座对我此生事业的影响超过其他任何事情。"亨斯洛是个三十岁出头的英俊青年,有着与生俱来的教师才气,把课讲得活灵活现,连老生都会年复一年地来重修以前学过的课程。他能敏锐地察觉到学生的感受,认真回答新生提的"傻问题"。他欢迎所有人参加每周的教学观摩课,会定期邀请大家去家里共进晚餐。达尔文写道:"在剑桥大学的后半程,我经常与他长时间地散步,其他教授甚至称我为'跟亨斯洛散步的人'。"在达尔文眼中,亨斯洛知识渊博,"精通植物学、昆虫学、化学、矿物学和地质学。"他补充道,亨斯洛"笃信宗教,对正统教义坚信不疑。他曾对我说,如果(英国国教的)三十九条教规有一个字改变的话,一定会无比悲伤。"

讽刺的是,正是亨斯洛"通知我菲茨罗伊船长愿意为年轻人腾出部分船长室,只要他志愿不领工资,作为博物学者参加'小猎犬'号之旅"。亨斯洛在写给达尔文的字条上写道:"去一趟火地岛,经东印度群岛回国……两年时间……我确信你是他们需要的最合适的人选。"

接下来的情景就不难想象了：一个 22 岁的年轻人，激动地一口气从大学飞跑回家。令人生畏的父亲——这是适用他的形容词里最温柔的一个——连篇累牍地说教，训斥他一如过往的放纵和轻率愚蠢的计划。先是当医生，然后是牧师，现在又搞这些？今后哪个教区会要你？你所谓的这个机会，肯定是先给了别人，别人不去而已……这艘船或者这趟旅程肯定有大问题……

多番讨论之后："如果你找到一个懂常识的人觉得你应该去，那么我就同意。"吃了教训的儿子认为这件事没什么希望，只能礼貌地回绝了亨斯洛。

翌日，达尔文骑马去威治伍德家访问。乔赛亚叔叔——这同时是查尔斯爷爷的挚友的名字——认为这一趟航海旅行是千载难逢的好机会。他放下手头的活儿，给达尔文的父亲写了封信，逐条驳斥他的观点。当天晚些时候，乔赛亚觉得他亲自出面也许能做到信做不成的事。于是他拉上达尔文，快马加鞭地来到达尔文家，努力劝说达尔文父亲准许儿子去。罗伯特没有食言——他同意了。对父亲的慷慨他很感动，对过去的铺张浪费心存愧疚，达尔文想顺顺父亲的气，他说："这次上'小猎犬'号，如果我的花销超过平常的生活费的话，那我真是太机灵了。"

父亲笑着回答说："他们说你确实非常机灵。"

虽然罗伯特·达尔文同意了，但还有其他障碍存在。船长罗伯特·菲茨罗伊想到要这么长时间和人同住一室，有点打退堂鼓。他的一个亲戚在剑桥认识年轻的达尔文。他说达尔文不是什么坏人。但菲茨罗伊——高高在上的托利党人——知道在未来的两年内要和一个辉格党人同住一室吗？另外，还有达尔文的鼻子这个讨厌的问题。菲茨罗伊像许多同时代的人一样相信颅相学，认为头骨的形状可以显示一个人的智慧和性格。有些信徒还把这一学说扩展到鼻子。对菲茨罗伊来说，达尔文的鼻子一眼望去就显露出他缺少能量和果断。两人相处了一会儿后，尽管菲茨罗伊还有保留意见，但还是决定给这个年轻的博物学者一次机会。达尔文写道："我认为，他后来对我这个室友很满意。对我鼻相的预测全错了。"

"小猎犬"号早先去南美洲的测绘航行极不愉快。气候一直很糟,航行尚未结束之前那个船长便自杀了。那时,英国海军驻里约热内卢办公室任命当时仅23岁的罗伯特·菲茨罗伊担任指挥。多方反馈看来他干得非常出色。后来,"小猎犬"号到火地岛及附近岛屿的测绘航行就继续由他掌舵。有一次,"小猎犬"号上的一艘捕鲸艇被偷后,菲茨罗伊绑架了五个当地人,这五个当地人被英国人称为火地岛人。最后他知道没希望找回失去的船只,出于人道主义就放了人质。其中一个叫作富吉亚·巴斯盖特的女孩不想回去,至少当时是这样传说的。菲茨罗伊一直在考虑是否把一些火地岛人带回英格兰,以便他们学习英国语言、风俗和宗教。菲茨罗伊设想,这些人学成返回当地后就能成为英国人与火地岛人的联系纽带,成为英国在南美洲最南端这块战略要地上的利益的忠实保护者。海军部的贵族委员们批准了他的计划。虽然这些人接种了疫苗,还是有一个死于天花。富吉亚·巴斯盖特、一个叫作杰米·巴顿的十几岁男孩和一个大家称为约克牧师的年轻人活了下来,他们在旺兹沃思跟牧师学习英语和基督教,之后由菲茨罗伊献给国王和皇后。

现在该是这几个火地岛人——英国没人在意他们的真名——回去的时候了;也该是"小猎犬"号重新起航到南美洲,"更精确地测定……一大群海洋岛屿和陆地的经度。"这次任务扩大了,包括"观察环绕整个地球的经度。""小猎犬"号将沿着南美洲的东海岸扬帆起航,驶向西海岸,跨过太平洋,环航全球后才返回英国。菲茨罗伊船长被再次委任为"小猎犬"号船长,他采取了一系列步骤,确保本次航行务必和前次不同。大部分由他自己出资,重新装修了这艘90英尺[1]长的横帆船。整个船壳翻新,甲板抬高,装饰了船首的斜桅,并在三个高高的帆樯上安装了最先进的避雷针。他努力钻研天气相关知识,通过此次航行成了现代气象学的创始人之一。1831年12月27日,"小猎犬"号即将启航。

出发前夕,达尔文的焦虑症和房颤发作。他一生中此类症状时有发生,

---

1 1英尺=0.3048米——译者注

同时也备受肠胃病、极度疲乏和忧郁的困扰。关于病发原因有多种猜测。有人认为这是他幼年丧母身心失调所致；或是担忧上帝和公众对自己所做工作会有何反应；或是无意识地过度呼吸；甚至还有人说是因为爱妻护理丈夫的天赋引起的快感——这种猜测实属奇怪，明明病症在婚前多年就已出现。通过研究达尔文的生平可以确定他的疾病不是源自"小猎犬"号上的南美寄生虫。总之不知道真正的原因。这些病症把这位探险家一生最后的三分之一几乎都困在了家里。

达尔文这次航行随身带有两本书，每一本都是临别时他人相赠的礼物。一本是亚历山大·冯·洪堡的《南美洲旅行记》的英译本，是亨斯洛赠送的。离开剑桥之前，达尔文曾读过亚历山大·冯·洪堡的《个人手札》以及威廉·赫歇尔的《自然哲学研究入门》，两本书使达尔文立志"为建造高贵的自然科学宫殿尽绵薄之力。"另一份礼物来自船长，是查尔斯·莱尔所著《地质学原理》的第一卷，菲茨罗伊恐怕一辈子都后悔选了这么个离别礼物。

欧洲启蒙运动的科学启示对《圣经》所记载的地球起源和历史是一次严重挑战。有些人企图调和新证据、新认知与宗教信仰之间的矛盾。他们提出诺亚的洪水是地貌变化的主要原因。他们认为一场足够大的洪水能够在40个昼夜里改变地球的地质，而且这与地球只有几千年的说法相吻合。对《创世纪》的字面意思做点新的解释，他们觉得矛盾就调和了。

莱尔实在受不了律师这一行，30岁便放弃法律，改为钻研酷爱的地质学。他写了《地质学原理》阐述地质均变论，认为地球的形成是渐进的过程——和我们今天观察到的一样，但时间不是几周或者几千年，而是亿万年。很多著名的地质学家认为洪水等灾难可以解释地球的地貌，但是诺亚的洪水完全不够，需要更多的洪水、更多的灾难才可能实现。这些科学的灾难论者认为莱尔提出的时间的数量级较容易接受。但对严格拘泥于《圣经》字义的人而言，莱尔成了一个棘手的问题。假如他是正确的，等于石头在告诉我们：《圣经》所述之六天创世纪之说以及根据《圣经》里的家谱推演的地球的年纪就是错误的。通过《创世纪》里面这个明显的漏洞，"小猎犬"号将驶入历史的史册。

菲茨罗伊雇达尔文的主要目的是陪伴和提点参考意见。达尔文不得不镇静平和地忍受船长政治保守、种族歧视和正统基督派的夸夸其谈。在航行的绝大多数时间里，两人保持着对各自截然不同的哲学和政治观点的容忍态度。然而在某一问题上，达尔文无法对菲茨罗伊的观点听之任之，在书中达尔文写道：

> 在巴西的巴伊亚，他赞扬我痛恨的奴隶制并为其辩护。他说他刚造访了一位大奴隶主，此人把众多奴隶召集起来，问他们是否想要自由，他们都回答说"不"。我就略带嘲讽地问船长，他是否觉得奴隶们当着主人面说的话是心底话？这惹恼了他。他说既然我不信他的话，那就别住一块。

达尔文做好了被赶下船的准备。当船上的军官们听到这场争论后，都争先恐后抢着要和达尔文同住。菲茨罗伊平静下来之后向达尔文道歉，废除了驱逐令。也许，达尔文提出进化论的动力，部分是出于对菲茨罗伊顽固的保守观点的恼怒，部分是由于五年来不得不压制心中不断上升的不同声音的苦恼。

或许外公和爷爷的思想遗产使达尔文能发现同阶层的人所不能发现的社会矛盾和不公正现象。他在所著《"小猎犬"号之旅》开头讲述了一处距里约热内卢不远的地方：

> 这地方很有名，一直是逃跑的奴隶的居所。他们在山顶开辟了一小块儿地勉强度日。然而还是被发现了，一队士兵过来抓走了所有人，只有一个老妇人除外。她宁可从山顶上跳下来摔得粉碎也不愿意被带回去再做奴隶。此事如果发生在罗马的老妇身上，就会被称为是对自由的崇高热爱；现在发生在一个穷困的黑女人身上，就成了野蛮的固执。

吸引达尔文去南美洲的是发现新鸟类和新甲壳虫的可能性，但他对欧洲人在当地造成的破坏无法视而不见。殖民者的专横傲慢、奴隶制度、无数物种被毁只为入侵者的致富和享乐、热带雨林首次遭受抢掠——总之，当初困扰达尔文的罪恶、愚蠢的行径，今天依旧困扰着我们。当时欧洲十分自信，公认殖民主义为野蛮人带来纯粹的利益，森林会取之不尽用之不竭，哪怕是世界末日，女性头饰店仍会有白鹭羽毛做的帽饰。因为，达尔文对诸如此类事情的敏感描述，同时为了使尽可能多的读者能够阅读，他行文尽量清楚，直截了当，使得《"小猎犬"号之旅》今天读来依然是一部激动人心、简洁易懂的探险故事。

然而，这本书之所以具有分水岭的地位，是因为就在书中记录的探险过程中，达尔文积累了大批证据——不是直觉而是具体资料——证实了通过自然选择生物完成进化。他后来写道："终于我看到了一缕曙光。我几乎可以肯定（就像坦白凶杀案一样）物种不是一成不变的。"

加拉帕戈斯群岛由 13 个相当大的岛屿及许多距离厄瓜多尔海岸不远的小岛组成。如果地球上所有物种都一成不变的话，为什么在相距不过五六十英里的海岛上的相同的雀类，鸟喙竟然如此不同？为什么一个岛上的雀类的鸟喙窄小，呈尖状，另一个岛上的鸟喙却较大，像鹦鹉那样呈弯状？他后来在《"小猎犬"号之旅》中写道："在一小群密切相关的小鸟身上看到此番渐变和多样性不禁让人想象，最初这个群岛上鸟类贫乏，一种鸟被带走，为了不同的目的进行了不同的改造。"（我们现在才知道这些火山岛屿还不到五百万年。）不仅在雀类身上发现了这样的问题，在陆龟和嘲鸫身上也发现了。

远在英国，亨斯洛和塞奇威克在各种科学学会的大会上朗读达尔文的信件。等到达尔文于 1836 年 10 月回国后，他作为探险家和博物学家已小有名气。父亲现在非常满意，不再谈让他当牧师的话题。就在那个月，他第一次见到地质学家莱尔，虽然难免磕磕碰碰，他俩成了一辈子的朋友。

达尔文在地质古生物学方面做出了重要贡献。他对珊瑚礁的诠解——它标志着曾是岛屿的海山缓慢下沉的地点——在"小猎犬"号上得到证实，符合我们今天的认知。1838 年他发表论文提出地震、火山和岛屿的隆起皆是因为缓慢、间歇的不可抗拒的地球内部半流质的活动。这个"几乎具有预言性的"论点是现代地质物理学的核心。1838 年在地质学会年会的会长胡威立的致辞中，他提到达尔文的名字（当时提到了达尔文的工作）比任何地质学家要多一倍,不管是在世还是去世的。达尔文在地质学上追随莱尔,坚信深刻的变化是通过漫长的时间一点一滴形成的,这和生物学上的无异。

1839 年,达尔文和表妹艾玛·威治伍德结婚。他们生育了 10 个孩子,相亲相爱 40 余年,夫妻关系融洽和谐。刚结婚时,他写了进化论的提纲,但全然不是为了发表。两口子在宗教问题上发生了罕见的争执。他在自传中写道:"订婚前,父亲劝告我要小心地把对宗教的怀疑态度隐藏起来,他说他见过宗教上的分歧足以给婚后的人带去无比的痛苦。"婚后几周,妻子给他写信说道:

> 科研让你习惯了怀疑一切,除非某事得到证实,否则你什么都不相信。这会不会影响你对其他无法得到证实的事情的判断?毕竟有些事无法证实是因为它超越了你我的理解能力。

多年后,达尔文在这封信的下方写道:

> 等我死后,就会知道多少次,
> 我哭着亲吻这封信。

他在公众场合尽力避免出现类似家里的这种紧张场面。我们人类的过往是一个黑暗、屈辱的秘密。如果公布于众,会被很多人视为对普遍的宗教习俗的侮辱和对人类尊严的践踏。可是把真相压下,就等于罔顾事实——仅仅是因为结果会令人不安。达尔文意识到要想有说服力,必须收集数量庞大的、令人信服的证据。

1844 年,一本差不多算是伪科学的畅销书《创造的自然史之残迹》出版了。此书匿名作者罗伯特·钱伯斯是位百科全书撰稿人和业余地质学家。他声称把人类的祖先一直追溯到了……青蛙。钱伯斯的论证不够成熟(跟伊拉斯谟斯·达尔文的差不多),但书中大胆的内容引起公众的瞩目。对《圣经》的创世说的怀疑开始逐渐浮到表面。达尔文觉得应该把自己的理论写下来,让人感到无懈可击。他扩展了一篇两年前写的短文,将其写成一篇分成两部分的论著,题目是"有机生物在家养下和自然状态中的变异"和"论自然产生的物种来自共同鼻祖的支持和反对的证据"。然而,他觉得还没到

发表的时候。他给艾玛写了封信——他要求将该信函作为遗嘱的附录。他要艾玛在他逝世后，

> 捐献四百英镑出版此书，而且请你进一步……想办法促成此事——我希望我的草稿能够交给一位有能力的人士，用这笔钱让他精心改进和扩充此书。

他觉得自己在研究一个重要的课题，但或许考虑到自己经常生病，他担心活不到完成这本著作的那一天。

似乎难以理解的是，达尔文把进化论的研究搁置，在以后的八年里几乎全部身心投入藤壶的研究中。他的好友、植物学家约瑟夫·胡克后来对达尔文的儿子弗朗西斯说："从智利开始你爸爸满脑子就是藤壶[1]！"他通过这项详尽的研究真正赢得了博物学家的称号。另一个好友、解剖学家和雄辩家托马斯·赫胥黎评述道：

> 这是达尔文干过的最聪明的一件事。他像我们一样没有接受过生物科学的基本训练。他觉得有必要进行此类训练，这是他具备科学洞察力的一个极好的例子，也充分证明他有不逃避训练的勇气。这给我留下了很深的印象。这是至关重要的自律的表现，表现在他以后写的成果上，让他少犯了很多细节上的错误。

达尔文不是唯一一位被钱伯斯的《遗痕》惊动的科学家。博物学家阿尔弗雷德·华莱士曾经做过测量员，也对钱伯斯的论点不以为然，但是对生命进化的过程可知性的观点感到新奇。1847 年他到亚马孙河寻找支持这一观点的证据。回国途中，船上失火，烧光了他所有的标本。华莱士坚持不懈，又去马来半岛搜集新证据。1855 年 9 月刊的《自然史年鉴与杂志》刊登了他的文章《论介绍新物种的自然法则》。

到此时为止，达尔文潜心研究这类问题已有 20 年，现在别人完全可能把他首先解决生命最大之谜的荣誉抢走。如果科学也能授予圣人称号的话，

---

1 俗称"触"、"马牙"等，是一种附着于海边岩石上的有着石灰质外壳的节肢动物，常形成密集的群落。——译者注

达尔文和华莱士相互谦让的行为真可以使他俩当之无愧。达尔文给华莱士写了一封热情洋溢的贺信,信中提到他在同一问题上下了很久的工夫。

达尔文的好友赫胥黎和胡克提醒他不要再拖了,赶快写论文,以不争的事实证明进化。他同意了,论文于1858年基本完成;而此刻华莱士身在印度尼西亚,患疟疾病,辗转反侧,对"为什么有些生物死去而有些则能生存"的问题苦思冥想。从昏迷中苏醒,他明白了自然选择。他写下《论不同物种皆有的从原型持续变异的倾向》一文,马上寄给达尔文,问他对这篇论文的意见。达尔文痛苦地发现华莱士的工作和自己在1839年和1842年的著述非常相近。尽管1844年他把两篇文章合而为一,但是至今没有发表。达尔文向友人求助,请教如何处理好这个令人困扰的伦理问题。胡克和莱尔想出了一个聪明的主意:在伦敦林奈学会的下届会议上把华莱士的论文和达尔文1844年没发表的论文同时发表在学报上。从那之后,华莱士总是称进化论为达尔文的理论,达尔文也总会指出华莱士在进化论上的独立发现。现在达尔文开始全力以赴写作未来将会引起巨大争议的著作。

1859年11月24日,《物种起源》出版。第一版1250册被书商一抢而空。整本书里,达尔文小心翼翼地只提到一次人类。他说"人类的起源和历史会变得明朗"。在这个微妙的问题上要想读到他的著述还需再等十二年,直到《人类的由来》出版。可是他的克制骗不了任何人。《物种起源》一书中大量的无可争议的数据再也无法调和其与《创世纪》的字面意思的矛盾。

第四章

泥土的福音

我痛恨一切贬低人性的体系。

人类有值得尊敬之处，能让造物者感到骄傲——

如果这种想法只是一种错觉，

我宁愿在错觉中醉生梦死，

也不愿亲眼看到这个物种活在羞辱和厌恶里。

一个有良知的人尚且对别人贬低自己的家族或国家感到愤慨，

为什么不对蔑视人类的人感到愤慨呢？

——托马斯·里德
1775 年的私人信件

当我不再把所有生物视为特别的创造，

而是少数几种早在寒武纪(地质)底层沉积之前

就出现在世界上的古老生物的直系后代，

那么它们在我眼中就更高贵了。

——查尔斯·达尔文
《物种起源》第 15 章

达尔文的《物种起源》

达尔文在《物种起源》中写道："人类进行了一项庞大的实验。"他被"农牧业"的成功所震撼——这是一个很贴切的名词——人类凭借农牧业不断培育出有用的植物和动物品种。大自然提供了物种，我们选择要繁育哪个物种以及哪些特征需要优先繁育。人类用骆驼毛的毛刷把花粉从一朵花传到另一朵花，或是精心挑选种马与母马交配，从而把繁育的决定权掌握在自己手里。难以消化的庄稼、体弱多病的马驹、骨瘦如柴的火鸡、皮毛多节的绵羊、产奶困难的奶牛——这些都不在繁育之列。一代又一代，经过一次又一次选择，人类对控制动植物的遗传愈发感兴趣。但与此同时，大自然也会以独到的眼光来挑选相对更能适应环境的动植物。这些幸运儿得以优先繁育，留下更多的后代，随着时间的推移，最终赢得生存的竞赛。了解人工选择的过程有利于我们理解自然选择的运作方式。

环境养育并维持一定人口的能力，即人们所说的环境承载能力，必然是有限的。由于生物数量不断增加，并不是所有生物都能存活。生物对稀缺资源的争夺将会非常激烈。能力上的细微差别可能会决定一个有机体的生死，这种差别细微到难以察觉。自然选择就像一个巨大的筛子，过滤掉绝大多数，只允许一小部分突围者将基因传给下一代。在决定后代的基因组成方面，自然选择远比最冷酷、最决绝的动物饲养者更无情。人类真正开始驯养动物的历史不过寥寥数千年，而自然选择已经在地球上运作了几十亿年。

回顾一下我们通过人工选择在狗身上实现的品种专业化——让灰狗和猎狼交配，以使狗跑得比狼更快；培育牧羊犬用于牧羊；培育猎兔犬、指针犬、雪达犬用于捕猎；培育拉布拉多帮助渔民收网；培育导盲犬帮助盲人；培育寻血猎犬追踪罪犯；培育小猎犬把猎物赶出洞穴；培育獒犬看家护院；还培育原始的狮子狗（现在只剩下矮小的品种）用于战争。这一切都是在短短几千年里通过干预狗的交配完成。我们又从可怜的野白菜培育出花椰菜、芜菁甘蓝、西兰花、球芽甘蓝，以及现在常见的丰腴的卷心菜（蔬菜也可杂交,就像不同品种的狗一样)。现在想象一种比人工选择更为严谨和严格的筛查,它作用于所有生物,时间跨度有人工选择所用时间的一百万倍之久,无须有意识地干预狗或植物的品种,而由随机的、无目的的、变化的环境所主导。如果人工选择是一场大规模的实验,那么自然选择在这场实验中扮演什么样的角色呢? 地球上所有具有优雅适应性的生物多样性都必须由自然选择筛选和提炼吗? 的确是这样,自然选择是唯一已知的使生物适应环境的过程。

以下是达尔文《物种起源》片段。在这些段落中他首次提出人工选择和自然选择的观点,并对二者做了对比:

> 家养动物的适应性并非出于自身利益,而是成全了人类的使用和爱好,这是家养动物最显著的特征之一。对人类有用的变异发生得很快,甚至会一步到位……可是,当把双峰骆驼和单峰骆驼、赛跑马和驾车马、适于山地牧场和适于耕地的,以及毛的用途各不相同的不同品种的绵羊进行比较时,当把用于满足人类不同需求的很多犬类进行比较时,当把好斗的斗鸡与不怎么爱争斗的鸡——例如一直在孵蛋的卵用鸡以及娇小美观的矮鸡——进行比较时,当把大量的农艺植物、果树植物、蔬菜植物以及花卉植物进行比较时,它们在不同的季节或不同的用途上均对人类有着特定的作用——哪怕只是观赏。在这一点上,我觉得不应该只看到物种间的差异。须知所有物种变得如此完美和实用并非一蹴而就;诚然在许多情况下物种的完善确实经历了很长的过程。这个过程的关键在于,人类拥有积累、选择的力量:自然使物种持续变异,人类对有利于自己的变异进行积累。从这个意义上说,人类亲手创造了对自己有用的物种。
>
> ……几乎没有人会粗心到去繁殖品种最差的动物……
>
> 就算真有不开化的野蛮人从不考虑家畜的后代品种,他们也很可能在饥荒或其他意外情况下,精心保存在某些方面对他们特别有用的动物,这些动物通常会因此留下更多的后代。所以,即便

在这样的情况下,也会存在无意识的选择。

只有当大自然事先给人类提供某种轻微的变化作为提示,人类才可能主动地进行选择。

在自然界,有利的个体差异和变异被保存下来,有害的差异和变异则被消灭,也就是我所说的自然选择。如果有些完美的适应性变化既算不上有用又算不上有害,就不会受到自然选择的影响。

例如以叶子为食的昆虫是绿色的,而以吃树皮为生的昆虫呈现斑驳的灰色;冬季高山上的松鸡是白色的,生长于石楠树附近的红松鸡则是石楠花色的。因此须得相信,鸟类和昆虫通过颜色保护自己,使自己免遭危险……

若风把种子撒播得更远能使植物获益,那么我认为通过自然选择实现并不比人工筛选优质棉花种子更难。

人类驯化行之有效,想必大自然也能以同样的方式发挥作用。有优势的个体和种族在夜以继日的生存斗争中存活下来,在这个过程中,我们看到一种强大的、持续不断的选择形式。几乎所有生物都会以高几何速率增长,不可避免地造成生存竞争。在一连串特定时期里或在新的地方安家落户时,动植物的数量迅速增长,而对这种增长速度的计算证实了前文提到的"高几何增长速率"。出生的个体数量超过了能够存活的个体数量。粮食的短缺可以决定哪些个体应该存活,哪些个体难逃死亡,哪些品种或物种的数量应该增加,哪些应该减少甚至最终灭绝。在任何年代,任何时期,某个个体在竞争中一点小小的优势或是略微更能适应周围的物质环境,都会使它们在长期竞争中拔得头筹。

他在1858年的《林奈学会学报》上发表论文,让大家想象这样一种生物:它可以在"数百万代"的跨度中,心无旁骛地去选择一种所需的特性。自然选择揭示——虽然没有明说——确有这样一种生物存在。"我们的进化几乎没有时间限制。"他写道。

达尔文接着提出,在如此漫长的时间里,持续的自然选择可能会使一种生物体从亲代中分化出来，形成一个新的物种。长颈鹿之所以脖子长，是因为脖子长一点的个体（通过一些自发的基因变异）能够吃到最顶端的叶子，在其他长颈鹿食物短缺时也能茁壮成长，从而比脖子短的同类留下更多的后代。他描绘了一个巨大的树形家谱，象征着各种各样的生命形式，这些生命缓慢地发展着，逐渐分化出来，形成独立的物种，自然界中的"精致的适应物"便由此诞生。

他认为这是一种"盛举"，因为"如此简单的开端，却产生了无穷无尽的最美丽、最奇妙的生命形式，并且这些生命仍在进化。"

> 类比能够使我更进一步，即相信所有动植物都是由同一个原型进化而来的。但类比也可能是一种欺骗性的指引。尽管如此，一切生物在化学组成、细胞结构、生长规律和危害耐受度等方面都有许多共同之处。自然选择能够使生物的性状发生分化。由此可以推测，动物和植物有可能是从某种低级和中级形式发展而来。如果认可这一点，就必须同时承认，所有曾经生活在这个地球上的有机生物，都可能是从某一种原始形态进化而来的。

那么原始形态又是如何产生的呢？1871年，达尔文在给朋友约瑟夫·胡克的信中意味深长地说："但是如果（哦！多么大的假设！）我们设想，在一个温暖的小池塘里有各种各样的氨和磷酸盐，还有光、热、电等。一种蛋白质化合物已经完成化学合成，为更复杂的变化做好准备……"

如果这是可能的，为什么今天并未发生？达尔文立即预见了其中一个原因："在今天，这些物质会立即被吞噬或吸收，而生物形成之前则不会这样。"此外，我们现在知道地球早期的大气中缺乏氧气，有机分子更易形成并存活。（当时的太阳系还没有现在这样整洁有序，掉落到地球的有机分子也多得多。）实验表明，这个温暖的小池塘（或者其他类似的东西）可以迅速产生氨基酸。只要有一点能量，氨基酸很容易就能链接起来，形成类似"蛋白质化合物"的东西。人们在实验中制成了简单的核酸。到目前为止，达尔文的猜测已经得到了充分证实。尽管对生命起源的认识还不充分，但早期地球上的确到处都是构造生命的原材料。以达尔文为标志,人类对生命起源的探究才刚起步。

《物种起源》的出版引起的反响

正如人们所预料的那样,《物种起源》的出版引起了热烈的反响,评价褒贬不一。该书出版后不久,英国科学促进会召开了一场讨论热烈的会议。回看当时的文学评论或许有助于更透彻地了解这场争论。这些杂志一般每月出版一次,主题广泛,包括小说、非小说、散文、诗歌、政治、哲学、宗教、科学。关于这场争论写篇长达 20 页的评论文章也不稀奇。所有文章几乎都未署名,尽管多由各领域的领军人物撰写。如今类似的英文出版物似乎很少见了,《泰晤士报》的文学增刊和《纽约书评》勉强算是吧。

1860 年 1 月的《威斯敏斯特评论报》认为达尔文的书可能具有历史性意义:

> 如果大家都像达尔文先生那样认可自然选择的修正原理……那么一个巨大的、几乎无人涉足的研究领域将会开启……只要是经历自然选择而形成的物种分类都将会形成谱系,真正的创造计划将随即开启。

1860 年 4 月的《爱丁堡评论》(在一篇由解剖学家理查德·欧文撰写的未署名评论中)给出了不那么仁慈的观点:

> 对探索人类起源的更高层次问题而言,披露蠕虫的起源无济于事……达尔文大概认为自己没有灵魂并且和畜生别无二致。对他而言,只要有机会证明——哪怕可能性小得可怜——生物来源于某种低端有机生物就够了,这样他就无须再担心自己和造物主之间的关系……达尔文提供的知识如同鸡肋,他自己却坚信这些鸡肋营养充足。

这位评论家称赞科学家们“很少用臆测来干扰知识世界,而是用论证为知识世界添砖加瓦"，并将他们与达尔文进行对比，称后者"对自然的认知散漫而肤浅。"

欧文教授对居维叶[1]的一项研究青睐有加。在该研究中，居维叶认为，埃及墓穴里保存着的木乃伊朱鹮、木乃伊猫、木乃伊鳄鱼，能够证明这些物种的特征在过去的几千年中没有发生改变……毕竟都被制成木乃伊了。据说，居维叶的数据比达尔文的"推测""价值高得多"。但是，古埃及的动物生活在地球上的年代，在地质时间尺度上看仅在转瞬之间，不足以形成重大的进化，这种进化通常需要数百万年的时间。欧文的评论充满了轻蔑的嘲讽："头脑简单的人很喜欢纠缠证据，这使人感到厌烦。当进化论者想把别人引诱到知识禁区的边缘时，总会激怒别人，并被更博学的专家群起而攻之。"

其他评论人士则提出了更为具体的反对意见：目前还没有已知的有益突变或有益遗传变化的例子；达尔文必须考虑到在恐龙出现之前地球已经存在很长一段时间，但在早期的地质记录中却找不到生命迹象，而且也完全找不到地质记录中物种之间的过渡形式。事实上，达尔文曾强调其所在时代人们对遗传传播和变异的认知几乎空白。他指出造成这种疑问的原因之一是，当时的地理发现少得可怜（尽管当对手质问他野生狗和灰狗——比如斗牛犬——之间的中间形态是什么时，他也说会找到化石证据）。从那时起，人们不仅开始仔细研究基因和染色体（完全由核酸构成）的遗传规律，还彻底摸清了详细的分子结构；我们甚至懂得一个原子替换另一个原子是如何造成突变的。

如今我们不仅掌握了恐龙时代之前的地质记录，也掌握了35亿年前生命的零星片段。尽管达尔文对人工选择进行了详尽的研究，他仍对自然界中任何一个物种自然选择的历史一无所知。我们今天已知晓几百个物种的进化历程，然而化石证据依然稀少：现在已知的一些过渡型物种（例如介于爬行动物和鸟类之间的始祖鸟）仍然不足以展示大部分重要的进化路径。但正如接下来要谈到的，进化论最有力的证据来自一门科学——分子生物

1　乔治·居维叶，法国自然科学家，比较解剖学创始人。——译者注

学,这种科学在达尔文的时代还不为人知。

1860 年 4 月发表在《北美评论》上的一篇评论文章用自以为是的诡辩驳斥达尔文:文章宣称,进化需要"无限长"的地质时间。达尔文本人也用了此类不严谨的数学语言。于是评论又断言:"达尔文所说的'无限长'的概念与数学上的'无限长'在学术上的严格定义之间即使有差别,也小到无法觉察。"然而,"无限"不属于科学,属于形而上学,因此这位评论家得出结论,进化论不是科学,而是形而上学——"这种理论完全建立在'无限'的概念之上,使我们既不能置之不理,又不能真正理解。"这最后一句用来说评论者还差不多。事实上,任何两个数字,不管大小,距离"无限"都是一样远,而 45亿年是一个相当有限的时间。无限并不是进化论看待世界的视角。这一论点(以及其他批评)似是而非,可以看出世人多么急于想否定达尔文的观点。(他后来提出,包括人类在内的所有生物都还在进化,在遥远的未来,我们的后代将不再是人类。即使是同情他的评论家也认为他的观点太过了。)

在 1860 年 7 月的《伦敦季度评论》中,达尔文的对手,牛津的圣公会主教塞缪尔·威尔伯福斯在一篇名为《达尔文的物种起源》的文章中,匿名指责达尔文"肆意猜测"和"自由过头"。所有自然科学都谴责他"看待自然的方式":

> 有失斯文,把他的科研方法从神坛上拉下来,不再是人类智慧的导师、思维的训导者,而仅仅是个表面华丽的把戏,既没有事实作为基础,也不以观察作为依据。

他被指控为"回避事实",挥舞魔杖胡言乱语,"只要再过几亿年,这些变化为什么就不可能实现……?"

可怕之处在于,达尔文的言外之意暗示了"人"可能只是"改良的猿类"。(威尔伯福斯在这一点上与评论的观点差不多;这和达尔文的想法十分接近。)人类也是从自然选择中进化而来的,这一观点被谴责为与"上帝的话语""水火不容"。此外,"人类对地球的霸权、人类雄辩的能力、人类的理性天赋、人的自由意志和责任、人的堕落和人的救赎、永生之子的化身、永恒的精神的存在，以上全都与他那丢人的野蛮起源观念势不两立。人类是按照上帝的形象创造的，并由永恒之子救赎。"进化论的观点"不可避免地将上帝的大多数特殊属性从头脑中驱逐出去"。达尔文的见解被比作"疯狂吸入沼气的过滤器"。威尔伯福斯主教把达尔文的观点与"更伟大的哲学家"欧文教授的观点进行了对比，他不太贴切地引用欧文教授的话建议青少年：

> 哦！你们拥有它(生命)的时候正值朝气蓬勃的青春，好好想想他(上帝)为了使你们拥有生命做了多少。不要浪费它的能量，不要因懒惰而荒废这些能量，不要用享乐来糟践这些能量！造物的最高工作已经完成，你可以拥有身体(所有动物身体中唯一直立的、最自由的身体)，为了什么？是为灵魂服务的。这不可玷污。

1860 年 5 月出版的《北英评论》同样充满敌意地批评道："如果声名狼藉可以作为成功著述的证据，那么达尔文先生已经功成名就。"人们把达尔文与那些"似乎永远不相信自然观点的作家相提并论，因为这些作家往往很担心他们的读者相信，他们与内心的上帝有着直接的联系，哪怕只有一点点。"和许多负面评论一样，这篇评论承认达尔文是个有成就的博物学家，并赞扬他很有个人风格。当然，他终究是"江湖骗子"，"不相信主宰万物的造物主"。这本书"乍看之下颇有深度，定睛一瞧不过只是黑暗"；指责他"在比奥林匹斯山还高的某个地方设立了一个宝座，而这位作家挚爱的女神就坐在宝座上。这位女神就是自然选择。"《北英评论》总结道："异教的'机会'已经更上一层楼……达尔文先生的论著与自然神学的所有发现直接对立，这种神学是在研究上帝的创造时，通过合理的归纳而形成的；这本论著对造物主亲自在真理的经典中告诉我们的一切施以公开的暴力。评论认为《物种起源》的出版是一个"错误"。"如果他非要写这本书不可，就把它放在自己的论文中，标上'1720 年对科学推测的贡献'，这对科学和自己的名誉都大有好处。"——这是书评人对达尔文观点的评价：倒退和过时。

自然选择的过程，就是从混乱中提取秩序，像魔法一样是违反直觉的，这让很多人感到不安，正是因为这样，对达尔文的赞赏总是被指控为偶像崇拜。他这样回应指控：

> 有人说，我把自然选择说成是一种有意识的力量或神灵，但当有人说是万有引力在支配行星运动时，有谁反对过？大家都知道这种比喻的意思和含义。简洁起见，此类比喻是必要的。所以我们很难避免将自然一词人格化。但我所说的自然，只是指许多自然规律的共同作用和产物，此处的规律就是人们所获知的一连串事件的先后顺序。只要稍微熟悉一下，这些肤浅的反对意见就不攻自破了。
>
> 人类能够通过井然有序的、无意识的选择手段进行生产，且卓有成效，那么什么是自然选择影响不了的呢？人只能根据外在和可见的特征行事：如果允许我把适者生存这个概念人格化，就是：自然不关心外表，除非这外表对生物有用。它（自然选择）能对人体的每一个内部器官、每一个细微的体质差异和整个生命机制采取行动。人只为自己的利益选择，而自然只为它所掌管的生命的利益进行选择……
>
> 可以打个比方，自然选择每时每刻都在仔细观察世界，哪怕是世界上最细微的变化；自然选择拒绝那些不好的东西，保留并积累所有好的东西，不声不响，默默地工作……变化是那样缓慢，直到时间之手推动时代的变迁，我们才能察觉到这种变化，察觉到曾经的地质时期是多么不完美，以及现在的物种是多么不同于以前。

一些人批评达尔文是目的论者，因为他相信自然在放长线钓大鱼；相反，另一些人则批评他构建了一种由随机的、无目的的突变所主导的自然界。（天文学家约翰·赫歇尔轻蔑地称之为"混乱定律"。）人们着实很难理解自然选择的概念。达尔文的动机、诚意、诚实和能力都受到了质疑。许多批评他的人不理解他的论点，也不理解他为支持论点而援引的不断累积的数据的力量。当时，一些最杰出的科学家驳斥了达尔文的观点，令人痛苦的是，其中包括达尔文的地理教授亚当·塞奇威克。他们反对达尔文的观点并不是因为掌握了什么证据，而是因为这一观点的导向：看起来，他的观点通向一个世界，那里人类被贬低，灵魂被否认，上帝和道德遭到蔑视，猴子、蠕虫、远古淤泥的地位却得到提升；这是一个"不关注人类的体系"。托马斯·卡莱尔称之为"泥土的福音"。

此类道德和神学方面的批评没一个站得住脚。达尔文、赫胥黎等人努力阐明的是：在天文学上，我们不再相信是天使推动每颗行星围绕太阳运转，而相信万有引力的平方反比定律和牛顿运动定律。但没有人认为这否定了上帝的存在，包括牛顿本人，除了对三位一体概念有些个人见解外，他与彼时大部分传统基督徒的观点很接近。只要愿意，我们可以自由地假设，上帝掌管着自然法则，而神的意志通过底层驱动力在自然法则背后发挥作用。在生物学中，这些驱动力必然包括突变和自然选择。（不过很多人发现崇拜万有引力定律也并不令人满意。）

争论持续了多年，自然选择似乎变得不那么奇怪，也不那么危险了。越来越多的科学家、文学家甚至牧师都被说服了——可惜并非所有人。1871年7月，《伦敦季刊》（11年前曾发表过威尔伯福斯主教的匿名谩骂）仍未转变观点，完全不认可达尔文的学说。"为什么自然选择只保留有用物种？这种行为不可能是无形的力量做出的，定是有意为之。"该刊物不仅不认同进化论和自然选择，甚至对现代物理学的基础——能量守恒定律也嗤之以鼻。

否认自然选择也可能出自某些潜在的情感因素。剧作家萧伯纳生动地将其展现出来：

> 达尔文的主张可以说是一个意外的篇章。作为一个意外的篇章，它看起来很简单，毕竟一开始并没有意识到它所涉及的一切。但是当你意识到它的全部意义时，内心就会沉到一堆沙子里。这里面有一种可怕的宿命论，美与智慧、力量与目标、荣誉与抱负的可怕而可恶的堕落，就像一场雪崩在对风景进行肆意的破坏；像火车事故在人身上留下的痕迹。呼吁人们相信这种自然选择是亵渎神明，对很多人而言自然只不过是无生命的非活性物质的随机聚合，绝不可能是正义的精神和灵魂……如果这种选择能把一只羚

羊变成一头长颈鹿,那它就可能把满是变形虫的池塘变成法国科学院。

写得好。但是如果在这些"无生命的非活性物质"中,隐藏着从未想到过的力量呢?毕竟这种力量在 40 亿年的时间里保存了一切物质。这些反对意见只关注自然选择的哲学和社会意义(完全没有说服力),而不关注证据。

一些天真的达尔文主义者,包括许多资本家在内,自私自利地认为自然选择在人类事务中的合理应用就是对弱者和穷人的压迫。一些天真的对《圣经》咬文嚼字的人,包括一些负责环境保护的高级官员都自私自利地认为毁灭人类以外的生命是合理的,不管是出于世界无论如何都很快会结束的奇谈怪论,还是因为依据《创世纪》中的指示,我们有权"统治……所有生物"。但无论是进化论还是各种宗教圣书,都不会因为有人从中得出错误而危险的结论就失去效用。

到十九世纪七八十年代,达尔文收集的证据改变了许多人的想法。有评论承认"自然选择行为的真实性",甚至承认人类从某些低等动物进化而来是有可能的。然而达尔文 1871 年出版的《人类的起源》一书中的一些结论,即使是最富有同情心的评论家也无法苟同。我们发现,这场辩论已经进入了一个新的竞技场:

> 我们否认(动物)……有能力思索自身的存在或探究物质或自身的本质。我们否认它们知道自己有思想,也否认它们能在认知的过程中认识自己。换句话说,我们否认它们的理性。

稍后再回到这个争论的新层面。这里只需要知道,随着人们对达尔文观点的理解越来越充分,神学上对进化论的不少保留意见很快消失了。他在自传中写道:"后半生里,我的怀疑主义和理性主义得到了传播,实在是不可思议。"

现实世界中自然选择的例子

现实世界中自然选择的例子不胜枚举,这里选择一个比较有趣的。说它有趣是因为实验对象涉及人类，同时该实验是在无意中进行的，且背景令人悲痛。疟疾在全球近半人口中流行（就在第二次世界大战之前，这个数字高达 2/3）。这是严重的疾病，若是缺乏正确药物或天然免疫，这种病的死亡率很高。即使在今天，每年仍有数百万人死于该病。引起疟疾的疟原虫进入（通常是通过蚊子叮咬）血液，最终会入侵负责把氧气从肺部输送到全身各个细胞的红细胞。一旦受到侵袭，红细胞就会变得黏稠，黏附在微小的血管壁上，因而不能随血液循环进入有杀灭疟原虫功能的脾脏。这一病变对寄生虫大有裨益，于人类却祸患无穷。

生活在非洲热带疟疾地区的人们对疟疾有一种适应性，即镰状细胞特征。在显微镜下，有些红细胞看起来有点像镰刀或羊角面包。但在具有镰状细胞特征的人身上，改变后的红细胞被针状的细丝包围。有人认为这种细丝的工作原理和豪猪的刺相仿。这种红细胞以刺穿寄生虫等方式消灭寄生虫，保护机体不受寄生虫黏性蛋白的侵扰，完成任务后红细胞会来到"无情的脾脏"。随着寄生虫的死亡，红细胞恢复正常状态，重归平静。然而，当父母双方均有这一基因特性时，其后代往往会有严重的贫血、小血管堵塞等问题。一般认为，这种适应性是"物有所值"的，毕竟让一部分人患上严重的贫血症比让大部分人死于疟疾要好。

17 世纪，荷兰的奴隶商人到达了西非的黄金海岸（现在的加纳）。他们购买或抓捕大量奴隶，运到两个荷兰殖民地——加勒比海的库拉索和南美洲的苏里南。库拉索没有疟疾，所以镰状细胞特征会导致贫血，且对被带到那里的奴隶没有补偿性优势。但是在苏里南，疟疾是一种地方流行性疾病，镰状细胞的特征常能决定生死。

如果在大约 3 个世纪后的今天，我们对这些奴隶的后代进行研究，会发现这种特征在库拉索的奴隶后代中几乎消失，而在苏里南仍然普遍存在。在库拉索，镰状细胞性状被"选择性淘汰"；在苏里南，就像在西非一样，它得以"选择性保留"。我们看到，即使对于像人类这样繁衍缓慢的生物，自然选择也能在很短的时间范围内起作用。一个特定的群体会有一系列的遗传倾向，一些能为环境所诱导，另一些则不能。进化是遗传和环境相互作用的产物。

达尔文晚年对进化论的评价

达尔文在生命的最后阶段称自己是有神论者，相信第一因论[1]。不过也有疑虑：

> 人类的思维是由最低级动物的思维发展而来的，我对此深信不疑。也正因如此，当人类通过思维得出这样重大的结论时，还值得相信吗？

进化论绝不等同于无神论，尽管二者具有一致性。但进化论显然与一些受人尊敬的书里的真理不一致。假如我们相信《圣经》是由人类所写而不是由宇宙的创造者口授，再由一个完美无瑕的速记员逐字逐句地记录下来，又或者我们相信上帝偶尔会诉诸隐喻来澄清问题，那么进化论应该不会产生神学问题。不管它是否会引发问题，进化论的证据都是压倒性的——不论世人如何围绕均变论框架下的自然选择能否充分解释进化的发生过程进行争辩，事实就是，进化已经发生了。

从研究 DNA 的分子结构，到研究猿类和人类的行为，达尔文的观点是一切现代生物学的核心。这种观点将我们与早已被我们遗忘的祖先联系在一起，将我们与众多亲戚——与我们共享地球的数百万物种——联系在一起。但相信进化论的代价是高昂的，仍然有一些人（尤其在美国）出于人性和某些不可知的原因，不肯付出代价。进化论表明，如果上帝存在，上帝会喜欢待在幕后，做一位总管：让宇宙运转，建立自然法则，然后退出舞台。上帝似乎不是一位亲力亲为的管理者，而是将权力下放。进化论表明，无论祈求与否，上帝都不会干预世界，不会拯救我们。进化论表明我们只能靠自己——即便真有上帝，也一定与我们天各一方。这足以解释进化论所带来的情感痛苦和疏离感。我们渴望相信有人在掌舵。

1　第一因是神学哲学名词，被认为是整个因果链的最初原因，又称终极因。——译者注

自然选择应用于人类行为

达尔文认为全人类有着同一个非人类的祖先,我们都是同一个家族的成员。如果从某种失之偏颇的种族主义视角看待这个超然民主的观点,它不可避免地会被扭曲。白人至上主义者认为,皮肤中黑色素含量高的人,一定比白种人更接近我们的灵长类亲戚。即便是那些反对上述偏执思想的人,兴许是害怕这种无稽之谈中有一些道理,也同样不乐意去细想我们与猿类的关系。这两种观点有其统一之处:把灵长类动物与非洲草原和贫民窟联系到一起就算了,但上帝保佑,可千万别与董事会或军事学院、参议院或上议院、白金汉宫或宾夕法尼亚大道扯上关系啊。由于种族主义作祟,人们不愿意承认自己不过是巨大的、多分支的生命之树上的一根小树丫。

资本家和政治家、白人和黑人、纳粹分子等都曾利用自然选择的观点来磨自己手里那把自私自利的意识形态的斧头。女权主义者曾担心,达尔文的观点会为男性科学家提供又一根棍棒,打压女性在数学或政治方面所谓的劣势。但据我们所知,达尔文的观点恰恰可能揭示,严重的激素分泌失调会促使男性诉诸暴力,使他们不太适合担任现代国家的领袖。如果我们相信性别歧视是一种带有偏见的错误,那么科学的检验将会揭示这个事实,我们应该支持用科学的方法对其进行严格的检查。

关于是否将达尔文的思想应用于人类行为,最近有很多争论。人们担心种族主义者、性别歧视者和其他偏执狂会滥用这种思想——第二次世界大战期间确实发生了惨无人道的悲剧。然而,对科学的滥用并不能靠审查来避免,而是要依靠更清晰的解释、更激烈的辩论,让每个人都能了解科学。即便我们天生具有某些倾向(这是必然的),并不意味着就不能学着更改、减轻、增强或重新定向由此产生的行为。

神创论与进化论的争论

菲茨罗伊海军中将曾担任英国贸易委员会的天气预报员长达十多年。他在 1865 年做的一次长期预报出现了很大的差错。骄傲易怒的菲茨罗伊被报纸狠狠地抨击了一顿。他再也无法忍受嘲笑，割断了自己的喉咙，成为早期气象学预测失败的牺牲者。尽管菲茨罗伊在"神创论"的争论中公开反对达尔文且两人已有八年未见，菲茨罗伊自杀的消息依旧让达尔文感到非常难过。达尔文脑海中会浮现出哪些他们年轻时共同经历的冒险呢？达尔文对胡克说："他有那么多优秀的品质，但职业生涯却那么悲惨。"

在对付忧郁症方面，达尔文也是个专家。这些年来他郁郁寡欢，疲惫不堪，病痛缠身。在痛苦的日子里，他仍笔耕不辍，与妻子、孩子们以及许多朋友的关系似乎并未受影响。要说有什么变化，那就是在往来邮件和笔记里，愈发体现出思想的开放性，愈发强调情感的重要、对孩子的尊重、对和谐家庭生活的重视。女儿记得他说过，他希望孩子们不会因为父亲说了什么就相信他的话是完全正确的。"他一生都对我们保持着愉快、亲切的态度。"儿子弗朗西斯写道，"我有时很惊讶他能做到那样，毕竟全家都习惯把感情藏在心底。我希望他知道我们有多么喜欢他那充满爱意的话语和举止……他会和已经成年的孩子们一起谈笑风生，允许孩子们取笑自己。总的来说，他和我们是完全平等的。"

很多人自我安慰：或许达尔文在生命的最后时刻会放弃进化论的异端邪说并忏悔。时至今日，仍有人虔诚地相信是这样的。相反，达尔文平静而毫无遗憾地面对了死亡。他在临终时说："我丝毫不惧怕死亡。"

家人希望把他葬在唐恩庄园，但 20 名国会议员在英国国教的支持下，请求他的家人把他葬在威斯敏斯特教堂。达尔文和艾萨克·牛顿的墓碑近在咫尺。你得把自己交给英国国教。这是多么优雅。他们似乎在说，尽管你对我们所认为的真理提出如此多的质疑，我们依然为你保留最高的荣誉——对纠正错误的尊重，正好是科学的特点——忠实于理想。

赫胥黎和伟大的辩论

1825 年，托马斯·亨利·赫胥黎出生于英国一个忙于生计且不太和谐的大家庭。当时的英国，阶级几乎决定了每个人的命运。两年的小学教育便是他所受的全部正规教育了。但他有着对知识的渴望和惊人的自律。17 岁时因一时冲动，赫胥黎参加了当地大学举办的公开比赛，获得药学会的银质奖章和查令十字医院颁发的奖学金。40 年后，他成了当时世界上最重要的科学组织——英国皇家学会主席。他在比较解剖学等领域做出了重大成绩，还顺便发明了"原生质"和"不可知论者"两个词。他一生致力于向公众教授科学。（据说不止一个上流社会的人为了能参加他为劳动人民举办的讲座故意穿得破破烂烂的。）他教导民众，对事实进行公正科学的检验就能推翻欧洲人所谓的种族优越性。美国南北战争结束时他写道，虽然现在奴隶获得了自由，但占人类物种一半的女性，尚未获得解放。[1]

赫胥黎对一个观点颇有兴趣，认为包括人类在内的所有动物都是"自动机"，即碳基机器人，其"脑组织的分子变化，会立即形成……意识"。达尔文在写给赫胥黎的最后一封信的末尾说道："再次诚挚地感谢亲爱的老友。我向上帝祈祷，希望世界上有更多像你这样的'自动机'"。

赫胥黎晚年曾坦露心迹道："如果我能被世人记住，希望是因为我'尽了最大努力帮助别人'，而不是因为其他原因。"实际上，他最让人印象深刻的是在那次激烈辩论中的妙语连珠，那次辩论使人们接受了达尔文的思想。

————————

20 世纪 30 年代好莱坞的一部电影重现了达尔文的一生。最高潮的一幕便是赫胥黎和威尔伯福斯的辩论：

---

[1] "女孩一直被当作男人的苦力或玩偶进行培养，要么就是男人头顶的天使。大自然并没有禁止平等，但教育管理者似乎并不想把女人教育成男人的同志、同伴、平等的人。"他说，要让世界变得更好，第一步就是"解放女孩"，"即便她们有了头脑"，她们的卷发也会"优雅依旧"。

《牛津日报》头版的一条消息写道："英国科学促进会年会将在明天举行。"报道的日期为 1860 年 6 月 29 日。头版开始像赌盘一样旋转，大家各执一词。

可以在头脑中想象，我们跟随着想象力丰富却有点鬼鬼祟祟的罗伯特·钱伯斯（约瑟夫·科顿饰）沿着牛津的街道前行。有人推搡了一下，他刚要生气，认出此人正是好斗的托马斯·亨利·赫胥黎（斯潘塞·特雷西饰）。赫胥黎坚定地支持他的朋友达尔文极富争议的理论，而这会在未来的一天使他得到"达尔文的斗牛犬"这个绰号。

钱伯斯是个无赖，他不停地问赫胥黎是否愿意去听德雷柏在英国科学协会会议上的发言，题目是《达尔文先生观点框架下的欧洲智力发展水平》。赫胥黎称自己太忙了。

钱伯斯故意说："'油嘴山姆'威尔伯福斯肯定会去的。"

赫胥黎越来越反感，强调参会无异于浪费时间。

钱伯斯狡猾地说："赫胥黎，难道你背弃了路线？"

赫胥黎有点被惹恼了，找个借口便离开了。

第二天，大礼堂的门被众人推开。人山人海中出现一个人的声音。镜头对准牛津主教塞缪尔·威尔伯福斯（乔治·阿利斯饰），对他来了个特写。他手指插在衣领上，转向赫胥黎（赫胥黎当然也在那里，虽然总说自己的日程安排不过来），谦和地请他解释："既然你声称继承了猴子的血统，请问是通过祖父还是祖母继承的？""祖母"这个词说得阴阳怪气的，周围众人预计有好戏可看，把目光转向赫胥黎。

赫胥黎仍然坐着，对身边人眨了眨眼睛，嘀咕道："上帝把这家伙交到了我手里。"他站起身来，直视威尔伯福斯的眼睛说道："我宁愿做两只猿猴的后代，也不愿做一个害怕面对真相的人。"

民众从未见过有人当面侮辱主教。大家震惊了，有女士晕倒，还有人挥拳相向。钱伯斯在人群中，洋洋得意。但是，等等！有人站了起来——竟是海军中将罗伯特·菲茨罗伊（罗纳德·里根饰），他在新西兰任总督，期满回国。"30年前，我在'小猎犬'号上与查尔斯·达尔文就他的疯狂想法进行争论。"他挥舞着《圣经》说："这个，只有这个才是一切真理的源泉。"现场更喧闹了。

现在轮到胡克（亨利·方达饰）了。"我15年前就听说了这个理论。我当时完全反对，一次又一次地唱反调。但从那时起，我开始努力学习自然历史。为了研究，我环游世界。当时，自然科学中有一些事实令我费解，后来竟都被这一理论逐一解释了。于是，我这个不情愿的皈依者逐渐被说服了。"

镜头从大厅移到树枝，一只小鸟落在上面。一个和蔼可亲的留着胡子的男人（罗纳德·科尔曼饰）亲切地仰望这只鸟。他戴着乡村绅士帽，披着斗篷。尽管已是六月的天气，却还围着围巾。他好像听不到妻子（碧莉·伯克饰）的声音，那声音尖细，充满深情，从镜头以外的大房子里喊道："查尔斯……查尔斯……特雷弗带来了牛津会议的消息。"他带着赞赏的神情回看了一眼那只小鸟，然后朝屋子走去。

第五章

生命只是一个三个字母的单词

是谁最初驱使生命开始它的旅程？

——《奥义书》

公元前 8 世纪到公元前 7 世纪，印度

谁深谙变数？

佛陀尚不能。

——千叶

1333—1408，日本

一缕阳光，即使空气静止，有时也能看到一群尘埃在其中翩翩起舞。它们蜿蜒前行，仿佛有生气，有动力，被某个微小但热切的目标推动。古希腊哲学家毕达哥拉斯的追随者认为每个微粒都有无形的灵魂，知道自己该做什么，就像他们认为每个人都有一个灵魂给我们指明方向，告诉我们该做什么一样。其实在拉丁语里灵魂的意思是"动物"——这与许多现代语言都有相似之处——英语中的"有生命的"和"动物"就是从这个词衍生出来的。

事实上，尘埃不会作决定，没有意志。它们不过是被无形的力量掌控。空气分子的随机运动将渺小的它们推推搡搡，一会儿轻碰这边，一会儿推推那边，就这样推动它们前进。在我们看来，这就好似尘埃既有前进的目标，又有些优柔寡断。与尘埃相比，较重的物体（例如细线或羽毛）就不会因空气分子的碰撞而受到太大的干扰；如果不被气流吹走，它们会直接掉落下来。

毕达哥拉斯学派欺骗了自己。他们不了解物质在微小层面上是如何运动的，因此推断出一个似是而非且过于简单的观点——幽灵在操纵生命之弦。环顾四周，能看到大量动植物似乎都为特定的目的而设计，致力于自身和后代的生存——它们进行着复杂的适应，让形式与功能完美适配。人们很自然地认为，地球上美丽、优雅、多姿多彩的生物背后有某种非物质力量。它如同一粒尘埃的灵魂，但要伟大得多，每一个有机体都由内部的某个设置妥善的精神所推动。全球许多文化都有类似的结论。但是，在这一点上，我们会不会像古代毕达哥拉斯学派那样，忽略了微观世界实际发生的事情呢？

我们可以相信动物或人类有灵魂而不相信进化论，反之亦然。但如果更仔细地审视生命，能否仅从原子构成的角度，至少了解一点它是如何工作、如何形成的呢？有"非物质"的东西存在吗？如果有，那它是存在于所有动植物中还是仅存在于人类？生命仅仅是物理和化学反应的微妙产物吗？

遗传信息

运用学过的知识，看看分子是如何形成的，就能知道它是做什么用的。即使在分子层面，形式也决定了功能。摆在我们面前的是一幅令人惊叹的、精细的设计图,用来建造复杂的分子机器。分子很长,由两条相互缠绕的链构成。每条链的长度为四个更小的分子组成的序列,即核苷酸——人类按惯例用字母 A、C、G 和 T 来表示。(每个核苷酸分子实际上看起来像一个环,或由原子组成的两个相连的环。)这样的序列一个又一个接续下去,有数十亿个字母。其中的一小段内容可能是这样的:

ATGAAGTCGATCCTAGATGGCCTTGCAGACACCACCTTCCGTACCAT
CACCACAGACCTCCT …

在其相反链上有着相同的序列,两条序列的 A 和 T 相互替换,G 和 C 相互替换。就像这样:

TACTTCAGCTAGGATCTACCGGAACGTCTGTGGTGGAAGGCATGGT
AGTGGTGTCTGGAGGA …

这是一种密码,一种仅含四个字母的长序列。字母之间没有空格——和古人书写习惯一样。在这个分子内部,有一种由特殊的生命语言写成的详细指令——确切地说是相同详细指令的两份拷贝,一旦你理解了简单的密码替换方式,一条链上的信息必定可以从另一条链上的信息中重建。这种信息是冗余、谨慎、保守的,它传递给人一种感觉,无论它说什么,都必须好好保存和珍惜,并要完好无损地传给后代。

几乎每一期《科学》或《自然》等顶级科学期刊都会发表最新发现的碱基序列,这些碱基序列是一些基因指令的组成部分,构成各式各样的生命形式。我们缓慢地阅读着基因库。人类基因组是遗传信息的藏书室,它逐步揭开面纱,但仍有太多未知:身体的每一个细胞都有一个完整的指令集用于制造你。这个指令集以压缩格式编码,只需一皮克(十亿分之一克)的分子,就能查明你从祖先——最早可以追溯到地球还是原始海洋时的最初生命——那里继承的一切东西。你的每个细胞的微型化遗传信息都含有和其他人几乎一样多的核苷酸构造材料,也就是我们所说的那几个"字母"。

所有密码子均为三个字母长。因此,如果在单词间插入隐含空格,则上面第一条消息看起来就是这样:

ATG AAG TCG ATC CTA GAT GGC CTT GCA GAC ACC ACC TTC CGT

ACC …

因为只有四种核苷酸（A、C、G、T），所以在这种语言中最多只有 4×4×4=64 种可能的密码子。如果密码子的排列顺序决定了信息的内容，那么几十个不同的密码子就可以通过排列组合表达无穷的内容。如果信息由多达十亿个精心挑选的密码子构成，又会是什么样子？但是，阅读信息时务必小心：由于单词之间没有空格，若从错误的位置开始阅读，意思肯定会发生改变，一条清晰的信息可能会变成胡言乱语。这就是为什么一个大分子含有一些特殊密码子，这些密码子表示"从这里开始阅读"和"读到这里为止"。

仔细观察该分子结构，会发现两条链偶尔展开或断裂并以可用的 A、C、G、T 原材料相互复制——就像存储在老式打印机盒中的金属字一样，现在有两对相同的信息，而不只一对。该分子不仅以一种语言体现着一个复杂而冗余的编码文本，它也是一台印刷机。

但如果无人解读，那信息有什么用呢？通过复制链接和重组，As、Cs、Gs 和 Ts 序列充当着工作指令和设计蓝图，来建构特定的分子机床。有些序列本身就是一种指令，让大分子扭曲、纽结，然后发出一组特定的指令。其他序列会确保指令与字母一致。许多三个字母的密码子会在周围的细胞中指定一个特定的氨基酸（就像表示开始的标点符号那样），密码子的编码决定了氨基酸的序列，该序列构成了蛋白质机床，掌控着细胞的生命。一旦这种蛋白质被制造出来，它通常会扭曲和折叠成一个三维状弹簧，以此发挥作用。另一种蛋白质会使其变形。这些机床的速率由长双链分子和外部环境决定，机床会以此速率自行剥离其他分子，建立新的分子，使分子信息和电信息向其他细胞传递。

人体内的大约十万亿个细胞。地球上几乎所有动植物和微生物的单调乏味的日常活动，都符合此种描述。微型机床能完成分子转化的惊人壮举。它们是亚微观的，由有机分子组成，与硅酸盐或钢组成的宏观层面迥然不同。在分子水平上，生命从一开始就意味着使用工具和制造工具。

这种能够自我复制的长双链分子是一组基因序列，携带了复杂的信息，看上去像串起来的珠子。从化学上讲，它是一种核酸（缩写为 DNA，代表脱氧核糖核酸）。这两条相互缠绕的链构成了著名的 DNA 双螺旋结构。DNA 中的核苷酸碱基称为腺嘌呤（adenine）、胞嘧啶（cytosine）、鸟嘌呤（guanine）和胸腺嘧啶（thymine），A、C、G 和 T 四个缩写便是由此而来。它们的名字可以追溯到很久以前，那时人们还不知道它们在遗传中的关键作用。例如，鸟嘌呤（guanine）就是以鸟粪（guano）命名的，它最初是从鸟粪中分离出来的。鸟嘌呤是一个双环分子，由五个碳原子、五个氢原子、五个氮原子和一个氧原子组成。任何一个细胞的基因中都有大约 10 亿个鸟嘌呤（和大约相同数量的 A、C 和 T）。

除了一些古怪的微生物，地球上每一个生物的遗传信息都包含在 DNA 中——一个令人钦佩，甚至是令人敬畏的天才分子工程师。一个（很长的）As、Cs、Gs、Ts 序列包含了构成人体的所有信息，黑猩猩身上也有着几乎完全相同的序列，狼或老鼠的基因序列也十分类似。相对来说，夜莺、响尾蛇、蟾蜍、鲤鱼、扇贝、连翘、梅花藓、海藻和细菌的序列稍显不同，不过仍拥有许多共同的 As、Cs、Gs、Ts 序列。一个控制或作用于某个特定遗传特征的典型基因可能有几千个核苷酸那么长。有些基因可能由上百万个 A、C、G、T 组成。它们的序列代表着某种化学指令，例如制造有机色素使眼睛呈现棕色或绿色，从食物中摄取能量，或者寻找异性的过程，都由此种化学指令所控制。

要问这种复杂的信息是如何进入我们细胞又是如何使细胞精确复制和服从指令的，等于在问：生命是如何进化的？《物种起源》首次出版时，人们还不知道核酸的存在，它们所包含的信息也直到下个世纪才被破译。它们是达尔文进化论的有效证明和决定性证据。散布在我们星球上的各种生命形式的 ACGT 序列是生命进化的部分历史，这里的历史不是指血液、骨头、大脑和基因工厂的其他制成品的历史，而是实际的生产记录。基因这位大师会自行指示各种生物，在不同的时代以不同的速率缓慢变化。

进化是保守的，不愿意篡改有效指令，故而 DNA 代码中甚至包含远古生物的基因文件（工作指令和设计图）。许多段落已经褪色。有些地方还有新的改写，透露着远古信息的遗迹。到处都能发现这样的序列，从信息的不同部分调换而来，在新的环境中呈现出不同的意义；单词、段落、页数、整卷书都被移动和重组。语境已经改变了。常见的序列从遥远的时代一直继承下来。在两种不同生物中,相应的序列差异越大,其亲缘关系就越远。

这些不仅是保存下来的生命编年史,也是进化变化机制的手册。对分子进化的研究(只有几十年的历史)能使我们破译地球上生命核心的记录。生物谱系就是按照这些序列写成的,使我们能回溯到数代之前,甚至生命最初的起源。分子生物学家已经学会解读它们,并以此确定地球上所有生命的深厚亲缘。核酸深处映照着祖先的影子。

现在让我们大致跟随博物学家洛伦·艾斯利踏上旅程:

> 沿着种族发展的黑暗楼梯往下走,走到时间的最底层,滑行,移动,用鳞片和鱼鳍在淤泥中打滚,然后从淤泥中爬出来。在最后一棵蕨类植物下,你发出低沉的呻吟和无声的嘶嘶声。你没有眼睛和耳朵,漂浮在原始的水中,感受你看不见的阳光,伸展用来吸收的触手,品尝水中含混的味道。

ACGT 密码子

某个特定的 As、Cs、Gs、Ts 序列负责产生纤维蛋白原,这关乎着人类的血液凝结。七鳃鳗长得像鳝鱼(尽管它们与人类的关系比鳝鱼与人类的关系要远得多);七鳃鳗的血管里也进行着血液循环,它们的基因里同样含有制造纤维蛋白原的指令。七鳃鳗和人类的最后一个共同祖先已经是 4.5 亿年前了。然而,人和七鳃鳗制造纤维蛋白原的大部分指令是相同的。若没有问题,生命是不会去修理的。分子机床之间确实存在一些差异,但并不重要——就像两台钻床的手柄的材料和品牌不同,但内部是相同的。

或者可以再看一个例子。以下是相同信息的三个不同版本,分别取自蛾子、果蝇和甲壳类动物的 DNA 的相同部分:

蛾:

GTC GGG CGC GGT CAG TAC TTG GAT GGG TGA CCA CCT GGG AAC

ACC GCG TGC CGT TGG …

果蝇：

GTC GGG CGC GGT TAG TAC TTA GAT GGG GGA CCG CTT GGG AAC ACC GCG TGT TGT TGG …

甲壳类动物：

GTC GGG CCC GGT CAG TAC TTG GAT GGG TGA CCG CCT GGG AAC ACC GGG TGC TGT TGG …

比较这些序列，回想一下飞蛾和龙虾的不同之处。但是这些不是飞蛾和龙虾下颚或足部的工作指令——这在蛾子和龙虾中是不可能相似的。这些 DNA 序列规定了分子夹具的构造，在分子机床的管理下新形成的分子在夹具上排列。在该层面上，飞蛾和龙虾的亲缘关系甚至可能比飞蛾和果蝇更近，这并非无稽之谈。飞蛾和龙虾的对比表明基因的改变是多么缓慢，基因指令是多么保守。在很久以前，飞蛾和龙虾的最后一个共同祖先在原始深渊里疾驰。

我们知道每一个由 3 个字母组成的 ACGT 密码子的意思——不仅知道它们所编码的氨基酸，还知道地球上生命所使用的编码规则和书写惯例。我们已经学会解读构成自己和地球上其他生命的指令。现在看看指令的"开始"和"停止"。在除细菌以外的生物体中，有一组特定的核苷酸决定 DNA 何时开始制造分子机床、应该转录哪些机器指令以及转录的速度。这种调控序列被称为"启动子"和"增强子"。例如，有一种特定的 TATA 序列就发生在转录即将发生之前。还有一些其他启动子 CAAT 和 GGGCGG。另有一些序列告诉细胞在哪里停止转录。

可以看到，用一个核苷酸替换另一个核苷酸可能只会产生轻微的后果——例如，用一个结构性氨基酸替换另一个（在机器的"手柄"上），不会改变蛋白质的功能。但这种替换也可能产生灾难性的影响：替换掉单个核苷酸可能会将制造特定氨基酸的指令转化为停止转录的信号；到那时，仅仅分子机床的一小部分出现问题就可能使细胞陷入麻烦。有着此种改变的有机体可能会留下更少的后代。

基因语言的精细和玄妙令人叹为观止。有时,相同序列中的相同字母所构成的相同信息,在不同的读取方式下能导入不同的功能:一份的价格便能买到两份不同的文本。没有哪种人类语言像基因语言这样聪明。这就好像英语中把同一个长文段进行两种不同的断句,意思便完全不同一样,比如

ROMAN CEMENT TOGETHER NOWHERE ……(罗马到处都是水泥)

和

ROMANCEMENT TO GET HER NOW HERE ……(浪漫把她带来这里)

基因语言比这还要厉害得多。两种模式下,每一页都非常清晰,语法完美,我们认为这超出了任何一位人类作家的写作技巧。读者朋友们不妨尝试一下。

在"高等"生物中,许多长序列似乎没有任何基因功能和意义。它们在一个"终止密码子"之后,下一个"起始密码子"之前,通常被忽视,被遗弃,且不会被转录。也许这些序列是很久以前远古祖先遗留下来的,对生存很重要甚至是关键的指令,但今天已经弃置不用了。[1] 由于毫无用处,这些序列进化得很快:它们的突变不会造成伤害,也不会被选择。其中一些或许仍然有用,但也仅限于特殊情况。人类大约 97% 的 ACGT 序列是毫无用处的。就基因而言,剩下的 3% 决定了我们是谁。

As、Cs、Gs 和 Ts 的功能序列之间惊人的相似性在整个生物世界中随处可见。该相似性表明地球生命的显著多样性之下隐藏着基本的同一性。很显然,这种同一性必然存在,因为地球上的所有生物都是 40 亿年前同一祖先的后裔;因为我们都具有亲缘关系。

但是,如此优雅、微妙和复杂的机器是如何产生的呢?答案的关键在于这些分子能够进化。当一条链复制另一条链时,有时会发生错误,错误的核苷酸(比如把 A 误写成了 G)会被插入新构建的序列中。其中一些真的是由

1　英语单词里不发音的"gh",例如 thought(思想)和 height(高度),以及"k",例如 knife(刀)或 knight(骑士),曾经都是需要发音的,但今天它们只不过是语言进化的痕迹。类似情况出现在法语中,法语正在逐步淘汰回旋音和塞迪拉音,近几十年汉语和日语的简化也体现了这种情况。然而,那些没有功能的基因序列并不仅仅是一些随处可得的字母,而是大量过时或混乱的信息——就像古代亚述人关于如何制造战车车轴的混乱描述,出现在了近年产生的无意义信息里。

于复制时出现了错误——虽然这个机器已经很好了,仍然无法做到尽善尽美。还有些是由宇宙射线及其他辐射引起,或是由环境中的化学物质引起的。温度的升高可能会略微加快分子的分解速度,这也可能导致错误。甚至核酸会产生一种改变自身的物质从而导致错误——这可能改变数千或数百万个核苷酸。

信息中未得到纠正的错误会传播给后代。它们是"真实品种"。这些As、Cs、Gs 和 Ts 序列的变化,包括单个核苷酸的改变,被称为突变。它们将一种基本的不可降低的随机性引入生命的历史和本质中。有些突变既无益也无害,例如,有些发生在包含冗余信息的长而重复的序列中,有些发生在我们所说的分子机床的手柄中,有些发生在终止密码子和起始密码子之间的未转录序列中。许多其他的突变是有害的。假设你正在制造一流的机床,有人在你不注意的时候在计算机制造指令中混入了一些随机变量,那么根据这些新的混乱指令制造出来的机器便不太可能超越这之前制造的。在一组复杂的指令中,一定量的随机更改会造成严重的危害。

但如果运气好的话,一些随机的改变可能是有利的。例如上一章中提到的镰状细胞特征,这种特征是由 DNA 中单个核苷酸的突变引起,突变使血红蛋白中的某个氨基酸产生了差异,正是核苷酸帮助血红蛋白进行编码;这种突变改变了红细胞的形状,干扰了它携带氧气的能力。但与此同时,它最终杀死了细胞中的疟原虫。仅仅是把一个特定的 T 变成 A,就能造就一个独立的突变。

当然,不仅仅是红细胞中的血红蛋白,人体的各个部分,生命的方方面面,都由特定 DNA 序列指导。每个序列都容易发生突变。其中一些突变比镰状细胞特征的影响更深远,另一些则影响略小。大多数突变是有害的,仅少数有益,但即便是有益的突变(比如镰状细胞突变)也可能是一种无奈的折中。

这是生命进化的主要手段——将复制中的缺陷加以利用,即便要付出代价。现在,人类不会再这样做了。这种特殊的创造不像是神的旨意。突变没有计划,也没有特定的方向;它们的随机性让人不寒而栗;即便有进展,也是十分缓慢的。这个过程牺牲了那些因为新的变异而不能适应环境的生物——跳不高的蟋蟀、翅膀畸形的鸟、气喘的海豚、得病的大榆树。为什么突变不能更有效、更富同情心呢？为什么对疟疾的抵抗一定会导致贫血？我们希望进化能朝好的方向进展，制止这种无止境的残酷行为。但生命并不知道它要朝什么方向发展。它没有长期计划，也没有预想中的终点。这一过程与我们发展科技的过程迥然不同。生命放荡不羁、缺乏规划；在这个层面上，生命对正义嗤之以鼻。牺牲再多生命也承受得起。

基因变异与进化

不过如果突变率太高，进化会进行不下去。在任何给定的环境中，突变率必须达到一个微妙的平衡——若突变率过高，最基本的分子机床将会变得混乱；若突变率过低，生物无法适应变化的外部环境，就会死亡。

巨大的分子产业可以修复或替换受损及突变的 DNA。在一个典型的 DNA 分子中，每秒钟有数百个核苷酸被检查，许多核苷酸替换或纠正。核苷酸会自行校对错误，这样每十亿个被复制的核苷酸中就只有一个错误。这种质量控制和产品可靠性的标准，在出版、汽车制造或微电子领域都鲜能达到。（这么厚的一本书，包含大约 100 万个字母，竟然没有印刷错误，真是闻所未闻；美国制造的汽车变速箱 1% 的故障率很常见；先进的军事武器系统通常需要约 10% 的时间进行停机维修。）这种校对与校正机制专注于某些积极参与控制细胞化学成分的 DNA 片段，而基本忽略那些没有功能、大多数未转录或"无意义"序列。

未修复的突变在这些通常保持沉默的 DNA 区域持续积累，若这种积累不被"停止"，序列启动，指令执行，则这些持续积累的突变（当然也有其他因素）可能导致机体患上癌症等疾病。长寿的生物（比如人类）对修复沉默区域投入了相当多的精力；而寿命较短的生物则不然（比如老鼠），它们死时体内常常长满了肿瘤。长寿和 DNA 修复相关联。

假设一个早期的单细胞生物漂浮在原始海洋的表面，长期受到太阳紫

外线辐射。它的一小段核苷酸序列读起来是这样的,

····· TAC TTCAGCTAG ·····

当 DNA 受到紫外线照射时,它通常会通过另一路径将两个相邻的 T 核苷酸结合在一起,阻止 DNA 行使其编码功能,并妨碍其自我复制的能力:

····· TACCAGCTAG ·····

分子会打结。在许多生物体中,修复酶用于修复损伤。有三到四种不同的修复酶,每一种专门修复不同类型的损坏。它们会剪掉致病的片段及其相邻的核苷酸(比如 CC),用一个未受损的序列(C TTC)取代它。保护遗传信息并确保它能够高度还原地自我繁殖是当务之急。否则对生物体适应环境至关重要作用的序列及可靠的指令可能很快会因随机突变而丢失。校对和修复酶可以纠正许多原因造成的 DNA 损伤而不仅仅是紫外线造成的损伤。它们可能很早就进化了,那时候没有臭氧层,太阳紫外线辐射是地球上生命的主要威胁。早期,救援小组本身肯定也经历了激烈的演变竞争。如今,在一定程度的辐射和化学毒物的威胁下,早期的演化收效甚好。

有利的突变很少发生,有时(尤其是在快速变化的时候),提高突变率可能会增加有利突变。在这种情况下,突变基因本身也可能被选择性地保留,也就是说,那些具有活跃突变基因的物种提供了更广泛的可供选择的生物菜单,而且提供得更快。基因突变并不神秘,例如,某些基因通常负责校对或修复。如果它们没能起到纠错的作用,突变率自然会上升。稍后会讲到一些突变基因编码 DNA 聚合酶,它们负责高保真地复制 DNA。如果该基因损坏,突变率可能会迅速上升。一些突变基因把 As 变成 Gs,把 Cs 变成 Ts,或者反过来。一些突变基因删除部分 ACGT 序列,另一些则完成了移码,这样遗传密码就被读取了,按惯例每次三个核苷酸,但是从某个点开始偏移一个核苷酸——所有信息都因此改变了。

这是一种自我反思的天赋。即便是非常简单的微生物也有这种才能。条件稳定时,会强调复制的精准度;出现需要处理的外部危机时,一系列新的遗传变化就会产生。微生物看似意识到了自己的困境,实则对情况全然不知。具有合适基因的生物更易存活。突变较活跃的个体在平和稳定的时

期往往会死亡。他们被选择性淘汰。在快速变化的时代,不易突变的个体也会被选择性淘汰。自然选择诱发、唤起、引出了一系列复杂的分子反应,看似有远见、智慧、俨然一位精于基因修补的分子生物学大家,其实发生的一切都是突变和复制与变化的外部环境相互作用的结果。

进化与环境变化

有利的突变出现得非常缓慢,所以重大的演进通常需要很长时间。事实证明突变确实需要足够多的时间。在一百个代际中不可能完成的过程,可能在几亿代中必然发生。达尔文在 1844 年写道:"大脑无法透彻理解 100 万年和 1 亿年这两个术语的含义,因此也无法整体考量那些连续的微小变化有何影响,毕竟这些变化的积累从无数代之前就开始了。"

达尔文写这篇文章的时候,时间尺度的问题令人生畏。维多利亚时代晚期最伟大的物理学家开尔文勋爵权威地宣布,太阳作为地球生命的源泉,其年龄不可能超过 1 亿年(后来降为 3000 万年)。他提出的定量论证,加上他的巨大威望,震慑到了包括达尔文在内的许多地质学家和生物学家。开尔文问道,是直观的物理学犯错的可能性大,还是达尔文犯错的可能性大?开尔文的物理学实际上没有错,但他最初的假设是错误的。他认为太阳之所以发光是因为陨石和其他碎片落入其中。但在开尔文热核反应时代,物理学中没有一丝太阳发光原理的线索;人们甚至都不知道原子核的存在。直到 20 世纪的头十年,人们还认为地球的年龄只有 1 亿年,而不是 45 亿年;还认为哺乳动物在 300 万年前取代了恐龙,而不是 6500 万年前。

基于这些错误的观念,达尔文的批评者们认为,即使进化论在原则上行得通,也没有足够多的时间让它在实践中发挥作用[1]。试想在一个不到一万年前创造的地球上,一个物种怎么可能演化为另一个物种,突变的缓慢积累

1　在放射性年代测定法发明之前,物理学家完全无法确定正确的时间尺度。达尔文的儿子乔治是潮汐和引力方面的权威专家,他部分驳斥了"月球历史证明地球太年轻以至于无法进行大量生物进化"的说法。在地球、月球和小行星的样本中,有几种不同的放射性时计;附近星球上有大量的撞击坑;我们对太阳演化的理解——这些都表明地球有 45 亿年的历史。

怎么可能产生地球上各种各样的生命形式呢？不管是作为信仰的表达，还是作为合理的科学，这听起来都很有道理：每个物种都一定是由同一造物主创造的，而这个造物主在宇宙创造之前只有片刻的时间来创造生命。

海浪击碎岩石，风使岩石风化，熔岩从火山侧面流下——如果地球只有几千年历史，这些过程便不可能这般改变我们星球的表面。哪怕只是不经意的一瞥，就能发现地球地貌的深刻改变。所以如果照《圣经》年表，世界在公元前4000年左右形成，那么灾变论者倒变得有理了，有理由相信在更早的历史中发生过不为今人所知的巨大灾难。之前提到的诺亚时代的洪水便是一个流行的说法。然而，如果地球存在有45亿年了，随着时间的推进，微小而难以察觉的变化便可能累积，完全改变我们星球的地貌。

一旦地球这场大戏的时间尺度扩展为以数十亿年计，许多过去看来不可能的事如今都能完美解释——每个现象都是诸多看似无关的事件有机联结的产物——螨虫的脚步声、尘埃的沉降、雨滴的飞溅。如果风和水每年磨损掉山顶0.1毫米的高度，那么地球上最高的山在1000万年后将被夷为平地。灾变论让位给均变论，均变论得到了莱尔在地质学上的支持和达尔文在生物学上的支持。大量随机突变的积累现在被认为是必然发生、不可避免的。人们不再相信大灾难的存在，特殊创造在地质学和生物学上都成了一个不必要的、冗余的假设。

不少均变论的拥护者否认曾发生过迅速而猛烈的生物变化。正如赫胥黎写道："根本没发生大灾难，没有所谓的毁灭者把某个时期的生命一扫而空，然后用全新的创造取代；真相不过是一个物种消失，由另一个物种取而代之；随着时间的推移，一种结构的生物减少了，另一种结构的生物增多了。"现代证据显示他的观点就地球历史的大部分时间而言基本都对——存在矫枉过正的情况：诚然可以承认缓慢累积的环境变化的重要性，但无须武断否定偶尔发生全球大灾难的可能性。

近年来，各种证据越发清晰地显示出灾难确实曾席卷地球，造成了地貌和生物的巨大改变。岩石中记录的世界范围内的显著不连续性，很容易用这种大灾难来解释；地球上生命形式的突然转变，发生在同一个时期，人们由此认为这个时期发生了大规模的灭绝和死亡，也是很自然的。（其中二叠纪晚期是最极端的例子，而白垩纪晚期是最著名的例子，那时恐龙灭绝了）。然后，之前的生态系统被新的生物群落取代。化石记录表明，长期、缓慢的进化变化常常被更罕见的、偶发的快速变化所打断，即尼尔斯·埃尔德雷奇和斯蒂芬·J.古尔德的"间断平衡假说"。在这颗星球上，灾变和均变都发挥着各自的作用。"突发"和"缓慢而持续"看似势不两立，但真理总包含两个看似对立的极端，这一点也常见于其他诸多事物中。

特殊创造的观点并没有因这种新平衡得到强化。对那些对《圣经》咬文嚼字的人来说，灾变论是尴尬的：它暗示了神的计划不管是设计还是执行皆非完美。大灭绝让幸存下来的物种迅速进化，占据了以前因竞争而无法进入的生态位。有灾难也好，没灾难也罢，艰苦的突变选择还在继续。但整个物种、整个属、整个家族以及生命指令的消灭，突变、生命的分子机制的不幸，以及被化石记录下的进化乐章（比如三叶虫或鳄鱼）的随机性，揭示了一种试探性和犹豫性，一种举棋不定的态度，这似乎与无所不能、无所不知的创造者的手法不相吻合。

从解剖学看进化论

为什么许多洞穴鱼、鼹鼠和其他永久生活在黑暗中的动物都是眼盲或基本眼盲的？起初这个问题似乎没有必要提出，因为在黑暗中，眼睛的进化不会受到适应性的奖励。但有些动物确实有眼睛，只是眼睛在皮肤下面不起作用。有些动物根本就没有眼睛，尽管从解剖学角度看，它们的祖先显然是有的。答案似乎是它们都是从有视力的生物进化而来，进入了一个新的有希望的栖息地——比如，没有竞争者和捕食者的洞穴。在那里经过了多代，视力丧失不会受到任何惩罚。假设你是盲人，生活在一片漆黑中，会怎样呢？致盲突变可是一直都没停过（在视觉的遗传指令中有许多可能的故障——在眼睛、视网膜、视神经和大脑中），这种突变不会被选择性淘汰。"独眼龙"在黑暗王国里没有优势。

同样的道理,鲸鱼身体内部有很小的完全无用的盆骨和腿骨,蛇有四个退化的内足。(在非洲南部的曼巴树林中,能看到蛇退化的四肢末端有爪子穿过鳞片状的皮肤。)如果靠游泳或滑行行动,不再行走,脚的萎缩突变并无危害。此种突变不会被选择性淘汰。它们甚至可能被选择性保留(当试图游入一个狭窄的洞穴时,可能会被脚绊住)。或者,如果你是一只鸟,发现自己在一个没有捕食者的岛屿上,一代又一代,翅膀萎缩并不会有什么后果(直到欧洲水手到来,用棍棒将它们全部打死)。

突变持续发生,导致各种功能的丧失。如果这些突变不会带来坏处,它们就能在群体中得以保存。有些突变甚至是有用的——就像扔掉不再使用的机器,也就省了保养的麻烦。同时,必定有大量的突变会导致生物机能不全或主要功能障碍,导致该生物无法在胚胎阶段存活下来。它们在出生之前就死了,在生物学家研究它们之前就被自然淘汰了。无情、严酷的筛选每天都在身边发生。选择是一门艰苦的课程。

进化是不断试错——成王败寇;进化是岁月悠悠——时间会解决一切。如果你复制、突变,然后复制你的突变,就一定会进化。你别无选择,唯有不断胜利,才能继续这场生命的竞赛——留下后代(或关系较近的亲属)。只要一次代际的中断,你和你那特定的、独特的 DNA 序列就会被判死刑。

从语言的发展看进化论

这本书的英文版本是用一种主要源自中欧的语言[1]印制的,其文字可以追溯到西亚。但这完全是历史的偶然事件。如果古代近东没有繁荣的商业文化,没有系统记录各项商业交易的需要,字母表或许不会发明出来。阿根廷人说西班牙语,安哥拉人说葡萄牙语,魁北克人说法语,澳大利亚人说英语,新加坡人说汉语,斐济人说乌尔都语,南非人说荷兰语,千岛群岛人说俄语,只是因为历史事件发生的偶然顺序,有些是完全不可能发生的。如果他

---

1 原书用英语写就。——译者注

们开设了不同的课程,今天这些地方可能还会讲其他语言。西班牙语、法语和葡萄牙语的产生归功于罗马帝国的野心;如果不是撒克逊人和诺曼人一心要征服海外领土,英语就会大不相同……类似的例子不胜枚举。语言取决于历史。

通过简单的物理原理不难理解:地球般大小的行星一般是球体而非立方体;太阳大小的恒星主要发出可见光;水在地表的温度和压力下可能是固体、液体和气体。这些不是偶然真理[1]。它们并非由有可能出现两种不同情况的特定事件顺序决定。物理实在[2]具有持久性和稳定性,并且十分规律;而历史实在[3]往往变化无常,难以预测,我们所知道的自然法则也无法严格左右它。在历史事件的发展过程中,意外和偶然大概扮演了重要的角色。

生物学更像语文和历史,而不是物理或化学。为什么每只手都有五个手指? 为什么人类精细胞尾部的横截面看起来很像单细胞的绿眼虫? 为什么大脑像洋葱一样分层? 这些都牵涉了历史偶变中的重大事件。你可能会说在研究单一对象的学科里,比如物理,我们可以找出潜在的定律,并应用到宇宙的任何地方,但是,在语文、历史和生物等研究对象较为复杂的学科里,自然规律或许仍然存在,但我们的才智尚不足以发现——尤其是在研究对象纷繁混乱,而距今遥远又难以获知的初始状态对该研究对象的现状影响很大的情况下,发现隐藏的自然规律尤为困难。为此,我们发明了"偶然真理"来掩盖自身的无知。这种观点或许有一定的可信度,但不一定完全正确,因为历史学和生物学通过某种物理学做不到的方式"记住"了某些东西。人类共享一种文化,他们记住学到的技能并付诸实践。生命复制了前几代的适应性,并保留了源自数十亿年前的有用的 DNA 序列。我们通过充分了解生物学和历史,认识到强大的随机成分,即由高保真复制保存下来的偶然性。

1　理性真理与事实真理亦称必然真理和偶然真理。莱布尼茨首次提出。——译者注
2　物理实在(physical reality)指的是标志物理客体的概念。物理实在的观念是由人们对感性知觉间接得到的物理客体的知识进行理论的思维而形成的。它随着物理学的发展而发生改变。——译者注
3　当代西方一些历史学家对传统史学思想和唯物史观的泛称。——译者注

从 DNA 合成看进化论

DNA 聚合酶是酶的一种。它的工作是协助 DNA 链进行自我复制。它本身是一种由氨基酸组成的蛋白质，按照 DNA 的指令制造。即 DNA 控制着自我复制。你体内的生化供应点正在"销售"DNA 聚合酶。聚合酶链反应是一种实验室技术，通过改变 DNA 分子的温度来解压 DNA 分子，然后聚合酶帮助每条链进行复制。每个副本又依次解压并复制自己。在这个重复过程中的每一步，DNA 分子的数量都会翻倍。在 40 步以后，一个原始分子会产生一万亿个副本。当然，在这个过程中发生的任何突变也会被复制。因此，聚合酶链反应可以在试管中模拟生物演进[1]。也可以用其他核酸做类似的实验：

我们面前的试管里是另一种核酸——一种单链核酸。它被称为 RNA（核糖核酸）。它不是双螺旋结构，不需要解压缩进行自我复制。核苷酸链可以绕着自己连接，首尾相连，形成一个分子圈。它可能呈现发夹等其他形状。在这个实验中，RNA 分子和它的同伴在水中混合，其中添加了其他分子来协助它，包括用于制造更多 RNA 的核苷酸积木。RNA 被溺爱、被逗乐、被小心翼翼地处理。它非常挑剔，只有在非常特殊的条件下才会施展魔法。但它确有魔力。在试管中，它不仅自我复制，还能充当其他分子的"婚姻中介"。它甚至还提供更私密的独家服务，为形状奇特的分子提供平台或婚床，让它们结合，相互适应。这是分子工程的一个工具。这个过程叫作催化作用。

这种 RNA 分子是自我复制的催化剂。为了控制细胞的化学性质，DNA 必须监督细胞杂化物的构造。杂化物是一种不同类别的分子，一种蛋白质，它们是之前讨论过的催化工具。DNA 制造蛋白质是因为它不能自我催化。

---

1 该技术还被用于从古生物的残留物中获取少量的 DNA，例如从乳齿动物遗骸的肠道中提取细菌，并复制足够多的副本以便对其进行研究。甚至有人提出，保存在琥珀中的吸血昆虫，可能曾叮咬过恐龙，我们有一天可能会从中了解恐龙的生物化学，甚至（对此进行了激烈的辩论）可以以某种方式重建灭绝了 1 亿年的恐龙。但即便在最理想的环境中，这在近期也还不太可能实现。

不过,某些种类的 RNA 本身就可以充当催化工具。制造催化剂或成为催化剂,意味着以最小的投资获得最大的回报:催化剂可以控制数百万其他分子的产生。如果你制造了一种催化剂,或者你是一种催化剂(一种合适的催化剂),你就拥有了一条很长的杠杆,足以撬动你的命运。

今天的实验室里正在进行一些实验,试图或多或少地在试管中重现 RNA 分子一代又一代的复制过程。突变不可避免,而且比 DNA 中发生的频率高得多。大多数突变的 RNA 序列几乎不会留下任何副本,这是因为指令的随机变化很少是有益的,就像前文提及的那样。但偶尔会有一种分子出现,帮助自己进行复制。这样一种新变异的 RNA 可能比它的同伴复制得更快、保真度更高。我们不关心单个 RNA 分子的命运(它们可能会引起大家的好奇,但不容易博得同情),只希望整个 RNA 家族能够进步,这正是我们的实验意图。大多数发展线会消失。其中一些适应性更强,留下许多副本。这些留下的分子会慢慢进化。一种具有自我复制能力和催化作用的 RNA 分子可能是大约 40 亿年前古代海洋中的第一个生物,它的近亲 DNA 是后来进化的改良版。

在一项不使用核酸合成有机分子的实验中,研究人员发现了两种密切相关的分子,它们利用研究人员提供的分子构建块进行自我复制。这两种分子既合作又竞争:它们可能帮助对方复制,但同时也在寻找同一种数量有限的建材。当普通的可见光照射到这个亚显微镜的场景时,其中一个分子发生了突变,它变成了一个稍显不同的分子,继续复制——它完全复制了突变后的自己,而不是突变前的祖先。事实证明,这种新品种比其他两种遗传系更擅长自我复制。突变系迅速击败了其他系,致使其他系的数量急剧下降。试管里包含复制、突变、突变复制、适应等过程,还有进化(这个词再怎么强调也不为过)。这两种并不是构成我们的分子,也许与生命的起源并不相关。很可能还有许多其他分子能够更好地复制和突变。但是,我们为什么不认为这个分子系统是有生命的呢?

40 亿年以来,自然界一直在进行着类似的实验,并在成功的基础上进一步发展。

自然选择与进化论

哪怕是最初步的复制成为可能，一个强大的引擎都会进入这个世界。例如，我们可以想一下地球上原始的富含有机物质的海洋。假设我们要把一个有机体（或一个自我复制的分子）扔进去，这个有机体比一个当代的细菌要小得多。这个微小的生物分裂成两部分，它的后代也是如此。在没有捕食者且有充足食物供应的情况下，它们的数量会呈指数级增长。这种生物和它的后代只需要大约100代就能把地球上所有的有机分子都吃掉。现代的细菌在理想条件下可以每15分钟繁殖一次。假设在早期的地球上，第一个生物一年只能繁殖一次。然后，在仅仅一个世纪左右的时间里，整个海洋中的所有自由有机物都会被消耗殆尽。

当然，早在那之前，自然选择就已经开始了。在这种选择里，你必须与同类竞争，例如在海洋中，用来构成食物的预成型的分子积木正在减少。还可能发生掠夺行为，稍不注意，其他生物就会抢劫你，把你大卸八块，撕成碎片，然后把你的分子用于它自己可怕的目的。

大部分进化过程可能需要一百代以上。但是指数级复制的破坏性变得很明显：当数量很少的时候，生物可能只是偶尔参与竞争；但在指数级复制之后，大量的种群产生了，激烈的竞争就这样发生了，无情的选择开始发挥作用。高人口密度下的环境和做法与人口稀少时那友好和愉快的生活方式十分不同。

外部环境在不断变化，原因很多——一是条件有利时人口会大量增长，二是其他生物的进化，三是滴答作响的地质和天文时钟。所以不存在所谓的生命形式对"环境"的永久、最终或最佳适应。但凡不是在最受保护的稳态中，都必须进行无穷无尽的适应。无论其内在情况如何，从外表上看，这都是 场生存斗争，也是成熟生物之间为确保后代存活而进行的竞赛。

你可以看到，这个过程往往是偶然的，机会主义的——没有预见性，不知道任何未来的结局。进化的分子并不会提前计划。它们只是保持生产线的稳定,偶尔会出现稍显优化的个体。没有谁——不论是有机体、环境、地球还是"自然"——会认真考虑这个问题。

这种进化上的短视可能会导致困境。例如,它可能会抛弃一种适应性特征,这种特征完全适合一千年后的下一个环境危机(可惜没有谁能预判)。但你必须得先过了眼前这道坎,才有可能到达一千年以后。一次解决一个危机是生命的座右铭。

论无常

如果我们永远活着,如果化野寺之露水永不消散,鸟部山的火葬烟永不褪色,人们就不会对事物感到遗憾了。 生命之美在于它的无常。

人是所有生物中寿命最长的……哪怕只是一年的平静岁月,似乎也很长了。 然而,与对世界的爱相比,千年光阴不过一宿春梦。

——吉田兼好

《徒然草》(1330—1332)

第六章

我们和他们

你我之间，切不可纷争……因为我们是弟兄。

——《创世纪》13:8

狮子与人之间没有契约。

——荷马，《伊利亚特》

地球上最早期的生物

地球上的生命究竟有多个起源还是单个起源是个难以参透的深奥谜题。据我们所知,曾有数百万计的物种或生不逢时或无路可走。这些无人哀悼的古老谱系转瞬间便被新兴物种取代。很明显,地球上所有生命都只有一条遗传线。每一个生物都是其他生物的亲属,一位远房表亲。若我们去比较地球上所有生物的运作模式、构建方式、组成成分、基因语言,特别是它们的设计图和分子工作指令,就会发现其太多相似之处。可见所有生命都有着亲缘关系。

我们把目光投向最早期的生物。它们不可能是像现代 DNA 或 RNA 般纯种和骄奢的一系列自我复制分子——这些分子在复制和校对信息方面效率极高,但只能在现代生物所依赖的严格控制条件下进行。最初的生物必定粗陋、迟缓、粗心、低效——仅够完成自我复制而已,便大胆开始生命旅程。

在某些阶段,可能是非常早期的时候,仅有一个分子对生物体来说是不够的,不管这个分子多么天赋异禀。为了精确地按碱基字母指令运作,为了高保真地进行复制,还需要其他分子——从邻近的水域冲刷出积木,并将它们堆砌成想要的样子;或者像 DNA 聚合酶一样在复制过程中充当助产士;又或者对全新的遗传指令进行校对。但是如果这些辅助分子不断飘到海里,可不是什么好事。你需要的是一张罗网,把有用的分子困住。要是你能用类似单向阀一样的膜把自己包起来,使有用的分子只进不出……确实有的分子能做到这一点,例如,它们的一侧具有亲水性,一侧具有疏水性。它们在自然界中很常见,一般会呈现小球状。它们是今天细胞膜的基础。

最早的细胞虽然能够同时繁殖和分裂,但不可能有人类那样的意识。不过它们仍有特定的行为习惯。当然,它们知道如何自我复制;如何将不同于它们的外部分子转化成内部分子。它们专注于提高复制的精确度和新陈代谢的效率。有些甚至能分辨光和黑暗。

分解从外界吸收的分子,即消化食物,只能逐步、稳妥地进行,每一步都由特定的酶控制,每个酶又由其自身的 ACGT 序列或基因控制。然后,这些基因必须和谐地一起工作,否则它们都活不到未来。例如消化一个糖分子,需要几十种酶精心协作,每一种酶都要接上前一种酶的工作,每一种酶都由特定的基因制造。任何一个常见系统的单个基因的缺陷对整个机体都可能是致命的。酶链的强度取决于它最薄弱的一环。在这个层面上,基因一心一意地致力于"部落"的集体福祉。

早期的酶必须具有鉴别能力,必须小心翼翼,不去分解那些与自身十分相似的、构成它们生命体的分子。如果消化了自己(例如你的 DNA 的一部分糖),就繁衍不了那么多后代了。如果不去消化其他分子(便捷地储存有机原料和分子粮食的那些分子),可能也不会繁衍出很多后代。35 亿年前的细胞一定知道"我"和"你"之间的区别。而"你"比"我"更值得牺牲。那是一个狗咬狗的社会,至少是一个微生物与微生物相食的世界。但是等一等……

大概在 20 亿或 30 亿年前,一个生物可以与另一个合并为一个整体。一个会贴紧另一个,细胞壁或细胞膜会皱起,小的会发现自己被大的吞并了。毫无疑问,各种消化的尝试都取得了不同程度的成功。假设你是原始海洋中一个较大的单细胞生物,你就这样吞噬了一些光合作用细菌,这些细菌是些微小的专家,懂得如何利用阳光、二氧化碳和水来制造糖和其他碳水化合物。如果你在吸收糖的方面比竞争对手做得更好,就能留下更多的后代(糖是复制你的基因指令并为你提供能量的关键组成部分)。

再假设这些消化细菌(最新的、坚固的、防锈的细菌)并不想屈服于你的消化酶。它们认为自己已经找到了进入分子伊甸园的途径。你保护它们不受许多敌人的伤害;因为你是透明的,阳光穿过你照耀到它们;周围有大量的水和二氧化碳。所以在你体内,细菌继续进行光合作用。有些糖从细菌里面漏出来供你使用,对此你很感激。其中一些会死亡,它们内部的分子会流出来,也可供你使用。其他的则繁衍生息。当你繁殖的时候,它们中的一些会进入你的后代体内。虽然在还没有被"写入法律"(因为这些安排还没有编码到核酸中），但事实上你的后代和它们的后代之间已经达成了互相协作的共识。

这对双方来说都是一笔好买卖。它们在你体内开了个小吃摊，你没有任何损失。你为它们提供了一个稳定和受保护的环境（只要你不消化掉你的客人）。经过许多代人的进化，你已进化成一个完全不同的生物。当你繁殖时，你体内小小的、进行光合作用的绿色植物也在繁殖，这些植物显然是你的一部分，却与你明显不同。你们已经成为合作伙伴了。这种情况在生命史上似乎发生过6次或更多，每一次都诞生了新的大型植物类群。

今天每一种绿色植物都有这样的内含物——叶绿体。它们仍然很像那些自由生活的单细胞细菌祖先。自然界中几乎所有绿色都是由叶绿体产生。它们是生命的光合引擎。人类为自己在这个星球上的主导地位感到自豪，但从某种意义上说，是这些微小的生物（完美的行事低调的客人）主宰一切。没有它们，地球上几乎所有的生命都会死亡。

它们对宿主做出了许多让步。它们达成了长期有效的互助协议，称为共生关系。双方彼此依赖。尽管如此，叶绿体仍是细胞的后来者。它们独立起源的最显著的标志，是它们的核酸与植物细胞自身的核酸之间的差异，尽管它们在很久以前有一个共同的祖先。它们有着在联合之前各自独立的早期进化特征，这点显而易见。最初的叶绿体似乎来自一种具有光合作用的细菌，与现今生活在叠层石群落中的细菌非常相似。

单细胞生物

在显微镜下观察这些单细胞生物，你会被它们的自信所震撼。它们似乎很清楚自己要做什么。它们会游向光亮，攻击猎物，或挣扎着逃离敌人。它们是透明的，可以看到其内部，DNA驱动的原生质发条让它们运转。它们把遇到的食物转化成所需的分子（以获取能量、制造器官和繁殖），这完全是一种炼金术！其中的植物不是随意地将空气、水和阳光转化为自身的一部分，而是按照特定的配方——这些配方多到能写成多册有机化学和分子生物学教材。每一个都只是一个细胞，没有器官，没有大脑，没有时髦的谈话，没有诗歌，没有更高的精神价值——然而，相比于我们人类自吹自擂的技术，它们可以在没有任何明显意识的情况下，更精准地沿着化学线向前发展。

还有一件事是它们能做到而我们做不到的。它们可以永生，八九不离十。这些无性的单细胞生物通过分裂——不是核分裂，而是生物分裂——进行繁殖。一个小小的沟壑或凹痕出现了，沿着单细胞生物的中央向下延伸。内部基本上是平均分开，突然我们面前从一个有机体变成了两个有机体。它一分为二了。我们现在看到的是两个更小的生物，每一个都几乎和它的单细胞母亲一模一样，而且基因也相同，它们是同卵双胞胎。很快，每个都长到成年大小。之后，这个过程继续。除了奇怪的突变，相隔甚远的每一个后代，都是它们祖先的完美复制品。严格地说，那个祖先从未死过。在繁衍生息这条路上，没有最初那个单细胞祖先的遗体。如果没有意外事故，没有其他微生物释放的微量有毒物质，没有极端的温度，没有食物短缺，没有遇到一个讨厌的变形虫，它们将继续生活，逐渐破败的身体由于频繁自我复制，焕然一新。

它们是最卑微的生物，隐形却又无处不在。它们是不朽的——至少以人类的标准而言。自然的变数太大，它们不可能持续太久而不遭遇这样或那样的灾难。但至少它们中的一部分活了许多世代，比最执着、最轻信转世或"多重生命回归"的信徒想象的还要长久。目前的官方记录是由一种叫作草履虫的单细胞生物创造的，草履虫在实验室里妥善保存着，高中生物生一定很熟悉这个物种。草履虫在试管中精心培养了一万一千代，并没有出现明显衰老的迹象。（对于人类来说，一万一千代前尚还是我们这个物种萌芽的时候。）除了缓慢积累的突变外，末代的草履虫基因与最初的草履虫完全相同。从某种程度上看，对不朽的渴望——这是西方文明的特征——即是对回到过去的渴望，回到我们的单细胞祖先在沸腾的原始海洋中的日子。

微生物

在这篇传奇中,生物发展到这一步,还不到十亿年。然而,今天地球上芸芸众生的主旋律和变奏曲在那如此久远的时代就已清楚地谱写出来。源自那个时代的化石有些与当代生物的形态别无二致,叠层石就是最好的例子;有些则与今天的后辈们截然不同。毫无疑问,千万年来,生物化学的复杂性在不断增长,体现在酶化学性、DNA 复制的保真度,以及许多仅靠化石无法察觉的方面。尽管如此,任何生物都可能在 35 亿年里保持不变——哪怕只是总体结构不变——实在令人惊讶。我们再次认识到生物体内部存在一种顽固的保守主义。不过,快速而彻底的变化仍时有发生。眼前出现了一幅画面:在自然选择的加持下,突变为我们递上一份选择丰富的菜单,上面是候选的各项适应性。但只有在被判死刑(或面临没有后代的威胁——从进化的角度看,没有后代与死刑毫无区别)的情况下,才会认真审视和试验这些突变的建议。全新的生命形式通常过得艰难,那些装饰性质的细微改变除外。变化,其实十分吝啬。

可以看到相同种类的分子被用于完全不同的目的。例如,同样一个合成有机分子,只不过有细微差别,就既可以作为植物吸收阳光的绿色色素,也可以作为动物血液中携带氧气的红色色素,亦可以作为使虾和火烈鸟变成粉红色的媒介;还能作为一种广泛使用的酶,这种酶能安全地从糖中提取能量。能量被存储在与遗传密码的核苷酸 A,C,G 和 T 几乎完全相同的分子中,以备将来之需。虽然这些分子具有惊人的多样性,但它们的反复使用和循环利用彰显了生命的节俭品德。

这颇似在每一百万个十分保守的生物中就有一个激进分子想要改变一些事情(通常是些芝麻小事);对于激进分子来说,只有百万分之一的同类真正知道它们想要做的是什么,那就是提供一个比目前流行的生存方案好得多的方案。然而,正是革命者决定了生命的进化方向。

只要有足够多的食物,微生物便能快速繁殖,哪怕只是在从放回实验架到取下准备做进一步观察这么一段短时间里就能进化。细菌对抗生素"获得"耐药性的速度警示人们切莫过于频繁使用抗生素。抗生素通常不会诱导适应性突变,相反,它扮演了一种激烈的选择因子的角色,杀死了所有细菌,剩下少数侥幸对药物免疫的细菌——在此之前,由于各种原因,这种菌株可能无法赢得与同类的竞争。细菌可以迅速进化出对抗生素(或昆虫对有机氯类杀虫剂)的耐药性,足见微生物生物化学结构的巨大多样性。在宿主和寄生虫之间,对策与反对策之战持续上演着——这是制药公司和微生物之间的战争,制药公司生产新的抗生素,而微生物则产生新的耐药菌株,来取代它们脆弱的祖先。

最早期生物的自我意识

科学家认为,生物早在 35 亿年前便已拥有基本的自我意识。它们能够较准确地区分内部和外部,我和你,我们和他们。如果你习惯吃原始海洋中的有机分子,那你一定也会习惯于吃其他生物,毕竟,它们本质上是一致的。唯一需要注意的就是不要吃掉自己。你可能对其他生物没有怜悯之心,同情并不是微生物看待世界的方式。但你必须学会区分。你可能对叶绿体缺乏感情,但如果你消化了它们那可就麻烦了。如果区分对你来说太难了(如果你无法分辨"我"和"你",或者不能控制你的消化酶),你会葬送后代的未来,甚至没有后代。那时,生物可能还不会思考,没有任何感觉。然而,生物好像开始有欲望、需求、偏好、情感、干劲和直觉了。

只要你还生活在群体中,你吃掉同伴对群体中的任何一员都是不利的。你可以是一个残忍、无情的捕食者,但你必须迁就你的亲戚和邻居。所以你的外膜产生了一种化学物质,使得你能轻易分辨出对方的物种。比如,当对方携带着你非常熟悉的某种微生物散发的化学分子时,你会变得非常友善。化学分子会告诉你对方是"朋友"或"妹妹"。不同化学物质携带不同的信息。有些细菌会习惯性地产生它们自己的化学战剂——抗生素,这些抗生素对它们自己和同类都无害,但对外来细菌却是致命的。外部群体的敌视和与内部群体的合作之间已经形成了一种微妙的平衡，也就是它们和我们。仇外心理和种族中心主义的雏形很早就向我们展示了。

大型食肉动物非常喜欢它们的"工作"。（单细胞食肉动物可能也喜欢。）它们狩猎并不是因为它们有营养学方面的知识，它们狩猎，似乎是因为狩猎使它们愉悦，因为跟踪、追逐、残害、猎杀、肢解和食用是它们的乐趣，有一种无法抵抗的冲动驱使它们这样做。肥猫和懒狗虽然拥有足够多的口粮来满足它们的味蕾需求，但有时也会听到来自远古先祖的咆哮，野性的呼唤。城市的宠物偶尔也会洋洋得意地为主人衔来它的战利品——一只死老鼠或死鸽子。就像机器是由硬件构成的，动物的天性类似于计算机出厂时植入的程序。适当的刺激就会激发它的猎食习性。一旦这种猎食的欲望无处发泄，狗就会叼起棍子或飞盘，而猫则会拍打蛛网或扑向一团羊毛。

即便是像猫捉老鼠这样亘古不变的例子，也在很大程度上取决于动物从小到大的教育经验。在一系列经典实验中，心理学家郭任远（Z.Y.Kuo）证实，几乎所有目睹自己母亲杀死并吃掉老鼠的小猫最终都会"子承母业"。然而，当小猫和老鼠在同一个笼子里养大，从未见过其他老鼠也从未见过猫杀死老鼠的场景，那么它们自己几乎不会捕杀老鼠。当小猫与老鼠同窝，同时目睹母亲在笼外捕杀老鼠，大约一半的小猫会学着捕杀老鼠——但它们往往只捕杀那些母亲捕杀的老鼠，而不会杀死与它们一起长大的那些。最后，如果每次看到老鼠，小猫们都遭受电击，那它们很快就学着不再捕杀老鼠了——相反，小猫们学会了在老鼠面前仓皇逃窜。

因此，即使是像猫抓老鼠这样的天性也是具有可塑性的。人类当然不是猫。不过，我们还是会忍不住猜测，童年经历、教育和文化说不定能很大程度上改善某些根深蒂固的先天倾向。

从早期微生物开始，狩猎和逃跑以及根据经验随机应变的行为机制都在飞速发展。掠食者慢慢进化得体形更大、速度更快、思维更敏捷，并有了新的选择（例如，伪装）。潜在的猎物同样也进化得体形更大、速度更快、思维更敏捷，并有了其他选择（例如，"装死"）——因为那些没有装死的猎物被捕食的概率更大。生物们制定了许多策略并被成功保留了下来：防御性伪装、盔甲、为掩护逃生而喷洒的墨水或毒液、有毒的刺、利用没有捕食者的生态位,例如海底的小洞穴,或是可以躲避敌人的贝壳,未被涉足的岛屿或大陆。另一种策略则是繁殖大量后代,这样至少还有一部分能存活下来。其实没有猎物会主动盘算着这样去适应,只是随着时间的推移,唯一的猎物就自然而然做出了这样的适应,看起来就像提前盘算好的一样。无论多么温柔敦厚,只要你是潜在的猎物,自然选择就会迫使你采取对策。

大约 6 亿年前,许多多细胞动物开始用贝壳和甲壳把柔软的身体给包围起来,建造一些小规模的土木工程,并用硅酸盐和碳酸盐建造防御工事。蛤、牡蛎、螃蟹、龙虾和许多其他有甲动物的生活方式在那时开始蓬勃发展,包括一些已经灭绝的物种。从那时起,绝大多数有甲动物尸体的软体部分会被迅速分解,而硬壳部分则能保留很长一段时间(有时甚至长到在几亿年后被古生物学家发现),甲壳的进化使这些远古的生物为它们遥远的旁系亲属(人类)所惊叹。

捕食者和猎物之间的战争也延伸到了植物王国。植物体内充满毒素以防止动物采食。为了跟上植物的步伐,动物也进化出了解毒的代谢物质和特殊的器官——最突出的莫过于肝脏。举例来说,我们能够自由享受咖啡的香醇,是因为咖啡豆中含有的毒素已经进化到可以阻止昆虫和小型哺乳动物采食。而人类拥有着功能完备的肝脏。

捕食者无须比猎物更大。致病微生物或许是个可怕的捕食者——它们不仅攻击并最终杀死携带它们的生物,而且能接管宿主,改变其行为,将致病微生物传播给其他宿主。最著名的例子就是狂犬病毒。当狂犬病毒被注射到一只温和可爱的狗的血液中时,病毒就会直奔大脑的边缘系统,那里是控制愤怒的枢纽。它们开始把这只可怜的动物变成一个暴力、咆哮、恶毒的捕食者,甚至会攻击给它们喂食的人。患有狂犬病的动物对任何东西都没有恐惧意识。与此同时,狂犬病毒会攻击吞咽神经,使制造唾液的机器超速运转,并大量侵入唾液里。狗很生气,尽管不知道为什么。作为病毒的傀儡,它无法抑制攻击的冲动。如果攻击成功,狗唾液中的病毒会通过伤口进入受害者的血液,然后接管新的宿主。病毒又开始了新一轮的进攻。

狂犬病毒是出色的编剧。它了解受害者,知道如何操纵他们。病毒可以绕过受害者的防御——渗透、迂回,在庞大的生物体内完成一场政变,看上去无懈可击[1]。

患流感或普通感冒时,通常会咳嗽和打喷嚏,这并不是感冒病毒感染的一个偶然附属物,而是病毒一手操控的自我扩散的重要手段。微生物幕后操纵的例子不胜枚举:

> 霍乱细菌产生的毒素会干扰肠液的重吸收,导致严重腹泻,从而传播病毒……烟草花叶病毒导致其宿主细胞膜孔扩大,从而使病毒可以传播至未感染的细胞……柳叶刀肝吸虫可以从蚂蚁传播到绵羊,因为它诱使被感染的蚂蚁爬到草叶的顶部,并抓住不放。一种吸虫导致宿主蜗牛爬到无掩蔽的海滩,在那里它们很容易成为海鸥的猎物,海鸥是这种吸虫的下一任宿主。

捕食者和猎物之间经过几代你死我活的斗争,发展为没有尽头的军备竞赛。每一次进攻都有一次防御的反击,反之亦然。对策与反对策协同发展。很少有哪一方会变得更安全。

有些猎物一起成长,一起采蜜,一起游水,一起吃草,一起飞翔。成群结队更安全。最强壮的动物可以用来恐吓或防御大型捕食者。攻击者可能会被整个猎物群包围。不妨设个瞭望哨,再商定危险来临时的口令,选择逃跑路线。如果猎物速度很快,它们就能在捕食者到来之前逃走,跑赢或迷惑捕食者,也可以把捕食者从群体中脆弱的成员身边引开。但是,捕食者之间的合作也有选择性的优势——例如,一群捕食者会把猎物驱赶向埋伏着的另一群捕食者。对于猎物和捕食者来说,集体生活可能都比独自生活更有益。

为打赢不断升级的进化比赛,捕食者和猎物最终都需要复杂的行为机制。每一种感官都必须在一定距离内探测到对方,而用更远距离的感官如嗅觉、视觉、听觉和回声定位来取代局部的感官如触觉和味觉,将会带来更

1　人类是新进化出来的物种。在全球范围内,我们可以作为寄生者的宿主是最近才出现的。在医疗技术尚无对策的今天,可以预见未来总有一天,新进化出来的某种微生物将比现今任何狂犬病毒都更巧妙地控制我们。

高的回报。较强的记忆力逐渐在小动物的头脑中形成。想象几个应急预案的简单案例——在各种突发情况下你会做出怎样的反应(如果遇到 A 情况，我就做出 Z 回应；如果遇到 B 情况，我就做出 Y 回应)可能早已刻写在基因里。将这棵应急天赋的树变得更加枝叶繁茂，以新的逻辑适应未来需求，会对生存极其有利。事实上，要找到并吃掉任何一个动物(甚至是那些束手就擒的动物)，尤其是在食物供应稀少的情况下，捕食者需要具备大量的知识。

你的一切行为都是基于一套预先用 ACGT 语言编程的指令——只要进化要求你去适应环境，任何要求都是合理的。但是，一套预先设定好的指令，无论它多么精致，过去多么成功，都不能保证个体在面对快速变化的环境时能够生存。通过自然选择进行进化，只涉及最遥远、最广义、较为间接的经验学习。为了确保生存，生物还需要别的东西。当你猎食时，当生物流动性高并在完全不同的环境中漫步时，当你与同类以及捕食者或猎物之间的关系变得错综复杂时，当你需要处理大量外部世界的信息时——诸如此类情况下，大脑的重要性凸显。用大脑，你可以记住过去的经历，并与当前的困境结合起来。你可以分辨出欺负你的恶霸和你可以欺负的弱者，也可以找到温暖的洞穴或能安全逃离危险的岩缝。关键时刻，你立马梳理出采食、狩猎或逃跑的机会。神经回路发展成数据处理、模式识别和应急计划，可谓未雨绸缪。

大脑(当然远不止这一个部位)的进化通常不会稳定发展。相反，化石记录表明，大脑在短时间内发生了快速、彻底的进化，之后的漫长时间里，大脑的体积几乎没有变化。从最早期的哺乳动物到我们，似乎都是如此。这就好像有一系列罕见的事件(也许 DNA 序列的改变和外部环境一起)提供了一个适应的机会。新的生态位很快被填满，在很长一段时间里，后续的进化都致力于巩固收益。神经结构的重大进展(大脑处理数据的能力，结合不同感官的信息的能力，根据外部环境调整自己的能力，以及思考事物的能力)说不定非常昂贵。对多数动物而言，这些适应性广泛的才能需要许多进化步骤，并且只有在遥远的未来，才能切实得到收益，而进化却是当下发生。然而，即使是思维上的微小进步也是适应性的体现。在生命的历史中，大脑体积的激增屡见不鲜,仅凭这一事实就可得出结论:大脑真是有用的东西。

至少在哺乳动物中,感觉主要由大脑中较低级、古老的部分控制,思考由较高级、较新进化的外层控制。基本的思考能力叠加在预先存在的、由基因决定的行为指令上——每一种指令都可能对应于某种内心状态,即情感。因此,当猎物意外地遇到捕食者时,都会先经历一种内心状态,警示自己遇到了危险,然后开始考虑应对之策。这种焦虑甚至恐慌的状态一般包括一系列我们熟悉的复杂反应,对人类来说,就有手心出汗、心跳加快、肌肉紧张、呼吸急促、汗毛竖起、腹部反胃、出现尿意、强烈的战斗或逃跑[1]的冲动等。由于在许多哺乳动物中,恐惧是由相同的肾上腺素类分子产生的,因此,哺乳动物的恐惧感应该几乎相同。至少可以说这不失为一个合理的初步猜想。达到一定限度,血液中的肾上腺素越多,就会越恐惧。只要人为注射肾上腺素,就能切身感受到这种感觉,比如看牙医时(这是为了加快血液凝固,是面对捕食者时另一种有用的适应性方法。看牙医时可能会产生肾上腺素)。恐惧必须有一种情感基调——绝对与愉悦二字无关。

如果捕食者的眼睛、视网膜和大脑的组合专门用来检测运动,那么猎物通常在其一整套防御系统中有一种策略——长时间纹丝不动。这并非意味着松鼠或鹿了解敌人视觉系统的生理机能,而是自然选择在捕食者和猎物之间建立了一种美妙的共鸣。猎物可能会逃跑、装死、装大个儿、毛发直立、大声咆哮、排出恶臭或辛辣的排泄物、发出反击的威胁,总之尝试各种有用的生存策略——所有这些无须有意识地思考。只有到那时,它才会计划出一条逃跑路线,把自己敏捷的思维发挥到极致。有两种几乎同时存在的反应:一种是古老、通用、久经考验但却有限、直白地遗传下来的反应;另一种则是全新的、未经试验的智力仪器,它可以为当前的紧迫问题设计出前所未有的解决方案。但较大体积的大脑是后来才进化出来的。当"心脏"建议一个行动,"大脑"建议另一个行动时,大多数生物都会选择心脏。大脑较大的通常会听从大脑的指示。无论何种情况,都不能确保万无一失。

1　不难看出,这种"战或逃"的反应如何经过适应性进化帮助人度过危机。例如,胃底的寒冷和空虚感是消化系统血液重新分配到肌肉的结果。

最早期生物的竞争与合作

生物不得不适应它们赖以生存的环境中的每个变化,它们不断进化,以跟上环境的变化。生物迈着艰苦卓绝的微小步伐,穿越漫长的历史时期,数不清的生物稍有不适应,便横尸荒野。由此,生命(包括内部的化学结构、外部的形式和各种可选择的行为)变得越来越复杂和强大。当然,这些变化反映在(实际上是由此造成的)基因层面上,基因中的 ACGT 代码对此有着相应的详细描述和复杂信息。当一些杰出的新发明出现——比如充当甲壳的骨性软骨或者呼吸氧气的能力——基因信息就会随着世代的更替在生物领域扩散开来。起初并没人拥有这些特定的遗传指令序列。后来,生活在地球各处的大量生物都拥有了这些基因序列。

不难想象,真正发生的是基因指令的进化,生物之间的竞争实际上是基因指令之间的战斗,基因指令来发号施令——动植物可能与自动机相差无几,甚至毫无二致。基因自行安排着存续。这种"安排"不经事先考虑,仅仅是那些完美协调的基因指令,偶然地给它们掌管的生物下达了更高级的命令,从而使更多的生物受到同样指令的驱动。

让我们再来看狂犬病毒或流感病毒(由披着蛋白质外衣的核酸构成)入侵所造成的行为改变。毫无疑问,对我们更深层次的控制是由我们自己的核酸实现的。当你剥去外皮和羽毛,去除生理和行为特征,生命便显露为本真的样子——它优先复制某些 ACGT 信息而不是其他竞争信息。这是一场遗传配方的冲突,一场"单词"之战。

从这个角度来看,真正在进化的是基因指令。或者公平地说,是个体的有机体,在基因指令的严格控制下,被选择并进化。我们不认可群体选择的说法,群体选择是一种自然的、有吸引力的想法,即物种之间相互竞争,而物种内的个体共同努力保护自己这 物种,就像国民齐心协力保家卫国 样。明显的利他行为主要归因于亲缘选择。鸟妈妈慢慢地拍打着翅膀离开狐狸,一只翅膀弯曲得像断了一样,为了把捕食者从它的窝里引开。它可能失去生命,但很多非常相似的基因指令会保留在它孩子的 DNA 中。这一选择是基于成本与效益的分析。基因以完全自私的动机支配着弱肉强食的世界,而真正的利他主义(为没有血缘关系的个体做出自我牺牲)不过是感性的幻觉罢了。

这一点(或类似思路)已成为动物(和植物)行为领域的主流智慧。它有相当强的解释力。在人的层面上,它有助于解释各种各样的问题,比如裙带关系,以及养子与亲生孩子相比更可能遭到严重的虐待(例如在美国这个概率大约是与亲生父母一起生活的一百倍)。

叠层石会和其他群居生物的细胞进行合作,这在基因层面上可以解释为利己,因为它们都是近亲。叶绿体与其他细胞形成共生依附——该合作算是利己行为吗?被吞噬掉叶绿体的细胞处于竞争劣势。它不吃叶绿体,不是因为对叶绿体有一丝利他主义的感觉,而是因为它自身的生存也依赖于叶绿体。它放弃了享用一顿叶绿体大餐的乐趣,以换取未来的实质性利益。它约束短期的利己行为,练习克制冲动。利己仍然盛行,但我们意识到了短期利己和长期利己的区别。

对大多数群居动物而言,出于显而易见的原因,和你一起长大的动物往往是近亲。所以如果动物与其他个体合作,做出看起来像利他主义的行为,自然会被认为是为了造福至亲,将这种行为解释为亲缘选择。例如,一个有机体可能会放弃自身的复制,而致力于提高近亲的生存和繁殖机会——即那些有着非常相似的 DNA 序列的个体。如果基因序列能延续到未来才是最重要的事情,那么有着利他主义天赋的物种可能会占领高地。即使它们的基因没有延续到下一代,也为大部分基因信息的传递做出了贡献。

遗传学家 R.A.费希尔(R.A.Fisher)将英雄主义描述为一种倾向,使具有英雄主义的人倾向于"做一种不容易与家庭生活调和的职业"。尽管如此,费希尔认为,英雄主义(无论是人类还是其他动物)可能通过保留非常相似的近亲基因序列而带来选择优势,使这些序列能够遗传给后代。这是亲缘选择的第一个清晰的表达。出于类似的理由,我们可以理解为了孩子而牺牲自己的父母。英雄或忠诚的父母只会做自己认为"正确"的事情,而不会对基因库进行任何收益与风险的权衡。但费希尔提出，这种想法感觉"正确"的原因是，以尽责的养育和大量英雄为特征的大家庭，往往会发展得很好[1]。

动物可能愿意为近亲做出牺牲，但不会为关系稍远的亲属做出牺牲。不妨这样考虑：想象一下，知道自己的孩子正在挨饿、无家可归、罹患重病，你却还能在晚上睡得很香——对几乎所有人来说这是不可想象的。但是每天有 4 万名儿童死于本可避免的饥饿、无家可归和疾病。联合国儿童基金会等机构努力想拯救这些儿童——给他们打预防特定疾病的疫苗，让他们吃上每天几美分的盐和糖，但却筹不到足够多的钱。大家认为其他很多事比这更为紧迫。孩子们不断死去，我们依然睡得香甜。那些孩子离我们很远，又不是我们的孩子。所以，别告诉我你现在还不相信亲缘选择的事实。

不过，如果你发现自己和近亲以外的同类在一起，那么合作对抗共同的敌人肯定对你有好处。你可以利用为亲缘选择而进化的行为，使一群非近亲的动物团结并生存下来。如果利他主义是你的天赋，你可能会发现自己对其他物种也会如此。众所周知，狗会冒着生命危险拯救人类——这既不是因为狗和人是近亲，也不可能是为了未来的奖励。

我们该如何理解海豚不断地把溺水的人托出水面并推到岸边（这是有据可查的）？难道这只海豚无法区分在水中挣扎的人类和陷入困境的海豚婴儿吗？这是极不可能的，海豚是眼光敏锐的观察者。那些被遗弃或走失的人类婴儿，被失去幼崽的狼妈妈抚养长大，或者其他种类的鸟孵化布谷鸟蛋的情况又如何呢？为什么司机在路上会为了避免撞到狗而转向，尽管这样做会把自己后座的孩子置于危险之中呢？那么年轻人会为了救出猫咪冲向着火的房子？这种对其他物种的见义勇为和关怀可能来自错误的亲缘选择，但它们确实发生了，而且确实拯救了生命。那么，难道我们不该期待同一物种的成员之间——即便彼此并非近亲——做出更多利他行为吗？

思考两个群休：一个由无情、自私的个人主义者组成，另一个由偶尔愿

---

[1] 当然，这只适用于有性生物。无性生物通过一分为二繁殖后代，不能通过自我牺牲的精神来提高后代的适应性。

意为他人(即使是远亲)牺牲的可靠公民组成。面对共同敌人,后者的境遇怎么可能不比前者更好? 一个完全由利他主义者组成的群体,为了让完全陌生的人受益,不断地牺牲自己的生命,也会有明显的缺点。这样的群体不会存在太久——仅仅因为任何自私的倾向都会迅速蔓延。

如果团队有一个临界规模呢? 当成员数低于某个粗略的阈值时,团队的某些功能就开始失效。例如,群体越大,挤在一起取暖或围攻捕食时的效果就越好。当群体小于一定规模时,群体利益就会受损。不难想象,完全自私的基因不利于团队协作——比如,害怕可能出现的危险因而拒绝围攻捕食者。如果这些基因大量繁殖,就几乎没有个体有勇气围攻捕食者了,这样肉食动物对每个个体构成的危险就会增加。因此,长期的自私是由遗传指令决定的,短期利他主义可能是适应性和选择的结果——即使群体成员不是近亲。紧密联系的群体会激发个体选择和看起来很像群体选择的东西。

许多被认为能证明群体选择的例子都被新的生物学派和博弈论学派以近乎疯狂的独创性完美诠释。有些解释似有道理,但有些显得牵强附会。例如,当一个捕食者威胁到一群汤氏瞪羚时,一两只汤氏瞪羚可能会在捕食者附近跳出明显的高弧线——称为径直起跳。群体选择论的观点很简单:为了拯救群体,个体冒着生命危险吸引敌人注意。(但假设径直起跳从未被发明;捕食者就能吃掉多只汤氏瞪羚吗? 与其他不会径直起跳的瞪羚群体相比,能够进行径直起跳的群体伤亡就一定更小吗?)个人选择论的流行观点是:径直起跳是在宣传自己的跳跃能力,提醒捕食者运动能力不强的瞪羚更容易被吃掉。径直起跳是出于极端自私的原因。(那么,为什么大多数汤氏瞪羚在被跟踪时不径直起跳呢?)为什么这种自私没有在群体中蔓延? 捕食者真的会把注意力从能够径直起跳的个体身上转移到不那么显眼的小羚羊身上吗?)

就像经典的视觉错觉——是一个大烛台,还是两个侧脸? 同样的数据可以从两个完全不同的角度来理解(尽管两个角度都不可能完全令人满意)。每一种都有其自身的合理性和实用性。个体选择和群体选择通常必须一起进行(或者说得更科学一点——“高度相关”),否则进化永远不会发生。我们或许会说,个体选择必须具有一定的优先性,因为你可以拥有个体而没有群体,却不能只有群体而没有个体。然而,在许多动物中,比如灵长类动物中,个体不能脱离群体而生存。

在我们看来,完全的自私和完全的利他主义是一个连续体的两个极端,最佳的中间位置随环境而变化,自然选择会抑制极端情况。如果让基因自己找出每种新情况下的最佳组合太难了,那么权力下放会不会更有利?我们需要思考。

再思考一下亲缘选择。先别管鸟类如何区分叔伯和表亲这些烦人的问题;尤其是在小群体中,这没有多大关系——大家都是近亲,亲缘选择在统计学意义上依旧成立,即使你偶尔为了一些不相关的邻居铤而走险。从保存多个密切相关的基因指令副本的角度来看,接受40%的死亡概率以挽救兄弟姐妹的生命是有道理的(兄弟姐妹的基因与你的有50%是相同的);或者接受20%的概率拯救叔叔、侄女或孙子(他们与你有25%的基因是相同的);或者接受10%的概率舍己拯救表亲的生命(他们的基因只有12.5%和你的是一样的)。那么,用放弃生育自己孩子的手段来保护很多的亲戚家庭呢?把你收入的10%捐出来,让一群表亲有饭吃呢?为了教育第四代表亲,避免一些奢侈品是否值得?给一个不起眼的五表哥写封推荐信?

亲缘选择也是一个连续体,在它神秘的演算中,为帮助最遥远的家庭成员而做出一些牺牲是值得的。但是,既然我们都有亲缘关系,为了拯救地球上的生物,我们必须做出一些牺牲,而不仅仅是人类这个物种。即使就其本身而言,亲缘选择也远远超出了近亲的范围。

通常情况下,野生灵长类小群体中的任何两个成员都有10%至15%的共同基因(约99.9%的ACGT序列是相同的,只需要一个核苷酸的差异,就可以使一个由数千个核苷酸组成的基因区别于另一个)。所以群体中的任何随机成员都很可能是你的父母或孩子或兄弟姐妹、叔叔、婶婶、侄子、侄女,或大表哥、二表姐。即使你无法识别谁是谁,也会为他们牺牲(为了挽救其中任何一个的生命而接受10%的死亡风险),这在进化上是有意义的。

在灵长类动物的伦理编年史中,一些记述带有寓言的意味。猕猴就是一个例子。猕猴也被称为恒河猴,生活在紧密联系的表亲集体里。既然你救的那只猕猴在统计学上很可能和你有很多相同基因(假设你也是一只猕猴),你就有理由冒险救它,没有必要对近亲进行细微的区分。在实验环境中,研究人员给猕猴喂食,条件是它们愿意拉一根绳子,这时另一只不相关的猕猴就会受到电击,而这只被喂食的猕猴可以通过单向镜清楚地看到受到电击的猕猴的痛苦表情。但不拉绳子的话,猕猴自己就会被饿死。学会了拉绳子后,猴子们经常拒绝拉绳子;在一项实验中,只有13%的猕猴愿意这么做,而87%的猕猴愿意挨饿。一只猕猴在近两周的时间里宁愿不吃东西也不去伤害同伴。在之前的实验中经历过电击的猕猴甚至更不愿意拉绳子。猕猴的相对社会地位或性别对它们是否愿意伤害同伴影响不大。

如果让我们在科学家和猕猴之间做出选择,道德感和同理心让我们是不会站在科学家那一边的——科学家竟然用猕猴做这种浮士德式的交易,而猕猴宁可饿死也不伤害别人。但这项实验让我们在非人类身上看到了一种为了拯救他人而做出牺牲的神圣意愿——哪怕与其没有血缘关系。按照传统的人类标准,这些猕猴从未上过主日学校,从未听说过十诫,从未上过一节初中公民课,但却似乎在道德基础和勇敢地抵抗邪恶方面堪称楷模。在猕猴中,至少在这个案例里,英雄主义是常态。如果情况反过来,猕猴科学家向被囚禁的人类提供同样的条件,我们也会这样做吗?在人类历史上有少数高尚的人做出了受人尊敬的选择，因为他们有意地为他人牺牲了自己。对于他们，民众什么也没做。

总　结

赫胥黎称自己从解剖学研究中得到的最重要结论是，地球上的一切生命皆相互关联。自他的时代开始的所有发现——地球上所有生命都由核酸和蛋白质构成，DNA 信息都是用同一种语言编写并转录成同一种语言，如此多不同种类生物的基因序列都十分相似——都在不断佐证、拓展这一结论。无论我们自认为处在利他和自私之间的连续统一体的哪个位置，随着不断揭开生物的神秘面纱，我们的亲缘关系的圈子就会不断扩大。

不是从某种不加批判的感伤主义而是从坚强的科学审视中，我们发现了自己与地球上其他生命形式之间最深切的相似之处。但与人类和动物之间的差异性相比，所有人类之间，无论种族多么不同，本质上都是相同的。亲缘选择是生命的一个事实，在小群体生活的动物中异常凸显。利他主义与"爱"十分接近。现实的某处或许就隐藏着伦理。

论无常

微不足道的凡人，就像树叶一样，茁壮成长，充满生命的温暖，以土地给予的食物为食，随后凋零死亡。

——荷马，《伊利亚特》

第七章

火光初现

万物归一,事实使然。

——赫拉克利特

氧气的产生

绿植能产生氧气,释放到大气中供动物、植物和微生物尽情享用。绿植也享用我们释放到大气中的二氧化碳。在这场深刻却未曾引人注意的关系中,植物和动物依靠彼此的排泄废物生存。大气环境将这些过程连接起来,在动植物间建立了牢固的共生关系。大气中存在许多将一种生物和另一种生物连接起来的循环。如氮气循环、硫磺循环。通过大气,世界各处的生物紧密相连,在地球上建立了另一种生物统一。

最早期的地球大气层并无氧气分子。35 亿年前甚至更早的时候,细菌等单细胞生物出现,利用阳光完成了光合作用的第一阶段——分解水分子,产生的氧气就成为这个过程的废气释放到空气中,就像人们把下水道的废物排入大海。这个过程完全自主,无须依赖其他有机物非生物成分的供给,导致光合生物大量繁殖。一旦光合生物足够多,空气中就充满了氧气。

而现在,氧气成了一种特别的分子,我们呼吸离不开它,离开了它就会死,因此自然对它有很高的评价。呼吸困难的时候,我们想要更多、更纯的氧气。现代词汇和拉丁谚语都提醒着我们,人类的方方面面都和呼吸紧密相关。例如,现代英语词汇中的"inspire",字面意思表示吸入,即启发、产生灵感;"aspire",表示朝着某方向呼吸,即渴望;"conspire",表示与他人共呼吸,即共谋;"perspire",表示通过某个渠道呼吸,即出汗;"transpire",表示跨越呼吸,即公开透露;"respire",表示反复呼吸;以及"expire",表示气绝,即终止。拉丁谚语"*Dum Spiro, spero*",表示"只要我呼吸,就有了希望"。英语单词"spirit"及其所有形式都来源于同一个表示"呼吸"的拉丁语。我们如此执着于呼吸,终究是因为要考虑能量效率:从食物中提取能量的效率来看,氧气大约是酵母的 10 倍。酵母只知道如何发酵,把糖类分解成乙醇等中间产物,而非一直分解成二氧化碳和水[1]。

但是燃烧的木头或煤炭提醒我们,氧气十分危险。只要稍加助力,氧气就能肆意破坏掉有机物煞费苦心进化而成的复杂结构,只留下一堆灰烬和蒸气。在有氧环境中,即使不加热,氧化作用也会慢慢腐蚀和分解有机物。即使是像铜铁这样坚硬无比的材料,在氧气中也会失去光泽和生锈。氧气对有机分子来说是一种毒药。毫无疑问,氧气对古代地球上的生物也是有毒的。氧气进入大气层引发了生命史上的重大危机——氧气大屠杀。有机体在暴露于氧气中后会窒息而死,这种想法似乎违反直觉,也很奇怪。就像《绿野仙踪》里的西方邪恶女巫,一滴水落在她身上,她就会化为乌有。堪称"彼之蜜糖,吾之砒霜"的终极版本[2]。

物竞天择,适者生存。面对氧气,是适应、躲避,还是死亡?对于无法适应氧气环境的生物,有的消亡,有的选择生活在只有少量氧气甚至没有氧气的地方,例如地下或深海。如今,所有最原始的生物,也就是那些基因序列与人类的大相径庭的生物,都是微观且厌氧的,它们更适合生活在无氧环境,也可能是被迫选择了这样的环境。现在地球上的大多数生物都能较好地应对有氧环境,因为它们有精细的机制来修复氧气造成的化学损伤。从分子水平角度,氧气可用于氧化食物,提取能量,并高效驱动有机体。

人类细胞和很多其他细胞一样,都是运用线粒体处理氧气。线粒体是个几乎自给自足的特殊分子工厂,负责处理这种"毒气"。氧化食物提取出的能量将储存在特殊的分子中,并安全地运送到整个细胞的工作站。线粒体有自己的环状 DNA,由 As、Cs、Gs 和 Ts 构成,并非双螺旋结构。这种结构看似与正常细胞本身的结构不同,但是却和叶绿体的 DNA 很相似,足以说明线粒体也曾是像细菌一样自由生活的有机体。由此,再次凸显出合作与共

1　啤酒、红酒、白酒等酿酒业充分利用一种生化缺陷,大量生产让人上瘾的危险制品 C_2H_5OH(C 代表碳原子,O 代表氧原子,H 代表氢原子)。全球每年数百万人死于酗酒。或者换个角度,发酵细菌和酵母利用了酒厂,它们利用人类,让其在全世界范围内以工业规模大量繁殖——谁叫我们喜欢用毫无意义的微生物废物灌醉自己。如果它们能说话,一定会大肆宣扬如何聪明地驯服了人类。酵母也会寄居在人体上黑暗、潮湿、缺氧的部位,这是我们被它们劳役的另一种体现。

2　古希腊哲学家赫拉克利特举了另一个例子。他说:"海水最为纯净又最为肮脏:鱼类喝海水,畅游其中;人类不能喝,溺毙于斯。"

生在生命早期进化中的核心作用。

幸亏我们找到了解决氧气危机的生化方法,否则,除了进行光合作用的植物,今天地球上唯一的生命可能会依赖淤泥滑行,或在深海之下的火山口吸食岩浆附带物。我们已经迎接挑战,也克服了挑战,但也付出了祖先和旁系亲属接连死亡的巨大代价。这证明,能阻止人们犯下灾难性错误的先见之明并不存在,至少短期内并不存在。同时还证明,早在人类文明出现之前,生命就在大规模地产生有毒废物,并为此误判付出沉重代价。

因为此类生化层面的疏忽,如果情况出现一丝变化,或许地球上的所有生物就都已灭绝了。又或许,某些行星或彗星撞击地球产生的毁灭性灾难已经杀死了这些摸索求生的微生物。如预言似的,无论是在地球上合成的,还是从天而降的有机分子,都可能迎来新的生命起源,或者另一种未来进化结果。但终有一天,从火山和喷气口散出的气体不再富含氢,不再容易从中制造有机分子。部分原因是氧气氧化了这些气体。此外,从外星来的有机分子罕见,不足以提供生命所需原料。这两种情况可能在 20 亿或 30 亿年前就已出现。如果所有生物都灭绝了,就不可能有新的生命出现。直到遥远的未来,地球仍将是一片荒芜。直到太阳也消亡了。

真核细胞的进化

那时,大约在 20 亿年前或更早,地球大气层中的氧气在稳步增长。在地质时代以前,氧气已经开始迅速增长,由此达到了目前地球物种的丰富多样。如今,每五个分子就有一个是氧气分子。

第一个真核细胞很早就进化了。人类的细胞即真核细胞。真核细胞的英文名"eukaryotes",希腊语意思是"好的细胞核"或"真正的细胞核"。我们沙文主义的人类崇拜它,因为我们拥有它。但确实,真核细胞非常了不起。细菌和病毒不是真核生物,但花、树、蠕虫、鱼、蚂蚁、狗和人类都是真核生物。所有的藻类、真菌和原生动物,还有所有动物,无论是脊椎动物、哺乳动物还是灵长类动物,也都是真核生物。真核细胞的关键区分点是细胞核内的 DNA 由核膜包被，与细胞其余部分隔开。就像中世纪的城堡一样，有两堵墙保护它不受外界干扰。特殊的蛋白质结合、扭曲、包裹、环绕着 DNA。因此，若将双螺旋结构 DNA 展开，约有一米长。而通过压缩，DNA 则能存入位于细胞中央的亚微观腔室中。在光合生物的富氧环境内，也许细胞核的进化部分原因是，为了在线粒体忙于利用氧气的同时，保护 DNA 不受氧气损害。

每条长的 DNA 双螺旋结构称为染色体。人类有 23 对染色体，在我们的双链遗传指令中，嘌呤和嘧啶(A、G、C、T)的总数大约是 40 亿对字母。其信息内容大致相当于 1000 本不同的书，大小和精细程度都和你此刻正阅读的这本一样。虽然物种间的差异很大，但许多其他"高等"生物也存在类似的数量。

围绕在 DNA 周围的蛋白质负责打开和关闭基因。当然，这些蛋白质本身也是根据 DNA 指令被制造出来的，而部分则通过揭示和覆盖 DNA 来实现。在指定时间暴露 DNA 的碱基序列信息(A、G、C、T)会复制某些序列，并将其作为信息从细胞核发送到细胞的其余部分；为了响应这些电报中的指令，酶这种新型分子机床，就制造出来了。酶反过来能控制细胞的所有新陈代谢以及细胞与外界的所有相互作用。就像美国儿童游戏"电话"和英国的"祖母的耳语"，每个玩家都要把信息成功传到下一个玩家的耳朵里，传递的序列越长，信息就越有可能混淆。

这有点像一个王国，DNA 像帝王一样被分隔、被守护，遥不可及。叶绿体和线粒体扮演着自豪的独立王国角色，二者持续合作对于王国的福祉至关重要[1]。其他的每一个分子，每一个复合体，为细胞工作时都必须一丝不苟地服从命令，必须非常小心，不让任何信息丢失或产生歧义。偶尔，DNA 会将决策权放权给其他分子，但一般来说，细胞工作车间里的每台机器都处于较短的流水线上。

1　线粒体和原子核的基因序列略微不同——仿佛线粒体进化了，这样细胞核 DNA 就无法对它指手画脚，独立自主标志。例如，AGA 对线粒体核酸而言意味着"停止"，而对来自细胞核的核酸而言，意味着一种特定的氨基酸——精氨酸。线粒体完全忽视了上头的指示——在看来那些东西多是陈词滥调，鲜有清晰表述。它们听命于自身的封建君王——线粒体 DNA。

　　然而,即使对监狱里的普通分子工作者来说,这位帝王也略显愚笨,他的指令含糊不清,甚至毫无意义。如前所述,大多数人类和其他真核生物的DNA 在遗传上是毫无根据的,而"开始"和"停止"的指令,就像疯狂总统身边小心翼翼的助手,理所当然地遭到忽略。其实很多情况下,在说废话之前人们都会深思熟虑地加上一句"废话连篇,请忽略",说完则会紧跟着一句"废话完毕"。有时,DNA 会陷入疯狂的口吃状态,同样的胡言乱语,会一遍又一遍地重复。例如,在美国西南部的袋鼠身上,AAG 序列重复了 24 亿次,TTAGGG 序列重复了 22 亿次,ACACAGCGGG 序列重复了 12 亿次。在袋鼠的所有遗传指令中,整整一半都是这三种口吃的重复状态。目前我们尚不清楚这种重复是否产生了另外的作用,也许是 DNA 内部不同基因复合体之间的某种自相残杀。但是在精确复制和修复,以及对过去数年的 DNA 序列的精心保存基础上,真核细胞的生命似乎存在闹剧般的元素。

　　大约 20 亿年前,几种不同的遗传细菌似乎已经开始"口吃",一遍又一遍地复制其部分遗传指令。这些多余的信息,逐渐专业化,以极其缓慢的进程,从无意义的演变变成有意义的进化。类似的重复早在真核生物中就出现了。经历过很长一段时间,这些冗杂的重复序列会发生突变,它们之间迟早会偶然出现罕见的片段,变得有意义、有影响力且适应性强。这个过程比之前经典的虚拟实验容易得多——训练猴子戳打字机,经过足够长的训练时间,终于诞生了威廉·莎士比亚的完美作品。在这个持续变化的环境中,即使插入一个很短的新序列,甚至这个新序列只代表一个标点符号,也有可能增加生物的存活概率。如今,不像猴子打字,自然选择的筛子发挥了主要作用。那些稍微更具有适应性的序列会被优先复制。这些序列就像是莎士比亚文章中的"TO BE OR",沉浸在胡言乱语中,而只是一个起点。那些随机变化的胡言乱语中,偶然出现一些有意义的片段就会保留下来,经过大量复制,最终就有了大量的意义。其中秘诀就在于要记住有效的方法。就这样从核苷酸的随机序列中提取意义,一定发生在最早期的核酸中,大约在生命的起源时期。

　　生物学家理查德·道金斯开展了关于 DNA 短序列进化的计算机实验,

极具启发性。他以 28 个英文字母随机序列开头。（空格也被视为字母）：

WDLTMNLT DTJBKWIRZREZLMQCO P.

然后，他用计算机反复复制这段完全无意义的信息，发现在每一次迭代中，都有一定的发生突变的概率，即其中一个字母发生随机变化。事先设定了计算机程序，保留任何使序列朝预设目标——一个完全不同的 28 个字母序列——移动的任何突变，借此模拟自然选择。（当然，自然选择并不会考虑到某种最终的 ACGT 序列，而是优先复制机体中有意义、更具适应性的序列。这两者殊途同归。）道金斯又随机地选择了如下的 28 个字母序列：

METHINKS IT IS LIKE A WEASEL.

（哈姆雷特装疯戏弄普罗斯尼尔斯）

在第 1 代中随机序列发生了一个突变，将 DTJBKW 序列的"K"变成了"S"，变化没有特别显著，直到了第 10 代变成了这样：

MDLDMNLS ITJISWHRZREZ MECS P,

第 20 代变成：

MELDINLS IT ISWPRKE Z WECSEL.

30 代之后变成：

METHINGS IT ISWLIKE B WECSEL,

到了第 41 代，达到了预定目标。

道金斯总结道："在累积选择和单步选择之间有很大区别。累积选择指每次改进无论多么微小，都是未来建设的基础。而单步选择的每次新'尝试'都是新的）。如果进化过程必须依赖单步选择，将永远不会取得任何进展。"

你可能会想，随机改变字母是低效的写书方式，但如果有大量的副本，每一代都有轻微的变化，新的指令就会不断地经受外部世界的考验，那么这种方式就不再低效。如果人类正在设计特定物种 DNA 中所含的大量指令，我们可以坐下来随意想象，把事情从头到尾写出来，告诉物种该怎么做。但在实践中完全没有办法做到这一点,DNA 也是如此。再次强调,DNA 对于哪些序列是适应的,哪些不是适应的,没有任何概念。进化的过程并不是自上而下全方位的,也不具有远见,能避免危机发生。没有一个 DNA 分子足够聪明到知道一个信息片段变成另一个信息片段会有什么后果。唯一确定的方法只有尝试,坚持运行有效的方法。

你知道得越多就越高级。而且你可能会认为自己生存的概率也越大。但是组成人类的 DNA 指令包含 40 亿个核苷酸对,而组成一个普通单细胞变形虫的 DNA 指令包含 3 000 亿个核苷酸对。几乎没有证据表明普通单细胞变形虫比人类"高级"100 倍,相反的观点倒是有所耳闻。同样,部分乃至多数基因指令一定是冗杂、结巴、不可转录的废话。我们再次瞥见了生命核心深处的不完美。

有时,另一种生物会悄悄穿过真核细胞的防御,潜入戒备森严的内部密室,即细胞核。它附着在 DNA"帝王"身上,也许是在经过时间考验且高度可靠的 DNA 序列末端。现在,一种截然不同的信息从细胞核发出,这些信息指令制造另一种不同的核酸,即渗透者的核酸,那么细胞王国就被颠覆了。

除了突变,还有其他方法产生新的遗传序列,例如感染和性行为,我们之后会讲到。最终导致的结果是,每一代人都会进行大量的自然实验,来检验 DNA 的编码法则和学说。每个真核细胞都会开展这样一个实验。DNA 序列之间竞争无比激烈。那些指令效果稍微好一点的序列就会成为主流,而且每个人务必拥有。

已知最早漂浮在海洋表面的真核浮游生物可追溯到约 18 亿年前;最早有性生活的真核生物出现在 11 亿年前;真核生物进化的大爆发大约在同一时期,由此出现了藻类、真菌、陆地植物和动物等;最早的原生动物出现在8.5 亿年前;主要动物群体的起源和定居陆地大约在 5.5 亿年前。许多划时代的事件可能与大气中氧气含量增加有关。由于氧气由植物产生,我们看到生命迫使自己大规模进化。当然,无法知晓确切的日期。下周古生物学家可能会发现更古老的例子。在过去的 20 亿年里,生命变得越来越复杂,尤其是真核生物,看看周围就知道了。

但是真核生物与原始生物截然不同，真核生物非常依赖于复杂分子系统中近乎完美的功能。而这些分子系统的职责包括掩盖 DNA 中的缺陷。有些 DNA 序列对于生命的核心过程来说太过基础，无法确保改变后仍旧安全。这些关键指令只是保持不变，复制精确，而后世代相传。任何重大的改变在短期内代价都太过昂贵，无论从长远来看它表面的优点是什么，这种改变的携带者都会被淘汰。真核细胞的 DNA 揭露了一些片段，这些片段清晰而明确，来自很久以前的细菌和古细菌。我们体内的 DNA 是一个嵌合体，长长的ACGT 序列从完全不同且极其古老的生物上大量采用并精确复制了数十亿年。我们中的部分或多数人，其实已很古老。

第一束火焰的出现

由具备特殊功能的细胞（比如特定细胞中的叶绿体或线粒体具有专门功能）组成的生物，终究大量出现了。一些细胞负责使毒素丧失能力和清除毒素，另一些则是电脉冲的导管，是缓慢进化的神经器官的一部分，负责运动、呼吸、感觉和思维。功能迥异的细胞相互作用，和谐共生。同时，体型更大的生物进化出独立的内部器官系统，同样依赖于不同组成部分的合作。你的大脑、心脏、肝脏、肾脏、脑垂体和性器官通常能完美合作，没有竞争对手。它们构成的整体比各个部分总和的力量还要大。

直到 5 亿年前，第一种两栖生物爬上陆地，而我们的祖先和近亲还生活在海洋里。至关重要的臭氧层可能直到那时才形成。这两个事实可能息息相关。早些时候，来自太阳的致命紫外线到达了陆地表面，消灭了任何试图在此建立家园的勇敢开拓者[1]。如前所述，高空的氧气受到太阳辐射，由此产生了臭氧。因此，由绿色植物产生对古代大气不计后果的氧气污染，似乎偶然产生了有益于现在的结果。因此，陆地变得更加宜居，而谁又能想到这一点儿呢？

1 　一定深度的海水能完全阻挡紫外线。早期海洋很可能被一层平滑的能吸收紫外线的有机分子覆盖。所以那时候海里挺安全。

数亿年后，丰富的生物群落占领了陆地的每一个角落。移动的大陆板块存在着动物和植物。新的大陆地壳出现时，很快就有生命占领。古老的大陆地壳陷入地球内部时，就会担心上面的生命也会随之下沉，但是板块构造的传送带每年只移动一英寸，生命的移动速度则更快。然而，远古化石却不能从传送带上跳下来，因此就遭到板块构造破坏。我们祖先的珍贵记录和遗骸由此陷入半流体地幔并火化，只留下一些意外逃脱的奇怪残骸。

在没有足够多的可燃物之前，火不可能产生。当时，火还未曾被发现，有着未知的潜力。就像 1942－1945 年，人类在地球上还没发现核能。第一束火焰一定是在某个时候出现了，那时候火还是新事物。也许那是一株被闪电点燃的枯草。因为植物比动物更早登上了陆地，所以没有人注意到烟雾升起；突然，一条红色的"舌头"向上蹿起。也许是一小片植被着火了，火焰并不是气体，也不是液体，更不是固体。它是第四种物质状态，物理学家称之为等离子状态。在此之前，地球上从未有人触及过火。

早在人类使用火之前，植物就已经使用火了。当种群密度很高，不同种类的植物紧密聚集在一起时，它们就会相互争夺营养物质和地下水，尤其为了获取阳光。一些植物进化出耐寒防火的种子，还进化出易燃的茎叶。雷击时，大火失控，最"受宠"的植物就只有种子存活了下来，而其竞争对手及其种子都通通烧成了灰烬。许多种松树就从这种进化策略中受益。绿色植物制造氧气，氧气助燃，然后一些绿色植物就利用火来攻击和杀死邻居。在为生存而战的过程中，大家把自然利用到了极致。

火焰看起来不像是地球物质。不过在宇宙的这一带区域，火是地球上独有的。在太阳系的所有行星、卫星、小行星和彗星中，只有地球上有火。因为地球上有大量的氧气。很久之后，火对生命和智慧产生了深远的影响。由此因果循环。

地球上丰富的生命形式

人类的血统是曲折的，可追溯到 40 亿年前的生命之初。地球上的每一个生命都是我们的亲戚,因为都来自同一个起源点。然而,正是因为进化,今天的地球上没有一种生命形式是我们的祖先。其他生命并未因某个物种有朝一日会发展成为人类就停止了自身的进化。没有人知道进化树上各个分支的终点,在人类之前也没有物种能提出这个问题。那些偏离我们祖先的进化分支线的,仍继续从内到外进化着,但最终几乎灭绝。我们从化石记录中了解到祖先是谁,却不能把它带到实验室审问,因为它已经不复存在了。

幸运的是,一些与我们祖先相似的生物仍存活至今,甚至某些方面可以说非常相似。留下叠层石化石的生物也许能进行光合作用,并在其他方面拥有与当代叠层石细菌一样的表现。我们通过观察它们幸存的近亲来了解它们,却无法断定事实如何。例如,古代生物不一定在所有方面都比现代生物简单。一般来说,病毒和寄生虫都曾出现进化的迹象——它们的祖先更加能自给自足,今天的后代已丧失部分功能。

生物形态的许多特征出现得较晚。例如,迄今为止的生命史中,走到四分之三时,性才进化出来。那些大到肉眼可见的动物,也由许多不同种类的细胞组成,似乎它们也是在那个时间段出现。除微生物外,迄今为止的生命史进行到大约90%才有陆地生物;直到99%时才出现拥有与身体尺寸相称的大头颅的生物。

化石记录中存在巨大的空白,即便现在比达尔文时代详尽不少。如果世界上有更多古生物学家,必定能有更多进展。新化石的发现速度较以前慢,可见大量的古生物未得以保存。想到这些物种,阵阵心酸:到如今,绝大多数过往物种已销声匿迹,只影未留,就连化石也难觅踪迹——它们有些是我们的祖先,是人类家谱上的主要分支,我们却对其一无所知。

即使考虑到化石记录不完整,我们依然发现地球上生命越来越多样,"分类学上的丰富性"也呈现逐步增长的态势,特别是在过去1亿年间更是如此。物种多样性似乎在人类真正开始发展的时候达到顶峰,之后显著下降。其中部分原因是最近的冰河时代,更主要的原因是人类有意或无意地掠夺地球资源。我们正在破坏生物多样性及其赖以生存的栖息地。每天大约有 100 种物种灭绝,残迹荡然无存。它们没有留下后代,已经一去不复返了。大量生物以生命为代价留给遥远的未来的信息,经过千万年精心保存和提炼的独特信息,全都永远消失了。

地球上已知的动物逾 100 万种,真核植物大概有 40 万种,已知的包括细菌在内的非真核生物数千种。毫无疑问,我们错过了很多物种,甚至可能错过了大多数物种。有人估计地球现存逾千万种物种;若真如此,我们只不过和不到 10% 的物种有过一面之缘。许多物种在我们知道它们存在之前就已灭绝。曾经存在过的数十亿物种中的大多数已经灭绝了。灭绝是常态,幸存则是例外。

我们描绘了大约 2.45 亿年前二叠纪末期地球表面的变化,它们导致了迄今为止化石记录显示出最具毁灭性的生物灾难。当时地球上 95% 的物种都灭绝了[1]。许多附着在海底的滤食性动物消失了,它们可是上亿年前就出现在地球上。98% 的海百合类动物灭绝。我们现在很少听说海百合类生物,海百合是它们幸存的残留物。在陆地定居的两栖动物和爬行动物也大量灭绝。另一方面,海绵以及蛤蜊等双壳类动物在二叠纪晚期的大灭绝中幸存下来,如今仍大量存在于地球上。

大规模灭绝后,通常需要至少 1 000 万年生物种类和数量才能恢复。之后,出现的生物与之前会大不相同,它们也许能更好地适应新环境,从长远看其生存前景向好,当然也说不准。二叠纪结束后的数百万年里,火山活动减弱,地球相对变暖。因此,那些适应了二叠纪晚期寒冷气候的陆地植物都灭绝了。这一系列气候变化也促生了针叶树和银杏树。二叠纪灭绝后,建立了新的生态环境,第一批哺乳动物随即从爬行动物进化而来。

据估计,生活在二叠纪晚期的所有动物物种中,大约只有 5% 幸存下来,当代脊索动物门的 98%——约 4 万物种由其中 10 种发展进化而来。进化速度不断变化,有时断断停停,不知所向,有时又翻天覆地。后者主要是因为要填补以前生态系统中的空白位置,新的物种便很快诞生,持续数百万年。

1　95% 和 100% 相差无几。想到地下隆隆作响的巨型引擎如果打个嗝就能不经意地夺取地面无数人的性命,实在令人担忧。

纵观地球生命史，只有在最近的 2% 到 3% 时间里，胎盘类哺乳动物的多样性大大增加，产生了：

　　鼩鼱、鲸鱼、兔子、老鼠、食蚁兽、树獭、犰狳、马、猪、羚羊、大象、海牛、狼、熊、老虎、海豹、蝙蝠、猴子、猿和人。

　　上述物种在地球的绝大多数时间里都不存在。它们最近才来——之前一直潜伏着。

　　想想特定生物的遗传指令，长度或有 10 亿个 ACGT 核苷酸。随意改变几个核苷酸，也许是结构性、非活性的序列，对生物体不会产生什么影响。但如果改变的是某个重要的 DNA 序列，则改变了该生物体。除极个别情况外，绝大多数此类变化都存在不良适应性；变化越大，适应性越差。地球上永不停止的进化实验——突变、基因重组和自然选择——所产生的物种，相比遗传密码指令下有可能产生的物种理论总数，实为沧海一粟。当然，对于后者的绝大部分而言，别说出现不适应性和畸形等情况，压根就无法生存，它们注定熬不到降生于世。即便如此，各项功能正常的物种数量理论值仍远超历史实际。不管用什么标准衡量，在那些终究未能"问世"的物种里，必定有部分物种比任何真实存在过的生物都更具适应性，生存能力更强。

地球上生命之间相互联系

　　6 500 万年前，地球上大多数物种惨遭灭绝，原因或是地球与彗星或小行星发生大规模碰撞。灭绝的物种包括恐龙。两亿年来，在冈瓦纳古大陆解体之前，恐龙一直是优势物种，是地球上无处不在的生命主宰。对于矮小、胆怯、畏缩的夜行哺乳动物来说，这次灭绝事件除掉了它们的主要捕食者。如果不是那次碰撞，清扫了存留在偏心轨道上的天体，人类和灵长类祖先将永远不会出现。然而，如果那个彗星轨道稍有不同，它将完全错过地球。可能在多次围绕太阳接力公转的过程中，它的冰层会完全融化，岩石和有机部分会像纤细的粉末，慢慢喷射到星际间。届时它所能带给地球上的生物的礼物无非是定期的流星雨，供最新进化的大头颅爬行动物欣赏，满足它们的好奇心。

以太阳系的规模来看,恐龙灭绝和哺乳动物崛起似乎关系非常紧密。假如彗星稍慢或者略快,抑或方向略有偏差,碰撞便不会发生。而那些与地球擦肩而过的彗星,若轨迹稍有差池,便会撞击地球,在另一个时代泯灭众生。"宇宙碰撞轮盘赌"和"灭绝彩票",延续到了今天。

在全球各处挖掘的化石的深处,已没有恐龙的痕迹,却存在明显的铱元素薄层。铱在太空含量丰富,但在地球表层却不存在。另外还有一些细小颗粒,带有碰撞的痕迹。这些证据告诉我们:一个小行星与地球发生高速碰撞,把细微的颗粒洒遍世界。好像在尤卡坦半岛附近的墨西哥湾发现了撞击坑的残骸。可是,在这一层还发现了灰烬。在全球范围内,这个碰撞的时期也同时伴随着全球火灾。碰撞爆炸的碎屑射向大气的高层,然后又穿过空气,落回地球各地。一场布满天空的连续流星雨把地面照得比正午的太阳还亮。地球上随处可见的陆生植物瞬间燃烧起来,几乎被烧光。在氧气、植物、巨大的撞击和毁灭世界的大火之间,存在着奇妙的因果关系。

此类碰撞可以多种方式将长期保持优势——不知道能不能称之为自信——的物种毁灭。最初的光和热爆发后,厚厚的撞击尘埃覆盖地球至少一年。也许比全球大火、气温下降和全球范围内的酸雨更严重的是,在一两年里没有足够的光照维持光合作用。当时的地球和现在一样,大部分都是海洋。海洋中主要进行光合作用的生物是小型单细胞植物——浮游植物。由于缺乏主要的食物储备,浮游植物很容易受到低光照的影响。一旦无光,浮游植物的叶绿体就不能吸收阳光,产生碳水化合物,随即死亡。这些小植物是单细胞动物的主要食物来源,后者又被类似虾一样大小的甚至更大的生物吃掉,这些小生物被小鱼吃,小鱼又被大鱼吃。没有光照,浮游动物灭绝了,整个食物链就像精心设计的纸牌屋轰然倒塌。陆地上也有不少类似的情况。

地球上的生物相互依存。地球上的生命是个错综复杂的织布网。从当中零星抽出几根线,很难说损害的仅仅是抽线处,还是整个织布会因此散开。

昆虫等节肢动物是清理死亡植物和动物排泄物的主要媒介。古埃及人把蜣螂当成太阳神一般崇拜，因为蜣螂是废物处理的专家。蜣螂收集地球表面富含氮的动物粪便，把这些肥料运到植物根部。在非洲大象的新鲜粪便上发现过一万六千多只蜣螂；两个小时后，大象粪便就不见了。假如没有蜣螂和它们的同类来清理，地球表面将变得肮脏无比。此外，显微镜下可见的螨虫和弹尾虫的微观粪便是土壤腐殖质的主要成分。动物会吃掉这些植物。我们也靠彼此的固体废物生活。

土壤中的其他生物会杀死幼苗。下面是达尔文做的一个小实验，说明乡村花园平静表面下其实暗藏杀机：

> 我为一块三英尺长和两英尺宽的土地松了松土，把它清理干净，确保实验植物的生长不会受到其他植物的影响。每当本地野草长出幼苗，我会进行标记。在标记的 357 株幼苗中，至少有295株被蛞蝓（俗称鼻涕虫）等昆虫毁掉。更有活力的植物会逐渐杀死活力较弱的成年植物。不管是经常修剪草坪，还是有动物啃食，结果都一样。

有些植物会作为动物的食物，反过来，动物又充当植物有性繁殖的媒介。实际上，就是这些信使从雄性植物中提取精子，并将其用于雌性植物的人工授精。这并不完全是人工选择，毕竟动物没有起主导作用。此处这些信使得到的报酬就是食物，一笔交易就敲定了。也许这种动物是一种传粉昆虫，或是鸟，或是蝙蝠；甚至可以是哺乳动物，其生殖毛刺附着在皮毛上；又或者这种交易是植物提供食物，以换取动物提供的氮肥。捕食者的共生体会清洗自己的皮毛或鳞片，或剔牙以得到残留物。鸟食甜果，种子通过它的消化道，然后在一定距离外的肥沃土地上沉积下来，于是又完成了另一项交易。果树和结果实的灌木通常会注意，只有当种子准备好散播时，它们给动物的果实才是甜的，不熟的果子会引起胃痛，这就是植物训练动物的方法。

动植物间的合作并不容易。动物并不可信，一有机会它们就会吃掉周围的植物。为了自保,不受侵扰,植物会生长出荆棘,分泌出刺激物、有毒物质或者使植物难以消化的化学物质,或者通过药剂来影响捕食者的 DNA。在这场暗潮涌动的无尽战争中,动物会产生一些物质来对抗植物的适应措施,植物也是如此。

动物、植物和微生物,像个齿轮系统,环环相扣,是这巨大、精妙又美丽的行星级生态机器的部件。这部机器接上了太阳的能源。由此,所有的肉体,几乎都是阳光。

在植物覆盖的地面,大约 0.1% 的阳光可以转换成有机分子。一个食草动物从旁边走过,吃掉其中一种植物。通常食草动物从植物里提取十分之一的能量,假如太阳能可以 100% 地有效储存到植物里,那么食草动物就提取储存在植物中的万分之十的太阳能。此时,如果食草动物被食肉动物袭击而吃掉,那么其能量的百分之十就会转到捕食者身上。从最初的太阳能里,只有十万分之一进入食肉动物身上。当然,绝对高效无损的机器是不存在的,食物链的每个阶段都会有损耗。但是食物链顶端的有机体效率如此低下,几乎到了不负责任的程度。[1]

生物学家克莱尔·福尔索姆生动描述了地球上生命之间相互联系、互相依存的图像。试想你身上的细胞、肉体和骨头都奇迹般地消失了,你会看到什么:

> 留存下来的将是幽灵般的形象,细菌、霉菌、线形虫、蛲虫和其他各类微生物闪烁着微光,映出皮肤的轮廓。肠子看上去就像塞满了厌氧菌、好氧菌、酵母和其他微生物的管道。假如仔细观察,就可在各处细胞组织里看到数百种病毒。

福尔索姆强调,地球上任何动植物在这种情形下,都会显示出类似的"微生物动物园"。

1　原则上说,只要一日有阳光(还能照耀 50 亿年),这台生态机器就能不停运转。作为食物链顶端的食肉动物,我们的能量转换效率却如此低下,不仅让人思考是否还有更高效的方式从阳光攫取能量。

总　结

假如其他太阳系的一位生物学家，目不转睛地观察地球上丰富的生命形式，肯定会发现它们几乎是由同样的有机物组成，同样的分子几乎总是起同样的作用，大家使用同样的基因编码手册。这个星球上的有机生物不仅是近亲；它们亲密地相互接触，吸收各自排出的废物，相依为命，分享着同一脆弱的地球表层。这个结论不是空论，而是现实。它无须权威、信条或者支持者的片面辩护，而是依赖可重复的观察和实验。

我们这个星球上，生命的联系和协调并不完美；各类生物间也不存在所谓的集体智慧。从这个意义上来讲，人体的所有细胞都在严格的约束下，服从于一种附带的意志。然而，外星来的生物学家也许有理由把整个生物圈内的生物简单归结为"地球生物"，包括所有逆转录病毒、蝠鲼、有孔虫、蒙刚果树、破伤风杆菌、水螅、硅藻、叠层石建造者、海蛞蝓、扁虫、瞪羚、地衣、珊瑚、螺旋原虫、榕树、洞穴蜱、南美姬苇鳽、卡拉卡拉鹰、簇羽善知鸟、豚草花粉、狼蛛、马蹄蟹、黑曼巴蛇、黑脉金斑蝶、鞭尾蜥、锥体虫、天堂鸟、电鳗、欧洲防风草、北极燕鸥、萤火虫、角皮炎、菊花、双髻鲨、轮虫、沙袋鼠、疟原虫、獏、蚜虫、水生噬鱼蝮蛇、牵牛花、鸣鹤、科莫多巨蜥、长春花、千足虫幼虫、深海琵琶鱼、海蜇、肺鱼、酵母、巨型红杉、缓步类动物、古细菌、海百合、铃兰、人类、倭黑猩猩、墨鱼和驼背鲸等。把拥有共同主题的芸芸众生分门别类的深奥学问留给专家和研究生吧。某些自命不凡的物种不妨忽略。外星生物学家肯定会了解世界的诸多不同。在银河星系档案的犄角旮旯里，记录下另一个不知名星球上生命的几个突出和通用的特征就足够了。

第八章

性与死亡

性赋予了每个人无言却强大的本能,牵引着身心不断接近另一个人。得益于性,选择和追求伴侣成了生命中最重要的使命,人们体会到最强烈的快感,陷入最激烈的争吵,告别永恒的忧郁和孤独。除了性,还有什么能让世界充满深意和美好呢?

——乔治·桑塔亚纳
《美感》(1896)

死亡是大自然对求生意志——尤其是对贪生的利己主义的严厉谴责;死亡是对我们苟活于世的惩罚。死亡痛苦地解开了一代代人结下的生命绳结。

——亚瑟·叔本华
《作为意志和表象的世界》(附录)

温暖的夏夜里,萤火虫翩翩飞舞,一看到同类身上急急闪烁的黄白色磷光便欲火中烧。飞蛾向风中释放出吸引魔药,几公里外的异性都兴冲冲寻味而至。雄孔雀舒展羽翼,蓝色和绿色的尾屏炫目夺人,而雌孔雀也都在翩翩起舞。花粉粒争相挤出微管,沿着花柱向下面的胚囊移动。发光乌贼上演疯狂的灯光秀,头部、触须和眼球发出多姿多彩、明暗相间的光芒。绦虫每天勤奋地产下十万个受精卵。鲸鱼在海洋深处发出隆隆哀鸣,几百公里或几千公里外的海域内,另一只孤独的庞然大物正在聚精会神地聆听。细菌悄悄地靠近彼此,然后融合在一起。蝉鸣汇合成爱的小夜曲。蜜蜂夫妇踏上只有一方返回的旅途。雄鱼把精液撒向一堆黏腻的鱼卵,天知道这些卵来自何方。四处巡游的狗,嗅着同类的阴部,寻找性的刺激。花朵香气诱人,花瓣鲜艳夺目,吸引过往的昆虫、鸟儿和蝙蝠。男人和女人或唱或跳、梳妆打扮、故作姿态、予取予求、蛮来生作、装聋作哑、苦苦哀求、低头顺从,甚而豁出性命,伤及自身。如果说是爱让世界生生不息,那就言过其实了。地球旋转,因为它生来如此,无法停止。但我们熟悉的生生万物几近疯狂地追寻性与爱,构成了地球无处不在又引人注目的生命图景。这急需解释说明。

这都是为了什么?这样的滚滚激情和痴情与什么有关?为什么生物即使不眠不休,忍饥挨饿,也会心甘情愿地豁出性命去寻欢求爱?有些生物,包括大型动植物,如蒲公英、蝾螈以及一些蜥蜴和鱼类,可以无性繁殖。自从生命存在以来,生物似乎欣欣向荣、无性繁殖了大半光阴。既然如此,性行为又有什么好处?

更重要的是,性行为成本极高。它需要强大的基因编程才能唱出诱人的歌曲,跳起心驰神往的舞蹈,合成性的信息,长出击败对手的雄伟犄角。只有强大的基因,才能确保机体各个部分环环相扣,动作富有节奏,对性充满热情。所有这一切都会消耗能源,而生物本来可以借此获得更多短期利益。此外,地球上的某些生物会因为性行为而受到直接伤害。开屏的孔雀更容易被捕食者吃掉,而默默无闻、小心谨慎、羽翼暗淡的孔雀则安全得多。性行为还为疾病的传播提供了方便,为潜在的危险提供了渠道。所有危险与伤害只有得到更多补偿,才算值得。那么性行为又有哪些益处呢?

地球生物的性行为对进化的意义

尴尬的是,生物学家并不完全了解性行为的目的。自 1862 年以来这方面的研究几乎没有什么进展。当时达尔文写道:

> 我们完全不知道性行为的根本原因。为什么新生物需要两性结合才能诞生……整个问题依然隐藏在黑暗之中。

经过 40 亿年的自然选择,基因指令不断修正、微调,变得更加精妙复杂,安全多样。这些 A、C、G、T 的序列,这些用生命字母写成的手册,可以与其他公司发行的同类手册媲美。有机生物成了执行、复制基因指令,试验新指令,开展自然选择的载体。塞缪尔·巴特勒说:"母鸡能让蛋生蛋。"必须从这个层面出发,理解性行为的意义。

我们确实比较了解性行为的分子机制。首先,来看一下那些看似不可思议,无性繁殖的生物[1]:每一代微生物,都要生成 ACGT 碱基,用于精准复制核苷酸。复制完成的两个功能相同的 DNA 会平分细胞,而后分道扬镳,有点儿像离婚分财产那样。过了一段时间,这个过程又重复一次。每一代都是上一代的枯燥翻版。每个生物都是一个模子里刻出来的,几乎一模一样,直到线粒体和鞭毛推进系统发生变异。假如生物适应性好,环境稳定,这种繁殖方式也许颇有成效,基本不会受到变异的影响。但是正如我们所强调的,变异是随机的,往往弊大于利。所有后代都会受到影响,除非未来出现了补偿性变异,但发生这种情况的可能性很小。无性繁殖主导的进化步伐一定很缓慢,就像 35 亿年前到 10 亿年前化石记录的那样。直到性行为出现后,进化才突飞猛进。

假设基因材料不是缓慢、随机地发生变化,而是能在现存基因指令上直接贴上一长串复杂的新指令。不是仅仅在 DNA 手册中改动一个词里的一个字母,而是整本整本地修改消费者使用过的手册。再设想一下同样的改变

1　人工授精当然算有性生殖。

发生在以后一代又一代身上……如果基因变异的环境过于理想，一成不变或不具有普遍性，这样的设想就非常愚蠢，此后的改变也只会每况愈下。但是，假如基因变异的环境是包罗万象、日新月异的，相比于在陈旧的环境中偶尔把碱基 A 改成碱基 C，为每一代提供大量的新基因指令，对进化会更有好处。再说了，如果能重组基因，当代或者后代就能摆脱世代累积的有害突变。坏基因很快就会被好基因代替。性和自然选择就像校对员，用全新指令来代替在所难免的变异错误。这可能就解释了为什么真核细胞发生性行为后，变得多种多样，可以朝着不同方向进化，变成原生生物（比如像草履虫）、疟原虫（引起疟疾的生物）、水草、霉菌、所有陆生植物和动物。

有些现代有机生物，例如细菌、蚜虫和白杨树，有时有性繁殖，有时无性繁殖，二者皆宜。根据解剖图像和行为观察，另一些生物比如说蒲公英和鞭尾蜥蜴，则是最近才从有性繁殖转成无性繁殖的。蒲公英的花朵和花蜜对目前的繁殖方式毫无用处。不管蜜蜂多么忙，也不能帮蒲公英受精。每一只鞭尾蜥蜴都是雌性，孵出来的小蜥蜴没有生物学意义上的父亲。但是繁殖仍需异性性爱的前戏——要么与其他雄蜥蜴走一下交配流程（虽然这样做并不能使雌性怀孕）；要么与同种雌性蜥蜴进行仪式性拟交配。显而易见，我们观察到的这些蒲公英和蜥蜴，刚刚从有性繁殖转为无性繁殖，还没有足够多的时间彻底摒弃残余的脚本和道具。也许在某些情况下，有性繁殖是明智的，有时则不然。某些生物可能会根据外部情况的变化，谨慎地从一种状态转到另一种状态。而对于我们人类来说，这是不可能的，只能通过性行为繁殖。

今天，基因指令的重组，和性活动相似，都非常奇妙地发生于感染中。所谓的感染即指某个微生物进入一个更大的有机组织，避开其防线，把自己的核苷酸注入宿主核苷酸的过程。细胞内有一个随时处于工作状态的非常复杂的结构，这个结构负责解读和复制先前的 A、C、G、T 序列。可是这一结构并不高明，不能区分外来核苷酸和本体核苷酸。它是印刷机，用来印制基因指令的手册。只要摁下按钮，就可以复制任何东西。寄生虫摁了按钮，细胞里的酶就收到了新指令，成批新印制的寄生虫就喷涌而出，蠢蠢欲动着想要搞破坏。

偶尔有死去的生物通过性行为来繁衍后代。细菌死亡后，细胞质溢出，流入周围环境。核苷酸并不清楚细菌已死，虽然自身逐渐散架，但有些残余碎片在一定时间内仍能发挥作用，就像昆虫的断腿。如果碎片被路过的(健全)细菌吸收，就会融合到新的核苷酸里。碎片也许完整记录了全部指令，能帮助修复因接触氧气而受损的 DNA。这种极其原始的性行为可能与地球氧气层同时产生。

奇异的跨物种基因组合更少见，比如说细菌和鱼(今天不仅鱼身上有细菌的基因，细菌身上也有鱼的基因)，或者狒狒和猫。这种情况似乎是因为病毒附着在寄主的 DNA 上，和寄主一起繁衍了一代又一代。适应寄主后，脱离了羁绊，带着原始寄主的一些基因，传染给了另一个物种。据说大约在 500 万至 1000 万年前，地中海岸边的猫染上了狒狒的病毒基因。在今天，病毒越来越像四处游走的基因，偶尔才会引起疾病。但是，如果相去甚远的有机体可以交换基因，那么相同或者近亲物种之间就更加容易。也许性行为一开始也是一种感染，后来规模扩大，成为常态。

同一物种的两个远亲正在复制基因。它们各自把自己核苷酸的一段，愉快地放在另一个的旁边。其中一个长序列中的一小段，打个比方是：

……ATG AAG TCG ATC CTA……

另一方对应的一段是：

……TAC TTC GGG CGG AAT……

双方的长核苷酸分子在序列中同一个地方断裂(第一个是在 AAG 之后断裂，第二个是在 TTC 之后断裂)，然后分别拾起对方的一段，重新组合，由此产生了：

……ATG AAG GGG CGG AAT……

和

……TAC TTC TCC ATC CTA……

因为基因的重新组合，世界上出现了两个新的指令序列，两个新的有机体就此诞生。虽然不完全是嵌合体(因为都来自同一个物种)，但是每一个都组成了一套可能从未在同一生物上并存过的新指令。

正如我们以前讨论过的,基因是数千个 ACGT 组成的序列,合成特定的酶,为某个特殊功能编码。在重新组合之前,DNA 分子会先被切断,断裂点往往是基因的头端或者尾端,基本不会断在中间。一个基因可能有许多功能。生命的重要特征,比如说高度、攻击性、毛色或者智力,往往是大量各式各样的基因共同左右的结果。

有了性行为以后,我们可以尝试不同的基因组合,和更传统的品种竞争。以一组前景看好的自然实验为例。性行为出现以前,基因可能要等上几百万代才有幸遇到合适的突变,而物种可能无法等待那么久。现在,有机体可以大规模地获取新性状、新特征,不断适应新情况。两种或者两种以上的突变本身并不能发挥多大作用,但是协同合作却能带来巨大收益。对于物种来说,只要代价不是特别高,性行为的优越性是显而易见的。基因的重新组合提供了丰富的宝藏,自然选择可以大显身手。

性行为为何能长久存在的另一种解释十分新奇,让我们想起了寄生微生物和寄主之间由来已久的竞争。此刻,你体内的疾病微生物比地球上的人还多。细菌一个小时内繁殖两次,在你一生中就会留下一百万代细菌。一代代细菌数不胜数,为自然选择提供了种类繁多的微生物,尤其为打破身体的防御系统提供了大量资源。某些微生物改变化学成分和表面形态的速度,比身体产生新型抗体的速度快得多。在日常生活中,这些微小的生物经常混入人类免疫系统里。比如,引起疟疾的三日疟原寄生虫之中,竟有 2% 能显著改变每一代的形态和粘贴方式。病菌微生物拥有如此惊人的适应能力,假如我们的基因代代相传,毫无二致,人类就会危在旦夕。转眼间,没等我们搞清楚状况,进化中的病原体就掌握了我们的底细,攻破了我们的防御系统。但如果我们的 DNA 每一代都重新组合,就很有可能先于病菌微生物一步,从而躲避致命危险,免受感染。这一备受推崇的假设表明,性行为让我们的敌人摸不着头脑,是健康的关键。

两性动物的生理差异

雌性和雄性在生理上存在差异,因而有时会采用不同的策略,各自繁衍。这些策略虽然并非完全水火不容,但是却造成了两性关系的冲突。很多雌性爬行动物、鸟类和哺乳动物往往一次只产少量卵,也许一年只产一次。精心挑选性伴侣,全心全意培育受精卵,抚养下一代,从进化角度看是说得通的。

另一方面,雄性动物拥有大量精细胞,每次射精数目多达数亿。年轻健壮的灵长目动物一天能射精多次。因此,雄性动物延续血脉的最佳方法是不加选择地广泛交配。对性越是急切,更换性伴侣的频率就越高。尽其所能地哄骗、表白、恐吓雌性,只为让更多雌性受精。此外,由于其他雄性动物也采用了相同策略,受精卵、孵出来的小玩意儿或者幼崽的生父就下落不明。那么为什么要一把屎一把尿地拉扯一个也许没有自己基因的幼崽呢?这样只能让竞争对手的下一代得益,自己的孩子却吃了亏。因此最好还是让更多的雌性受孕。

当然,这一模式并非一成不变。有些物种中的雌性渴望和众多雄性交配。也有一些物种是雄性在抚育下一代。在已知的鸟类动物中,90%是"一夫一妻制"的。12%的猴子和猿是一夫一妻,狼、狈、草原狼、狐狸、大象、地鼠、水獭和小型羚羊也不例外。然而,一夫一妻制并不意味着性伴侣只有一个。在很多物种中,雄性动物虽然会帮助抚养孩子并照顾好孩子妈,但同时也会悄悄跑出去搞婚外情。而雌性也不拒绝其他雄性动物。生物学家称此现象为"混合交配策略"或"额外配对"。经 DNA 鉴定,一夫一妻家庭生育出来的小鸟中,高达40%是婚外情的后代。不过,雌性哺育后代,精选性伴侣,雄性沉溺于性冒险,喜欢众多性伴侣这一现象仍然非常普遍,在哺乳类动物中尤其如此。

鸟类的择偶

为了让不同生物的基因相互接触，不同的分子可以挨着排列，重新组合，高等有机体就不免有一番探索研究，发出各种气味信号，采用其他方法。但是这仅仅是外在的硬件。不管是细菌还是人类，最重要的性活动都是交换 DNA 序列。硬件还是要为软件的目标服务。

一开始，所有性行为都是笨手笨脚、不明就里、随心所欲的，就像微生物在卧室上演了一出闹剧一样。性可以让后代获益良多，因此只要成本不太高昂，性硬件很快就会优化，提升性欲的软件也会很快到位。同等条件下，充满激情的有机生物，就比其他温温吞吞的对手能留下更多后代。尽管不清楚新的 DNA 组合有何益处，有机生物照样迸发出了不可遏制的冲动来交换遗传指令。就像喜欢连环画册、邮票、全球卡片、搪瓷别针、外汇硬币或者名人签名的人会互相交换收藏一样，有机物不懂意义何在，只是忍不住要这么做。这样的交易至少有十亿年的历史了。

两个草履虫，可以配对儿，交换基因材料后便各自离开。重组无所谓性别。细菌没有男女之分，不会发生性行为，每次繁殖不用重新组合 DNA 片段。有性繁殖的植物和动物则相反。重组意味着每个新生命都有双亲，而非单亲。它也意味着同一物种必须两两配对才能在特定时间内共同完成某项重要任务，其他时候，生物离群索居也无妨。两性也许有不同的目标和策略，但是性行为这一最起码的要求，还是需要两两配合。

如此强大的力量经过缓慢自然的发展后，就会促成其他各种形式的合作。性汇集了同一物种的所有成员，不仅仅是为了保护它们免受日积月累危险变异的影响，适应不断变化的环境，更是为了发展成为不断延续的群体活动，交联不同的遗传路线。这和无性繁殖有很大不同。无性繁殖有许多平行的支派，每一支派中的有机体别无二致，一代又一代生生不息，支派之间没有近亲。

性成为繁衍后代的主要方式后，桃色新闻以及如何提高吸引力就成了热门话题。同样为人们津津乐道的还包括谁吃醋了,谁为谁大打出手,谁有可能是小三,谁欺负强迫谁……正如达尔文所言,所有这一切,又反过来迅速推动相关部位、颜色图案和求爱行为的进化。即使发生在远缘物种身上,人类也会觉得美好有趣。达尔文认为,这种选择也许就是人类美感的起源。一位 20 世纪的生物学家论述了性选择给鸟类带来的改变:

> 冠饰、赘肉、颈毛、颈部花纹、披肩、裙裾、靴刺、翅膀与鸟喙上的赘生物、彩色的喙、奇形怪状精巧无比的尾巴、囊袋、裸露皮肤上的鲜艳彩斑、细长的羽毛、颜色鲜亮的下肢……一切都美不胜收。

那些时不时会"看脸"择偶的鸟类出落得更加美丽。尽管追求时髦无益于躲避捕食者,对美的追求还是迅速风靡各类生物。实际上只要追求时髦能惠及下一代,即使自身朝不保夕,大多数生物还是会义无反顾。根据某个站得住脚的说法,雄鸟和鱼炫耀自己,是告诉雌性伙伴,自己身体健康,大有可为。羽毛鲜亮,鱼鳞闪闪发光,说明身上没有跳蚤、螨虫或者霉菌。而雌性当然喜欢与没有寄生虫的雄性交配。

性行为注定了有机体的死亡

为了产卵,红鲑鱼一路跋涉,来到浩瀚的哥伦比亚河时已经筋疲力尽。它们英勇地跨越瀑布,一心一意要把自己的 DNA 序列传给下一代。工作完成后,它们的使命就结束了。鱼鳞、鱼鳍纷纷脱落,在产卵后的几个小时内就走向了生命的终点。大自然残酷无情,死亡在所难免。

这与草履虫平淡无奇的无性繁殖截然不同。草履虫的后代与远祖在基因上几乎完全相同。可以说,远古草履虫至今依然存活。性行为虽然好处多多,却也断绝了永生的可能性。

有性繁殖的生物通常不会通过分裂来繁衍后代。大型有性繁殖生物通过性细胞来繁衍后代,即我们熟悉的精子和卵子,它们汇集了下一代所需的基因。这些细胞的寿命仅够完成各自的任务,几乎做不了别的事情。对于有性繁殖的生物而言,上一代不会一分二。它们最终会死亡,把世界留给下一代,下一代到了一定时候也会死去。无性繁殖的生物会因为缺少某种物质或者遭遇致命事故而意外死亡。有性繁殖的生物注定会死亡,是生命预先做出的安排。死亡让我们深刻认识到生命的局限和脆弱,以及我们与祖先之间的纽带。从某种意义上讲,祖先的死亡才给了我们存活的可能性。

在大型多细胞生物中,校对、修复 DNA 的酶越活跃,寿命就越长。如果这些在有机体 DNA 控制下合成的酶,数量减少,活性减弱,错误会激增、恶化,个体细胞就会不断执行无意义的指令。DNA 可以决定复制的准确性,为自身死亡安排合适的时机,也可以设定机体的死亡时间。

性行为注定了有机体的死亡,同时也延续了种族后代。而无性繁殖的生物无论重复了多少代,最终积累的有害变异都会危及自身。最终,会有一代格外瘦小孱弱,丧钟就此敲响。而性是出路,让 DNA 焕发活力,让下一代获得新生。我们喜欢性是有道理的。

十亿年前,生物界达成了一项协议:以性爱的乐趣换取个体的永生。死亡是性的前提。大自然实在是太精明了。

两性繁殖带来基因重组

最初的生物无父无母。在近 30 亿年的时间里,芸芸众生只有单亲,都非常接近永生。现在,很多生物有双亲,毫无疑问总有一死。就我们所知,目前没有生物有三个及以上的父母[1],虽然这一想法很吸引人,研究上也可行。如果真有那么多父母,基因重新组合的花样可能更多,识别信息错误(比较三个序列并找出异常)的能力有可能得到很大提高。也许别的星球就是如此……

一听到雄鸟爱的呼唤,雌性北椋鸟(也叫燕八哥)立刻搔首弄姿,准备交

---

[1] 虽然两个死亡细菌可能会地被活菌合并成一个。

配。就算是单独饲养的雌性北椋鸟,第一次听到雄鸟的情歌也会摆出相应姿态。同样,单独饲养的雄性北椋鸟,尽管从未听过情歌,仍然会吟唱。如何唱情歌,该做出什么样的反应都记录在了 DNA 里。也许一听到歌声,雌鸟就有点动心。也许看到雌鸟的迷人模样,雄鸟也动了情。

在鸟类和哺乳动物中,亲代抚育和亲缘选择的现象非常突出。与此相反,许多青蛙和鱼会以幼崽为食。同类相食稀松平常,这不仅仅发生在种群密度过高或缺少食物的特殊情况下还发生在日常生活中。那么多小家伙,吃得圆圆胖胖,又方便又营养,不如吃了算了。只需要留下几个传宗接代就够了。没有其乐融融的家庭生活,吃起来还少点顾虑。但是亲代抚育不仅限于鸟类和哺乳动物,在鱼类甚至无脊椎动物里也经常出现。蜣螂妈妈很疼孩子,会把卵产在用动物粪便精心滚出来的"卵球"里。尼罗河鳄鱼咬合力惊人,一口能把人咬成两段,在含小鳄鱼时却小心翼翼。鳄鱼妈妈衔着孩子游来游去,小鳄鱼从妈妈牙齿里伸出头来张望,就像旅行巴士上的游客。

即使动物的举动只是基因决定的自利行为,外人还是会解读为动物也有爱,自恐龙灭绝后,动物逐渐有了灵性。随着灵长目动物的出现,世界越发温情。爱让种族紧紧联系在一起,形成了团结一致的氛围。

繁殖至上意味着下一代几乎是唯一重要的东西,很多动物的行为都深刻体现了这一点。受精完成,防护措施到位之后,父辈双方无论雌雄很快就会死亡。而包括人类在内的另一些物种,双亲在保护和教育下一代的过程中起到了至关重要的作用,因此交配之后还是要活下去。否则,一旦完成了使命,还没和自己下一代竞争有限资源,就会一命呜呼。

重组 DNA 链影响深远,解剖学、生理学和行为学都因此发生巨变。虽然生物合作早在性出现之前就已存在(比如叠层石菌落,以及叶绿体、线粒体与细胞的共生关系),但性带动了新合作,万物共同努力,牺牲自己、造福后代。在雄性和雌性的不同性策略上,性还营造了亟待缓和、新奇独特的紧张氛围,以及前所未有的强大竞争动机。我们人类就是绝佳范例,充分说明了性对地球生生万物的个性、生活起到了近乎决定性的作用,在这里性不仅仅指性活动本身,还包括所有准备工作、后果、相关事宜和癖好。

论无常

我们只是来梦一场，

不是那样，不是那样，

我们来不是要活在地上。

好像青草在春天，

我们的命是一样。

我们的心生长，长出

我们花蕾的肉身。

有些展开花冠

转眼就枯黄。

——阿兹特克古诗

《我们来梦一场》

第九章

多么薄的隔板

懂些推理的大象,与仅会匍匐前行的猪,

在天分上是如此不同!

在那里,本能和理性之间有个良好的屏障,

将其永远隔开,又永远靠近!

记忆和反思是多么紧密相联!

感觉与思想中间隔着的,

只是一层薄薄的隔板!

——亚历山大·蒲伯

《人论》

若在生和死之间择其一，多数人都会选择生。可为什么呢？想要回答清楚绝非易事。我们常用两个令人费解的词来回答，"求生意志"或"生命力"。这又是什么意思呢？即使一个人饱受暴力的残害，经受难忍的疼痛，也依旧会保持对生命的渴望，甚至热情。但是在宇宙系统之中，为什么偏偏是这个人活着，而不是另一个人呢？这个问题难以回答，也不可能回答，甚至没有意义。生命是一种馈赠。形成生命的契机如此众多，而只有一小部分有幸来体验生命。若非垂垂老矣，抑或是到了绝望的境地，没有人会自愿放弃生命。

在性上也存在同样的困惑。起码在今天，几乎没有人单纯地为了物种繁衍或传递自己的DNA而进行性行为。一个人不大会冷静而理性地思考目的，再去进行繁衍，这在青春期尤为明显（从古至今的大部分时间里，人类如同一个青春期的少年一般）。性本身就是一种报偿。

人对生命和性的热情是与生俱来的，它不可更改，如预先编好的程序。在此种热情之中，人类经历了漫长的过程，才将后代的基因特征编排得些许不同，而这也正是自然选择发挥作用的第一步，也是重要的一步。我们是自然选择的工具，却对此茫然不知，甚至繁衍得饶有兴致。情感是后天添加的。但不管我们如何深入地分析自己的情感，都不会觉得其中潜藏着别的目的。人类试图从社会、政治和神学上来解释其动因，使其合理化——那一目了然又神秘莫测的情感。

现在设想我们无心对此事做出解释，也有足够的推理和反思的能力。假设我们笃定地相信生存和繁殖是一种天生倾向，并且一生都只是为了完成这一任务。这不就是我们多数人的心态吗？每个人的内里都存在着这两种状态。仅需稍稍反思一下就意识得到。宗教作品中，这两种状态通常被称为兽性和神性，也就是通俗意义上的感情和思想。我们的头脑中似乎存在着这两种不同的处世方式。而在漫长的进化历程中，我们不久前才开始认真审视后者。

虱子的繁衍

来看一看虱子的世界。撇开它的生理构造不谈,虱子要怎样做才能繁衍下去呢?虱子没有眼睛。雌性和雄性要靠气味辨识对方,也就是一种叫作性信息素的嗅觉信息。一般来说,虱子的信息素是一个叫作 2,6-二氯苯酚的分子。假如 C 代表了碳原子,H 代表氢,O 代表氧,Cl 代表氯,那么这个环状分子就可以写成 $C_6H_3OHCl_2$。一点儿二氯苯酚就能使虱子意乱情迷。

雌性虱子会在交配后爬到矮树或灌木丛中,再爬到一个小树枝或树叶上。它怎么能知道哪一边是上呢?尽管它无法对周围环境产生光学影像,但它的皮肤可以感觉出光线照射的方向。它待在树叶或者小树枝上,全身暴露在大自然中,等待着。它还没有受精。精细胞在它体内已经被整整齐齐地包裹好,长期储存起来。它可以等上几个月乃至几年,不吃什么东西。虱子很有耐心。

它在等待一种气味,一种特殊的分子所散发的气味。这种分子可能是酪酸,分子式为 C_3H_7COOH。包括人类在内的许多哺乳动物,会从皮肤和阴部散发出酪酸。一小片气味跟随着它们,就像廉价的香水。这是哺乳动物用来吸引异性的物质,但虱子利用它来寻找食物,以繁衍后代。闻到酪酸从下面飘上来,虱子就从栖息处跳下去。它从空中下落时四脚八叉。如果足够走运,它会正好落在路过的哺乳动物身上。(如果不走运,它就会摔在地上,然后掸一掸灰尘,再想办法爬到另一个灌木丛上)。

虱子附着在寄主的毛皮里,而寄主对此全无戒心。它在毛丛里头寻找一块毛较少的地方———一块无毛的温柔的皮肤。找到之后,它就刺破皮肤的表层,饱饮一顿鲜血。[1]

哺乳动物会感到被叮了一下,然后把虱子抹掉,或者用心梳理自己的皮毛,把虱子摘掉。老鼠醒着的时候,会花三分之一的时间梳理清洁。虱子可

---

[1] 吸引它的不是血液的味道而是血液的温度。如果它落在有丁酸味儿且注满热水的玩具气球上,这个笨拙的吸血鬼一定会钻进去,在自来水里徜徉。

以从其他动物身上吸大量的血，可以产生神经毒素，可以携带致病微生物，它们很危险。一个哺乳动物身上有过多虱子，可能导致贫血、厌食和死亡。猴子和猿有一个主要的日常习惯，就是一丝不苟地互相找虱子。一旦找到一个虱子，它们就立马抓住，一口吃掉。所以，它们虽然身居野外，身上却很少有寄生虫。

假如虱子能躲避掉梳理的灾难，它便会灌饱鲜血，重重地跌倒在地上。它饱餐之后，会打开储存精液细胞的腔室，排出受精卵（大概有一万多个），然后死去。它的后代也这样周而复始。

你们看，虱子并不需要太高的感官能力。在第一只恐龙进化出来之前，虱子也许就在喝鳄鱼的血了，但是它那一套关键的技巧依然十分简陋。虱子要本能地对阳光做出反应，知道哪个方向是往上；要能够闻到酪酸的气味，以便知道什么时候落到动物身上；它必须能够感觉到体温；必须知道如何慢慢地绕过障碍物。这一切要求并不高。今天，我们已有微型感光器，能够轻易在无云的天气里找到太阳；我们有很多化学分析仪器，可以发现微量的酪酸；我们还有小型的红外感应器，能检测到热量。事实上，这三种仪器已经用在宇宙飞船上来探索地外世界——比如说"海盗号火星计划"。我们发明了新一代移动机器人，用来进行星际探索。这些机器人能够缓缓地跨过较大的障碍物，或绕开它们。虽然这些机器人还不够小巧，但可以想见，建造一个微型机器，使其复制甚至拥有超过虱子感觉外部世界的关键能力，也是指日可待的。我们完全可以为其装上皮下注射针头（对我们来说，要模拟其消化系统和繁殖系统才是更困难的事情，我们还远不能模拟虱子的生化系统）。

如果我们可以从第一视角感受虱子的大脑，会怎样呢？你就会了解到它如何辨别光线、如何寻觅酪酸和二氯苯酚的气味、如何感受哺乳动物的体温，以及如何跨越或者绕过障碍物。你看不到任何图景，看不到周围环境。你没有视觉，也没有听觉。你的嗅觉非常有限，不太能进行思考。你对外部世界所知甚少。但是你所能获知的，已经足够了。

昆虫等低等生物的行为程序

窗户上传来一声撞击声，你抬头一看，有只蛾子一头撞到透明的玻璃上。它并不知道那里有玻璃。蛾子这类东西存在了上亿年，而玻璃窗的发明仅仅数几千年。头撞到玻璃以后，蛾子会做什么呢？它会把头再一次撞在玻璃上。昆虫不断撞击玻璃窗，甚至在玻璃上留下身体的残骸，但从来不会从中吸取教训。

很显然，它们的脑子里编有一个飞行的程序，这个程序没有教它们如何避免撞击透明的东西。这个程序里没有一个子程序对它们说："如果我总是撞上什么东西，尽管看不见，我也应该绕着飞。"可是开发这么一个子程序需要承受进化中的代价。而直到现在，蛾子也没有因缺少这一程序而受到惩罚。它们缺乏一种解决一般问题的能力，以应对这个挑战。蛾子对世界上的玻璃窗无计可施。

假如我们能够探索蛾子的大脑，就会发现那里空空如也。然而，我们能否意识到，不光是那些患有强迫症的人，我们自己也常常反复做着傻事，尽管我们心里清楚，这会给我们带来很多麻烦。

有时我们做得还不如蛾子。国家元首也有撞上玻璃门的时候。饭店和公共场所的透明障碍物上，也会贴上大大的红色环形贴纸等警告标记。我们也是从没有厚玻璃板的世界里进化出来的。蛾子和我们之间的区别是，我们几乎不会在撞到过一次之后，抖抖身上的灰尘，又一头撞到玻璃门上。

毛毛虫会像许多昆虫一样，追随着同伴留下的气味。若我们在地上用气味分子画一个无形的圆圈，在其中放上几条毛毛虫，它们就会像在环形轨道上的火车头一样，不停地转着圈，直到累趴为止。如果毛毛虫会思考，那么它在想什么呢？"我前头的家伙肯定知道要去哪儿，我就跟着它，直到地球的尽头？"对一只毛毛虫来说，只要跟随着气味，就总能找到另一只毛毛虫，而那往往就是它想去的地方。自然界中几乎从未出现过环形的轨迹，除非某个自作聪明的科学家这样干。因此，毛毛虫从未因程序中的这个弱点，而招致麻烦。我们再次发现自然界的算法如此简单,找不到任何用于评估不协调数据的管理智商[1]存在的痕迹。

蜜蜂死后,会散发出死亡的信息素。那是一种特殊的气味,告诉其他蜜蜂把自己从蜂窝里搬走。这种行为看上去很有社会责任感。尸体很快就会被搬出蜂窝。死亡信息素是一种油酸[一个颇为复杂的分子,$CH_3(CH_2)_7CH = CH(CH_2)_7COOH$,这里的 = 代表双化学键]。如果在一个活蜜蜂身上滴上一些油酸会发生什么呢?不管这个蜜蜂再怎么强壮魁梧,也会被"踢着喊着"扔出蜂窝。即便是蜂王,也会遭此厄运。

蜜蜂了不了解尸首在蜂窝里腐烂的危险,知不知道死亡和油酸之间的联系,懂不懂得死亡意味着什么呢?它们会不会想到在接收油酸信号的同时,也检查一下别的因素,比如该个体是否健康、是否还在动弹?这些问题的答案几乎都是否定的。在蜜蜂的世界里,除非死掉,否则不可能发出油酸味道。蜜蜂不需要精密且睿智的设备,仅依靠它们的感知能力就足够了。

昆虫行将死亡时能产生油酸,这是不是为了蜂窝的利益着想呢?但更有可能的是蜜蜂在死亡降临的时刻,其脂肪酸的新陈代谢功能失灵,产生了油酸。而活着的蜜蜂的化学受体高度敏感,接收到了油酸的信号。能够产生死亡信息素的蜜蜂族群,相比于让尸体乱丢在巢里产生病菌的族群,要更有竞争力。即使蜂窝里头别的蜜蜂和刚死去的蜜蜂毫无血缘关系,这一点依然没有错。另一方面,因为所有的蜜蜂都是近亲,所以这种特意产生死亡信息素的行为在亲缘关系选择方面就说得通了。

鱼类和鸟类等的行为机制程序

现在这儿有一只打扮华美、构造精妙的昆虫,在晌午的太阳光里,随着灰尘颗粒翩翩起舞。它有感情吗?有意识吗?也许它只不过是一种有机物构成的精妙的机器,一个身上带着感应器和驱动器的碳基机器人,根据 DNA

的指令编码和制造(以后我们会更深入地讨论"只不过"的意思)。我们可能会乐意接受昆虫是机器人的观点。据我们所知,没有任何有力的证据能够反驳这一观点。我们多数人对昆虫都没有太深的感情。

在 17 世纪前半叶,勒内·笛卡尔——现代哲学之"父",就得出了此种结论。在他生活的年代,最精尖的科技就是精巧玲珑的钟表,他认为昆虫等动物与钟表一样,都是"高级的牵线木偶",如同赫胥黎所形容的那样,"它们吃无快乐、哭无痛苦、无欲无求、没有知识,仅仅能像一个蜜蜂模仿数学家那样(蜜蜂所建造的蜂窝是六角形的几何图案),模仿机械智能"。笛卡尔认为,蚂蚁没有灵魂,人类无须用道德对待它们。

当我们在更加"高级"的动物身上,发现相似的简单行为程序,并且也没有中央意识的控制,我们又该得出什么结论呢? 一个鹅蛋从窝里滚出来,鹅妈妈就会小心地把它推回去。此种行为对鹅基因存续的重要性显而易见。一个已经孵蛋几个星期的鹅妈妈,是否会知道把滚开的蛋取回来的重要性?是否知道有蛋丢失了? 事实上,它会取回鹅窝里和鹅窝旁的任何东西,包括乒乓球和啤酒瓶。鹅妈妈懂得一些事情,但懂得不够多。

> 假如小鸡的一条腿拴在一个挂钩上,它会唧唧地叫。鸡妈妈听到呼救声,就会羽毛竖起,立刻朝着声音的方向奔去,即使还没看见小鸡。一旦看见了小鸡,母鸡就开始愤怒地啄击想象中的敌人。但是如果小鸡是被捆绑在玻璃罩里的,即便在鸡妈妈眼皮底下,它也会满不在乎,因为它虽然能看到小鸡,但听不到小鸡的叫声。

> ……若有敌人攻击小鸡,小鸡一般会发出唧唧的叫声,这种唧唧的叫声就构成了一种间接的知觉线索。常规来说,母鸡的叼啄会把敌人赶跑,切断这种感觉上的线索。如果一只小鸡只是挣扎,却不发出叫声,便构不成知觉线索,也就不会触发母鸡的行动。

雄性热带鱼看到同类雄鱼身上有红色斑纹,就会准备决斗。看到窗外一辆红色的卡车,也会焦躁起来。人类若在纸上、胶带上或磁带上看到特殊排列的圆点,能够得到性刺激,便会付钱来观看这种图案。

我们现在说到哪儿了?笛卡尔相当于是承认了鱼与鸡都是精巧的自动化机器,没有灵魂。那人类呢?

笛卡尔的立场变得十分危险。在他之前,有着伽利略这一前车之鉴。伽利略坚称地球每天自转一周,而《圣经》里的观点是地球是静止的,天体每天绕着我们转一周,他的观点与《圣经》里的观点是相违背的。因此,他差点受到自封的"宗教法庭"的审判。罗马天主教会通过威胁、拷打和暗杀等手段来清除异端。在笛卡尔所生活的时代的开端,教会活活烧死了乔尔丹诺·布鲁诺,因为他独立思考、敢于发言、从不认错。现在,比起地球自转说,把动物当作钟表机器人的说法,就更加危险,在神学上也更为敏感,因为这种说法所触及的是核心教义:自由意志、灵魂的存在。就像在别的问题上一样,笛卡尔采取了折中路线。

我们"深知",人类不仅仅是一套极其复杂的计算机程序,内省可以论证这一点。而且我们也能感觉得到。笛卡尔对他相信的所有东西,都曾用彻底的怀疑态度进行审视,并说出了举世闻名的"我思故我在",并把不朽的灵魂只赋予人类,而不是地球上别的任何生物。

但是,我们所生活的时代变得更加开明了,即便思想离经叛道,也不会遭到多严重的惩罚,所以我们可以像达尔文以来很多人所做的那样,继续探索,而且我们有责任这样做。假如别的动物有思想,它们在想什么?如果能够对它们进行提问,它们会说些什么?我们仔细审视了一些动物之后,难道没有发现偶然之树具有多个分支,也就是偶然之外还有主观意志在作取舍?既然地球上所有生命都有亲缘关系,那么真的只有人类具有不朽的灵魂,其他动物肯定没有?

蛾子没有必要知道怎样绕着玻璃窗飞行,鹅也用不着分辨取回的是蛋而不是啤酒瓶。这是因为玻璃窗和啤酒瓶存在的时间还不够长,不足以在昆虫和鸟类的自然选择过程中产生影响。它们的程序、电路思维和行为模式非常简单,因为复杂不会带来额外的好处。只有在简单的机制无法应付的时候,复杂的机制才会进化出来。

　　在大自然里,那个鹅孵蛋的程序就足够了。但是,小鹅孵出来之后,特别是在没有离家之前,鹅妈妈非常清楚它们声音、相貌、(也许)气味的细微差别。它熟悉自己的小鹅,不会把自己的孩子与别人家的小鹅混淆,而在人类眼里,这些小鹅别无二致。

　　一些鸟类会发生混淆的情况,小鸟长出羽毛,有可能错误地落到邻居的窝里,这时母亲天生的分辨力就非常精确。如果鹅的呆板而简单的行为机制会招致危险与祸端,那它的行为就会变得灵活而复杂。生物的程序崇尚节俭,够用就好——只要这个世界不要产生太多的新鲜玩意儿,例如玻璃窗和啤酒瓶。

　　让我们再来看一下蹦跳的昆虫。它能看、能走、能跑、能嗅、能尝、能飞、能交配、能吃、能大小便、能排卵,甚至能变形,它依靠内部的程序来完成上述功能,这些程序都集中在它的大脑里,可能仅有一毫米大,并且还有专用器官来驱动这些程序。但是,这就是全部吗?没有任何意识在里面主导管控着所有这些功能?"任何意识"是什么意思?或者说昆虫仅仅是其全部功能的总和,别无其他,没有系统的掌管者,没有器官的主导者,也没有灵魂?

　　俯下身来,细细观看这个昆虫,会看到它翘起头打量你,想知道眼前这个庞然大物是怎么回事。苍蝇毫不在乎地漫步,你举起卷好的报纸,它马上"嗡"地飞走了。你打开灯,蟑螂立刻在原地停下,警惕地看着你。你朝它走过去,它立刻就钻到木质家具里。我们"知晓"这类行为是由简单的神经元子程序驱动的。许多科学家一问到有关苍蝇和蟑螂的意识问题就会紧张起来。但是,有时候我们会有一种怪诞的感觉,觉得分隔程序与意识的隔板不仅很薄,还能够渗透。

　　我们知道昆虫能决定吃掉谁,看见谁要逃跑,哪个异性更具性吸引力。在昆虫体内,在它微小的头脑里,它是否知道自己能做决定,是否能意识到自己的存在?难道连一丝一毫的自我意识都没有?难道对未来没有半点期许?干好一天的工作,难道没有一丁点儿满足感?如果它的脑子有我们的百万分之一大小,我们是否该承认它们有我们感情和意识的百万分之一?如果我们反复思索后,坚持认为它只是个机器,我们敢肯定这个结论只适用于昆虫而不适用于我们吗？

我们可以辨认出有这类子程序的存在，正是因为它们十分直接与简单。但是，假如眼前的动物能进行复杂的判断（偶然性之树的众多旁枝），做出难以预测的决定，操控一个强大的控制程序，那么我们是否会觉得它不仅仅是一个极其精巧的微型计算机呢？

外出寻找食物的蜜蜂返回蜂窝，然后"跳起舞来"，在蜂窝上快速地爬出一个特殊的、复杂的图案。它身上也许还沾着花粉或者花蜜，也许会为急切等待的姐妹们反刍胃里的一些东西。这一切完全是暗自进行的，但旁观者会通过触觉，使这一系列动作了然于心。依靠所获知的这点信息，一批蜜蜂从蜂窝里飞出，朝着正确的方向，飞过正确的路线，毫不费力地来到它们以前从未来过的新觅食地，熟悉得就像每天上下班的路线一样。它们分享从同伴那里获知方位的食物。在食物稀少或者花蜜分外甜美的时候，这种情况尤为常见。怎样把一片鲜花的方位编码进蜜蜂的舞蹈语言里，然后又怎样解码，这个知识是否隐匿在昆虫的遗传信息里？也许它们真的"仅仅"是机器人，但若真如此，那些这些机器人的能力可真了不起。

当我们认为这样的生物仅仅是机器人时，可能会忽视今后几十年机器人科学和人工智能可能出现的成果。现如今，有的机器人可以阅读乐谱，然后在琴键上演奏；有的机器人可以在两种完全不同的语言之间，进行高质量的转换；还有的机器人能从自己的经历中进行学习，编出程序员过去从未教过它们的行为指令。（在国际象棋里，它们知道通常要把象下在棋盘的中部而不是边上，然后学会在何种情况下可以有例外）。一些开环控制系统的象棋机器人，可以打败几乎所有的人类象棋大师，它们的招数连为它们编程的程序员都大为吃惊。经常有专家去分析它们下过的棋局，研究机器人的"战略""目标"和"意图"。假如你事先编程的数据库足够庞大，而且你能够从经验里学到足够多的东西，那么在外人眼里，不管你的头脑里是否有意识活动（或者不管你的神经元放在了什么地方），你是否就像是个有意识的生物，可以随意做出自己的选择？

一旦拥有了大规模的双向综合程序，有了从经验里学习的能力，有了高超的数据处理技术和超越竞争程序的方法，你是不是会觉得身体内有一点儿类似思维的活动？我们常常想象有人在里面拉着线，控制着动物木偶，这是否就是人类观察世界的古怪方式[1]？我们感觉能主宰自己，自己拉线控制自己，是不是一种幻觉呢？起码在大多数时间内，就我们所从事的绝大多数事情来考虑。我们在多大程度上在掌管我们自己？我们每天有多少日常行为是非自主行为？

很多人类的情感是事先编好的程序，尽管也会受到文化的影响。例如性吸引力、爱情、嫉妒、饥饿、口渴、对血腥的恐惧、对蛇的惧怕、恐高、惧怕"怪物"、见到生人害羞和怀疑、对当权者卑躬屈膝、崇拜英雄、欺负弱者、疼痛与哭泣、笑、对乱伦的禁忌、婴儿看到家庭成员的喜悦、惧怕分离、母爱。每一种感受都与一整套复杂的情感有关，并且跟思维没有多大关系。我们可以想象有某种生物，其内心几乎完全由这样的情感组成，没有什么思维掺杂其中。

蜘蛛的行为机制

蜘蛛在门廊灯附近结网，喷出精细而结实的丝线。我们第一次注意到那张蛛网是在一场大雨之后，网上挂着发光的小水珠，网的主人正在修理损坏了的轨撑。那个精美、同心、多边形的图案，通过一根丝线拉到灯罩，另一根拉到附近的扶手而稳定住。即便天色已黑，气候恶劣，蜘蛛照样修理自己的网。夜幕降临，到了掌灯的时候，它坐在自己建造的网中央，等待着倒霉的飞虫被灯光吸引，而飞虫又因其视力极差几乎看不见网。一旦昆虫被网缠住，这个消息就像波浪般从丝线上传给网的主人。它从一条辐射的轨撑上冲下来，蜇死昆虫，然后快速用白色的茧将其包好，存放起来留作日后享用。然后又稳健而迅速地跑回它的指挥中心，大气都不喘一口。

它是如何知道怎样设计、建造、固定、修理和使用这个精巧的网的呢？

1　人工智能方面的一大发现是分布式数据处理——多台较小型计算机以平行结构而非集中结构协同合作——成绩斐然，一些方面比最大最快的单独计算机更强。所谓三个臭皮匠顶个诸葛亮。

它怎么知道昆虫会被光线吸引，所以该在灯旁建网？它难道跑遍整个房子，清点哪些角落昆虫丰富，是安营扎寨的好地方？它的行为不可能是事先编好的程序，因为人工灯光的发明是近期的事，不可能在蜘蛛的进化过程中被考虑到。

一旦蜘蛛服下改变意识的药物，就会将网织得不那么对称，也更加飘忽不定，或者可以说网变得不那么精致，更加随便。而且用来捕获昆虫，也不再那么管用。这个跌跌撞撞的蜘蛛忘记了什么呢？

也许它的所有行为都事先在 ACGT 编码中编好了。但是，更加复杂的信息不应该被锁定在更长、更繁复的编码中吗？或者也许有些信息可以从过去的经历中学来，诸如编织和修理蜘蛛网，把猎物麻痹然后吃掉。可是这个蜘蛛的脑子是多么小啊。若是一个大得多的大脑，里面的经验是否就可以产生复杂得多的行为？

蛛网设立在灯罩、金属扶手和木板外墙之间的，处于这个几何形图案中的有利位置上。这个具体位置本身不可能是事先编好的程序。一定有某种选择决定的因素，把遗传倾向和从未遇到过的环境联系起来。

蜘蛛是不是仅仅是个机器人，毫不迟疑完成对它来说是世界上最自然的事情，然后作为奖赏，得到大批猎物，又因此巩固了它的行为呢？或者是不是有某种习得机制、决策制定和自我意识的成分呢？

蜘蛛采用了更加精密的工程标准来编织它的网。织网的报酬要以后才能获取，也许要很久以后。它耐心地等待着。它知道它在等什么吗？又是否会梦见多汁的蛾子和呆傻的浮游呢？也许它只是干等着，脑中一片空白，恍若无物，什么也不想，直到网上的挣扎给它传递信号，让它起身冲向昆虫，趁其挣脱跑掉之前将其蜇死？我们难道真能确定蜘蛛没有一丁点儿意识的火花，哪怕是微弱的、时有时无的？

可以想象，即使是最卑微的生物，也会闪现某种原始的意识活动，而且随着神经元和大脑结构日益复杂，意识也会日渐增长。自然学家雅各布·冯·魏克斯库尔说："一只狗奔跑的时候，是狗在挪动自己的四肢，而一个海胆跑起来的时候，是腿在挪动海胆。"即使是人类，思维也经常是意识的附属状态。

假如我们能够窥见蜘蛛或鹅的心灵，或许会发现指引其行动的机制如万花筒般丰富，该机制有可能是提前设定好的有意识的选择，也可能是从多种可能性中选择其一。这些机制是除人以外的有机生物体的行动动机，这些有机个体能够感受到其在体内悄然发生，但对于人类而言，却如生命这部乐曲的复调旋律，微弱如游丝。

动物常按一定模式外出觅食，乱找一通常常收效甚微，因为这样往往会重复老路，一再搜寻同一地点。所以，动物不管向哪个方向出发，几乎总是向前搜寻。动物总是会到达以前没到过的地方，觅食便自然而然成了对新世界的探索。探索的热情是与生俱来的。对探索，我们乐此不疲，甚至还有回报，它有助于我们生存，也有助于我们繁衍和养育后代。

也许动物纯粹就是机器人——强烈的欲望、本能反应、性激素的冲动促使它们产生行为，这种行为又反过来受到锤炼和挑选，促进特定基因序列的增殖。也许意识的各种状态不管再怎么清晰，都像赫胥黎提出的那样："是由大脑物质里的分子变化直接引起的。"但在动物的眼里，一定觉得这些意识是自然的、狂热的，有时甚至是硬生生想出来的，就像人类看待自己的意识那样。或许一阵阵的冲动和错综复杂的子程序时而不时发生，感觉上就像是自由意志在发挥作用一样。当然，动物不可能感觉自己的行为是强加到自己身上的，是违背自己的意志的。动物自觉自愿地依程序行事，但大体上，无非是在遵从命令。

当日照时间足够长，它会感到莫名地焦躁，有一点像春天来临时的亢奋。它从没想过什么时候才是受精、怀孕、生小孩的最佳季节，来把基因传递下去。这一切都不是它能力所能控制的。但是在内心深处，它感到天气令人目酣神醉，生的气息在四下里涌动着，而月光照在你身上落下斑驳的影，一切都刚刚好。

不同生物对世界不同的敏锐感知

我们不想自以为是。我们同胞的理解深度如此有限，我们的理解深度也可想而知。我们也受情感左右，完全不懂什么东西会触发我们的行动。有一些生物的敏锐感觉，在它们生活中司空见惯、习以为常，而在人类身上却无迹可寻。还有一些生物有着截然不同的口味，和对外部世界的感知。正像一个古老的意第绪语的格言所说："觉得山葵很甜的，是里面的小虫。"此外，山葵里的小虫的嗅觉、味觉、触觉等感觉，都和我们截然不同。

大黄蜂可以发现太阳光的偏振，这一点人类没有仪器是看不见的；蝮蛇能觉察到红外线的辐射，并能辨别半米之外 0.01 度的温差；许多昆虫可以看到紫外线；一些非洲淡水鱼能够在身边产生静电场，通过场内些微的波动就可以知道有无入侵者；狗、鲨鱼和蝉可以听到人类完全听不到的声音；普通蝎子腿上有地震仪，能在黑暗之中感受到一米开外的小昆虫的脚步；水蝎子能够通过测量流体静力的压力，获知水的深度；适龄的雌性蚕蛾，每秒排放百亿分之一的引诱剂，吸引数英里之内所有的雄性蛾子；海豚、鲸和蝙蝠用一种声呐系统进行精准的回声定位。

蝙蝠能利用回声进行定位，声音的方向、距离、振幅和频率等信息常常反射回来，系统地传进蝙蝠的大脑周围。蝙蝠如何感受它的回声世界呢？鲤鱼和鲶鱼浑身上下分布着味蕾，嘴里也是；所有传感器上的神经会汇集到大脑里一片巨大的脑叶，这片脑叶负责处理感官信息，是鲶鱼和鲤鱼特有的。鲶鱼如何看待世界呢？进到它的脑子里是什么样的感觉？曾经有一个案例，一只狗摇晃着尾巴兴高采烈地迎接一个素未谋面的人；结果此人是狗主人早年失散的双胞胎兄弟，狗狗通过气味认出了他。狗狗那个嗅觉灵敏的世界是什么样的呢？趋磁性的细菌，体内有微型磁石晶体，这种晶体是一种铁矿石，早期航海学家将其称作天然磁石。这类细菌体内具有货真价实的指南针，将它们依照地球磁场进行排列。地球的中心是个巨大的发电机，充斥着翻滚融化的铁，指引着这些微小的生物。据我们所知，人类的仪器探测不到地球中心的这些铁。地球的磁性对它们来说是种什么感觉呢？这些生物也许是自动化的机械，或者几乎是这样，但是它们具有人类没有的惊人的能力，甚至漫画中的超级英雄也不具备。它们眼里的世界一定与众不同，能看见众多我们见不到的东西。

每一个物种的脑海里，都绘制了一个不同的现实模式图。没有一个模式是完备的。每个模式都会遗漏世界上的一些方面。而就因为这种不完整性，迟早会发生令人惊讶的事，或许会被认作一种魔法或者奇迹。感官模式多种多样，其敏锐程度也就不尽相同，不同的感官结合在一起，形成了一个不同的思维图景，比如一幅正在捕猎的蛇的图景。

但是笛卡尔对此不以为意。他在给纽卡斯尔侯爵的信中写道：

> 我确实知道动物在很多方面比我们强，这没什么好大惊小怪的，因为那也正好证明它们的所作所为只是出于自然的力量，类似于钟表里面的弹簧，能够超过我们的判断力更准确地说出时间而已。

动物的情感

随着生命的进化，感觉的范围扩大了。亚里士多德认为："在一些动物身上，我们观察到温柔或者强悍；平和或者暴躁；勇敢或者胆怯；紧张或者自信；高尚或者狡诈；而在智力方面，是某种近乎睿智的东西。"达尔文认为，一些情感至少在除人类以外的一些哺乳动物身上表现了出来（主要是狗、马和猴子），包括愉悦、痛苦、幸福、悲惨、恐怖、怀疑、欺骗、勇敢、胆怯、愠怒、平和、报复、无私的爱、嫉妒、对爱与赞扬的渴望、自豪、羞愧、谦虚、大度和幽默感。

大概在人类出现很久之前的某一时刻，一系列全新的情感也慢慢出现了，例如好奇心、洞察力、传授与学习的乐趣。随着一个神经元又一个神经元的出现，那层隔板也开始升起。

动物是机器吗？
四种观点

17 世纪的观点：笛卡尔

你也许在皇家花园里看见过石窟和喷泉，水从水库里喷涌而出的力量，足以使各类机械运作起来，甚至能让它们演奏乐器，或者根据导水管道的铺设而读出不同的字词。

存在于外部世界的物体，直接作用于感觉器官，然后生物依照大脑的安排，决定身体这台机器以什么样的方式运作。外界物体就像陌生人一样，无意间进入供水系统的石窟，引发眼前发生的行为动作。为了进入石窟，它们只得踩上一些安装巧妙的木板，使洗浴的狩猎女神狄安娜躲入芦苇丛；假如它们试图跟踪她，就会碰上海神尼普顿，挥舞三叉戟来吓唬它们；若它们试图从另一条路跟踪，便会招恼另一怪物，喷它们一脸水之后一跃而出；又或者再试一试工程师依据幻想制作的别的发明物。最后，当理性的灵魂安置到了这部机器之内，它的主要活动场所就在大脑里，取代了工程师的位置。工程师本当置身于所有管道连接的地方，调整管道的松紧，管理管道的活动。

所有由身体这个机器所主宰的功能，如消化食物、心脏和血管的搏动、营养和四肢的生长、呼吸、清醒和睡眠、接受阳光、声音、气味、味道、热度等，都由外部传感器官完成；对这些功能的印象都保存在负责一般感官和想象的器官之中；对这些概念的留存或者说印象都印在记忆里；食欲和激情在内部的运动；最后，所有肢体的外部动作都恰如其分，就如感官所呈现的那样，都遵循着集中在记忆里的印象，尽可能表现得像一个真正的人。我想说，你得同意这些器官的安排使这台机器自然运转，不多不少，就像钟表的运动，或者别的机械装置从重力到轮子的活动；以至于就此而论，用不着再设想任何别的植物的或者敏锐的灵魂，也用不着设想任何别的运动或生命的原理。

18 世纪的观点：伏尔泰

动物只是没有认知和情感的机器，做事总是用同一个方式，学不会任何东西，也完善不了任何东西。这是多么可怜、多么令人遗憾的说法啊！

你说什么！一只鸟在墙上筑巢时，会筑成半圆形；在角落里筑巢时，筑成四分之一个圆形；在树上筑巢时，就筑成一整个圆形。你怎么能说那只鸟的行为永远是相同的？一只猎狗在训练了三个月以后，难道没有比训练前懂得更多？你教给金丝雀一支小调，它不是马上就能哼唱？你教它的时候不是花费了很多时间？难道你没有看见在犯错后努力纠正自己？

是否只有当我跟你说话时，你才认为我有感情、记忆和思想？好吧，那我就不跟你说话。你看见我回家，样子沮丧，焦急地寻找一份报纸。我记着曾把报纸放在桌子的抽屉里，于是我拉开抽屉，找到了报纸，高兴地读起来。你也会因此断定我经历了痛苦和欢乐，我有记忆和认知。

请用同样的方法来判断一只狗。它找不到主人，悲哀地叫着，在每一条路上寻找主人。它回到家，激动不安，下楼梯，上楼梯，从一个屋子窜到另一个屋子。最后它在书房里找到了亲爱的主人，它愉快地吠叫，蹦跳，和主人亲抚，向主人表示自己的快乐。

19 世纪的观点：赫胥黎

设想一下，如果有东西朝着眼睛打来会怎么样？我们会立刻闭上双眼，这个动作不受学识和意志的影响，甚至违背我们的意志。到底发生了什么呢？急速前行的拳头投影在眼睛后部的视网膜上。视网膜把这个图像作用于一些光导纤维的神经，光导纤维的神经影响了大脑里的一些部件。其结果是，大脑影响到第七神经的特殊纤维，这些纤维控制着眼皮上的圆形肌肉，纤维上的变化导致肌肉纤维体积改变，变得更短更宽，结果，眼皮之间的缝被关闭，因为这些纤维就在眼皮上。这儿就是一个纯粹的机械装置，引发有目的的行动，可以和笛卡尔挪动狄安娜的水道工程作严格的比较。 但是，我们可以再进一步，探寻我们的意愿，即术语里所说的随意动作，是否仅仅起了笛卡尔所说的工程师的作用，坐在自己的办公室，打开这个或者那个水龙头，根据他需要哪一部机器启动，但是对整个活动不产生直接的影响……

笛卡尔假装不将自己的观点用于人，而只用于一个想象中的机器。这个机器如果建成，可以做人体能做的一切，例如无耻地贿赂看守，但这个计策恐怕没用，因为看守并不傻，不会中计……

……得是多么神通广大的人，才能控制别人嘴与喉的神经，使其说出一句话？ 然而，如果是本人想说话，那就再简单不过了。 我们想说某些词语，按打机的弹簧，词语就说出来了。 就像笛卡尔的工程师，他想启动某一种液压机，只需拧一下开关，愿望就实现了。 正因为身体是部机器，教育才有可能实现。 教育就是习惯的形成，是把一种人为的行为方式加诸于自然的行为方式。 因此，最初需要有意为之的行为，最终会变得自动化和机械化。 假如一种行为，最初需要清晰的意识和强大的意志来完成每个细节，而之后所花的力气丝毫不减，那么教育便不可能进行。

根据笛卡尔的理论，人与动物所有共同的功能，都是由身体这个机械装置履行的。 他把意识作为一个特殊的东西，一个理性的意志，强加在人的身上（笛卡尔认为，灵魂只在人身上）。 他认为这个理性的意志位于松果体里，就像那个灵魂坐在办公中心。 在这儿，生物意志进行调解融通，掌握了身体里所发生的一切，以及左右身体的运作。 现代生理学家不认为小小的松果体有这么大的功能，但是依然闪烁其词地采用了笛卡尔的原理，认为意志位于——起码大家都赞同那是意识及其作用的所在地。

……尽管我们有理由不同意笛卡尔的猜想，即动物是无意识的机器，但是这并不能证明他把动物认作机械人的观点是错误的。 动物也许是有着些许意识和感觉的机械人。 多数人明里或暗里都采用此说，认为它们是有意识的机器。 当我们说到低等动物的行为是由它们的本能而不是由理性导引时，我们真正想说的是，尽管它们像我们一样有感觉，它们的行动还是它们生理组织的结果。简而言之，我们认为动物是机器，其中一部分（神经系统）不仅让别的部分启动而且与周边物体的变化相协调；可是动物还被赋予了特殊的装置，其作用就是让我们称之为感觉、情趣和思想的这类意识状态出现。我认为这个被大多数人接受的观点，是目前为止最好的表述。

……就我所知，适用于动物的论证，同样适用于人，所以，我们身上所有意识的状态，与在动物身上的一样，是由大脑物质的分子变化引起的。在我看来，没有证据能够证明，无论在我们还是在动物身上，任何意识状态都会引起有机体运动状态的改变。假如这些观点有充足的证据，那么我们的精神状况无非是意识变化的表象，这些有机体之中的变化是自动发生的。举一个极端的例子：我们称作意愿的情感，并不能引起自愿行为，而是大脑状况的一种表象，大脑状态才是那个行为的直接原因。我们是有意识的机械人。

20 世纪的观点：詹姆斯和卡萝尔·G.古尔德夫妇

在考虑动物的这一问题时，有一种想当然的假定，人类具有完全的意识（因此完全有能力来评判我们那些认知能力较低的动物弟兄）。我们不禁要问，这种假定是否正确呢？对有意识的思维在日常生活中所起的作用，我们是否言过其实？我们知道，大多数后天习得的行为会变得浑然天成，不管这种学习在最初是多么艰难痛苦，成年以后谁还用得着专心致志地走路、游泳、系鞋带、写字或者在熟悉的路上开车呢？一些语言上的行为，也符合这个模式。比如，心理学家迈克尔·加扎尼加讲了一个前内科医生的经历：他的左半脑（主管语言）病变，病情非常严重，连最简单的三个词的句子也不会讲。可是，一提到某种华而不实的专利药时，他却怒不可遏地讲了五分钟，尽管内容老套，可语法正确。这一套话储存在没有损害的右半脑（右半脑也储存歌曲、诗歌和谜语），就像磁带一样，用不着意识介入，就可以播放。

……我们将一种超群的智力活动称为灵感，有什么证据能证明灵感会牵涉到有意识的思维呢？很多好点子常常是在我们想着或做着毫无关系的事情时，才不知不觉冒出来。灵感大概是依靠某种重复、费时的模式匹配程序产生的，此程序不易察觉，在意识之下搜寻着合适的匹配。

我们觉得，假如一个来自外星的生物学家，持怀疑态度、头脑冷静地研究我们这个令人生厌的物种，便会得出结论：现代人在大多数情况下不过是自动机器，有过分活跃和语言能力惊人的"公关部门"为我们文过饰非，遮掩缺陷。

第十章

倒数第二种补救方法
——战争

地球过载时,最后一种补救方法就是战争……

———托马斯·霍布斯

《利维坦》

封闭环境中的同类相争

一旦生物开始善于交配并且进化出相应的生殖系统和愉悦感，麻烦就来了。因为数量众多并且竞争激烈的两性繁殖生物会不顾一切地把所有的食物、营养和猎物填进肚子，结果就是所有同类，包括它们的近亲都将会灭绝。其实，我们完全可以相信这样的结局在生命长河中早已司空见惯。

拿最简单的细菌举例。一个细菌的重量仅万亿分之一克，如果任由其繁殖，那么第二代会有两个细菌，第三代有四个，第四代有八个……如果我们假设所有子代都存活下来，那么在第一百代的时候，它们的重量就会相当于一座山峰，一百三十五代时便会相当于地球，一百五十代时相当于太阳，一百八十五代时相当于整个银河系。

当然，上面细菌的例子只是一道数学计算题，在现实世界中永远也不会出现这样的情况。因为一方面复制出的微生物很快便会把食物消耗殆尽，所以除非同时还有一座山的食物，不然你的子代是不可能达到一座山的重量的，更不要提地球、太阳或者银河了。食物是有限的，因此你的子代很快会因不足的资源而相互竞争。但是因为指数式增长的巨大力量，一种生物即便只具有觅食或利用食物的微小优势也能够迅速打败对手（或者至少它的后代能够）。繁殖更快的物种会产生巨大的种群和强大的资源竞争力，这一切都是自然选择的原始材料，在自然选择的过程中，微小的适应力差别也能够被有效放大，而这些细小微妙的差别即使是最有经验的博物学家也无法分辨。这就是达尔文 1844 年关于进化论未发表的手稿和 1858 年他的一篇在伦敦林奈学会的学术会议录中的文章的中心论点。

所以当一个群体数量真的过多时会发生什么呢？一些现象似乎说明答案并不简单。鲨鱼胚胎会在子宫里相互残杀。在许多非人类哺乳动物中，同一窝幼崽会竞争母亲的乳头，通常会有一个最弱的幼崽未能成功吸吮到乳头，并且会因为屡试屡败而越来越没有竞争力。北美负鼠有十三个乳头，而通常一窝幼崽的数量会超过十三个，所以只有那些经常抢得乳头的幼崽才能存活下来。这样的竞争方式能将弱者淘汰掉。而对于乳头数目充足的物种来说,那些弱势且不具有攻击性的幼崽就有机会活到成年。但是如果弱势幼崽的成年生活也不顺利并且未能交配传代,那么从它母亲基因的角度来看,抚养这样的幼崽就是一种徒劳。这样看来,那些奶不够孩子吃的妈妈就有了一种选择优势。而据我们目前所知,在这个选择过程中母亲是不会考虑残忍和受罪的问题的。

除了城市之外,我们人类常常会对封闭环境中的群体动物做研究。这个相应的研究机构就是动物园,而有些动物园的影响是极其有害的。动物园的一个众所周知的问题是园里大多数动物不知为何似乎更"低产"。另一个问题就是持续的暴力冲突,尤其发生在同一物种的雄性动物之间。动物园管理员已经明白一个道理,就是如果他们希望有一个的和平动物园就必须把雄性分开。不光动物园,实验室也对物种过载进行了研究。在所有的实验案例中,我们始终需要考虑到环境中的人为因素。因为圈养环境永远不能和野生环境划等号:不管受到多大的挑衅,笼子里的动物都没有办法扭头逃跑,另谋生路。

自19世纪中期,褐鼠就已经在实验室里养殖。通过人工选择(部分是实验室人员的无意识选择),我们已经获得一株更冷静温顺、高产、更不具攻击性且具有比其祖先明显更小尺寸大脑的褐鼠。这一切特点都为了更好服务于那些以鼠为研究对象的实验。

在一个现代经典实验里,心理学家约翰·B.卡尔霍恩让褐鼠在一个固定大小的封闭环境里繁殖,直到褐鼠的数量和种群密度接近极限。同时,他也确保食物充足。结果会如何呢?

随着种群数量的增加,一系列异常的行为出现了。哺乳期的母亲开始变得分心,排斥和抛弃幼崽,幼崽因此会虚弱死去。尽管有过剩的常规食物,新生幼崽的身体还是会被其他同类啃食。一个处于发情期的雌性会被疯狂追求,求偶对象不是一个雄性,而是一群雄性。雌性无法逃避,也无处可逃。妇科和产科问题增加,许多雌性死于难产或是随之而来的并发症。当挤在一起时,褐鼠失去了给它们后代和自己筑巢的倾向或能力,随意的搭建显得十分业余和低效。

卡尔霍恩将所有雄性褐鼠分为四类：一类是支配型，这种雄性老鼠非常好斗，甚至偶尔会进入"癫狂"状态，但这已经算是四类中最"正常"的了；还有一类是同性恋鼠，它们不论雌雄老幼都会与之交配（但主要对象还只是非排卵期的雌性），它们的求爱通常都被接受，或者被容许，但支配型鼠会经常攻击它们；第三类是一群极度消极的褐鼠，它们总是像梦游般在鼠群里穿梭，与群体完全社会性脱节。最后一种亚群卡尔霍恩称其为"探寻鼠"，它们不参与地位争夺，但却极度活跃，性欲高涨，双性恋并且残忍地吃掉同类。

如果人和老鼠没有差别的话，那我们也许可以对城市中人口过量的结局下结论，那就是会出现更多的街斗和家暴，虐待儿童和忽视儿童情况增加，新生儿和孕妇死亡率激增，轮奸、疯子、同性恋和性瘾者增加，抨击同性恋，人际疏远，社会分层混乱，归属感缺失以及传统家务技能消失。当然，这些是由老鼠类比而来的结果。但人并不是老鼠。

说完了老鼠再看看猫，一大群猫挤在一起的画面简直是噩梦：不停地嘶吼和尖叫，摆起架子斗个不停，以及对公认的被遗弃者的群起而攻之。但同样，人也不是猫。

在之后的实验里，我们把实验对象换成与我们亲缘关系更近的狒狒，当处于和褐鼠和猫一样的聚集程度时，画面同样也是一副血腥和混乱。在许多其他动物聚集的实验里，我们也能看到疾病易感性增加和成年动物体型变小。但当草原猴的数量增加时，群体中的成员会开始刻意地相互回避，并且会饶有兴致地观察脚下的土地和头上的浮云。同样的情况，黑猩猩们会有一点急躁和骚动，但并不是很明显。随着种群密度的增加，黑猩猩们会共同努力达到相互迁就，实现和平共处。它们拥有应对数量过载的神经机制和社会惯用语。和猫比起来我们不是和黑猩猩更像吗？

从持续的进化角度来看，老鼠在群体过载时的反应，即使是最病态的情况，也可以看作合理的。如果种群数量过高，那么相应的机制就会启动来减少数量。比如出现大量社会消极的个体、疾病、同性恋、新生儿和孕妇死亡率激增……这些都是为实现同一个目的。最终种群数量下降，过载情况缓解，然后下一代就恢复了往日的正常繁殖，直到下一次数量过载。当种群密度过高时，卡尔霍恩的老鼠和其他一些物种的反应行为不应该用野蛮无情来形容，而应该被看作一种灾难性的必要性，一种辛苦进化而来的能力。

我们已经从群体选择的角度做了阐述，但亲缘选择同样也可以是一条思路。我们可以认为在自然条件下，群体过载殊途同归，最终会走向饥荒。这样一来，弃子食子，停止筑巢，或者让死胎出现或者根本无法受孕的情况便是可以理解的了。

许多动物，比如吼猴，种群数量过多的结果会出现被异种雄性取代和对种群幼崽屠杀的情况。这种情况在统治雄性实行一夫多妻制或者防止其他雄性繁殖的群体动物中尤其明显。但是这究竟是群体过载的结果还是新的统治雄性的进化策略呢？这有利于新雄性统治者加快基因的传播，让雌性尽快专注地进入排卵期（这是屠杀幼崽的结果）以及赶在下一个篡权者上位前使雌性们受孕[1]。种群越挤，来自竞争对手的挑战就越大，相应的屠杀幼崽的情况也越多。卡尔霍恩的老鼠的这些反常行为是否都能从亲缘选择这个角度进行解释还并不清楚，但部分情况下肯定是可以的。

自然环境中动物如何规避同类相争

如果我们同情上述大自然实验中的老鼠、猫和狒狒，想帮帮它们，能怎么做呢？或许会设法安排越狱，让其重归各自更自然的生存空间；假设动物们能养活自己，我们可以帮助它们规避种群过密，恢复其正常的行为和社会秩序。但进化难道不能自主发明一套规避机制，把存在竞争关系的物种——尤其是以年轻的成年雄性为代表的好斗分子——分散开，实现井水不犯河水吗？这样显然对个体和物种均有益处。

事实上，自然是存在这种规避机制的。那些觉得自己在战斗中没有希

1　动物行为学家史蒂芬·艾姆伦的观察很好地检测了此类观点。他想研究水雉——它们的性角色恰好相反：雄性抚育后代，雌性为了眷群竞争。没有男宠的雌性不会生育，所以低级别雌性常常挑战位高权重的雌性。一旦造反成功，新上位的雌性一般会捣毁之前那位的鸟蛋，杀死雏鸟。然后它色诱那些再无幼鸟羁绊的雄性——让自己的基因得以延续。杀婴行为的遗传策略并非由性别决定的而是特定环境造成的。

望或者肯定死路一条的动物是不会恋战的,当它们摸清敌我差距,看清形势后就会溜之大吉。所以自然环境中是有打不过就跑这个选项的,从而大大减少了流血伤亡的发生。大多数情况只是虚晃几下就结束战斗了。但对关在动物园里的动物或者实验室里的老鼠而言,它们别无选择,无处可逃。所以它们发疯也就不足为奇了。

自然中相互排斥也是必需的,比如相同极性或标记的电荷。当两个同种电荷相隔很远时,它们几乎不会相互影响。但是当它们靠近时就会产生强大的排斥力,这种排斥力和距离成正比。磁铁之间也是如此。在适宜条件下能够迅速繁殖的机会主义动物也需要一个相似的排斥力,并且随着物种数量的增加而加强。自然界中存在这种力量,它是一种种内对抗,是特定物种内部的相互排斥力。

大多数动物间的竞争是同种成员之间的竞争。这很容易理解,它们具有几乎相同的栖息地、食物选择、性喜好、休憩场所和觅食捕猎地点。如果它们处于分散状态,粥多僧少,那么每个人就都有足够多的食物和资源并且交配时节也能聚集相互配对。但是如果它们都挤在一起,那么就会冲突频发,即使是最强者也不得不为了生存决一死战。

分散是通过对抗实现的,但对抗又与暴力不同,也很少到那个程度。一般只要向所有邻居宣示领土主权并且告诉它们后果自负就足够了。动物也许会在它的领地边缘巡逻,在主要的战略性地点留下尿液或粪便,或者通过一些特殊的腺体和大幅度的摩擦留下自己的专属气味。如果是灰熊,那它就会尽力在松树上留下一个最高的标记,这样入侵者见到标记的高度就能猜到你的块头,那它就会不敢招惹你了。

哺乳纲中80%左右的目都具有特殊的气味腺体。羚羊的长在眼的前面,骆驼的在脚和脖子上,绵羊的在肚子上,一些猪的在脚踝上,岩羚羊的长在角后面,麋鹿的长在下巴上,矛牙野猪的长在背上,麝香鹿的长在外生殖器处,山羊的长在尾巴上。水鼠在胁腹的腺体上摩擦后脚爪,还在地上有节奏地敲击。沙鼠和林鼠直接在地面上摩擦肚皮,通过腹部腺体分泌气味标记物。有些动物有五到六种不同的腺体分布在身上不同的位置,每个腺体的作用都不同。家猫会在窗帘和沙发罩上留下些许尿液,以免有异类不请自来,占了它客厅壁炉边的宝座。兔子会在兔笼里的交界处留下被肛腺分泌物包裹的粪便,景象仿佛是古希腊十字路口处一个个的赫卡特祭坛。

有些动物会在其他动物身上留下这些气味,老鼠会在它的伴侣身上撒尿,可能是用来表示对个体和领地的双重主权。动物仅仅通过气味就能分辨性别、种群、年龄、个体特性以及雌性的交配意愿。科学家们已经开始着手破解这些化学密码,期望读懂动物们的常用语。比如,"生人禁入,说的就是你","单身素质雄性,诚寻美丽异性"或者是"跟着这个气味来一起快活"。有时候这些表达更为微妙。动物们忙于赋予各种气味信号丰富细微的意义,而人类早已失去了这种能力,现在我们即使动用所有工具也还是不能重新进入那个奇妙的嗅觉世界。

但即使都闻得清楚,如果有人入侵了你的领地也无须大动干戈。通常摆起架子,虚晃几下,露齿咆哮也就差不多了。因为很显然每次因为一点小矛盾就殊死搏斗代价太大,不管是输赢都得不偿失。更好的选择是虚张声势,吓唬对方让他明白如果继续无视警告的后果是什么。威慑是自然界中大多时候的选择。就像霍布斯说的,真正的暴力是极端冲突环境下最后的解决方法。自然常不行下策而平万物。

为了避免误会,不仅要进化出明确的对抗概念,还要明白什么代表屈服。哺乳动物典型的屈服姿势和对峙相反,包括转移视线,不直视对方;一动不动;鞠躬似的低头蜷腿,躯体抬高;收起锋芒;扭脖子露肚子,把致命器官暴露给对手仿佛在等待剖腹。这番表演示意明确,就像在说:"这是我的肚子,任您处置。"示弱过后,胜利者几乎都会不计前嫌,放其一马[1]。不同物种对于屈服的象征有不同的固有习惯。战斗不再是一片血腥的画面,而只是走个过场,通过信息交换便让胜负分明。

同种雄性因为领地或配偶的对抗和不同种间捕食性的对抗常常是不同的。这两种模式有一些共同点,比如龇牙咧嘴,但是一个只是虚张声势,另

1　关于妥协的非言语行为的另一方面是成年动物的幼稚行为,比如求饶——有点像人类情侣之间互称"宝贝"。其实它们都在运用婴儿时期的语言来达到其他目的。

一个却是置人于死地。在这两个过程中大脑所参与的部位都不同。在争夺配偶的时候,猫会嘶吼,弓背,毛发立起,竖起尾巴,瞳孔扩大。(注意有多少变化会使动物比本身看起来更大和具有威慑力。)但是同类之间几乎不会相互下死手。基因中对同类的攻击和招惹同类的倾向是不合时宜的,因为即使你是常胜将军,你也可能会重伤或者因为一点轻伤而感染。这样看来,不流血的形式和象征性的交手要实际得多。

但捕食却恰恰相反。它的出发点就是在猎物意识到危险之前尽可能靠近。如果有必要,猫会收起耳朵,毛发轻贴身体,收起尾巴,一次就挪动两三厘米,慢慢靠近猎物。它会静悄悄地尾随,然后猛地一扑,终结猎物,晚餐到手,全程都无比细腻从容。过程中并没有嘶吼。种内对抗几乎全是表演、吓唬、胁迫,很少会以生死结尾。种间对抗就不同了,这次才是来真的。猎物也许会逃过一死,但猎手的意图却是置之于死地。自然界很少有物种会将这两种对抗弄混。

佯攻是种内对抗的主要形式,双方都做做样子,各不受伤。南美河流中凶狠,牙如针尖的水虎鱼会相互攻击,至少雄性之间会这样做,但它们打斗的方式从不是撕咬,因为这样会两败俱伤。取而代之它们会用尾巴和鱼鳍相互推挤。它们想交流切磋,但并不想染红河流。怯懦和杀戮好似一线之隔,十分微妙。大多数这条微妙的分界线处于精准的平衡状态,但是如果种群太过拥挤就是另一番景象了。对于许多物种而言,饥饿貌似是底线,种内对抗往往会在空着肚子的时候发生。连锁反应般地,一种行为波及另一种,比如饥饿会带来冲突。

雌性蓝鹭听到雄性蓝鹭的求爱,同时可能不止一个雄性的呼唤。雌性选择自己中意的然后就在附近的树枝上等待它的到来。雄性来到立即开始取悦雌性。但是当雌性一旦表现出兴趣向他靠近时,雄性就会改变主意,变得烦躁,把雌性蓝鹭轰走甚至攻击对方。一旦受挫的雌性飞走,雄性又会开始疯狂追求。如果雌性回来给雄性另一次机会,雄性很可能还会攻击雌性。这些都是关于蓝鹭生活的先驱记录者廷伯根的观察结果。逐渐地,如果雌性蓝鹭耐心持久,那么雄性蓝鹭的怪脾气就会收敛,真正开始准备交配了。

雄性蓝鹭脑袋中充满了矛盾与纠结。性和对抗被蓝鹭混为一团,这种混乱太过突出,以致如果不是雌性的耐心,蓝鹭可能就会灭绝了。如果有鸟类精神治疗的候选者名单,那雄性蓝鹭绝对榜上有名。但有一种相似的混乱在很多物种中都存在,包括爬行动物、鸟类、哺乳动物,尤其在雄性个体中表现突出。那就是动物脑中有关对抗的神经回路和有关性的神经回路距离尤为紧密,这种关系看起来暗藏危机。而这种关系相应导致的结果也出奇的相似。但是还是那句话,人类也不是蓝鹭。

我们常常能在动物行为关于阻止和释放对抗意识的机制中看到这种矛盾和对立。其实就是两种思维。战斗的幼年公鸡具有致命的啄击和脚力,但也可能在对峙过程中突然失神,转头去啄地上的石子,然后又把它丢掉。这种动物行为在人类身上被称作"易位"。对抗意识被其他事物转移或取代,所以战斗激情在伤亡发生之前就消失殆尽了。公鸡并不是对石子发脾气,只是石子恰好是称手的安全目标罢了。

有些雄性热带鱼会用它们丰富的色彩驱赶其他雄性热带鱼,保护领地和雌性。而雌性热带鱼往往颜色单一。雌性热带鱼如果在求偶过程中被雄性热带鱼吸引,那么它就会摒弃以往屈服和逃避的姿态,通过一种对雄性热带鱼的表演发送求爱信号。然而这种表演与雄性热带鱼自身的对抗姿势很相似。在一些动物中,雄性热带鱼会因此发怒(可能也有一点迷惑),它不会再与雌性热带鱼正面相对,而是侧身展示色彩,猛摇尾巴,然后向雌性热带鱼冲过去。但是根据康拉德·劳伦兹一篇著名研究中的记载,雄性热带鱼不会真正攻击雌性热带鱼(如果它这样做了就会不利于繁衍)。所以它会冲过去与雌性热带鱼擦肩而过然后转头去攻击其他热带鱼,这个时候通常隔壁领地的雄性热带鱼首领会成为倒霉蛋,虽然别人只是正在水藻丛中做自己的事情。我们的主人公不会一直追着它的邻居打,也不再向雌性热带鱼放空炮,这样冲突得以解决,种族也得以延续。在这里,对抗意识不是从危险的敌人转移到无害的目标上,而是反了过来。这种重新定向很普遍。还是前面所说,有关性的姿势、动作和表现可以和暴力很相似,两者会让人不知所措。

狼之间打招呼的方式是嘴巴相互靠近，许多其他哺乳动物也会这样做。那些温顺的野生动物也许会被对方的主动吓到。狼可以用后腿站立，把前腿放在科学家肩膀上，然后把下巴放在科学家头边。这只是狼表示友好的方式。如果你是一个不知道如何交流的动物，其实狼的意思已经很明确了——"看到我的牙齿了吗？感觉到了吗？我可以咬你一口，真的可以，但我不会咬，因为我喜欢你。"但还要提醒一下，喜欢和攻击只有一线之隔。

黑猩猩在打闹嬉戏时会摆出一副特有的"游戏脸"，表示这一切只是游戏。海鸥的求爱过程被描述为"恐惧和敌意，攻击和窜逃，这些都不利于它们配对"。

鹤群里还有一种"绥靖仪式"。雄性鹤还是展开双翼，扬起喙突，一副威慑姿态。但它会侧过身子，暴露自己身上脆弱的部位，比如脑袋后面或者侧面。这套动作会重复上演还包括对木头或者其他称手东西的攻击。意思很明确——"我块头很大也具有威慑力，但不是对你，是对其他人，其他人。"

微笑的来源可能也是相似的。龇牙咧嘴就像在说"我要吃掉你"或者至少是"你要小心点"。但在动物的象征性语言里，这种信号被弱化和转变了——"即使你是食物，即使我完全可以吃掉你，和我在一块你也是安全的"。在全世界所有人类文化里，微笑都代表了喜欢和善意（其中含有紧张和礼貌的细微差别）。在每一种文化中，不管是平民还是军队生活，握手、击掌、骑马苏人间的敬礼，恺撒万岁，向上级问好或再见，人类总是会抛去武装，保持安全距离并伸出右手问候，也不产生任何威胁。对于一个早期挥刀要棍的物种来说，产生这样的差别值得深思。

—————————————

不过例外也时有发生，动物们似乎不会刻意思考对策决定是否进攻，而是直接行动。因为前者在繁忙的生物世界里太过费时了。一系列复杂的生理反应启动，肾上腺素进入血流，骨骼屈伸，一切蓄势待发。

哺乳动物的神经结构存在固有的进攻和捕猎环路。当一只独居的猫脑中特定的区域产生了电刺激,那它就会开始跟踪假想猎物。电刺激停止,幻觉消失,它又会继续伸个懒腰舔舔爪子。从不正眼看老鼠的猫的大脑一旦产生了适当的电刺激就会变成一个疯狂杀手、冷酷无情的捕鼠机器。这种神经回路的存在是有原因的,那就是为了这种动物的生存。环路可以被外界激起,比如一个动作、气味、声音就会产生电刺激,然后大脑的捕猎进攻机制就开始工作了。当有一个还带着肉的美味骨头时,即使是两周大的狗仔也会吼叫。而干巴巴的狗粮却不会引起相同的反应。人类也有这样的机制。有时候一个失火的环路或接线错误的环路也能在外界微小的刺激下产生反应,甚至不需要任何刺激。

好像所有鸟类和哺乳动物都携带着一个装着各种触发按钮的控制面板,尤其是雄性动物。这个面板位置显著,其他人很容易接触(我们自己也很容易接触,所以我们能自我刺激,比如练就一项专业运动员的技能)。当按下按钮时,平时严格控制的行为被释放,这种行为巨大强烈,有时候甚至致命。这样看来,大自然把这个按钮设置得如此简单易得就有点奇怪了。

一种同类相食的萤火虫会刺激另一种乡下土种的萤火虫求爱信号的色彩和频率。对于毫无经验的昆虫来说,当爱欲按钮被启动时,即使眼前站着的是死神,它们也只会看得到风情万种。为了吸引没有兴趣或者难以摆平的雌性交配,雄性往往会按下功能各异的按钮,比如喂养幼崽、防御、示弱或者关心幼崽。它们可能威胁似的猛冲然后像孩子一样哭啼,模仿危机信号,单脚跛行装病,或者像孔雀一样,在地上找个石子啄。可谓不达目的誓不罢休。在很多文明中,年轻男性会为了性按下所有按钮,也许是做出毫无诚意的山盟海誓,也许是男性之间相互辱骂、争夺、中伤对方的勇气或者骂娘。这些按钮的易触发性一定是利大于弊的,但这种触发反应缺乏灵活性也不得不让人担忧。

这些行为方式同样也被基因所编码。每一次示威或示弱都在被核酸碱基对完美编译。因此,你也许会觉得特定物种的不同个体会有差别,事实也的确如此。如果你把暴脾气和好脾气的老鼠分别喂养,那就会得到两种性格完全不同的鼠群。这不是因为喂养环境的差别,而是因为暴脾气的后代即使是由好脾气母亲抚养也还是会变得暴脾气,反之亦然。育犬专家通过人工选择把焦躁凶猛的品种当作警犬,比如罗特韦尔犬和比特犬,把友好和善的品种当作看门狗,比如可卡犬。在老鼠和狗身上,遗传因素看起来占据主导地位(人可能与之相反,或者遗传环境各占一半)。

几乎所有社会性哺乳动物都是以成群的雌性(通常是亲戚)共同抚育它们的幼崽的方式存在。缺席的雄性只会在雌性发情时出现。雄性忙于占领、战斗或者交配,而在构建基本的社会结构和抚养后代方面,它们则很少参与。通常幼崽是被单身母亲抚养。有些例外包括黑猩猩、大猩猩、长臂猿、野狗,或许还有狼。还有更常见的,人类。

在温带和极地气候环境,幼崽在春天出生是最好的选择。这样它们就能在剩余的春天、夏天和秋天时间里成长而免于寒冬的考验。如果妊娠时间很短(或者差不多一年),交配也会在春天进行。给动物赋予生物节律,在春天适当的时候启动繁殖机制而在其余时间禁止,这一定是进化过程的伟大设计。

冷漠的雄性本应无法察觉子宫静悄悄地排卵,而自然选择提供了一系列视觉、听觉和嗅觉信息让这一切成为可能。性吸引在非交配季节意义不大(对于需要双方共同抚养后代的物种而言,性吸引此时的作用在于维持双方的配偶关系)。所以雌性仿佛拥有一种内在日程表(或可被白昼的长短触发),抑或是一系列信号和行为(比如诱人的信息素和姿势)。在交配的季节,一切犹如上了发条,一旦触发,雄性和雌性就开始狂热起来。

如果交配在春季发生,那么同种雄性之间的竞争也应该在春季达到高峰。如果鹿靠速度和躲避天敌围堵的能力存活,那么种间的竞争就应该着眼于力量、速度、耐力和策略性。这样优胜者的基因才得以延续,有利于鹿族生存。斗争是象征性的,几乎不会有伤亡。竞争的结果会在雌鹿做出选择的时刻立即明了。通过这样世代的优化也让鹿种不惧怕天敌的进步,比如狼捕猎技能的进步。

有许多食肉动物,它们会集体捕食。猎物被赶到埋伏圈中或者因反复的佯攻而体力不支。离群落单的通常是老弱病残者。猎手们会采取接力战的策略,一组只是佯攻,二组在旁跟随等一组累了就接替它们继续攻击。合作让捕猎更加高效,也让捕食者能够捕获比它们更大的猎物。

捕猎成员有一个传统,不管有什么个人恩怨,捕猎时一律放置一边,一致对外。种内和种间是两套规矩。但是从捕猎到攻击同种的陌生个体也很容易。这在集体捕猎的狗和狮子中是如此,在不集体捕猎的蚂蚁和企鹅中也是如此。它们对自己的群体有特殊的忠诚,怀疑和敌意针对的都是外人,即使是同种的其他群体成员。而且这不仅限于捕猎群体,在社会化鸟类和哺乳动物中都是如此。

种族优越感使我们认为自己的种族是宇宙的中心,是真善美的标准。我们做的都是本应该做的事。仇外心理是对异类的恐惧和痛恨,认为异类的行为荒谬怪诞,令人厌恶。这些人不具有对其他生命的尊重并总是在攻击。他们和我们是对立的。种族优越感和仇外心理在鸟类和哺乳动物中非常常见,但是也有例外,比如迁徙的鸟群就对同种个体很开放。

如果双方面对共同的敌害,那两者就会不计前嫌一致对外。结盟不论对于个体还是群体的生存都是有益的。共同敌人的存在是一种强大的团结力量,能让社会更好地运作。有仇外倾向的群体因为凝聚力起初可能会拥有一定的优势。就算外来威胁并不是大问题,至少内部团结得到了维护。但如果外来威胁比想象的严重,那么你的准备就是充分而必要的。所以,在一定范围内排外也是一种成功的生存策略,因此这种现象并不少见。

在那些天敌甚少的动物当中,比如海豚或者狼,幼崽是很脆弱的。必须采取一些特殊的养育方式才能保护它们长大。例如,成年海豚会与幼崽形影不离,小狼崽们也必须在出生头几个月谨小慎微。许多幼崽们想要食物的时候不会发出声音,而是通过眼神表达,这样才会避免麻烦。这样的措施在处理种间和种内冲突时都很有效。因为太多群居动物会攻击走丢的其他动物了,所以幼崽们必须要处处提防。

非洲羚羊出生几分钟后就能站立,一会就能跟随母亲,一天的时间就能赶上大部队,它们生长速度很快。人类也是典型例子,新生儿极度脆弱,如果被抛弃了,就算没有豺狼虎豹也活不了几天。除了喂奶,羚羊妈妈还必须为幼崽做其他考虑。人类母亲(以及知更鸟、狼、猴等)为了后代的成长都要使出浑身解数。在高等哺乳动物中,这些照顾会持续几年甚至几十年直到孩子完全成熟。付出必须要有回报,高等哺乳动物的幼年期如此漫长以至于大脑能得到最大限度的发展,学习更多技能。这将会把它们从刻板的先天习惯中解放出来。

许多动物早期会有一段学习超凡的时间。比如,小鸭子会跟着任何看起来像它妈妈的东西走,即使对方是一个长胡子的领队。这种现象在生物学上叫作印刻。有些印刻在出生前就会发生。比如小鸭子出生前就会记住孵化者的声音并且回应(通过从蛋中窥探)。如果鸭子在蛋中听到的是人的声音,那么孵化后就会对此做出反应。印刻范围广泛,可以是呼唤、旋律、气味、形状或者食物偏好,并且总是具有强烈的情感意义,终生难忘。

这些声音、气味和画面就代表了残忍世界中的食物、温暖、爱和安全感。幼羊、幼鸡、幼鹅必须紧跟母亲的脚步,不然就会遭遇不测。由此看来印刻伴随终身也就不足为奇了。印刻倾向来自基因并且具有严格的局限性(有时候只发生在一生中的某一天或两天)。但这种深刻的记号是受环境影响的也存在个体差异。因此,环境也会赋予后代基因之外的生存之道。

无目的的仇外和种族优越感会因需要而具体化。群体遭受的态度在传代的过程中不会一成不变,风水轮流转,有时风光,有时落魄。印刻是生存所需也是教育形式,懂得如何利用印刻才能生存下去。幼年动物具有巅峰的视听但缺乏辨别能力,教什么是什么。就如鸭子跟随的例子,动物行为学家们提醒我们印刻也可能被错用。幼年动物对于爱恨印象太深刻了,在这方面不得不谨慎。

如果给哺乳鼠的乳头和阴道都加上柠檬的味道,那么在这种环境下成长的雄性老鼠成年后会独爱柠檬味的雌性,而对自然气味的异性不感兴趣。这种气味印刻说明了早期经历对将来的性偏好和性认同的强大影响。就像一句歌词“我就想要和妈妈一样的女孩”。

漫长的童年和高效的印刻能使动物发生天翻地覆的改变来适应变化的环境,并且这个过程不需要太长时间,通常几个世代就能完成。相应地,母子关系会更加紧密,也创造出了一种爱屋及乌的情感。这同样也意味着同种动物的不同社群可以经过传代而产生不同的行为习惯,尽管它们在基因上是没有差别的。通过漫长童年时间和早期学习的策略就产生了一个新元素——文化。

总　结

人类生命从一场上亿选手的赛跑开始,狂奔的精子从一开始就相互竞争。但竞争的最终目的是结合。两个不同的细胞相互融合,基因结合,合而为一。造人的过程是一种奇怪的对立统一,拼命排除异己结局却是完美的合作过程。一方面激烈竞争,另一方面又完美配合,这看起来是前后矛盾的。

马可·奥勒留[1]说自然没有恶魔之论,动物好斗不是因为野蛮邪恶,这些解释没有说服力,而是因为生存。因为争斗能带来食物和安全,能分散种群防止拥挤,这就是适应性价值。争斗是生存策略,是进化的生存之道。在灵长目中同样还有热情、利他主义、英雄主义和对后代温和且无私的情感。这些也是生存策略。摒弃争斗既愚蠢又不现实,因为太过根深蒂固了。进化的过程把争斗意识平衡得恰到好处,不多不少。

我们自身就来自一种混乱的对立形式,所以在我们的心理和政治中出现相似的对立也不足为奇了。

1　罗马帝国政治家、军事家、哲学家,罗马帝国五贤帝时代最后一位皇帝。——译者注

第十一章

统治与臣服

当我们观察有机体时，不再像野蛮人看到船时那样匪夷所思；

当我们视自然万物为漫长历史的成果；

当我们明了生物复杂的结构和本能，

其实是万物为求生存奋力拼搏的结晶

——就像每一项机械发明都是

无数工人劳动、经验、判断甚至疏忽的结晶一样；

当我们以这样的心境看待每一个有机生物——我以自己的经历告诉大家：

研究自然历史实在是趣味无穷！

——查理斯·达尔文

《物种起源》

秩序、等级、纪律。

——贝尼托·墨索里尼

他倡导的国家口号

蛇类对统治权的竞争

两条响尾蛇不动声色地向对方靠近,吐着分叉的蛇信子。它们缓慢、懒散地拥抱到一起,身体抬起,越来越高,直至离开地面。盘旋的身体闪烁着,时起时落,好像反射的声波,又像交缠的双螺旋。

曾经有人观察认为这或许是爬行动物的求偶舞蹈。可是他们忘了区分这两条蛇的性别。如果两条蛇都是雄性,那么它们是在做什么? 动物世界里同性拥抱相当普遍,因此这仍然可能是它们求偶的舞蹈——只不过这种拥抱的结果是一条蛇把另一条蛇压在下面,但并没有任何与性有关的行为。相反,更像是一场竞赛,类似于掰手腕,双方之间有严格的规定。就我们所知,竞争的双方并不会导致伤亡。决斗结束,不管哪一方被按倒在地都要接受结果,落荒而逃。

这场竞赛是不是为了赢得异性的目光呢? 也不见得,至少周围很难看到有雌性为心仪的对象加油,甚至在赛后将雌性作为赢家的奖赏。最起码,这场争斗是为了地位,看谁能成为首领,即便在同性吸引的种群中也不例外。事实上,在同性吸引的群体中,雄性为了地位相互竞争也很普遍。

竞赛失败显然会给败者造成很大的打击。它们闷闷不乐、士气低落,甚至在很长一段时间内都没有信心打败弱小的对手。由此逐渐形成一种机制,即通过斗争来赢得交配的权力。雌性响尾蛇碰到这些落寞的雄性,也会像雄性一样把身体抬高,看起来就好像在为接下来的比赛热身。但如果这条雄性自上次失败后一蹶不振,无心"应战",母蛇便会去找其他雄性交配,最后你会发现拥有母蛇交配权的始终都是那个赢家。

雄性响尾蛇会接受一条甚至多条性活跃的雌蛇,将其"保护"起来,严防其他雄性响尾蛇接近。它还会争夺地盘,尤其是那些资源丰富、足够繁衍子代的地方。最著名的莫过于美国响尾蛇——草原响尾蛇,冬眠醒来之后并不会立即交配,而是等到夏季末,那时候求偶就得费点力气了。

相反,成千上万条生活在曼尼托巴的束带蛇整个冬天都蜗居在巨大的坑洞内（即蛇坑）。春天来临，雄性束带蛇会首先钻出来，并急于寻找配偶交配。雌性束带蛇发情出洞，这对雄性束带蛇可是件美差：在外面焦急等待的数千条雄性束带蛇，饥渴地扑向出来的雌性束带蛇们，卷成一个巨大的、富有激情但却几乎无法受孕的"交配球"。雄性束带蛇之间的竞争非常激烈，不管是在交配前还是交配后。一番云雨后，得手的雄性束带蛇会在雌性束带蛇身上插入阴道塞，就算自己没能让雌性束带蛇怀孕，那也不能留给别人机会。即使在蛇群里也会有一套基本准则——明确谁是主人，谁拥有领地，谁有交配特权——人类对这些可一点也不陌生。

动物领导权的竞争

除了极少数例外，动物社会一般不搞民主制。既有绝对的君主制，也有不固定的寡头统治，还有世袭贵族制——这在雌性动物中较为常见。除了孤僻的动物，等级制度几乎存在于所有鸟类和哺乳动物中。地位等级主要由力量、个头大小、协调能力、勇猛程度、好斗性和社交能力决定。有时一眼就能看清谁占据了统治地位，比如犄角分叉点最多的雄鹿，或者体形庞大、肌肉发达的白背大猩猩；有时旁观的人类完全看不出来，只有动物才知道谁是领导。

选领导一般通过象征性的争斗完成，偶尔也会真枪实弹大干一场。我们用希腊字母表的第一个字母阿尔法表示。阿尔法之后是贝塔，然后是伽马、德尔塔、泽塔、伊塔……最后是欧米茄——希腊字母中的最后一个。阿尔法压着贝塔，后者以恰当的方式显示臣服；贝塔领导伽马；伽马管理德尔塔……以此类推[1]。阿尔法在雄性动物等级制里永远说一不二，欧米茄则相反，任何时候都唯命是从。处于两者之间的动物行事风格则没有这么绝对。

除了能恐吓其他动物（这种行为的内在满意度值得怀疑），级别高有着

---

1 阿尔法（一把手）也统治伽马（三把手）及以下的个体；贝塔（二把手）统治德尔塔（四把手）及以下的个体，以此类推。由于服从的个体多过统治的个体，称此制度为服从等级制而不是统治等级制或许更合理。但人类沉迷于统治，除宗教外，对服从颇为排斥。关于领导艺术有无数著作出版，而没有任何是关于服从艺术的。

实打实的好处，比如优先进食、吃最好的部位、和看上的雌性交配等。拥护统治等级制的多半是雄性，尽管在很多物种中也出现过雌性统治的等级制。雄性一般统治辖区内所有的雌性和年轻动物。然而在相对稀少的物种中，却是雌性支配雄性。典型的例子就是在种群过载时依然镇静自若的黑长尾猴。

与心仪的雌性交配并非最高领导的特权，而是有福同享。92%的老鼠受孕要靠等级制塔尖顶端三分之一的雄性老鼠完成；雄海豹最顶端的6%使88%的雌海豹怀孕。地位高的雄性不得不努力工作，防止低级别雄性抢夺交配权。雌性有时也会故意引发雄性竞争。如果种群雄性头领只繁衍自己的子代，这显然会给争夺统治地位带来极大的优势。不管先天性格如何，维护与享用统治特权的品性很快就在整个群体中（至少在雄性中）建立起来。社会结构和个体生理都会朝着这一目标通过进化的方式重新配置。事实证明，动物的大脑确实存在负责调控上述统治行为的区域。

个体一般不会因为服务社会或击败侵略者获得地位的提升。提拔主要来自群体内部的搏斗——仪式性的为主，偶尔会动真格。达尔文清晰地看到自然选择在其中的作用。

为争夺交配权而战似乎是整个哺乳动物界的共识。大多数自然学家都承认，雄性的体形、力量、勇气、好斗性和特有的进攻武器和防守方式，均是通过我说的一种性选择的形式获得或改进的。这不是常规生存斗争中的优势，而是同一物种某一性别的竞争——通常是雄性——征服其他雄性对手，然后留下大量继承了自己优越基因的后代。

假如你在等级制中是少尉，要想升级就得向中尉发起挑战；中尉向大尉发起挑战；大尉向少校发起挑战……以此类推。至少在这方面，动物的统治等级制不同于人类的军事建制，或许更接近某种狗咬狗的公司层级制。挑战成功，双方有时会交换地位。而那些染病、受伤和年老的动物，一般就被降到小兵的地位。

"唯我独尊"通常不是等级制的运行法则。面对暴躁的雄性阿尔法动物，除了搏斗和逃跑，还有一个选择——臣服。几乎所有动物都会这样。下级雄性对上级卑躬屈膝,点头哈腰。那些次级动物,一般可以捞到头领剩下的食物和雌性。有时,头领忙着发号施令,会被下属戴绿帽——要不是领导工作太忙,这事儿绝不可能发生。当头领疏忽时,下面的雄性偷偷与雌性交配的行为被叫作"偷欢"。这与偷吻相似。争当头领是雄性延续血脉的方式。同样地,成为善于偷欢的贝塔和伽马也是一种选择。说不定还有别的方式呢。

明确的等级制度可以抑制暴乱。尽管仍会面临许多威胁、恫吓和仪式般的臣服,但的确省去了很多不必要的肢体冲突。如果等级制度不明确、不稳固,暴力会随之而来。每当年轻的雄性企图在等级制中确立地位,或顶层争夺头领位置,残酷的厮杀搏斗便带来大量伤亡。但是,如果经常向高层表示臣服,等级制度就会提供温和与规范化的太平盛世。这正是有些人喜欢宗教、学术、政界、警察、公司的等级制度及和平时期军队建制的原因。不论等级制度带来了多少不便,都能被和谐社会的回报所抵消。其中的代价便是焦虑——诚惶诚恐,如履薄冰,奴性十足,深怕对君主有丝毫怠慢。

在维护等级制度的过程中,所有的冲突(主要是仪式性和象征性的搏斗)都发生在彼此熟稔的动物之间。但是来自外族的侵犯就不同了,毫无感情纽带的双方没有一丁点关系,甚至根本不认识。一旦和素不相识的外族狭路相逢,总是需要付出鲜血的代价的。

当看到一只不熟悉的老鼠靠近时,所有老鼠都会放下手头的工作,群起而攻之——打头阵的会攻击来犯者的后背,骑到它身上;小兵攻打其两侧,很少骑上去。它们团队协作,各显其能。在小群体老鼠中,处于顶层的往往最活跃,忙于扭打、恫吓、争斗,应付各种突发状况,也忙着繁育优良后代。它们的皮毛也比下属的更漂亮。但一旦有外敌入侵,立即变得民主,领导与群众并肩作战[1]。

最简单的等级制度是线性的,即一条直线。前面提到的类型便是。列

---

[1] 人类近来的战争史提供了鲜明的对照:头领——一般来说上了年纪——躲在安全地带(那儿同时有不少年轻女性聚集),派遣下属——通常是年轻小伙子——出生入死。其他物种的头领都没想到能这般轻而易举地为自己安排此等好事。虽然这需要互为竞争对手的头领们取得默契,但做起来并不太难。除群居昆虫外,其他物种鲜能聪明到发明战争。战争是专为头领的利益服务的制度。

兵遵从下士；下士遵从中士（仔细观察会发现列兵、下士和中士还可进一步细分）；中士遵从少尉，以此类推，从少尉到中尉、少校、中校、上校、准将、少将、中将和老将军、集团军司令或陆军元帅。不同国家有不同的军衔，但基本的思路是一致的。每个人都清楚自己的官衔。下级服从上级，效忠制度便形成了。

作为群体生活的组织方式，线性等级制度很容易在家禽中观察到。这也就是"啄序"一词的由来。啄序在母鸡群中（啄序也就是哺乳动物中的雄性统治阶级）尤其明显。阿尔法母鸡会啄贝塔母鸡和其余下属母鸡；贝塔母鸡啄伽马和其余下属的母鸡；以此类推，直到可怜的欧米茄无鸡可啄。身居高位的公鸡企图在交配权上垄断母鸡，却不见得每次都奏效。大多数情况下公鸡会统治母鸡，但也有少数例外——比如"妻管严"在乡村农舍颇为常见。

数量较庞大的种群里线性等级制度比较少见。三角形的小回环会突然出现，其中老四支配老五，老五支配老六，而老六除了支配老七，还支配老四，甚至更高的上级。这导致了社会的复杂性，或遭到极端保守的鸡群的强烈反对。

等级制是如何形成的？两鸡相遇，难免发生摩擦——咯咯低语、啼鸣警告、叼啄威胁。或者其中一只上下打量对方，不用打斗即表臣服，尤其是当"少不经事"的鸡碰上"年富力强"的鸡时。在精力充沛的母鸡群中，那些争强好斗或者恫疑虚猲的母鸡恐成最大赢家。主场优势是一个原因：在自家院子就比去对手院子里更容易赢得比赛。凶狠、英勇、强壮同等重要。一场争霸会导致双方的关系降至冰点；位高的永远有权叼啄位低的，甚至不用担心报复。鸡群之中如果经常出现高地位的母鸡被陌生的鸡驱逐并接替，就会经常出现打斗、厌食、体重减轻、产蛋数量减少等现象。从长远看，啄食顺序对鸡群有好处。

20世纪50年代，美国的男孩喜欢玩"谁是胆小鬼"的游戏——双方相互威胁，看谁认输。常见做法之一就是开车高速撞向对方，谁先转向谁就输——虽然这救了自己的性命（顺便也救了对手的性命）。称这个为"谁是胆小鬼",就是承认其深刻的进化论根源。在同一个青年文化里,做小鸡意味着不敢做出冒险或英雄的行为,这和农家院里的等级制度下的臣服行为相呼应了。从游戏的命名可以看出,命名者即便不是精通知识,至少也注意到这个做法的动物性根源了吧。

我们注意到动物等级制度已渗入人类语言,用以形容人类的行为。当我们支持运动、政治、经济等领域的低级狗时,正说明我们深知等级制度的不公,及其对财富分配的影响。

在君主专制的社会制度中,每个人都被雄性头领等高地位的雄性统治,群体中很少出现侵犯行为。雄性头领要花费很多时间安抚不平的下属,解决纠纷。司法制度有时难免粗糙,往往一声吼或皱下眉就足够了。在这样的情形下,等级制带来了社会的稳定。许多物种的雄性,进化出了独有的强大武器。如果两条雄性水虎鱼、两只雄狮、两头公鹿、两头雄象意见不合就搏斗致死,生活会变得更加危险。由于个体的相对地位在很长时间里较为固定,也由于解决严重纠纷仅通过仪式化而非较真的搏斗,统治等级制已成为物种生存的关键机制。这不仅对雄性头领有基因遗传上的好处,对大家都有好处。即使你受到虐待,有时候会憎恶老大,但在这样的制度中生活变得安全舒适——每个人都清楚自己的位置。

这是种什么样的选择呢?是不是简单的个体选择,选一个来当雄性头领,其他雄性顺带沾光?抑或是亲缘选择,因为低地位的雄性都和头领沾亲带故?还是群体选择,因为等级制度使社会构架更清晰、总体更稳定,比整天斗来斗去的群体更易生存?真的能把上述分类截然分开,彼此存在显著不同吗?

头领或想攻击某个不听话的下属,但如果下属做出本族特有的臣服动作,头领只好饶了它。它们从不会坐下来商量一套道德规范,也没有从圣山上传下什么法板,但是姿势和手势在抑制暴力方面的作用,和道德规范一样有效。

群体中等级制度最壮观的例子被称为列克,本意为求偶场。动物中无论鸟类、羚羊或者(也许)蚋[1] 都有：

> 列克是一种锦标赛,在繁殖季节之前和期间举行。日复一日,同一群雄性动物相聚在一个传统的地方,各自在竞技场上占据自己的位置,每个个体都会占领和保卫一小块领地或场地。或断断续续,或持续不断,它们与附近邻居逐一较量,展示无比华丽的羽毛、嘹亮的嗓音、稀奇的体操动作……虽然有自己的领地,但要遵守等级制度,一般顶级的雄性通常位于场地中央,没有级别但雄心勃勃的雄性则会在场地外围。母鸡来到竞技场,穿过层层鸡群,来到中间一两个雄性头领的身旁进行交配。

春假[2] 时节的劳德代尔堡或戴托纳海滩的性聚会,也许就是典型的人类列克吧。

在爬行动物、两栖动物甚至贝壳动物中,支配行为也很普遍。巨蜥(比如科摩多龙)非常善于做仪式化、千篇一律的恫吓游戏。它们拍打尾巴,发出嘎嘎声,后腿高高站立,咽喉隆起;如果还没有吓倒对手,就试图把它摁倒在地。鳄鱼建立统治的地位是靠在水中拍打脑袋,然后咆哮、扑打、追赶、撕咬,不管是真还是假。雄性青蛙在交配被打断时会呱呱叫;嗓音越沙哑,它松开后的个头就有可能更大,来冒犯者就越心虚。中美洲有一种满口无牙、颜色鲜艳的青蛙,箭毒蛙属,靠做俯卧撑恐吓来犯者。在小蜥蜴群体中,随着季节变化,当雄性个体的头的颜色转红时,侵犯性就释放出来。此时,大家都忘了诈唬恫吓的好处,两个对手根本来不及膨胀喉咙,立刻相互撕咬。两只寄生蟹相遇,会花几秒钟相互打量——用触角探测对手;小个子的寄生蟹立刻向大个儿屈服。柄眼蝇同样如此。越强势的动物,瞳距越大。

雄性一来就当头领的情况非常少见。一般而言需要在等级制度里一步步攀登。在挑战间歇期惹事是个错误的选择。不管多么野心勃勃,也必须听从指挥,服从命令。再说谁最终夺魁也难以预料。风云变幻,有时会出现

1　蚋是与蚊子和家蝇相似的、小的、吸血蝇类的总称。——译者注
2　春假是美国的传统节日,一般是在三月到四月之间放假,每个学校的放假时间早晚略有不同。——译者注

黑马,大家须随机应变。身处线性等级制度,必须懂得如何支配下属、服从上级、能屈能伸。复杂的考验造就了复杂的动物。

到目前为止的讨论尚未提到雌性动物的喜好。如果它觉得雄性头领太傲慢、粗野,一切都太过理所当然的话,怎么办呢?或者如果它太难看了,它有权利拒绝吗?至少在仓鼠之中是不能的。

心理学家帕特里西亚·布朗和同事曾在叙利亚仓鼠身上做实验:实验开始,雄性仓鼠根据体型大小和体重进行匹配,然后允许它们成对儿地接触以建立统治地位。一般认为追杀和撕咬是支配行为;防卫的姿势、躲避的动作、翘起的尾巴和畏缩屈从的态度是从属行为。专横仓鼠的支配行为比从属仓鼠高出十倍;从属仓鼠的从属行为比专横仓鼠多十倍。一对仓鼠用不了一个小时就能决定谁是领导,谁是小兵。

这些雄性仓鼠能征善战,却没性经验。实验员给每一只戴上皮背带,拴到一根绳上,就像拴狗的皮带,控制它跑动的距离。然后排卵期的雌性仓鼠被带过来,它们可以接近被绳子拴住的雄性仓鼠,但绳子能阻止雄性仓鼠追逐雌性或性骚扰对方。所以接下来能发生什么全由雌性仓鼠决定。

可以想象这个雌性仓鼠,目光坚毅,从头到尾慢慢打量这帮戴着奇怪皮具的雄性仓鼠。因为早先的支配冲突主要是仪式化的,雄性仓鼠身上没有伤疤暴露谁是从属动物。每只雄性仓鼠都被隔开,相互看不见,不会向雌性仓鼠透露自己是支配还是从属的地位。尽管没有任何迹象表明每只雄性仓鼠的地位(至少实验员完全看不出来),雌性仓鼠是否会选择统治型的雄性仓鼠呢?或者它会觉得某种别的特征更有吸引力?结果雌性仓鼠从不犹豫或害羞,五分钟之内,每只雌性仓鼠都主动要求和一只雄性仓鼠交配,而且每次必选统治型的雄性仓鼠。以前是否认识不要紧。不知道什么原因,雌性仓鼠用不着打听雄性仓鼠所受的教育、家庭、财政情况,性格是否温柔,就本能地知道了大家的地位。每只雌性仓鼠都急于和统治型雄性仓鼠交配。

雌性仓鼠是如何知道的呢？似乎它能闻到统治的气味。鼠之间有某种吸引力——权力的味道。统治型雄性仓鼠会发出某种气味、某种信息素，从属的雄性仓鼠却不具备。

重量级拳击冠军迈克·泰森解释了为什么喜欢与所有参加选美的姑娘调情："我是名人。这就是名人该干的事情。"美国前国务卿亨利·基辛格，其貌不扬，解释一个漂亮女演员为什么看上自己时说："权力是最大的春药"。

统治型的雄性喜欢与漂亮的雌性交配。雌性一般尽量配合。它们蹲下身，翘起后部，尾巴让开。（回到仓鼠的实验）在布朗主持的身着皮背带的仓鼠实验中，交配的第一个三十分钟，统治型雄性仓鼠的插入次数达到四十次。从属的雄性仓鼠，假如有机会交配的话（通常是在统治型雄性仓鼠完事后），半小时内平均是一点六次。

假设在你生活的社会里，这是标准行为，你是否会认为，能骑上去不断做着插入动作的动物是统治者，而那个蹲下去、俯首帖耳、很被动的动物是从属呢？这一统治与服从的强大象征，被迷恋地位的雄性视为理所当然的肢体语言，你会觉得不可思议吗？

在语言发明之前，动物需要清楚的信号相互交流。之前提到过一种非常成熟的非言语语言，比如"我肚子朝上，我投降了"和"我可以咬你，但我不会，所以让我们做朋友吧"。雄性每天通过简短的、仪式性的骑上骑下动作，提醒各自在等级制中的地位，应该是很自然的事情。骑在上面的是老板，被骑的是下属。用不着插入。这种象征性的语言颇为流行，几乎与性无关，后面的章节会继续讨论。

在自然情况下，普通的挪威鼠——它们的社会结构在卡尔霍恩所做的过度拥挤实验中崩溃——会形成一种社会等级制度。统治型老鼠会接近从属型，嗅一嗅它的气味，舔一舔阴部，然后从后面骑上去，用前爪抓紧。从属型的老鼠会抬高后部，以示愿意被骑。雄性动物保持等级制度的方式还包括：撞击侧部、打滚踢打、用前爪把对方按住并拳击——两个动物面对面站立，左右开弓。一般很少发生伤亡。

龙虾侵犯性的体态也是直立——用脚尖站立(或者说爪子尖)。而服从的姿态是平躺在地上,大腿张开,意思是"你看,就算我想伤害你,也无法(很快地)做到吧"。人类也有很多传达类似信息的动作。警察遇到可能持有武器的疑犯,会命令他举起双手(以确认没有武器);或令其把手扣在脑后(意思同上);或身体倾斜靠墙(这样疑犯必须靠手支撑身体);或趴伏在地。开口说表示服从的话固然不错("我没有恶意,真的"),但冒着生命危险的警察一定会要求更有效的身体姿势做担保。

几乎所有高等哺乳动物的交配都是雄性从雌性的身后插入。雌性蹲下,帮助雄性骑上来,有时还会做特别的动作助其插入。这些动作(比如扭摆臀部)便成了诱惑性语言的一种。蹲下一是方便对方插入,二是表示自己哪儿都不去、不会跑掉。类似的情况可以在很多物种中看到。雄性甲壳虫求爱时会在雌性的硬壳上敲一敲——不同的甲壳虫方式不同,有的像击鼓一般用脚敲,有的用触须、口器或者阴部——雌性立刻纹丝不动。男人被女人畸形的小脚吸引;或者对高跟鞋的迷恋以及对传统的束身衣乃至女人柔软无助状态的癖好,就是同样的象征性在人类行为上的表现。

在很多物种中,雄性头领会有系统地威胁企图与群内某个雌性交配的雄性,特别是在发情期。由于属下的幽会——即"偷欢"十分隐秘,雌性又心甘情愿,头领虽无法绝对避免,但会极力阻止。这在雌性占统治地位的等级制度里也是一样。在家禽中,雌性头领会在繁殖期攻击其他母鸡,就是为了防止它接近任何成年公鸡。狮尾狒狒群体实行雌性占统治地位的等级制度,顶层的母狒狒在排卵期的平均交配频率并不见得比下属的雌性更频繁;但下属雌性很少生育,其低等的地位好像减弱了它们的生育力。要么是因为它们排卵期实际上并无卵子排出,要么可能经历了很多自发性流产。不管什么原因,低级身份阻止了它们繁殖后代。在狨猴群体中,从属的雌性往往抑制自己排卵,可是一旦脱离了雌性占统治地位的等级制度,很快就能怀孕。因此,在雌性占统治地位的等级制度里,占有高级地位的基因——比如高大的身材或者娴熟的社交技巧——就能被优先传到下一代。这有利于稳定世袭贵族制度。

在牛群等动物群里,雄性头领会在身旁聚集一批雌性,把别的雄性赶走,不过成功率有限。繁殖期一过,雄性动物又回到独居的生活状态,雌性及幼小动物便重组自己的群体。在鹿群里,这个被称作"后备群体",有自己的统治等级制度。一般来说,这种群体的领导不是靠诈唬、恐吓或搏斗的水平高低决定,而是由年龄决定。年长但还有生育力的雌性往往领头(这一制度也被清一色雌性的非洲大象群所采用;尽管群内大象多至几百头,但社会结构却非常稳定)。这些群体的组建似乎就是为了维护这一原则。一旦外敌入侵,它们就形成钻石或纺锤状阵势,雌性一把手居前,二把手殿后。如果捕食者追上来,雌性二把手会勇敢断后,迎战领头的捕食者。在群体成员脱离险境的过程中,一、二把手会交换哨位。

在小型冲突里可以清楚看到等级制度的优点。即使雌性哺乳动物对个人的统治地位并无兴趣,但遇到麻烦仍会加入战斗。所以统治等级制至少有两项对个人和群体都极其有用的功能:一是减少群体内危险的、影响团结的争斗(即人类所谓的政治稳定);二是提升赢得群体间或物种间冲突的概率(即人类所谓的备战)。

据说等级制度的第三个好处是优先繁殖头领的基因,该基因在生理和行为上都更适于生存。想象一个对所有成员都适用的战略:"假如我个头大、强壮,我就威胁;假如我个头小、软弱,就撤退。"这对所有人多少都有好处,主要的重点放在"我"身上。

作为人类,一想到自己处于这样一个宣扬怯懦的服从和公然的残忍的等级制度里,难免愤愤不平。不妨想想运转良好的社会机器带来的好处:每个人都知道自己的位置,为避免麻烦没有人出格;人人听从指挥,尊重上级。由于家教、教育和社会不同——有些比较民主,有些比较专制——大家对等级制度与自由和尊严的利弊权衡也不尽相同。但是这里讨论的对象不是我们。人类不是红鹿、仓鼠或阿拉伯狒狒。这些物种已经完成了成本效益分析,认为法律与秩序是最高的公益。什么天赋鼠权,什么仓鼠自由,什么制度保护,对它们而言并非不言而喻的真理。

——————————

玩好等级制度游戏,起码得记住谁是谁,能辨认等级,适时做出恰当的反应——或支配或服从。等级非一成不变,需要通过对某些关键现象的重新评估,实时更新领导的地位排序。等级制度有好处,但对思辨力和灵活性有要求,仅靠遗传基因里关于"进"或"退"的指令远远不够,须适宜地落实到处理和熟人、同伴、对手、情人的关系上——他们的地位随时在改变,基因不可能预测到现如今对方是什么身份和情形。同样,无论是打猎还是脱险,或者从父母那里学习智慧,等级制度都需要头脑。然而,基因指令控制的东西常常比头脑里积累的那点智慧要多得多。

一开始动物也许不善于区别个体,只满足于"如果这家伙散发着我喜欢的性诱惑,我就跟它。"在捕猎与被猎的过程中,在雄性动物只求激情、不求负责的性冒险里,是否能辨别个体间的细微之处意义不大。只要知道"它们闻上去气味一样"或者"关上灯都一样"就足够了。逐渐地,你对某人形成了刻板印象,却并不会因此受到什么惩罚。但随着进化往前推移,区别更细微的东西变得颇有必要。知道孩子的父亲是谁也许有用,可以鼓励它在抚养和保护孩子方面出点力气;知道别的雄性在等级制度里的确切位置也许有用,可以避免每天因地位引起冲突,帮助你在等级制度的阶梯上往上爬。

现代灵长目研究上许多意想不到的结果之一便是发现人类通过观察很容易区别一群狒狒或者黑猩猩之中的占支配或服从地位的个体,尽管人对嗅觉方面的暗示并不敏感。假如你和这些动物待上一段时间,就不会觉得它们"看起来都一样"。需要有点儿动力,动点儿脑筋,这是我们完全能做到的。没有这番辨认个体的能力,高级哺乳动物社会生活的绝大部分就不会展现在我们眼前。根据语言、衣着和怪癖,辨别人类个体容易得多。然而在内心深处,我们还是习惯了把人类和别的物种分成若干固定类型,而不是努力辨认和判断每一个个体的细微差别。

种族歧视、性别歧视等一系列有害的仇外观念仍强有力地影响着我们的行动，让我们无所作为。不过，当今最令人自豪的成就之一就是全球在历经许多难免的失败后，正在达成共识——人类总算可以把很久以前残余的观念抛诸身后，我们听到内心深处传来古老的声音。我们能关闭那些不利于我们发展的声音，同时放大另一些有益的声音。这就是人类仍有希望的原因吧。

关于统治和服从这一更大的议题，陪审团仍在讨论。诚然，除了帝王奢华的仪仗与服饰，其他专制的东西都在最近几个世纪中从世界舞台上消失了；对民主的追求陆续在世界各地爆发。但在人类社会和政治组织里仍能时时听到雄性头领的呼唤和基层草根顺从的回应。

论无常

至于世人，他的年日如草一样，

他发旺如野地的花。

经风一吹，便归无有；

他的原处也不再认识他。

——英皇詹姆斯钦定本圣经《诗篇》103：15-16

第十一章

凯妮斯的故事

所有人都会为你倾倒着迷。

不管他是不朽的天神，

还是转瞬即逝的凡人。

——索福克勒斯

《安提戈涅》

他飞过大地

和回声嘹亮的海洋。

他冲向受害者

让其着迷和发狂。

他迷倒山中狩猎的狮子

和海中的巨兽，

大地养育的所有被造物

以及令人目眩的太阳所能见到的一切

还有人类——

你对一切都具有至高无上的权力，

我的爱，你是唯一的统治者，

凌驾于所有生灵之上。

——欧里庇得斯

《希波吕托斯》

古希腊神话有一则讲的是凯妮斯,说她是"塞萨利最美丽的姑娘"。有一天她在荒无人烟的海岸上独自散步,被海神波塞冬发现。波塞冬是众神之王宙斯的哥哥,常强奸妇女。一时色欲熏心,这位神当场就把凯妮斯强奸了。事后他还发了点儿同情心,想补偿她。凯妮斯说想变成一个男人——不是普通男人,而是一个超乎寻常的男人,一个拥有刀枪不入身体的勇士。那样的话,她就再也不会遭到这样的羞辱。波塞冬同意了。于是凯妮斯变成了凯涅厄斯。

随着时间的推移,凯涅厄斯当了爸爸。无数人丧生于他高超的利剑之下。敌人的宝剑和长矛不能刺透他的身体。这里的暗喻不难理解。最终,凯涅厄斯变得无比自负,开始嘲弄众神。他在市集竖起长矛,让所有人顶礼膜拜,奉献祭品。他不准人们尊崇别的神,否则格杀勿论。此处的象征意义也很清楚。

希腊人把极端傲慢的行为称作休布瑞斯[1],凯涅厄斯就是一个典型。休布瑞斯几乎专属于男性。太过招摇早晚会引起众神的注意和随之而来的报应——尤其是那些未对不朽神明表示绝对尊重的人更是难逃一劫。众神最想要他人服从自己。宙斯对凯涅厄斯的傲慢早已有所耳闻,遂命令一半是人、一半是马的怪物——半人马执行冷酷无情的判决。得令之后,半人马们开始攻击凯涅厄斯,调侃道:"你还记得花了什么样的价钱才获得了一个假男儿身?……打仗的事儿还是留给真男人吧!"可是半人马在凯涅厄斯迅猛的剑锋下倒下了六个。它们的长矛被凯涅厄斯的身体弹开,就像打在屋顶上的冰雹。一个半人马无谓地抱怨道:"被半个男人打败简直是耻辱。"它们最后决定用木材把他闷死,砍倒大片树林,"用森林作火箭把他顽固的生命击碎"。凯涅厄斯在呼吸上没有神力相助,经过一场搏斗,半人马终于把他制服,然后将他闷死。就在埋葬他尸体的时候,半人马吃惊地发现凯涅厄斯又变回了凯妮斯。这个拥有刀枪不入身体的勇士又一次变成了那个脆弱的年轻女郎。

1　休布瑞斯是 hubris 的音译,意思为狂妄自大。——译者注

也许可怜的凯妮斯过量服用了海神波塞冬给她变形用的东西。古希腊人意识到，能把你变成雄性的东西，用量一定要适度。过多或过少都会有麻烦。

攻击性与性之间的关系

麻雀的睾丸约有一毫米长，重一毫克（这就是为什么你从来没听说某人的睾丸像麻雀的那样吊着的说法）。只要睾丸完整，好斗的麻雀就可以进入线性等级制度，把入侵其领地的鸟全部赶走。如果地位很高，还能成功地向发情的雌鸟求爱。一旦把手伸到它们羽毛底下，拿掉这两个小小的器官，待麻雀苏醒过来，它的这些特征就都消失殆尽了。好斗的鸟变得温顺，好争地盘的鸟对入侵者满不在乎，热情的鸟失去了交配的兴趣。可是，如果在麻雀身上注射一点儿雄性激素，它立刻就能找回它对性、争斗、支配权以及领地的热忱。

阉割后不久，雄性日本鹌鹑便停止了昂首阔步、高声鸣叫和激情交配。它们没法再引起雌性鹌鹑的兴趣。用同样的激素给它们治疗一下，立即重振雄风，雌性又觉得它们不可抗拒了。把年轻的雄性招潮蟹阉割掉，它就再也长不出其独特的非对称性的大钳子。

数千年来人类深谙此道：被俘的兵士被阉割后就不会再惹麻烦；我们把无能的领导比作"政治太监"；部族首领和皇帝会把男人阉割，后者看守后宫便不会受到诱惑（起码不会让后宫的任何人怀孕）。这样一来，他们的忠诚就不会被男女关系等情感和义务所干扰。令人惊奇的是，这种激素可以在麻雀、鹌鹑、螃蟹和人类的行为中引起相同的根本性的改变。

这种能像巫师的药剂般让人身体产生变化的激素叫作睾酮。与其他类似的激素一道被合称为雄性激素，主要是睾丸产生（其原料是意想不到的胆固醇），进入血液，引起一系列显而易见的雄性性征。语言也印证了此种关联性，比如"他真有种"——意思是他有令人钦佩的勇气和独立性，不是胆小鬼和马屁精。

在刚刚形成的雄性猴子群体中,统治等级越高的个体,睾酮在血液中的流通量就越多。一旦等级制度安顿下来,地位之争只是象征性的打斗,雄性二把手照规矩服从于一把手,这种相关性就消失了。动物身上睾酮越多,就越喜欢挑战和征服潜在的对手。高睾酮水平会使统治倾向从本群体内延伸到整个地盘。于是老板和地主就成了同一个人。

很多动物的大脑里存在许多特定的接受区。睾酮等性激素在此进行化学结合,同时也负责处理由激素引起的行为。大脑里也许有不同的中心,分别负责昂首阔步、鸣叫、欺凌、打斗、交配、保护领土和融入统治等级制度;但是每个中心都有一个按钮,由睾酮按下。一旦睾酮由睾丸通过血液转到大脑里,有关行为就启动了。在每一个个体的大脑细胞里,睾酮的存在可以启动过去没有记录和被忽略的碱基序列,从而合成一系列关键的酶。与很多激素一样,睾酮受许多正反馈和负反馈的调节,从而保持了其在血液里流通的分子浓度。

对雄性动物而言,由睾酮引发的混战、恫吓和搏斗不仅不是负担,似乎还是乐趣。老鼠会学习跑错综复杂的迷宫,为的是有机会和其他雄性老鼠格斗。人类也有众多类似的例子,只要与繁衍下一代有关系的活动,我们都会积极参与。性行为当然是最明显的例子。攻击行为也属同类活动。

有些动物的怀孕期极短,比如老鼠。即便如此,怀孕期对它们来说仍然太长,以至于没法认识到交配和分娩的因果关系。要等老鼠自己先弄明白交配与产生下一代之间存在联系才会去性交,这物种早就绝灭了。因此,必须要有极强烈的性需求——作为一剂加强针——让参与的双方都能享受性行为。说到底,这不过是 DNA 以最公开、直白的方式创造性地展现自己对繁殖的掌控罢了。

看看这笔交易:动物情愿放弃食物,做出非常滑稽的姿势,冒着生命危险,以便自己的 DNA 能与另一个同类的 DNA 结合;作为回报,动物会体验到短暂的性快感。这就是 DNA 流通的硬通货,以支付携带和培育 DNA 的动物。还有很多由 DNA 引发快感的活动,能够增加动物适应性。包括父母对孩子的爱、探索和发现的快乐、勇气、战友之情和利他主义,以及老板和地主身上的一系列标准的睾酮催动的特性。

上至人类，下至水生真菌，与睾酮类似的激素对性器官和性行为的发展起了关键作用。所以激素必定很早便进化出来，今天才能如此广泛流行，其起源也许可以追溯到大约十亿年前性刚出现的时候。

同样的分子跨越了所有的物种，大概是为了同一个目的——性，产生了奇怪的结果。比如猪最主要的性信息素叫作5-阿尔法-雄性激素，化学上和睾酮相近。它和野猪的唾液混合在一起（睾酮也可以在男人的唾液里找到）。母猪发情的时候，闻到垂涎的公猪身上激素味道，立刻就做出"快到这儿来"的交配姿势。奇怪的是，松露这一法国烹调上的美味也产生同样的激素，且浓度超过公猪的唾液。这似乎就是为什么美食家会用母猪来寻找和发掘松露（对于母猪来说这是件多么奇怪的事情：它所热爱的小小的黑色真菌，找到之后却残酷地被人夺走。）既然松露是真菌，里面的激素在性上起了重要作用，也许折磨母猪只是一个附带产物——也许它的主要目的是让猪兴奋，拼命挖掘，孢子得以传播开来，使地球长满松露。

鉴于此，对于男人腋下汗液里产生大量的5-阿尔法-雄性激素这个事实，又该作何感想呢？在卫生尚未制度化，在没有香水和除臭剂的很久以前，它在人类和史前人类的求偶和交欢行为上是否起了作用？（留意：女人的鼻子常和男人胳肢窝等高[1]。）这是否和富人花大把银子在几乎无味的软木塞般的松露上面有关呢？

雄性基因的胚胎如果被剥夺了睾酮等雄性激素，会长出看上去像雌性的阴部。相反，雌性基因的胚胎如果接受了大量的睾酮等雄性激素，阴部会雄性化：假如激素量不大，其结果是较大的阴蒂；如果激素量很大，阴蒂就变成阴茎，大阴唇翻转过来变成阴囊。她也许会长出模样正常的男性阴茎和阴囊，虽然阴囊里并没有睾丸（同时她具备毫无作用的卵巢）。这样的女孩长大之后喜爱枪支和汽车，而不是洋娃娃和烹饪玩具；喜欢和男孩一起玩，

---

[1] 本书一位审稿专家抱怨说："在健身房，不需要凑到腋窝的位置就能闻到气味。想不注意到都难啊。"不过健身房不代表自然，那儿到处是多年来运动员们积累的汗。另一个审稿专家提到像5-阿尔法-雄性激素这类分子现在被作为春药推销。

而不是女孩；喜欢打闹和户外运动，而且发现女人比男人更具性吸引力（我们没有反向证据——例如，多数假小子具有过量的雄激素）。

雄性和雌性的区别（不是基因方面，而是单看外生殖器的话），是由怀孕数周内碰到多少雄性激素决定的。假如让那一点儿胚胎组织正常发展，它就会变成雌性。如果给它一点睾酮类的激素，它就变成雄性[1]。胚胎组织会像压紧的弹簧一样，对雄性激素产生反应（雄性激素的字面意义是"雄性制造者"），且雄性激素能起到某种内部信息交流的作用。发展中的胚胎上有一些按钮，只有雄性激素可以摁下。一旦被按下，让人匪夷所思的变化就会悄然发生。

雌性激素是另外一组贯穿众多完全不同动物种类的性激素。它抑制雌性动物身上的侵略性；而一组名为孕酮的性激素会增加雌性保护和哺育幼小动物的天性（这两种激素的原意分别是：引发情欲和促进怀孕）。就像所有哺乳动物一样，鼠妈妈非常关心小鼠，会建造和保护鼠窝，喂养小鼠，把它们舔舐干净，把走远的小鼠带回，教育它们。未妊娠雌性老鼠不存在上述行为，它们会尽量不睬新生小鼠，甚至避开。但是用雌性激素孕酮和雌二醇为其长期治疗，使这些雌性老鼠的激素含量达到妊娠末期的水平，就会引发明显的母性行为。雌性激素含量高的老鼠较少出现焦虑和害怕，不太容易卷入冲突。

雌性激素主要在卵巢里产生。当我们看到一位镇定、能干、慈祥的母亲，很少有人会喊："天哪，她有多棒的卵巢啊！"原因并不奇怪，因为睾丸挂在外面脆弱的阴囊里[2]，随时可能因为事故或者实验被割掉——卵巢则不同，位于体腔内，就像被锁在保险箱里。显而易见，卵巢同样应该被当作家里的宝贝。

1　于是乎，亚里士多德的论点（一千多年以后被西格蒙德·弗洛伊德重复）——"雌性可以说是被严重残害的雄性"这一点是错误的（同时雄性是睾酮做了改变的雌性的说法也是错误的，虽然比前者稍微靠谱）。女性的身体可以合成雌二醇，是雌激素里活性最强的一种，也可以从睾酮中提取。

2　一般认为这是为了让睾丸的温度比在体内低上几度。假如把睾丸放在温暖的小腹内，据说将导致精子变少，雄性将不能生育。睾丸外置，利大于弊。麻雀和好斗的鸣禽就把睾丸藏在体内，然而即使在较高的体温里，它们的精子似乎仍然非常健壮。为什么有些物种的雄性把睾丸放在身外，有些放在体内？目前人类掌握的知识尚无法回答。

雌性激素控制发情的周期,排卵时达到高峰,通常会发出嗅觉和视觉上的暗示,通告大家自己可以交配了。在很多物种中这种情况不常发生,且持续时间不长。比如母牛每三个星期里只有六个小时对性有兴趣。母牛很少约会。玛丽·米奇利写道:"对许多物种而言,一个短暂的交配期和简单本能的模式使这成了一个季节性的干扰,这个干扰拥有一套明确的常规,就像圣诞节的购物狂欢。"在从豚鼠到小猴子的众多哺乳动物中,发情期外交配不仅遭到雌性反对,而且生理上由于出现了一条器质性的贞洁带也使交配几乎难以完成:阴道被薄膜封住或被特地长出的塞子堵死,甚至一了百了——完全关闭。

相反,对于绝大多数人类和部分猿猴而言,性不仅可能,而且在生理周期的几乎任何阶段都会发生。有些人监测自己的周期(通过测量体温的微小变化),然后在排卵期回避性生活。这个获得教会赞同的避孕方法正好和绝大多数动物行为形成镜面对称——后者在排卵期大作广告,而在其余时间躲避性行为。这一事实提醒我们,人类文化使我们远离祖先,而且在我们身上发生根本性的改变不是不可能。

对许多动物来说,排卵周期的长度是几个星期。没有多少物种的排卵期几乎与月球周期相等(从新月到下一个新月)。这个人类特有的现象是否仅是巧合——如果不是,那是为什么? 答案不得而知。

哺乳动物哺乳幼崽,只有雌性才有这个能力[1]。这是为数不多由性别决定专属能力的例子。产奶同样是由激素调节。母乳对婴儿至关重要,婴儿生出后软弱无力,不能消化成年人的食物。雄性一般来说只关心其他事情:统治、侵犯、争领地、占有许多性伙伴。

在整个动物王国里,激素与侵略性之间的关联有规律地出现。去除性激素这个主要根源,侵略行为就会下降,这不仅仅发生在哺乳动物和鸟类

---

1 从某种意义上说,例外是常有的。雄性鸽子与和平鸽通常用反刍的嗉囊乳喂小鸽子,糖分少,脂肪多——与哺乳动物的乳汁正好相反。雄性帝企鹅在孵蛋四十天后会在里产生全脂乳。小企鹅孵出来后,这是唯一的食物。待企鹅母亲吃饱小虾回来,小企鹅靠父亲的奶体重翻倍。大火烈鸟的两性都能产奶,伴着自身的血,作为小鸟第一个月的食物,父母每天都要给小鸟喂上 0.1 升的配方奶。许多动物(如狼)就是用反刍的食物喂狼崽,但那和奶完全不同。

中，而且还发生在蜥蜴甚至鱼类里。对阉割的雄性进行睾酮治疗，侵略行为又会重新出现。在正常的雄性动物身上加上雌激素，侵略程度就会下降，这在所有的物种里也都一样。在众多种类的动物身上，为了取得相同的效果重复使用同类激素，把侵略性打开和关闭，这既证明了激素的有效性，也证明了激素由来已久的历史。

侵略行为具有适应性，但是只能在可控量内。全套侵略行为随时待命，只等一声令下。通过社会环境和生物钟一点一滴产生的激素将发出指令。假设情况如此，为什么雄性常常比雌性更具侵略性。假如雌性能少产生一点雌激素，多产生一点睾酮，是否就能变得和雄性一样有侵略性呢？侵略性上的性别平等会出现在狼、树松鼠、实验室大小鼠、短尾鼩鼱、环尾狐猴和长臂猿身上。在南方的飞跃松鼠中，雄性不热衷于争夺领地而雌性热衷于，两性之间的争吵往往由雌性引起，而且雌性常常获胜。人类男性比女性更具侵略性（男人血液里的睾酮比女人血液里的高十倍）这一事实确凿无疑，但这并不意味着动物王国里的其他物种，甚至其他灵长目动物是同样的情况。

见过雄性宠物猫拖着伤残的身体，离家一、两天后归来吧——一只眼闭着，耳朵撕破，毛发蓬乱，血迹斑斑——睾酮是有代价的。如果带上一只雄性动物到城里转一转，假如它不如公猫那样好斗，但通过某种装置让其睾酮始终处于高水平，会出现什么情况？寸土不让的领地捍卫者麻雀，似乎死亡率并没有明显增长。但是，如果给雄性北椋鸟注入睾酮，它们的数目就会急剧下降。很多北椋鸟身上都可以看到严重伤疤，很明显是与同类决斗的结果。和麻雀不同，北椋鸟喜好为获得统治地位而争斗，但是没有自己的领土供其避难。如果你被注入了睾酮，同时又没有避难的传统，恐吓就会升级成为严重的斗殴。激素的另一个坏处是：雄性的鸟如果被人为注入大量的睾酮，会更加不喜欢喂养后代。大男子汉往往忽略自己的家庭义务。

性激素现在由药品公司制造并广泛应用——是否合法暂且不提。可以通过询问人们使用的原因来了解大自然里激素的作用。合成的性激素分子非常接近但不等同于睾酮。主要用户包括：健身者和体育运动员（他们普遍相信，只有服务某些类固醇的年轻男子才能完成某些力量的壮举）；希望变得有男子气概的年轻男子,通常为了吸引女性或者别的男性;某些希望外表凶恶的人(夜总会保安、黑社会杀手、监狱看守等),仅仅通过激素还不能产生强大的肌肉,还需要进行系统的训练。其副作用之一是脸上和背上长痤疮。合成激素似乎不会促进毛发的生长。而且大剂量激素可以导致睾丸失去作用和萎缩——这或许是人体对过量睾酮介入的反应。太多的睾酮会对社会生活产生危害,于是生成某种进化机制,防止过多的睾酮传递给下一代。

女性通常在停经或子宫切除后使用雌激素,以保持兴趣旺盛、阴部湿润、减缓骨里钙质流失,也为了皮肤更加年轻。健身者和变性的女人会使用合成激素,因为它们能神奇地重新分配体重——比如,从臀部上升到胸部和二头肌。变性的男人使用雌性激素是为了从相反方向重新分配体重,增大乳房,使乳头和乳晕女性化,也使性格温柔一些。要记住成年人使用这些性激素的后果,以及性激素对胚胎的更加深远的影响——决定长出什么样的性器官。由此看来,激素含量的微妙变化不仅影响到支配权、领地权、侵略性、幼儿抚养、性格的温柔、焦虑的程度以及解决纠纷的才能,而且还影响到性偏好和性取向。

睾酮含量的影响因素

种牛、种马和种鸡被阉割之后成了肉牛、肉马和肉鸡,因为人类觉得它们身上的雄性特点非常不方便,但阉割它们的人对自身的男子气却洋洋得意。人们用刀子非常熟练地在雄性生殖器官上挥上一两下,或者让牧鹿的拉普女人熟练地咬上一口,睾酮水平就立刻降到可以管理的程度,而且延续动物的一生。人类需要家养的动物变得服从、容易控制。而真正雄性动物的存在就变得尴尬,我们只需要一定数量的它们来配种,为我们产生下一代的仆人。

在等级制度里,某种类似但并非那么直接的事情发生了。从毒蛇到灵长目动物,在仪式般搏斗中输掉的动物经常会出现睾酮等性激素急剧下跌的现象。因此它今后都不能再向头领挑战,也就不再会受伤。在分子层面,它也学到了一课。血液里流淌的激素越来越少,追求异性不再那么热情,特别是有高级雄性动物在场的时候。这对雄性头领来说是好事。通常,败后血液中睾酮含量的下跌带来的影响比胜后血液中睾酮含量的增加明显得多。

说回麻雀睾丸。繁殖地每一小块领地上都有一只雄性麻雀,为保护领土随时准备击退入侵的麻雀[1]。假设一个多管闲事的鸟类学家捕获了这样一只麻雀,把它带离领地,会发生什么?附近很多以前无力保卫领地的雄性麻雀就会过来。当然,它们必须通过威胁和恐吓让别人把它们当回事。因此,雀群里的担忧情绪上涨,不管是新来篡位者还是附近区域里原有的麻雀。紧张的政治局面出现了。如果测一下这些争吵的麻雀的血液成分(在我们看来这是小事一桩,但是对麻雀来说却比较难),就会发现所有麻雀血液中的睾酮含量均有升高——无论是正试图建立自己领地的新移民,还是邻近的老居民,现在都不得不为保卫领地而上蹿下跳。同样情况也常见于其他许多动物中。

本身就不缺乏睾酮的雄性,总体来说会更加嚣张。那些需要更多睾酮的雄性,通常会分泌出所需之量。在攻击、保护领地、争抢地位等一系列雄性行为特征上,睾酮似乎起着重要的作用。这发生在多种不同物种中,包括猴、猿和人类。

春天由于日照时间变长,雄性木栖鸟和鸣禽(比如松鸦、莺和麻雀)血液中的睾酮含量增多。它们因此长出漂亮的羽毛,斗志旺盛,开始放声歌唱。曲目多的雄性鸟能早交配、多产仔。最具吸引力的雄性鸟的曲目多达几十种。音乐上的丰富多彩是一种手段,通过它更多的睾酮变现为更多的伴侣。

母鸡下蛋时,公鸡血液中的睾酮含量依然很高。因为它们需要保护伴侣。一旦母鸡开始孵蛋,对性的挑逗就不再有兴趣。公鸡血液中的睾酮含量也会下降。假设在母鸡身上注入雌激素,尽管新添了母亲的职责,但它们依然会搔首弄姿,"性"趣盎然,于是公鸡血液中的睾酮含量就会同步高涨。

---

[1] 这个嘛,只针对入侵的麻雀。住在森林中同一块领地上的等级制度里的其他动物,比如猫头鹰、熊、浣熊和人,麻雀一般对它们不屑一顾。

只要母鸡在性上乐意，公鸡往往就会待在附近，提供保护。

这些实验说明，如果物种可以不受发情期的束缚，就会得到重要的自然选择上的好处。雌性"性"趣不断，便能拴住雄性，促其提供各种有用的服务。这似乎就是在人类中发生的事——也许DNA编码在雌激素时钟上做了小小的调整。

由睾酮诱发的行为必须受到限制和约束。假如行为适得其反，自然选择就会很快调整血液中性激素的浓度。睾酮中毒以致生物失去适应力的情况罕见。在吸食花蜜的鸟类、蝙蝠和昆虫中，比较一下：雄性在性激素的驱使下用于阻击入侵者消耗的能量和花粉能够提供的能量孰多孰少[1]。事实上，只有得到的能量多过消耗的能量，保家卫国才有利可图；只有当美味的花蜜特别稀少时，才值得花精力把竞争者赶走。吃花粉的动物不是刻板的领土主义者，它们不会为了一片荒地玩命抗击来犯者。它们会进行成本效益分析。在花蜜富饶的园子里，早晨往往观察不到保护领土的行为——因为夜间鸟儿熟睡时花粉大量积累，早上醒来大家都有充足食物。接近中午，四邻的鸟都来采蜜，资源越来越少，保护领土的本性便会觉醒。翅膀怒张，嘴喙前突，本地鸟驱赶外来者。它们大概不想再当老好人，受够了这帮外乡佬。该行为本质上是出于经济利益，而非家国情怀；不是意识形态，而是为了实打实的好处。

恐惧的生理基础

或许许多动物都会这样做，但在大小鼠类中特别明显：恐惧会伴随着一种典型的味道——恐惧素，很容易被其他动物察觉。一旦察觉到一只老鼠有恐惧情绪，它的亲朋好友通常会立即逃走，因为这对它们有利，但对这只老鼠毫无帮助。这甚至会激励让这只老鼠感到恐惧的对手和捕食者。

某经典实验表明，小鹅、小鸭和小鸡从蛋里孵出来，脑子里就有鹰的大

1　吃洋蓟时也会遇到类似的问题：为了吃到多汁的花心所需要消耗的能量会不会超过花心所能提供的能量？

致模样,不用人教。孵出来的小东西天生就知道这些东西。因为它们也懂得恐惧。科学家做了一个简单的剪影。例如,从纸板上剪下两条边当作翅膀,置于身体两侧。身体一头略长,顶端呈圆形,另一头短而粗。假如把剪影长的一头放在前面,使其貌似天鹅,翅膀飞扬,长颈前伸。把这个剪影脖子朝前,放到幼雏们上方,结果大家都满不在乎,谁会害怕一只天鹅呢?随后,把剪影短粗的一节放在前面,使其看上去像鹰,翅膀张开,长尾在其身后。幼雏中便出现一片吱吱的恐惧的叫声。如果我们对该实验的解读无误,可以推断在产生小鸡的精子和卵子里,一定有一只鹰的影像编入核苷酸的碱基序列里。

天生对猛禽的害怕的倾向或许和人类惧怕怪物相像。几乎所有刚会走路的幼童都害怕怪兽。如果成年人在场,很多捕食者不敢轻举妄动,但会毫不犹豫地攻击刚会走路的幼童。鬣狗、野狼和大型猫科动物是仅有的几种曾经跟踪原始人及其祖先的捕食者。当一个小孩开始独自外出面溜达时,懂得惧怕怪物对他颇有裨益。有了这样的知识,一有风吹草动,他会很快就跑回大人身旁。任何这方面的微小倾向都会被自然选择无限扩大[1]。

成年鸡群有一套组织良好的反应系统,比如特殊的听觉警报,警告所有能听到的成员:一只老鹰就在头上;不同的声音表明了不同的信息,区别敌人是来自空中还是地上——比如狐狸、浣熊等。发出警报的鸡等于向老鹰暴露了自己的身份和地点,也许我们会认为它很勇敢,但这只是进化的结果。而支持个体选择论的专家则会认为(先不谈他们的观点是否具有说服力),警报惊起使得所有鸡仓皇奔逃,转移了老鹰的视线,是为了让报警的自己捡回一条命。

生物学家皮特·马勒和同事所做的实验表明,至少对小公鸡群体而言,是否报警取决于附近有没有伙伴。如果没有,小公鸡看到天空中像老鹰的东西就会僵住,或瞪着天空,但不会发出警叫。只有在听力范围内有别的鸡的时候它才会发出警报。更有意思的是,只有当同伴是一只鸡——不论什

1　就像小鸡长大之后似乎保持和强化了这种担忧,人也是一样。对非人类的捕食者的恐惧就是我们随时可能按下的一个"按钮",用以操纵狂热的行为。恐怖影片就是一个例子,但还不算最典型的。

么品种——它才会发出警报；如果是别的禽类（如美洲鹑），则不会报警。它对羽毛并不看重，羽毛的颜色、款式完全不同的鸡照样值得它报警。最关键的是伙伴必须是一只家禽。也许这是一种很草率的亲缘选择，但是具有物种抱团的倾向。

这是英雄主义吗？小公鸡是否明白自己面临怎样的危险，尽管害怕仍选择勇敢报警？附近有伙伴就叫，独自时则沉默，这种行为是编在 DNA 里的程序，仅此而已？看到老鹰，同时又有另一只鸡在附近，立即报警，没有什么道德上的挣扎。斗鸡时，其中一只虽然鲜血淋漓，双眼模糊，依然奋战不止，到死方休，这只鸡是否表现了"无畏的勇气"（就像英国的一位斗鸡崇拜者形容的那样），还是这场搏斗出了圈儿，摆脱了负责抑制的子程序？那么人类中的英雄人物，他是否清楚面临何种危险，抑或只是遵循预先编好的基因程序的指令？绝大多数英雄都会说，他们只是做了该做的事，没有多加考虑。

不同的性别对待报警一事做法不完全一样。在皮特·马勒和同事们做的另一项研究中，小公鸡每次看到老鹰的剪影都会发出警报，但母鸡只有13%的情况会这样做[1]。被阉割的小公鸡更少报警——注射睾酮的除外，其报警率有所回升。由此看出，睾酮（不论你认为该个体是英雄还是机械）不仅在等级制度、性、领地和侵略性上起作用，还能协助提供敌人进村的警报。

侵略性

科学家在青春期前雌性老鼠的尿中发现一种分子，它能诱使嗅到的雄性产生睾酮。反之，雄性的小便中含有信息素，一旦被未成年的雌性闻到，就会加快其性成熟。有雄性老鼠在身边，雌性老鼠就早熟；没有，便晚熟。这是一个积极的反馈环，节省了许多麻烦（可以想象，雌性老鼠如果不能辨别味道就永远不会发情）。另外，正常怀孕的雌性老鼠一旦闻到不同种的雄性老鼠尿液后，会自发性流产。它们会在体内消溶掉胎盘，很快重新发情。

1　雌雄两性在其他类别的叫声上也不同。比如，雄性找到了雌性所喜欢的食物会经常发出来分享食物的叫声。可是雌性找到食物后，不会招呼雄性；实际上，除非她有小鸡，否则会一声不吭。没有家庭的雌性喜欢独食。

这对外来的雄性老鼠非常便利。如果长住的雄性老鼠对此恼火，就看它是否有能力阻止外来老鼠跑来散发能引起流产的气味了。

和许多动物一样，老鼠在发育期开始正式产生睾酮。也就是在那时候，才开始认真攻击其他老鼠。成年雄性老鼠睾酮越多，攻击领地边界陌生老鼠的速度就越快。如果把雄性老鼠阉割，其攻击性就下降。如果在阉割的雄性老鼠身上注入睾酮，攻击性又会增加。雄性老鼠喜用一滴一滴的尿液标记领地——附近有其他老鼠时它们会格外卖力（它们碰到不熟悉的东西，比如梳子，也会这样）。胎盘可以被再吸收，如果雄性老鼠想留下后代，须成为领地内主要的尿液标记者。做标记或许就像旅行箱上的姓名标签、私人领地上"请勿入内"的牌子、悬挂在公共场所的国家领导人肖像。强悍的小鼠唱着"这块地是我的"和"她属于我"的歌曲。即使雄性老鼠没有在场，也需要让路人看清谁是这块地的主人。不难想象，阉割这只老鼠，尿液标记就会大幅度下降；重新注入睾酮，它做标记的冲动又将重新点燃。

正常雌性老鼠不常小便，也不喜欢标记。但是，如果给解剖学上正常的雌性幼鼠注入睾酮会发生什么呢？它们会开始频繁地做标记（假如在狗身上做同样的实验：成年母狗若在出生之前被注射睾酮，出生后就会采用雄性的小便姿势，抬起一条腿，尿就顺着另一条腿流下来，这是动物在科学家手里受辱的又一个例子）。通过手术把雌性老鼠的卵巢摘除，然后给它们注射睾酮，它们就变得凶狠起来，一方面有雄性喜欢打斗的倾向，同时又表现出典型的雌性性行为。但是给正常雌性注射睾酮的一个结果就是：它们长大之后，雄性老鼠对它们不感兴趣。

血液中的睾酮虽然与雄性动物中的侵略行为紧密相连，但不是唯一影响因素。比如，动物脑子里有一些分子是专门用来抑制侵略倾向的。天生喜好暴力的老鼠比起平和的老鼠，脑子里主管抑制的化学成分较少。如果暴力老鼠脑子里这种化学成分增多，就容易安静下来；如果平和的老鼠脑子里这种化学成分减少，就会变得焦躁。假如你是一只老鼠，忙着观看别的老鼠行凶——例如屠杀其他老鼠——你脑子里的化学抑制成分就会大跌。这意味着你也会变得易于行凶，被抑制的侵略倾向脱缰而出，别人也一样。敌对行为在种群里迅速蔓延，不同个体的表现方式不同。也许这就是在卡尔霍恩的实验里，鼠群中发生的事，由于拥挤在窄小空间里，侵略倾向和绝望情绪像波浪般袭来，在群体中被反应和扩大。暴力是有传染性的。

在海蒂·斯旺森和理查德·舒斯特所做的实验中，老鼠要学习一套复杂的合作任务，按照事先定好的顺序，快速通过一整套楼层板。如果成功，就会得到糖水作为奖励；如果失败，只好困在这间实验房里玩耍。没人教它们该干什么，至少没有直接地教。成功要靠反复尝试。这个实验在雄性老鼠身上做过，也在雌性老鼠、阉割过的雄性老鼠和阉割后注射睾酮的雄性老鼠身上做过。有些老鼠之前一直独自生活。

实验结果如下：雌性和被阉割的雄性老鼠学得很快。正常的和阉割之后注射了睾酮的雄性老鼠学起来相对较慢。以前独居的雄性老鼠学得更慢。几对过去独居的雄性老鼠——不管是带着睾丸的还是阉割之后注射了睾酮的老鼠——什么也学不会。

独居雄性老鼠的结果不难理解：因为独自生活，没有合作经验，在进行一套需要合作的高难度测验时成绩很差。但为什么曾经也独居的雌性老鼠就能通过同一测验呢？答案似乎是：如果你是个独居的雄性，孤家寡人，需要与别人合作来完成一项复杂的任务，睾酮会使你变得愚蠢。每一对独自生活的雄性老鼠，一旦通不过考试，就会凶狠地干仗。相反，以往过集体生活的对照组则能平静下来。

斯旺森和舒斯特得出结论：学习上的缺陷并不是因为侵略行为本身，而是因为等级制度这个环境里的侵略性。那些在仪式般（或者真正的）打斗中惯常的赢家——几乎总是那几个——趾高气扬，毛发竖起，威胁，佯攻，甚至动真格。下属往往卑躬屈膝，眼睛紧闭，要么吓得一动不动，要么隐藏起来。但无论是习惯于趾高气扬还是卑躬屈膝，对体育运动的合作而言都不适合。

合作具有强烈的民主暗示。极端统治和臣服制却没有。它们完全不相容。在这些实验中，雌性会威胁其他动物，且像雄性一样争斗。但是今天的胜者也许是昨天的输家，反之亦然——这一点和雄性不一样。畏缩、惊呆等现象在雌性中比较少见。雌性的侵略作风不会妨碍其社会表现，这一点同样与雄性不同。

展现在我们眼前由睾酮诱发的丰富和复杂的性行为——等级制度、争抢领地等——是雄性为了留下更多后代的一种竞争方式,但不是唯一可行的方式。之前提到自然选择在精子的竞争这个层面所起的作用,以及某些物种的雄性完事之后在雌性阴道中留下一个塞子,以防止别的雄性来讨便宜。而雄性蜻蜓则企图用追溯的方式来废除情敌过去的所为。它从阴茎里伸出像鞭子一样的尖叉,插到雌性留在体内的上一位雄性的精液堆里。拔出来后就把情敌的精液全部带走。比起鸟类和哺乳动物,雄蜻蜓真可谓直截了当——其他雄性动物为了独占至少一位性伴侣,会变得暴力、嫉妒,会威胁、恐吓别人,雄蜻蜓却免了这一大套,它仅需改写一下性伴侣的性史即可。

本章集中讨论了侵略性、统治性和睾酮,因为这些论题似乎相当有助于理解人类行为及其社会制度。还有很多引发不同行为的激素对人类的福祉极其重要,包括雌性身上的雌激素和孕酮。血液中流动的分子稍一聚集,就触发复杂的行为模式,同物种的不同个体会产生不同数量的激素。在判断某些重要事情的时候,比如自由意志、个人责任和法律与秩序,这一事实就值得深思了。

假如波塞冬能更慎重地思考他给凯妮斯的东西,也许事情就不会闹到宙斯那里。如果波塞冬的睾酮少一点儿,或者当时有法律来惩罚犯下强奸罪的神祇,凯妮斯也许就能过上幸福的生活。事实上,凯涅厄斯确实有傲慢自大的毛病,但这是强奸及后遗症所导致的;他犯有对众神不敬之罪,但众神也未对他以礼相待。没有任何迹象表明假如当年波塞冬不去招惹凯妮斯的话,塞萨利的虔诚会打折扣。凯妮斯将会平静地在海滩散着步。

第十三章

变化中的海洋

一切深谷都要填满，

一切山冈都要削平

——《以赛亚书》40:4

它们将跨过变化中的海洋。

————《弥勒授记经》

印度，约公元前 500 年

设想一下,你们这一族极其成功。在漫长的进化过程中,你们高度适应了所处的环境。或许如今你和族人们自我感觉好极了。但往往越适应得好,对基因的重大改变越没有好处——和在磁带上随便改一笔都不太可能让录音变得更好听一个道理。正如不能阻止磁带里的音乐慢慢退化,你也无法阻止有害的基因突变发生,但这些突变在物种中的蔓延是受限的。自然选择会在种群中进行筛选,迅速清除那些没用或作用不大的突变。即使在某些小概率事件中这些突变或许会有点用处,但这不能成为它们逃脱或延缓自然选择的审判的理由。达尔文的自然选择学说就在此时上演。做出即决判决。它辨别着,辨别着,选择的镰刀挥起来了。

现在,试想有变化出现。一个小行星在太空中飞驰,却发现一颗蓝色星球正好在它的轨道上,两球相撞引起的爆炸将足量的微细颗粒喷射到上层大气中,地球随之变得又暗又冷;湖泊被冰封,养育你的草原也枯萎。地球的内部引擎创造了一群新的弧形列岛,火山接二连三爆发,改变了大气成分,以至于更多的温室气体释放到大气中,气候变暖,使得你曾经尽情嬉戏的潮汐池和浅湖开始干涸——又或者冰川形成的冰坝破裂,在原本是一片沙漠的地方形成了内陆海洋。

变化也发生在生物圈中:猎物更善于伪装或自卫;天敌更精于捕猎;或许你对一种新的微生物菌株抵抗力很差;又或许你常吃的植物进化出某种致病毒素。还有可能出现一连串的变化——一个相对细小的生理改变,就能导致几个直接相关的物种的适应或者灭亡,并随着食物链的上下蔓延产生进一步的生物学改变。

现在世界已经变了,曾经极其成功的物种被边缘化。一些罕见的突变或现有基因的组合(可能性不大)或许更具适应性。当年被唾弃的遗传信息如今受到英雄般的欢迎。这再次提醒我们基因突变和性的价值。抑或在这个紧要关头,再没什么更有用的新基因信息偶然产生,于是这一物种便继续沉沦下去。

世上不存在全能的有机体。吸入氧气能让你更高效地从食物中提取能量;但氧气对于有机分子来说是毒药,因此让有机分子处理日常的有氧活动未免代价昂贵。松鸡长着一身白色的羽毛,在北极雪原上是极好的伪装。但这样一来,松鸡吸收的阳光也更少,对机体体温调节系统的要求就更高。孔雀那令人惊叹的尾巴让异性神魂颠倒,但也给狐狸打出了显眼的午餐广告。镰状红细胞贫血症患者由于本身的特性,能够抵抗疟疾,但它也会让镰状红细胞贫血症患者的体质削弱。这些都证明每一种适应的存在都是一场利弊的权衡。

想象一下,有没有一种交通工具既能上天又能入地还能下海?如果真造出这样的机器,肯定干什么都不好使。在野外行驶的用越野车;钻到水里的用潜水艇;上天还得靠飞机。三种交通工具的存在是有道理的,尽管外形乍看有几分相似,本质却完全不同。即使是所谓的飞船,也既不适合航行,也不适合飞翔。

在鸟类中,不管是像企鹅一样的游泳健将,还是如鸵鸟一般的跑步高手,都容易失去飞翔的能力。游泳或跑步的技术要求往往与飞行相悖。面对这样的选择,大多数物种都会在自然选择的推动下做出取舍。那些奢望鱼与熊掌兼得的物种都逐渐淡出了历史舞台。进化场上,最忌讳万金油。

话说回来,如果一个物种进化得太过专业化,只精通某一个领域,往往也会灭绝;它们面对的是浮士德式的交易、浮士德式的危险——用长期的生存换取短暂而辉煌的职业生涯。如果环境变了,它们的命运又将如何呢?它们会像钢铁容器时代的木桶匠,像汽车时代的铁匠和马夫,像袖珍计算器时代的算盘商——过分专业化的人才,可能会在一夜之间过时。

在橄榄球赛中,准备接后场传球时,紧紧盯住球的同时还得留意对方防守队员。接球是你的短期目标,之后的带球跑是长期目标。如果只关心如何绕过防守,可能就会忽略接球;只专注于接球,可能会在接球后被对方撞倒,无论如何都有接球失误的风险。因此在短期和长期目标之间需要做出一定程度的妥协。二者的最佳配比取决于得分、剩余时间及对方防守球员的实力等。对于任何给定的情况,都存在至少一种最佳配比。作为一名职业球员,你要意识到这份工作远不止接球和跑位那么简单,相反,你须养成快速评估风险和潜在收益并且能平衡短期与长期目标的习惯才行。

每一场比赛都需要这样的评估能力，它很大程度上构成了体育运动激动人心的魅力。日常生活中我们也需要做类似的评估。它们是进化的核心问题，也是争论的焦点。

过度专业化的危险在于，一旦环境发生改变，个体就会陷入困境。如果你对现在所处的环境适应得很好，那从长远来看，可能就不会有什么好下场。如果你把所有的时间都花在应对未来的危机上——其中大部分都很遥远——那短时间内可能就不会有什么好日子过。自然界让生命陷入了两难境地，在短期与长期目标之间找到最完美的平衡，在过分专业化和过分普通化之间找到中间道路。无论基因还是有机生物都不知道将来是什么样子，什么有用什么没用，这一问题变得更复杂了。

基因时不时会突变。由于环境在改变，一个新的基因偶尔会让其载体获得更好的生存手段。它现在更加适合其所在的环境了。这种适应的价值就在于提高为种族留下更多成活后代的能力。如果一个特定的突变，提高了载体百分之一的生存能力，在大致经过一千代之后，这种突变在一个大的自由杂交的群体中就会被绝大多数的成员所接纳——对于某些长寿的大型动物，不过几万年时间而已。但是如果类似益处甚微的突变很少发生，或者几个基因不可思议地同时突变，还必须朝着同一个方向突变方能适应新的条件，这又将怎样？结果是这个群体将走向灭亡。

有没有什么进化策略可以让个体和物种逃脱这种陷阱，不走过度专业化或过度一般化的极端？遗憾的是，在特大环境灾难面前，可能没有这样的策略。恐龙的演化程度已经那样令人印象深刻，仍没能在6500万年前的大灭绝中幸存下来。有几种方式可以应对快速但并非毁灭性的环境变化。之前谈到，有性繁殖优点明显，因为基因重组极大地增加了整体的基因多样性；相较于过度专业化，广泛且异源裨益良多；种群分裂成若干相互独立的亚种群同样很有益处。人口遗传学家休厄尔·赖特（1987年逝世，享年近百岁）首次明确这一点。下面要说的是一个复杂问题的简化模型，其中某些部分仍存争议。即使只是一个假设，它对于哺乳动物，尤其是灵长类动物而言，仍极具说服力。

基因如何应对变化

基因这一以 DNA 的 ACGT 字母写成的指令手册正在发生突变。一些位居编码要职的基因，如酶的功能区，其变化很缓慢。事实上，在数千万年甚至数亿年的时间里，它们可能根本不会发生变化——因为这些变化对某些分子机床的工作几乎是有百害而无一利。有这种突变基因的生物体会死亡（或留下更少的后代），而且突变往往不会遗传给后代。对于有害的基因突变，自然选择自会将其淘汰。其他无害突变——比如发生在未转录的无意义序列中，在涉及分子机床定位的结构序列中，或将其覆盖在某个分子伴侣上——则可以迅速传播给后代，因为携带新突变的有机体不会被自然选择淘汰：在结构元素的代码中，As、Cs、Gs 和 Ts 的特定序列几乎无关紧要，我们需要的是占位符，也就是任何可以编码出"把手"形状的序列，至于"把手"是由哪种氨基酸组成的并不重要。而经常被忽略的那些 ACGT 序列中的变化，一般也不会造成任何损害。偶尔一个有机体中了大奖，一个有利突变会在相对较少的几代中泽被整个种群，但总体而言，由于突变很少发生，基因变化的速度非常缓慢。

有一些基因几乎被种群里所有成员携带；另一些仅仅出现在种群中很少的成员里。但即使是非常有用的基因也不会被每个个体携带，要么因为基因是新的，没有足够多的时间让它传遍整个种群；要么因为总是有新的突变去改变或消除一个既定基因，对有利基因也不例外。如果缺失的某个有用基因并非致命，那么在足够大的种群中总会有一些生物体缺失这种基因。一般来说，任何特定的基因都是在整个种群中分散分布的：有些个体有，有些没有。如果把种群分成更小、相互独立的群体，携带特定基因的个体的比例将因群体而异。

在一种典型的"高等"哺乳动物体内，大约有一万个活跃的基因。它们中的任何一个都可能因个体和群体而异，有些会暂时或永远地消失；有些是全新的，在种群中迅速蔓延；而大多数都是既有的。任何特定的基因（无论是在狼、人或任何我们知道的哺乳动物种群中）能发挥多大作用都取决于环境，而环境时刻在变。

让我们从那一万个基因中挑一个。它也许是增加睾酮分泌的基因，也可能是任何其他的基因。某个基因占全部等位基因的比率被称为基因频率。

想象某个物种内存在互相独立的种群。也许是一群猴子，生活在相邻的、几乎相同的山谷中，被不可逾越的山脉隔开。无论两个族群的生存概率或留下后代的概率有多大差异，都与其生活的物质环境无关。

并非所有的基因频率值都具有同样的适应性。相反，在种群中有一个最佳频率。如果基因频率太低，可能猴子在防御捕食者时不够警惕；如果太高，可能会在等级制度的搏斗中互相残杀。在其他条件相同的情况下，当两个独立的群体拥有不同的活跃基因群时，其成员将具有不同的达尔文适应度。

但是这种基因的最佳频率取决于其他基因的最佳频率，以及该猴群必须生活在多变环境中。最佳频率可能不止一个，要看具体情况。这个道理同样适用于那一万个基因——其最佳频率相互依赖，随着环境变化而变化。例如，如果一种增加睾酮分泌的基因的频率较高，那么它可能有助于对付捕食者等敌对群体，但前提是在自己群体之内维护和平的基因也要足够丰富。诸如此类，最佳的频率是不同基因相互影响而成。

因此，一组曾经让群体如鱼得水的基因频率现在可能成为明显的劣势；曾经只是收益甚微的基因频率现在或成生存的关键。这是多么令人不安的生存概念啊：就在你与环境已经天衣无缝、完全和谐相处时，生存环境突然变得让你如履薄冰。可行的话，早该设法从所谓的最佳适应性中脱离——这是万能、完美的大自然通过选择的方式精心设计的一种"失宠"行为。"过度专业化"一词的含义变得明晰。从人类的日常经验中清楚得知，这是一种特权阶层不愿意接受的策略。在短线和长线的经典对抗中，短线往往会获胜——尤其是当未来无法预测时。

是的，它们缺乏远见。但它们怎么知道呢？这需要大量猴子来预测未来的地质或生态变化。人类，以我们的智慧应该能比猴子对未来拥有更准确的预判，却仍难以做到，更不用说根据那点儿所谓的知识采取行动了。不管是军事行动的方案、依附政客的计谋、公司盈利的策略，还是全国上下对全球环境挑战的反应，占上风的永远是短期思维或做法。人类是如此草率，想要事先采取预防措施确保有最优基因频率以应对未来的某些挑战——而大家连这一点事实尚完全不了解——实在是不可能了。进而不得不承认进化进程有缺陷，生命在某些情况下难免会处于困境。

什么东西可能导致不同种群的基因频率漂变到次优值？假设突变率上升是因为环境中出现了新的化学物质（来自地球内部），或者宇宙射线流量增加（可能来自银河系的某个爆炸恒星）。然后，基因频率在隔离群体多样化。你甚至能偶然得到一个最佳频率的总体。但是这种情况极其稀少。巨大的变化更可能是致命的。所以变异率的增长主要是把基因频率中的变化分散开，但是又不可以太多。

通过突变和选择，种群总是随着环境的变化，朝着最佳适应的方向努力。如果外部条件变化足够慢，种群可能接近最佳适应。基因频率总要慢半拍。在不断变化的物理和生物环境中，这种由突变和自然选择驱动的渐进运动正是达尔文所概述的进化过程；而赖特提出的连续不断的变化基因频率只是自然选择的暗喻罢了。

人类的近亲繁殖

迄今为止，我们讨论的每一个独立的亚种群都很大，可能包括数千甚至更多个体。但赖特假想的关键步骤是：考虑一个不超过几十个人的小群体。它们倾向于近亲繁殖。几代之后，除了亲戚，还有谁可以与之交配？所以在考虑小种群的进化前景之前，先看看近亲繁殖。

人类文化十分多样。在某些文化里，性行为须私密，吃喝很公开，而在某些文化里则正好相反；有的文化中，晚辈和长辈住在一起，另一些地方则出现晚辈遗弃甚至吃掉长辈的现象；有些学校制定了连蹒跚学步的孩子都必须遵守的严格规则，有些学校让孩子想做什么就做什么；对待死者，有些地方会选择埋葬，有些地方会选择焚烧，有些地方则选择将其放在野外任鸟吃；有些地方用贝壳做货币，有些地方用金属，有些地方则用纸，还有些地方根本不用货币；有些人不信神，有些人只信一个神，有些人信很多神。但所有文化都憎恶乱伦。

避免乱伦是人类文化惊人的多样性中少数不变的共同特征之一。不过，有时统治阶级（还能是谁?）也有例外。因为国王是神（至少也接近了），因此只有其姊妹才足够高贵，才配做配偶。玛雅和埃及的皇室，一代又一代都是近亲结婚，兄弟娶姐妹——据说，与外人发生性关系（当然不会被认可，也不会留下记录）减轻了这一行为的害处。活下来的后代似乎并不明显地比普通的国王或者女王蠢笨。埃及女王克里奥帕特拉——从官方记录来看，是祖先连续许多代乱伦交配的结果——无论用什么标准来看都才能出众。历史学家普卢塔克虽然没说她有多么美艳无比，但是

> 只要她在场，你就无法抗拒。她散发出迷人的魅力，她的一言一行、一颦一笑无不让人销魂，她的声音宛若琴音婉转多情让人痴迷。她可以在多种语言间切换自如，和野蛮人打交道，她几乎不需要翻译。

她不仅精通埃及语、希腊语、拉丁语和马其顿语、希伯来语、阿拉伯语，还会讲埃塞俄比亚人、叙利亚人、米底人、帕尔提亚人的语言，"以及更多"。她被形容为"除了汉尼拔之外唯一能让罗马害怕的人"。她生育了几个非常健康的孩子——虽然父亲并不是她的兄弟。其中之一是托勒密十五世恺撒，他是尤利乌斯·恺撒的儿子，是埃及正式的国王（直到十七岁那年被罗马帝国未来的大帝屋大维杀害）。尽管她的父母是近亲，克里奥帕特拉似乎没有任何明显的生理和智力缺陷。

然而，近亲繁殖产生的基因缺陷是有统计学意义的，这种缺陷主要会造成婴儿和青少年的死亡（我们没有关于玛雅和埃及王室死婴或在婴儿期被处死的情况的可信记录）。在许多动物和植物群体中（不是所有），有相当多

的证据支持。即使在有性繁殖的微生物中,乱伦也会导致幼体的死亡显著增加。在动物园的近亲交配中,40种不同的哺乳动物后代的死亡率急剧上升,尽管有些动物比其他动物更容易近亲交配。雄果蝇连续地和姊妹交配,只有少数的后代在第7代存活下来。狒狒表亲之间的交配会导致婴儿在出生的第一个月内死亡,这比父母不是近亲的死亡概率高出30%。大多数正常的近亲繁殖植物,例如玉米,在持续的近亲繁殖中会恶化,变得更小、更瘦、更枯萎。这就是我们搞杂交玉米的原因。达尔文首先指出,许多植物同时具有雄性和雌性部分,但它们不能轻易地与自己发生性关系(这种终极乱伦禁忌被称为自交不亲和)。许多动物(包括灵长目动物)都忌讳近亲交配。

纯种狗容易出现畸形和残疾。生物学家约翰·保罗·斯科特和约翰·L.富勒对五种狗进行了繁殖实验,即人工选择:

> 我们的实验选用优良种畜,它们的祖上得冠的不在少数。将这些动物与它们的近亲繁殖一到两代时,发现每个品种都有严重的缺陷。
>
> ……可卡犬的选择总是倾向前额宽阔、眼睛突出、发音"停止"或鼻子和前额之间有角度的个体。解剖检查这些动物的大脑发现它们表现出了轻微的脑积水,即在选择头骨形状时,饲养者们意外地选择了一些有大脑缺陷的个体。除此之外,在大多数品系中,即使在近乎理想的照料条件下,也只有大约50%的母犬能够养育正常、健康的幼崽。

在其他犬种中,这种缺陷相当常见。

在有限的现代人类乱伦的数据中也发现了类似的遗传缺陷。第一代表亲结婚导致的婴儿死亡率仅上升60%。但在20世纪60年代中期密歇根的一项研究里,将18个兄妹和父女乱伦生下的孩子与对照组的非乱伦交配的孩子进行比较,大多数乱伦生下的孩子(十八个中有十一个)在出生后的6个月内死亡,或表现出严重的缺陷——包括严重的智力迟钝——而在父母或他们的家庭中没有发现这种缺陷的家族史。其余的孩子似乎在智力和其他方面都很正常,被推荐收养。对照组无一例死亡或送福利院。与其他动物乱伦相比,人类的这些死亡率和发病率似乎很高,这或许和科学家在人类乱伦行为及后果方面投入更多研究有关。

反复近亲繁殖的危险似乎如此明显,可以有把握地得出结论:未经批准的性行为,即埃及王室成员与外人孕育,一定在克利奥帕特拉的直系祖先中发生了。近亲婚姻,经过几代人就会导致死亡,不死至少也诞生不了这位历史传闻中的埃及艳后。但是一代异交可以发挥很大的作用,来抵消以前近亲繁殖的害处。

对非常小的群体而言,近亲繁殖是一种特别危险的现象,因为在这些群体中,近亲繁殖很难避免。如果一个新的非致命突变发生在某个个体中,它要么消失(比如,其携带者没有后代),要么几代之后就会出现在几乎所有的个体中,即使它有一点不适应。这就是为什么现在大多数男性的睾酮偏高;冲突以及由此导致的负面后果不断给社会造成危害;不少青少年未得到应有的照顾。人类已经偏离了最佳适应;如果近亲繁殖普遍化,可能人类会绝后。

假如近亲繁殖不那么危险,你也许会认为小群体会导致基因频率发生一系列变化,一开始并不具有适应性,但是将来某个时候就会产生适应性。如果群体很小,新的变异或者基因编码中新的字母和序列的组合在几代之后就能在整个群体中繁衍开来。自然界不停进行着新的随机实验,这些实验在大规模群体中难以实现。实验结果证明,群体总会从最佳的适应状态迅速偏移。但是相对稀有的基因或者基因组合可以在小群体中迅速实行,快速覆盖可能的基因频率范围。

这些被描述为"抽样的意外",这在小群体中比在大群体中有更深远的影响。假设你在抛硬币:在一次试验或抛硬币中得到正面的概率显然是50%。硬币只有一个正面和一个反面,不是这边就是那边。如果投掷两次,所有可能的结果包含两个都是反面,一正一反,一反一正,或者两个都是正面。所以连续得到两个都是正面的概率是 1/4(即 $1/2 \times 1/2$,或者说 $1/2^2$)。抛三次后,全部是正面的机会是 1/8(即 $1/2 \times 1/2 \times 1/2$,或者说 $1/2^3$)。当抛

10次时,全部都是正面的机会大约是(因为 $2^{10} = 1024$)。(如果你试一次就看到这样的结果,就会觉得有不可思议的运气)。但是当抛 100 次时,全部都是正面的概率是万万亿分之一(2^{100} 大约等于 10^{30})——等于永远不可能。

在小群体中抽样的随意性不可避免,而在大的群体中它就不存在。如果测验全国民意,只抽查三个人,那么没人会相信所得的结果——也就是说,只调查三个人,就没有理由相信这三个人充分代表了大多数公民的意见。被抽查的人完全因为偶然的原因,可能是个自由主义者或者素食主义者、托洛茨基分子或者勒德分子、埃及基督徒或者怀疑论者——大家都有各自有趣的观点,但没一个能反映大多数人的意见。设想把这三个人的意见放大,使其成为美国整个人口的意见;如此一来,全国的态度和政治就会发生重大变化。一个大的群体当中有几个个体建立起一种崭新的孤立的共同体,同样的情况也发生在基因上。

样本数很小时会发生抽样意外。在许多选举中,民意调查人员随机抽取 500 或 1000 人作为样本,结果总能证明他们的观点确实能代表整个国家[1]。这 500 或 1000 个真实的随机抽样样本反应的结果能精确到几个百分点(所期望的变动值用平方根表示)。假如你抽查一大群随意选择的人口,可以更可靠地得出平均值[2];假如你抽查的人数很少,结果可能只代表非典型和边缘的意见。民意调查人员很乐意少抽查几个人,毕竟可以省钱。但是他们不敢——因为误差将会非常大,所得到的意见将完全不具代表性。

和民意调查一样,基因也是如此:抽查的样本太少,其结果与平均值的偏差[3]就较大。在相互独立的小的群体中,可对许多组不同的基因频率进行实验——多数都不适应,但有几个意外地为未来做好了准备,即遗传漂变。

假设你叫狄奥多西·杜布赞斯基,住在纽约。尽管你有十个儿子,只要还住在这个大城市,人们就总会觉得你的名字"稀奇古怪"。如果把家搬到

1　除非调查结果过于丢人,不敢示人。

2　同上。

3　"deviant"(偏差)一词总是给人以贬义之感,其本意不过是指与平均值的差别。这种贬义反映了无法避免的社会压力——世界上几乎所有社会里,人们都力图融入主流。"egregious"意为"极坏的",来自拉丁语,意为脱离畜群。我们再一次看到,"异"即是"坏"——短期来看,对适应良好的族群也说得通;但长期来看,在变化的环境中,这种认知十分危险。

小县城,养育很多子孙,杜布赞斯基最终将会成为一个普通的、不起眼的姓氏。另外,住在纽约城,杜布赞斯基家族特殊的遗传倾向只会影响人口中极其微小的一部分;而在小镇,几代人过后,就可能变成小镇市民中一个重要的基因特征。

有没有一种方法,既可以保存小群体中天生的抽查的随机性,又能避免乱伦本身引起的缓慢的人口质量恶化? 假设每一个群体中很多都是近亲繁殖,偶尔发生一代异交。来自基本隔离的不同亚种群的个体偶尔会找到彼此并交配,这足以减轻乱伦带来的更严重的遗传后果。通过遗传漂变,在每个亚群体中建立不同的基因群。每个小团体都有不同的遗传倾向,因此,它们不会在现实情况下都具有最佳的适应性。环境变化了,它们未必随之变化。因为不处在最佳的适应状态,它们的生活会变得艰难困苦。哪一组的生活都没有以前好。许多群体会死光。可是,此刻当环境危机出现的时候,有几组较小的群体偶然发现自己的处境比较优越,事先对此有了适应的预备。

关键在于将小群体抽样的偶然性(这样至少有一个群体会幸运地为下一次环境危机做好准备)与大群体的稳定性(一旦出现新的、令人满意的适应,就会传播到大量群体中) 结合起来。因为拥有最新、最优基因频率的幸运群体,也与其他群体有遗传联系,它新的适应性基因得以传递。其他群体获得了新的能力、新的综合性状、新的适应性,与此同时,也避免了近亲繁殖的最危险的后果。

这是一个试错机制。通过这个机制,一个大群体可以探索多种基因频率混合的可能。当曾经帮助我们成功生存的适应性基因到现在变得无足轻重时,我们就有了出路。休厄尔·赖特提出的解决方案是将一个物种划分为许多非常小的、非常近交的种群,允许种群之间偶尔发生杂交。它避免了过度专业化和过度普通化这两个陷阱。由于在小的、半隔离的群体中进化步伐发生得较快,因此中等大小的群体在发展过程中化石记录相对贫乏的问题(此问题曾经困扰达尔文)也就容易解释了。

群体里的生存策略

作为一种有意识的全物种进化政策，没有一个群体会主动将自己划分成许多小种群，放大基因取样的差异性，同时能够避免更明目张胆的乱伦形式。但是，就像进化过程中经常发生的那样，任何不经意间做出适当安排的物种都会优先繁殖。在浩瀚的自然历史长河中，人们进行了足够多的进化实验，出现了一些不可能的适应性——比如群体规模，或者近亲繁殖与远亲交配之间的平衡的制度化。这里我们讨论的是一种保证持续进化的机制，一种二级进化或元进化的发展。

如果你是物种中的一员，能通过自然选择做出基因漂变的安排，那么在种群内会是什么感觉？你会喜欢小团体生活，讨厌拥挤的人群。因此为了在适当的时间范围内进行偶然抽样，小组不得超过 100 或 200 人——根据赖特的说法，最好只有几十个成员。6~8 人甚至更小的群体往往是不稳定的，太容易被捕食者、洪水或疾病消灭，这是抽样事故的另一个例子。在小组内你会产生一种对群体的狂热忠诚，类似于强烈的家庭感情、超爱国主义、沙文主义、民族中心主义。（特别是因为团队中的大多数成员都是近亲，你需要在必要时为他们做出利他或英勇行为。）你还需要避免和其他小组合并，因为太大的群体会抑制抽样意外的发生。如果你对其他群体怀有强烈的敌意，对他们的缺陷有一种抵抗排外的感觉，比如仇外或沙文主义，将是有益的。

同物种的其他个体组成了另外的群体，他们看起来几乎和你一模一样。为了煽动仇外情绪，你必须仔细审视它们，重视任何可以察觉的差异。他们有略微不同的遗传和饮食，所以他们闻起来和你不太一样。如果你的嗅觉能力足够好，它们的气味也许会让你觉得对方怪异、可恨、可憎。

假如你能建立某种区别更好。如果找不到着装和语言上的差异（比如当时还没有发明语言），那么行为、姿势或发声上的差异就会有所帮助。任何能将你的种群与其他种群区分开来的东西，都可能让你的仇恨居高不下，坚决抵制合并。对别的群体当然也会抱有同样的敌意。群体和群体之间的非遗传性差异虽然与适应环境的能力联系不大，但却有助于保持群体的独立性，这种凝聚力被统称为文化。在最基本的层面上，许多动物都有自己文化的多样性，有助于保存自己的遗传漂变。

同时，有必要避免过多的近亲繁殖，也要确保哪怕是偶尔的远亲交配是必需的。于是你会对乱伦感到厌恶，至少对近亲交配感到厌恶。只要有可能，这种反感会通过你模仿同伴的反感以及通过文化得到进一步加强。乱伦禁忌将会出现（如果人口减少到只有少数幸存者，该禁忌可能会放松）。远亲交配可能会被官方禁止——比如在人类里，年轻男子会攻击其他群体的男性（即使对方只是偶然来到附近），或者父亲哀悼与外国人私奔的女儿（就像女儿已死了似的）。但是，尽管普遍存在种族中心主义和仇外情绪，偶尔仍会发现敌对群体的成员莫名其妙地有吸引力，偷偷摸摸地交配时有发生（这或多或少就是《罗密欧与朱丽叶》、鲁道夫·瓦伦蒂诺的《酋长》以及大量关于女性的浪漫书籍的主题）。

简而言之，一个有希望的生存策略是：分成小团体，鼓励种族中心主义和仇外心理，偶尔屈服于来自敌人家族的儿女的性诱惑。设计你自己的文化：你的物种在学习方面能力越强，你这个群体和另一个群体之间的差异就越大。行为差异最终导致基因的差异，反之亦然。不完全的孤立——既能疏远又能和别的族群来点性的放纵，只要恰到好处，就能产生基因的多样性。而基因多样性就是大自然选择的原始动力。

小的半隔离群体成为大群体的子结构、仇外心理、种族中心主义、领土意识、避免乱伦、偶尔远亲交配、离开最成功的群体……所有这一切的背后似乎存在某个因素，它潜伏于人口遗传学和进化论的核心。这些机制尤其适用于那些在生物或生理上迅速变化的环境中生存的物种。古细菌、蚂蚁和马蹄蟹都不算，鸟类和哺乳动物才属于这一类。所以，今后当你听到又有人疯狂地煽动群众憎恨某个民族时（明明人类的不同民族皆大同小异），你就能一瞬间看出门道：他正在听从一个古老的、曾经泽被人类种族的呼唤——不管它在今天可能有多么危险、过时、不当。

如何安排基因频率以快速应对多变的环境？目前已经找到了解决方案。这个解决方案似乎非常熟悉。经历了一段人口遗传学和基因频率的抽象的旅程，我们拐一个弯，突然发现大家正在凝视的东西看起来很像……我们自己。

第十四章

虚构的故事——黑帮

　　面对模糊的自己的副本，再没脑子的人也会受到冲击。也许并不是憎恶这幅看起来有点侮辱自己的漫画，而是因为突然觉醒：那些久经考验的深奥理论、关于自己在自然界的地位的偏见、今生与来生的关联——这些长久以来深信不疑的观念，如今无法再相信。对没头脑的人来说只是朦胧的疑问，变成一场巨大的争论，伴随着深刻的后果，尤其是对那些熟悉科学最新进展的人。

——赫胥黎
《人类在自然界的位置》

他是大哥,受人尊重。他一走过,众人就会鞠躬伸手,大哥一般也会握手,一只接一只。这种感觉特好。当他直视我,我觉得自己愿意为他做任何事。他盯着我的眼睛时,我真的有点儿破防了,这种感觉真棒,我只能低下头看着自己的脚。

他爱我爱得发疯。大哥,他一看见我就想和我在一起。事实上,只要动的东西他都有占有的欲望。跟他你不能玩"我现在心情不好"或者"我头疼"那一套——你只会挨揍,他照样得到想要的。忘了那一套吧。你最终总是得屈服。所以,他想怎样你便让他怎样。幸运的是,我还真喜欢和大哥在一起。谁不喜欢呢?总之,他不在乎我在自己自主的时间内干什么,只要我别让别人弄大肚子。

有些家伙,他们得不到别人的尊敬,跟他们做没什么乐趣,可又不得不做。他们摆出那副嘴脸后,如果不赶快过去,就打你一个半死。那些家伙感兴趣的就这事。有一次,大哥出门了,我不肯做,这家伙就抄起一块大石头。那石头大极了。他要动真格的,我只能让他得手。他们都是这个样子,如果不赶快过去,他们就急。那些小伙子,他们自觉了不起,自以为是个人物。他们觉得想要谁就能得到谁。

如果大哥在,有时候会让他们一马,有时候不让。他出差或不在近旁时,我们会给喜欢的家伙们一点甜头。说不定他们中的哪个人某天就升上去了,成为新的大哥。可是,大哥盯着的时候,只要他不准,对这些男孩我们连瞟都不瞟一眼。我们知道该干什么。我们知道自己的位置。

男人需要经常安抚。有时候他们只需要哄一哄,亲一亲;有时候需要更多。完事之后,脾气就不那么坏。你只要随叫随到,这些家伙对你就好,懂我的意思吗?在生孩子之前,我可以跟十个、十五个家伙做,一个接一个。他们都急不可待地想爬到我身上。

大哥,他有时会失控,这时我只需抚摸他一会儿,他好像就会忘记为什么发火、心烦了。大哥真的对我很好。有一次,我的孩子看见我们做爱,想要阻止我们。他爬上来,用小拳头捶大哥。大哥根本不还手。他觉得这事儿很有趣,他不伤害我的孩子,也不伤害我。

巴迪和斜眼，他俩也很受尊敬，虽然比不上大哥，但也差不多。斜眼是大哥的弟弟。他对我也有兴趣。斜眼夜晚会出去巡逻，走很远，巡逻我们地盘四周。在我们地盘旁边有另一群人，他们是外地人。有时候他们会突然袭击。我们不喜欢外地人，我们伙计一看见外地人就发狂。外地人来我们这儿，就等着倒霉吧。我们逮着他们，就把他们大卸八块儿。我们的巡逻队，在外边保护我们和孩子。保护我们不受外乡人侵犯。

有一次，大家都很紧张，甚至能嗅到麻烦的气味。我和孩子们都很害怕，紧紧抱在一起。外地人跑来横冲直撞，寻衅滋事。真是胡作非为。好了，瞧大哥收拾他们。他毫不留情。巴迪和斜眼还没来得及出手帮忙，大哥就把他们收拾了。这些外地人，他们跑得真快。如果再多待一会儿，他们就死定了。尘埃未定，他们就过来了——大哥、巴迪和斜眼来看我和孩子，以及其他人。他们确定我们不害怕了。大哥把手搭在我的肩膀上。他摸摸我的脸，亲了亲我。大哥这人不错。

— — — — — — — — — — — —

我和其他男人一样，喜欢妞儿。但是我真正喜欢的还是打架。巡逻务必谨慎。外地人藏在各个角落里。晚上什么事都可能发生。夜晚是最兴奋的时候。

我们抓到几个外地人，大伙都受够了。一次，斜眼碰到了一个外地妈妈抱着小孩。他一把抓着小崽子的腿，把他的脑袋摔到石头上。这下看外地人还敢不敢来找麻烦。几天后，我又看见那个女人，非常惨，抱着死去的小孩，仿佛他还活着似的。可世上的事就是这样，外地人敢来我们的地盘捣乱，就是罪有应得。

大哥他已经不再去巡逻了。以前大哥还没接手的时候，他、我和斜眼一块儿去巡逻。那才叫过瘾。那些外地人，他们跑来偷我们的地盘儿，搞我们的女人。我们中有些女的，那些年轻人，她们不太在乎——她们喜欢跟外地人来个"快餐"。我们是男人，我们在乎。外地人，他们和我们不一样。我们一不留神，他们就会把我们一个一个收拾掉。

他们动作快，静悄悄的。如果抓不住他们，就向他们扔石头。我石头投得很准。我会跑到高处，他们瞧不见我。我就用石头把他们打翻，打瘫。我能伤到他们，他们伤不着我。这些外地人，他们最好别跟我过不去。

可是你得非常小心。大领导，就是大哥以前的那一位，有一次外出追杀外地人。他一走，有些哥们儿就缠上他的女朋友了——你知道，就是他带去度蜜月的那位。他们把她拉进树丛里。这女的不在乎。领导回来后，就再也得不到哥们儿们以前对他的那种尊敬了。当你真正喜欢上一个人时，往往会把你陷入麻烦当中。特别是你想当领导的话。不过他的结果也不赖。大哥接手以后，大领导每天都沉迷女色。他头发都变白了，可是挺高兴。

有时候，一个外地女人，会跑来挑逗，又年轻又性感，来寻点儿刺激——真是个极品妞儿，懂不？我自己吧，与其杀了她们，还不如享受享受。可有些哥们儿，他们昏了头。我们这儿不喜欢外地人。可是，有时候外地女人会把某个哥们儿搞得晕头转向，不知不觉，就把这个女人弄到我们团伙里了。

在我们团伙里，每个人都知道自己的位置，特别是女的。让她们干什么就得干什么。有时候，她们是假装不愿意，可我知道她们真想要什么。有时候你得敲打敲打她们。一般来说，你给她们一个眼色，她们立马就扭着屁股，一脸淫笑，目光直视，嘴里哼哼唧唧。大多数时间，她们会求你。

我们这群人，没人会不尊重大哥。我们对他表示敬重。所以，让他随便呵斥我们。这不是真的，只是演戏。我们拍大哥的马屁。我的地位很高，但是在这事儿上，我并不比别人优先。他是我的领导。如果哪个年轻人很嚣张不想尊敬他，他最好改变主意，要不小命不长。

大哥，他真了不起。我亲眼看他一个人打败两个、三个，甚至好多个外地人。有一次，他救起一个掉入水中的小孩，那个小孩本来肯定会淹死的。大哥，他真有胆儿。

除了大哥就是我说了算。我地位很高。除了大哥，几乎没人能动我。当然我也时不时地需要其他哥们儿帮忙。我花好多时间摩挲他们。这是应该的。你看我小弟不得不让一些哥们儿占他便宜的时候就明白了。有时候如果大哥发火了,你得低声下气让他静下来。有时候这都不好使。你只是告诉他你很冷静镇定。

如果不缺吃的,周边又没有外地人,大家会很放松。伙计们的精神松懈下来。中午过后,你知道,大伙都有点困了,就打个盹儿。这会儿没有麻烦。可是,太静的话,就会待不住,想出去巡逻。

我是从下面一路打拼上来的。二把手不是随随便便就能当的。刚开始,我还小,没人拿我当回事。那时候,我急需被人尊重。长大后,先是另一些小伙子,之后他们的妈妈和姐妹开始敬重我。以后是所有女的。然后我开始和哥儿们一起干,往上爬。很艰难。有时候我得跟他们要饭吃,特别是肉。有时他们给我一小块,我抓起所有的,撒腿就跑。真的把他们惹恼了。那时候很不容易。现在不一样。现在,大伙都敬重我。连斜眼也是,有的时候,大哥也敬重我。

我俩相处得不错。我帮他,他帮我。他为我挠背,我为他挠背,明白我的意思吗?我跟他走得很近,除了斜眼之外就数我和他近。可是,有一次他跟我翻脸了,嫌我对他尊敬不够。他觉得该教教我做人。我们大打出手。其他哥儿们也加了进来。干架的人越来越多。更多的哥儿们动起手。也许为了帮兄弟的忙,也许他们对大哥和我打架感到紧张。动手的哥儿们向观战的哥儿们求救。很快所有的人都加了进来。

可是大哥,他谁也不看就盯住我。他把我狠揍了一顿。然后,他让大家都冷静下来了。我还真佩服他。他的表现真是个领导的样子。可他到底是当着大家的面把我打了。总有一天我会收拾他的。他对我一直不错,但是我想甩开他。总有一天我会跟他不客气。

现在,大哥、斜眼和我,我们还是得团结。有些年轻伙计有一点不耐烦了。他们想和我们较量一下。我知道这些家伙是什么东西。他们当着我们的面就会拍马屁,表示尊敬。可是内心里想的是"操你妈的"。他们心想"很快就是我的天下了"。这个嘛,我的天下可比你们的先来。

有件事就是大哥也不能掺和。那就是我的孩子。这是我的底线，谁也不能碰我孩子。我们一块出去找东西吃的时候，我看见孩子抬头望着我，就知道我宁可死也不准任何人伤害他。我知道他也这么想。当族群里的男人们——甚至最高层的那几个——威胁我的时候，孩子会跑来要保护我。他们为此很敬重他。当然，和这儿所有的小孩一样，他的所有就是他的妈妈。我如果不保护他，谁保护？他小时候乱吃东西，结果生病了。我得管着他，告诉他什么东西可以吃。那时候他真的需要我。他现在仍然需要我，也许他不以为然。有的时候，有的同伴会临时帮我照看他，他们好像喜欢他。但是对这些男人你不能放心。

有的时候，男的会发神经，无缘无故把孩子打死，就因为孩子在身旁。一个男的，非常讨厌，因为被首领打了，就跑去欺负别人，欺负那些弱者——女人、孩子。男的一发脾气对谁都不好——特别是对女人和孩子。你要想尽办法让他们平静下来。

过去，我姐姐有个孩子，可能是得了啥怪病。突然间，他的腿就不能动了。他没法走路，只好用手爬。他看上去很古怪。一开始，大伙儿会把脸转开。同伴们都不再来临时帮助照看他。后来他们开始折腾他，打他，然后就把他弄死了，拧断了他的脖子。我为姐姐感到哀伤。

我的孩子，他活着就是要加入我的族群，得到尊敬，跟着去巡逻。他现在还太小，但他终究会有机会的。为了大哥能拍拍他，他会为大哥做任何事情。我也一样。大哥摸摸我的手，我就高兴得不得了。

他能让年轻同伴们停止打架。他有那种眼神，似乎在说，"操你妈的。"多数时候他只要把眼睛一瞪，同伴们就都老实了。成年男人，他们知道做事的分寸，除了对外地人。他们一般只是吓唬一下，没人动真格。但是真正年轻的，他们不知道其中的区别，长到一定的岁数，真能砍个你死我活。我不想让孩子被一个不知道自己有多大力气的傻瓜伤着。大哥会阻止这种事的发生。

他会关照我，大哥或者巴迪。但我知道是大哥让他这么做的。有的时候分发食品，特别是肉，肉不是那么容易得到的，他们总会给我和孩子一些。他们一般都给像我这样好看的女人，保证我们会听话。可是，他什么时候想上我，我都乐意。他们分发食物的时候，好多人会求他们多给一点儿。我不。我用不着。

伙计们不来打搅我的时候，我把时间都花在姐姐、闺蜜和长大成人的女儿身上。我们相互警惕，相互尊敬。没有她们就没有我的今天。

记得有一次，我还很小，还没有人注意过我，除了闹着玩。那天我无聊。没人在意我，自己出去散步，看见一个漂亮男孩。他没看到我。他是个外地人（一眼就能看出来），但是他真漂亮。然后他突然间不见了。事后，我会老想他。也许外地人都像他一样漂亮。也许外地人会尊敬我。所以，我就跑去看看。

这需要走很长一段路，我不想碰上巡逻的。还好一切顺利。很快就找到一个小伙子，一个外地小伙子。我觉得他不是我第一次看到的那个，可是也很漂亮。我递给他一个眼神，就知道他很乐意。可是那儿还有两个女的，和他一样都是外地人，看见我很不高兴，跟他不一样。她们冲过来，骂我、挠我、咬我。我撒腿儿往家跑。跑了好长一段。到家之后，我觉得好像没人注意到我曾经走了。当然，妈妈除外。她深情地拥抱我。我想妈妈。

第十五章

令人难堪的影像

　　想到自己是一切的开端,心中满是怜悯,会称那些蠢笨的动物(不管多么渺小)兄弟和姊妹,因为他在它们身上认出了和自己同样的起源。

——波纳文图拉

《圣弗朗西斯传》

　　我们吃惊地看到区别是如此轻微,如此之少,相同处如此之多,如此明显。

——查尔斯·邦纳

《对自然的思考》(1781),关于猿与人的比较公元前 5 世纪初,迦太基人汉诺率领 67 艘船,每艘船有 50 只桨,共载运 3 万名男女,扬帆进入西地中海。至少他在《周航记》中是这么写的。这本编年史在他回家后被置于一座供奉太阳神的寺庙中。他穿过直布罗陀海峡,向南航行,沿着西非海岸建立了许多城市,比如今天摩洛哥的阿加迪尔。最终,他来到了一片随处可见鳄鱼和河马的土地,还有许多人群,有牧人,有"野人",有友好的,也有不友好的。他从摩洛哥带来的翻译不懂这里的语言。他曾航行到过现在的塞内加尔、冈比亚和塞拉利昂。他经过一座大山,从那里有火升到"天上",从那里昼夜有火流到海中。几乎可以肯定这就是尼日尔河三角洲东部的喀麦隆火山。他最远可能已至刚果。

汉诺在《周航记》最后 18 个小段落里描述了返回前发现的一个非洲湖中岛,

> 到处都是野人。到目前为止,它们大多数都是身体多毛的雌性。翻译称它们为"大猩猩"。

雄性通过攀爬悬崖和扔石头得以脱逃。雌性就没那么幸运了。

> 我们抓了三个雌性⋯⋯它们又咬又抓⋯⋯并不想跟我们走。

于是我们把它们都杀了,把它们的皮带到了迦太基。

现代学者认为那些被围困和残害的生物就是今天的大猩猩或黑猩猩。其中一个细节——雄性扔石头的动作,说明它们是黑猩猩。《周航记》是现存最早的关于猿与人首次接触的可靠的历史记载。

猿类或猴子与人类的相似性

古代玛雅圣书《波波尔·乌》的作者认为,猴子是众神最后一次实验失败的产物,后来众神终于成功地创造了我们。众神本意虽好,但却是不完美的工匠。制造人类很难。非洲、中美洲、南美洲和印度次大陆的不少人视猿类和猴子为与人类有很深联系的物种,或者进化失败的人。这些人因为严重违反了神法被降职,或者不满于文明所要求的纪律,自愿被驱逐。

在古希腊和古罗马,猿类或猴子与人类的相似性众所周知。事实上,亚里士多德[1]和盖伦也强调过这一点,却并没有引发两者或许具有共同祖先的猜测。创造人类的神也有把自己变成动物强奸或引诱年轻女性的习惯:比如变成半人马和人身牛头怪,性交后生出的后代是嵌合体,即半人半兽。然而,在希腊和罗马的神话中并没有明显的猿类嵌合体。

在印度和古埃及有猴头神,在古埃及有大量的狒狒木乃伊,表明即使不被作为神明崇拜,它们也受到珍视。在后古典时期的西方,把猴子神化简直难以想象。一方面因为在犹太教、基督教和伊斯兰教成熟的年代,灵长目动物很少见,甚至不见踪迹;另一方面,因为崇拜野兽(例如以色列人的金牛犊)被认为是极其可憎的事情。人们对泛灵论避之唯恐不及。16 世纪初以前的欧洲,可供研究的猿类很少。北非和直布罗陀地区所谓的巴巴里猿猴——亚里士多德和枷林描述过——实际上就是猴子,一只猕猴而已。

没有接触过与人很像的野兽,就很难把人与野兽联系起来。到目前为止,人们很容易把各个物种想象成它们是被单独创造出来,我们和其他动物之间的相似之处(比如哺乳、每只脚上有五个脚趾)并不明显,被视为造物主的某种标志性特质而已。有人断言,类人猿远比人类低等,就像人类远低于上帝。所以 17 世纪初,西方人在对猴子和类人猿有了更深的了解后,他们便带着一种尴尬、羞愧、紧张的窃笑,也许是为了掩饰他们发现猴子和类人猿有相似之处时的震惊。

达尔文认为猴子和类人猿是我们的近亲,这一观点将这种不适带到意识层面。今天,你仍然可以从与"ape"一词的常见联系中看到这种不安与羞耻。"go ape"的意思是"恢复原状",变野蛮,不可驯服;毫不经意地对待某事,带着探索的味道,我们会说"monkeying around"(像猴子般玩闹);把"某人弄成猴子"就是羞辱他(make a monkey out of someone);称一个小孩为小猴子是指他调皮捣蛋;而"monkeyshine"(猴子闪光)则是一场闹剧;"go

---

1 猿猴的脸在很多方面都与人脸相似……有相似的鼻孔和耳朵,和人类的牙齿一样,有门牙和臼齿……有像人一样的手、手指和指甲,只是这些部位看起来更像野兽。它的脚很特别……像大手……在解剖时发现它的内脏与人的内脏一致。

bananas"（变成香蕉）意为失去控制——反应了喜欢吃香蕉的猴子与猿猴不会像人那样接受社会习俗的制约。在中世纪和文艺复兴早期的欧洲基督教区,猴子和猿象征着极度的丑陋,象征着对人类地位的本能渴望,象征着不义之财,象征着复仇的性情,象征着贪欲愚蠢和懒惰。它们是"人类的堕落"的附属品——因为它们易受诱惑。人们普遍认为,由于猿类和猴子的罪恶,它们理应被人类征服。我们似乎用象征、隐喻、寓言和对自身恐惧的投射,将这些生物压得很低。

———————————

在达尔文对进化的长期研究尚不为外界知晓时,他在 1838 年的"M"笔记本中以电报形式写道:"人类的起源现在被证明了……了解狒狒的人会比哲学家约翰·洛克更了解形而上学。但是了解狒狒有什么意义呢?"

波士顿医生托马斯·N.萨维奇对非洲黑猩猩的自然栖息地进行了最早的科学研究。他总结道(这是维多利亚时代早期的作品):

> 它们在生活习惯上表现出非凡的智慧,而且母亲对幼崽充满了爱……(但是)它们的习惯非常肮脏……就像这里的非洲本地人的传统,他们曾经是自己部落的成员:由于堕落,被驱逐出人类社会。因为对其卑劣的倾向顽固不化,它们才退化到了今天这种状态和组织形式。

医学博士托马斯·N.萨维奇有一点没搞清楚。"肮脏""堕落""卑鄙"和"退化"这些只是贬义的修辞而不是科学的描述。萨维奇的问题是什么?是性。黑猩猩对性有种强迫的、无意识的迷恋,这似乎是萨维奇无法忍受的。它们狂热的滥交可能包括每天几十次表面上不加区别的异性性交,例行的密切的相互生殖器检查,以及乍一看很像猥猴的男性同性恋行为。这个时期不允许年轻女性详细研究雄蕊和雌蕊——花的"阴部"。著名的艺术批评家约翰·拉斯金曾不屑地说道:"对这些下流的过程和淫秽的景象,温柔快乐的花卉专家是不屑一顾的。"那么一个正经的波士顿医生应该如何描写他在黑猩猩中所目睹的东西呢？

如果他真的描述了它，即使是间接地描述，他不是冒了一定的风险——读者会认为他赞同——甚至不止赞同——他所记录的东西吗？最初是什么把他吸引到黑猩猩身上的？他为什么坚持要写这些呢？难道就没有更值得他注意的事情吗？也许，他觉得务必确保不管多么粗心的读者也会知道托马斯·萨维奇与其研究对象大为不同[1]。

人类对动物与人类相似的看法

威廉·康格里夫是18世纪初英国风俗喜剧的主要剧作家。经历了与清教徒宗教分裂者的血腥斗争，君主制得以恢复。清教徒的宗教分裂者以僵化的性道德著称。过去僵化的性道德观念为新时代所不容，所以新时代是一个道德放纵的时代，至少在占统治地位的精英中是如此。他们如释重负地长舒一口气的声音仿佛全世界都能听到。但康格里夫并不是他们的辩护者。他用讽刺和讥讽的智慧抨击那个时代的伪善、做作和犬儒主义，尤其针对盛行的性道德。在他的《浮士道》[2]剧本中有这样三个统治阶级对话的片段：

> 一个人想多快找情人就多快找，愿意的话，想找多就找多少；想活多长就活多长，想什么时候死就什么时候死。
>
> 一个人有多讨厌自己的丈夫，就有多喜欢自己的情人。
>
> 我敢说一个男人要用真诚无欺来赢得女人，就像想靠机智结交朋友、靠诚实发家致富一样不可能。

牢记康格里夫作为性行为的大胆社会批评家的角色，看看他1695年写

1　萨维奇第一个系统地描述野生大猩猩，且古代北非单词"gorilla"的现代用法也是由他而起。他煞费苦心地驳斥人们普遍认为的大猩猩为了难以言表的目的而带走漂亮女人的观点——一个世纪后，这一主题在电影《金刚》中得到了公众的广泛共鸣。
2　国内也有把此书名翻译为《如此世道》。——译者注

给评论家约翰·丹尼斯的信中的这段节选：

> 从不喜欢看到那些使我想到我的本性有多低俗的东西。不知
> 道别人怎么想，但是说实话，我多看猴子一眼就会引起令我非常窘
> 迫的联想。虽然我没有听到相反的意见，为什么这个活物一开始
> 不是一个完全不同的物种呢？

不知怎么的，他记录的上流社会蠢人的风流韵事没能引起多少屈辱反
思（参观动物园的反思都比这个更多）。康格里夫的戏剧本身就被批评为打
破了"人与兽的区别"。如果山羊和猴子会说话，它们就会用这样的语言来
表达它们的残忍。"猴子"开始让欧洲人感到不适。康格里夫指出了这个问
题：如果猴子是我们的近亲，这对我们来说意味着什么？

从历史记载的猿类和人类之间最早的接触，到父母趁孩子还未提出棘
手问题前催他们赶紧离开猴笼，我们一直感到不安——观察越仔细，感觉越
强烈。"猿猴的身体太可笑了……和人类不合时宜地太像了"牧师爱德华·
托普塞尔在他 1607 年的著作《四足兽史》中写道。查尔斯·戈尔——"一个
有着坚如磐石的信仰的人"，是英国牛津区国教的主教塞缪尔·威尔伯福斯
的继任者。他是一位内心充满矛盾的伦敦动物园的常客："我回去之后总是
变成了不可知论者。无法理解上帝是如何将这些奇怪的野兽纳入他的道德
秩序的。"他曾对着黑猩猩摇手指，大声斥责它，完全没有注意到身边有一小
群好奇的群众。"只要想到你，我就变成彻底的无神论者，因为实在无法相
信有什么神会创造这么丑陋的东西。"如果对有性嗜好的鸭子或兔子进行审
查，人们就不会如此烦恼了。但是，当我们看到猴子或猿猴时，不可能不伤
感地联想到自己。

它们有面部表情、社会组织、相互理解的呼叫系统和我们熟悉的智慧方
式。它们有对生的拇指，每只手五个手指，用法与人类无异。有些会用两条
腿直立行走，哪怕只是偶尔。它们非常像我们，这一点让人很不舒服吧。它
们的道德观是否暗示了可能侵蚀社会结构的另类性安排[1]？对猴子和猿类

1　亚历山大大帝的士兵——不以矜持著称——据说在印度战役中，因为它们的"好色"而杀死了猴子。

的密切关注可能会引发对人类诸事的反思——例如普遍存在的强迫和暴力行为，以及公开制裁性恐吓、强奸和乱伦行径等。这些都是沉重和敏感的问题。猴子和猿猴的行为——尤其是那些看上去最像我们的——让人尴尬。最好把它放在一边，避而不谈，最好研究点儿别的。眼不见心不烦。

人的生物学分类

18 世纪的生物学家卡尔·林奈创立了分类学，其目标是把地球上的所有有机生物分门别类。他给自己设定的任务是记录所有植物和动物的相似点和不同点，用网状甚至树形结构展示其亲缘关系。当今标准分类方案的要素都是由他引入——种、属、科、目、纲、门、界，从小范围逐步扩大。这些类别中的每一个被称为"分类单元"。例如人类属于动物界，脊椎动物门，哺乳动物纲，灵长目，人科，人属，智人种。换句话说，我们是动物，而不是植物、真菌或细菌；我们有脊椎，所以不是蠕虫、蛤之类的无脊椎动物；有乳房哺育后代，所以不是爬行动物或鸟类；我们是灵长类动物不是老鼠，不是瞪羚或浣熊；我们是人科，不是红毛猩猩、黑长尾猴或狐猴。我们是人属，在这一个分类单位里只有一个物种（曾经不止，可能曾有很多）。这就是我们今天如何把自己分类的，几乎和林奈当年一样。

林奈把成千上万的动物和蔬菜进行分类，这门新学科积累了丰富的经验后，他自己开始思考一种有特殊兴趣的动物的地位——他自己。按照他的标准，林奈将人类和黑猩猩归为同一属[1]。学术诚信促使他这样做。但他很清楚，瑞典路德教会——事实上，他所知道的每一个宗教机构——会认为这样的举动是多么可憎，多么可耻。于是，林奈随机应变，做了一个合群的妥协，把我们单列为一种，但他把我们和猿类、猴子归在同一个属，激怒了许多人。

在这个问题上，他也很为难。他和哥白尼、伽利略和笛卡尔一样，已算

---

[1] 让雅克·卢梭在 1753 年做得更彻底，他把黑猩猩和人类归为同一物种。在他看来，说话的能力并非"对人类来说天经地义"。康格里夫也曾有过类似的想法。

是当时最勇敢的人了。许多博物学家把人类单列出来;在达尔文的时代这已成为惯常的便利手段。许多神职人员(以及部分自然学家)把人类归于一个单独的界别。虽然没有充足的证据,但可以肯定的是,把人类单列一属,享受头等单间,在当时是很受欢迎的做法,满足了人类的虚荣心。1788年,林奈放下所有防备心,反思道:

> 我要求你,也要求整个世界,让我看到区分人类和猿类的遗传共性。我自己肯定不知道。我希望有人能为我指明。但是,如果我称人为猿猴,或称猿猴为人,我将成为所有神职人员的敌人。或许作为一个博物学家,我应当这样做。

当时,普通黑猩猩的学名之一是潘·萨提鲁斯(Pan Satyrus)。潘是古希腊的一个神,半人半羊,象征欲望和生育。森林之神(satyr)是一种与之密切相关的嵌合体——最初被描绘成一个长着马的尾巴、耳朵和阴茎勃起的男人。显然,黑猩猩的滥交是早期命名的决定性特征。现代分类学上的名字是"Pan troglodytes"。"troglodytes"是神话中的动物,住在洞里或地下——这个名字远不如以前的那个合适,因为黑猩猩完全住在地面上(或者比地面略高之处)。(北非的巴巴里猕猴有时会住在洞里;在灵长类动物中只有人类常住在山洞里。)林奈曾提到"Homo troglodytes"(类人猿),不清楚他指的是猿还是人,或两者之间的过渡物种。

在达尔文革命的开始阶段,赫胥黎对猿类和人类的解剖结构进行了系统的比较。他这样描述他的研究计划,其中特别引人注目的是他的外星人视角:

> 现在请努力把我们的思想自我从人性的面具中分离;如果你愿意,不妨想象自己是土星上的科学家,对现居住于地球上的动物十分熟悉,致力于讨论它们与一种新型、独特的"直立的、没有羽毛的两足动物"的关系——一些有进取心的旅行者克服了空间和引力的困难,把它们保存在朗姆酒桶里,从遥远的星球带来供我们研究。我们会立即一致认定,这种动物应该归入哺乳类脊椎动物中;

它的下颚、白齿、大脑，都清晰证明了该新属在哺乳动物中的系统地位。其胎儿在妊娠期通过胎盘汲取营养，或者应称它们为"胎盘哺乳动物"……

所以只剩一个目可供比较——猿（此处需使用该术语最广泛的含义）。那么讨论的问题就可以缩至以下：人是否和猿区别很大，必须单列一目？抑或是人与猿的区别小于各种猿之间的区别，因此人与猿可同属一目？

我们很高兴能摆脱或真实或想象的个人得失客观地看待调研结论。接下来应以冷静的司法态度，继续权衡正反两方面的论点，就像讨论的对象不是人，只是一只负鼠。应该设法确定该新型哺乳动物与猿类的所有不同之处，而不是试图夸大或贬低它们；如果发现人与猿在生理结构上的区别不如同一目的其他成员之间的区别大，那就当毫不迟疑地将该物种列入同一目下。

我继续详述更多事实，在我看来这些事实让我们别无选择，只能采取最后一种办法。

赫胥黎随即比较了猿类和人类的骨骼和大脑解剖结构。"类人猿"（黑猩猩、大猩猩、红毛猩猩、长臂猿和类长臂猿——前三种被称为"大猿"，后两种被称为"小猿"）和人类的牙齿数量相同；都有长拇指的手；没有尾巴；起源于旧世界。黑猩猩和人类的骨骼结构惊人地相似。他总结道："黑猩猩和人类大脑的区别几乎忽略不计。"

从这些数据中赫胥黎得出一个直接的结论：现代猿类和人类是近亲，有着类似猿类的共同祖先。这个结论震惊了维多利亚时代的英国。一个典型例子便是伍斯特圣公会主教的妻子那愤怒的反应："猩猩的后裔！神哪，希望这不是真的。如果确实属实，也希望不要让大家知道。"我们再次见到世人的担忧：得知自己真实的起源可能会打破既有社会格局。

从分子生物学角度看人类

如今人类可以进一步深入生命的核心，去最神圣的地方，逐个比较两种动物的 DNA；量化不同物种的亲缘关系；建立分子谱系，DNA 谱系是关于进化的最有力、最可信的证据，为探究进化模式和进化节奏提供了诱人的线索。分子生物学的新工具为我们带来了科学先辈无法企及的认知。

脊椎动物都有血液，并且血液当中的血红蛋白是氧气的载体。血红蛋白由四种不同的蛋白质链相互包裹而成。所有动物的 ACGT 序列中都有一个特殊的区域，用以为 β-珠蛋白编码。但这个区域只有 5% 被这个蛋白质链的实际指令占据；剩下的 95% 充满了毫无意义的序列——变异可以在此积累而不被自然选择筛选出去。如果比较所有灵长目动物 DNA 里的 β-珠蛋白区域，人类与黑猩猩的相似之处超过与任何其他动物的（紧随其后的是大猩猩）。我们发现了与黑猩猩紧密相连的新证据：不仅是骨骼、器官和大脑相似，基因也近似，即制作黑猩猩和人类的最根本的指令方面，两者几乎不分彼此。

编写 β-珠蛋白的 DNA 序列大概长至五万个核苷酸，即沿着 DNA 分子的单链有五万个 A、C、G、T 排列在某一个特殊的序列里，精确描述如何制作 β-珠蛋白。如果一个一个地比较人类和黑猩猩的核苷酸序列，两者的区别只有 1.7%；人和大猩猩的区别几乎同样很小，低至 1.8%；和红毛猩猩的区别是 3.3%；和长臂猿的区别是 4.3%；和恒猴的区别是 7.0%；和狐猴的区别是 22.6%。两个动物的序列区别越大，它们最近的共同祖先之间的距离（无论在亲缘关系上还是时间上）就越遥远。

如果只检查 ACGT 序列中主要活动的基因，人与黑猩猩有 99.6% 是相同的。从工作基因的层面看，人类 DNA 中只有 0.4% 与黑猩猩的 DNA 不一样。

另一种方法是先从人身上提取 DNA，解出双螺旋结构，将两条链分开。然后对其他动物相应的 DNA 分子做同样的实验。把两条链合起来。一个 DNA 的"杂交"分子就这样造好了。当互补序列非常相似时，两个分子将紧密结合在一起,形成新的双螺旋结构的一部分。但是当两种动物的DNA分子有很大差异时,两条链之间的结合将是断断续续的,而且很弱,整个双螺旋结构松垮垮的。现在把这些杂交DNA分子放入离心机;向上旋转,让离心运动将两条线撕裂。ACGT序列越相似——即两条DNA链的联系越紧密——就越难将它们分开。这种方法不依赖于选定的DNA信息序列(例如,编码β-球蛋白的DNA序列),而是依赖于构成整个染色体的大量遗传物质。这两种方法——确定DNA选定部分的ACGT序列和DNA杂交研究——结果显著一致。人类与非洲类人猿关系最密切的证据是压倒性的。

依据所有证据,与人类关系最近的亲属被证明是黑猩猩。黑猩猩的近亲是人类——不是猩猩,而是人。是我们。黑猩猩和人类的亲缘关系比黑猩猩与大猩猩更加接近,也比其他任何猿猴接近(只要不是同种)。无论是对黑猩猩还是对人,大猩猩的亲缘关系排在第二。亲缘关系越远——从猴子到狐猴再到树熊——序列里的相像之处就越少。根据这些标准,人类和黑猩猩之间的关系就像马和驴,超过小鼠和大鼠、火鸡和家鸡、骆驼和美洲驼之间的关系。

你可能会说:"行吧,也许黑猩猩的解剖结构和我的差不多。也许黑猩猩的细胞色素c和血红蛋白与我的几乎一样。但黑猩猩远没有我聪明,没有我有条理,没有我勤劳,没有我有爱心,没有我高尚,没有我虔诚。也许当这些特征的基因被发现时,会发现更大的差异。"是的,你或许没错。即使是这个99.6%的身份也会误导人。0.4%的差异是相当大的,因为任何一个物种,组成其细胞的DNA都由大约40亿个ACGT核苷酸组成;保守估计,有1%在DNA中起作用,并构成了这样的基因。

人类和黑猩猩之间不同的ACGT核苷酸对的数量一定是0.4%乘以1%乘以40亿,也就是16万。如果这些是基因的有效部分(每个长度是1 000个核苷酸长),每个都为一种单独的酶编码,那么人类拥有和黑猩猩完全不同种类的酶的数量(反过来说也行)大概就是160 000/1 000,即160个。还记得酶有强大的杠杆作用吧:它们主导细胞化学变化,这种变化可能发生得非常快;一种酶可以处理许多分子。一百种酶,如果找对了,可能会带来很大的不同。一百种酶已足以落实赫胥黎对猿和人的区别的隐喻性描述:"平衡轮上的一根头发；小齿轮上的锈迹；擒纵机构上的一齿出现弯曲；只有钟表匠那锐利的眼睛方能发现的些许不同。"一些酶会影响发情，一些会影响身材、皮毛、攀爬或跳跃能力，另一些则影响口腔和喉部、姿势、脚趾、步态变化等。许多改变都是为了拥有更大的大脑和新的思维方式，以及猿类无法企及的新思维。

更重要的是，只有一百种酶不同肯定是说少了。或许黑猩猩和人类之间的差异并不需要进化出全新的酶才能实现。哪怕只是一个核苷酸上的细微变化，或许就足够让一个酶不能运作，或者改变作用。许多区别或许并不在基因本身，而在启动子和增强子上，它们是 DNA 的监管因素，控制基因何时运作、运作多长时间。所以，0.4% 的区别也能带来质变。

尽管如此，黑猩猩比地球上的其他任何动物都更接近人类。你所有的 DNA（包括未转录的无意义 DNA）和其他人的 DNA 之间的典型差异约为 0.1% 甚至更少。按照这个标准，黑猩猩与人类之间的差异仅仅是我们彼此之间差异的 20 倍。看起来非常接近。我们必须非常小心，以免我们在康格里夫所说的"无地自容的反思"中夸大了彼此之间的差异，使我们对彼此的亲缘关系视而不见。如果想通过仔细研究其他生物来了解自己，黑猩猩是一个很好的起点。

动物人格化

人们时常提醒那些羽翼未丰的动物行为学研究生不要把动物人格化。人格化的字面意义是变成人的形态，把人的态度和精神状态投射到动物身上。动物的想法我们无从得知。人格化最杰出的代表是各种寓言故事、伊索、拉·封丹、乔伊·钱德勒·哈里斯、华特·迪士尼。达尔文也算犯过人格化的错误，他的学生乔治·罗马尼斯更是明目张胆。伤春悲秋的自我欺骗诱惑性极大，人格化实在罪孽严重，颇具影响力的美国行为主义心理学在 20 世纪前半叶站出来，宣称动物没有内部的心理状态，没有思想和感情。那些心理学家讨论了"意识的谬论"。创始人说，我们必须"与整个的意识概念划清界限";声称真正的科学家只关心可以观察到的动物的实际行为。输入感官信息,输出行为结果,仅此而已。动物感觉不到疼痛,它们不过是机械的黑盒子。所谓的行为主义是美国科学界极端务实主义的一支。它和笛卡尔的机械人有相同之处,它允许的自由探究的空间更小,几乎让人觉得人类也没有思想和感情了。

针对行为主义的极端形式,生物学家唐纳德·格利芬全力发起了公正的反击。在下文中,格里芬提到科学中的"吝啬定律",即在两种充分的解释之间做选择时,应该选择更简单的那个,也叫"奥卡姆剃刀"理论。

> 根据严格的行为主义者的观点,在不假定动物有任何心理经验的情况下解释动物行为符合吝啬定律。但行为主义者也认为心理体验与神经生理过程一致。神经生理学家到目前为止还没有发现人和动物的神经元和突触的结构或功能有根本的区别。因此,认为不同物种之间的心理体验具备和神经生理过程一样的相似度(后者已得到普遍承认)才符合吝啬定律(除非有人否认人类心理体验的真实性)。反过来,这也证明了多细胞动物心理体验本质上存在进化连续性(尽管不能证明动物拥有不断进化的身份认同)。

> "动物可能具有心理体验"被认为是人格化而受到驳斥,因为这意味着其他物种在类似的情况下也有同样的精神体验。但这个普遍的观点本身包含了一个可疑的假设,即人类的精神经验是唯一被认可的存在。认为精神体验是单一物种的独特属性的这种信念不仅不符合吝啬定律,还是一种自负的表现。至少在多细胞动物中,精神体验和其他许多特性一样,是广泛存在的,不过在性质和复杂性上有很大的不同。

> ……行为主义的极端形式已差不多变成了某种东拉西扯、刻意无知的托辞……

> 一些行为科学家极力宣称,即使动物意识确实存在,他们也不感兴趣。他们对此极度反感,甚至表示关于动物可能会有什么想法,他们完全不想知道。

我们认为,世人对人格化的恐惧或许过了头。有些过度情绪比情绪过度更糟糕。猴子和猿一定具有某种内在的心理世界——思想和感情;如果它们是我们的近亲,如果它们的行为与我们相似到让人感到熟悉,那么它们具有与我们相近的感情也就没什么好奇怪了。当然我们现在无法完全肯定,除非能与它们更好地交流,且对它们的大脑和激素如何运作有更充分的理解。但可能性是存在的,这是一种有效的教学工具。在这本书里,我们已经几次试图描绘其他动物的脑子里在想什么。

黑猩猩与人类的相似性

现在读者大概已经猜到第十四章的内心独白——第一部分和第三部分来自一个中层女性;第二部分来自一个高层男性——并非一定就指人类。相反,我们试图描绘黑猩猩在其社会中的情形。对野生黑猩猩群体进行系统、长期的观察是一个新的科学领域。我们主要依赖珍·古德[1]在坦桑尼亚冈贝保护区所做的富有远见和开创性的工作,以及西田利贞[2]和同事在坦桑尼亚的马哈尔山脉所做的研究,还有弗朗斯·德瓦尔[3]对荷兰阿纳姆动物园一个占地两英亩[4]圈地里的一群黑猩猩所做的调查。他们的研究为我们揭开了一种生活方式,这种生活方式无疑是人类熟悉的,充满了人际关系的动荡,就如《狂飙突进》[5]一剧描绘的那样。当然,没人能钻到黑猩猩的头脑里,无法确定它们到底在想什么。我们做了大胆的猜测,且不打算为此道歉。但是强调这只是研究黑猩猩思想的若干方式之一。

千万小心别陷入循环推理——把人类的心理和情感过程强加给黑猩猩,然后在故事的结尾得意洋洋地得出结论:它们是多么像我们啊。如果想

1　英国生物学家、动物行为学家、人类学家和动物保育人士。长期致力于黑猩猩的野外研究,纠正了学术界对该物种的许多错误认识。——译者注
2　日本人类学家,京都大学教授。——译者注
3　荷兰灵长类动物学家、动物行为学家。——译者注
4　1 英亩 = 4 046.856 422 4 平方米。——译者注
5　德国作家克林格的剧本《狂飙突进》,德语是 Sturm und Drang。同时代,也就是 18 世纪 70 年代~80 年代初发生于德国的一场声势浩大的文学运动叫狂飙突进运动,是德国文学史上第一次全德规模的文学运动,是德国启蒙运动的继续和发展。——译者注

通过近距离观察黑猩猩来更好地了解自己，就必须对其行为给予更多重视，而不是整天想象它们脑子里在想些什么。切莫自欺欺人。行为主义者并非没有可取之处。

之前还没有提到的是，黑猩猩睡在树上，花大量时间为彼此梳理毛发。尽管黑猩猩似乎不像其他灵长类动物那样对口交着迷（舔阴是猩猩前戏中几乎不变的主题之一），但我们仍用了现在的流行语"suck up"（舔某人，引申为拍马屁），因为对我们来说这个词在现代英语里的含义基本上表现了黑猩猩细微的臣服动作（黑猩猩表示臣服的肢体语言里就包括亲吻头领的大腿内侧）。

黑猩猩和人类之间存在许多行为差异，就像黑猩猩和大猩猩、长臂猿和猩猩之间一样。但让我们震惊的是，黑猩猩在野外的社会生活核心与某些形式的人类社会组织十分相似，尤其是在诸如监狱、城市小混混帮派或摩托车帮派、犯罪集团和专制国家白色恐怖等高压环境中。尼可罗·马基雅维利记录了文艺复兴时期在意大利肮脏的政治中获得成功的必要手段（一些纪实的描述震惊了同代的人），如果他能深入黑猩猩社会，多半会感觉两者几乎无差别。许多独裁者不论其自称左翼还是右翼，均大抵如此——其追随者也是一样。在薄薄的文明外衣下，似乎有那么一只黑猩猩总是蠢蠢而动，撕烂荒唐的衣服和束缚人的社会习俗。这还不是故事的全部。

它们比大多数人类身高更矮，毛发更浓密，身体更强壮，性活动更活跃。它们有棕色的头发和棕色的眼睛。在自然栖息地，它们可以活到四五十岁——比工业革命和医学革命之前任何人类社会的平均寿命都长。但它们的平均预期寿命要短得多。与现代人类不同，雌性不太可能与雄性一样长寿。它们交替使用指关节、双腿行走和四肢行走。雄性黑猩猩往往脾气暴躁。它们紧张或兴奋时会发出微弱、特别的气味。它们有时会试图隐藏自己的情绪。黑猩猩并不羞于展示自己的性器官。在我们眼中，它们笨得多，但它们确实会使用甚至制造工具。它们会心怀怨恨，构思复仇，计划未来的行动路线。

黑猩猩的家庭关系可以牢固而持久。上了年纪的母亲会冲过去保护孩子，哪怕孩子已经成年。年长的兄弟姐妹会温柔地抚养孤儿。它们因失去所爱而经历长期的悲痛。它们患有支气管炎和肺炎，几乎可以感染任何人类疾病，包括艾滋病。老年黑猩猩头发变白，皱纹增多，牙齿和头发脱落。它们也能喝醉。它们能学会的人类语言词汇比我们学会的任何黑猩猩语言都多。照镜子时能认出自己。至少在某种程度上，它们是有自我意识的。婴儿断奶后会变得暴躁易怒。黑猩猩会建立友谊，通常和一起打猎、共同保护领土不被敌人侵犯的战友们做朋友。它们与亲朋好友分享食物。

在人类社会中长大的黑猩猩会对着裸体人像手淫。（这可能只适用于那些通过长期接触人进而把自己当成人的黑猩猩。野生黑猩猩不会对着人类的色情图像手淫——反之亦然。）它们会保守秘密也会使用谎言。它们既压迫又保护弱者。一些黑猩猩尽管遭受诸多挫折，仍坚持不懈地争取社会进步和职业机会。另一些则没有那么雄心勃勃，或多或少满足于命运的安排。

在许多先天知识中，它们生来就懂得如何每晚在树上用树叶铺床。它们比我们更善于攀爬，部分原因是它们没有像我们一样丧失用脚抓住树枝的能力。这些年轻黑猩猩喜欢爬树，还喜欢在惊险的体操表演中互相竞争。但是，当幼崽爬得太高时，正在树下和朋友们社交的母亲就会轻拍树干，让幼崽乖乖跳下来。

森林里纵横交错着几代黑猩猩日常生活留下的足迹。每个黑猩猩都对当地的地理很熟悉，就像普通城市居民很熟悉自己的街道和商店。它们几乎不会迷路。沿着林荫小道时不时会出现能够产生回音的树干。一旦一起觅食的黑猩猩发现了这样一棵树，很多会跑上前去，像敲鼓一样敲打起树干——男女老少都是。没有弦乐器、木管乐器和铜管乐器，但是绝对少不了打击乐器。

黑猩猩可以识别彼此的声音，独特的呼叫声可以召唤远方的盟友或亲戚。为了回应来自邻近山谷的嘘声，它们抬起头，噘起嘴唇，仿佛置身斯卡拉歌剧院[1]的舞台。近处看会发现它们的交际能力实在不可思议（称其“不

1　斯卡拉歌剧院位于意大利米兰。——译者注

可思议"是因为我们不够聪明，还未能破解），不仅仅是关于性和领导这样简单易懂的事，还包括很多更微妙的事物，比如"出现了隐患"或"把食品埋藏起来"。心理学家 E.W. 门泽尔做了一组经典的实验：

（门泽尔）在一个大型户外围场里养了 4~6 只小黑猩猩，这个围场还连着一个较小的笼子。他把所有猩猩（除了一个领队）都关在笼子里，只把选中的"领队"带到一个隐蔽的位置，那儿有食物或可怕的蛇标本。然后领队被送回笼里，其余的黑猩猩释放出来。根据门泽尔的报告，这些动物变化多端的行为表明，它们"似乎早在领队到达藏有物体的地方前就知道所藏物品的大致位置，还知道藏的是什么"……如果目标是食物，它们就会跑到前面寻找可能的藏物处；如果是鳄鱼或蛇标本，它们从笼里出来时毛发就是竖立着的，同时与同伴靠得很近。如果藏着的是鳄鱼或蛇，它们在接近时就会非常谨慎，围住该区域，朝藏东西的方向大喊大叫，用棍棒击打。如果藏起来的是食物，动物们会仔细搜索该区域，没有什么恐惧或不安情绪。即使在放它们出来之前移除厌恶刺激，仍会出现上述行为，所以导致这些反应的并非物品本身。

在食物测验中，雄性动物（洛基）开始独自霸占找到的食物。当雌性（贝尔）做了领队，作为领队的它试图避免指明食物贮藏点的位置，但洛基经常可以根据它的方向来推断并找到食物。如果给贝尔看一大一小的两个藏物地，它会把洛基引向小的那个，趁它忙着吃的时候，赶紧跑向更大的一处，它将与其他猩猩分享那里。门泽尔的结论是，黑猩猩能够交流目标物品的方向、数量、质量和属性，并试图隐藏部分信息。至于这种交流是如何实现的，目前还不清楚。

唯一的可能性似乎是手势和语言。黑猩猩有数百种不同的食物，并且渴望饮食的多样性。它们吃水果、树叶、种子、昆虫和更大的动物，有时死的也吃。毛毛虫是美味佳肴，发现毛毛虫成为一个难忘的美食事件。众所周知，它们以悬崖表面的土壤为食，可能是为了给身体提供矿物质营养（比如盐）。母亲会给婴儿精选食物，并从婴儿嘴里拿掉异常、可能有危险的食物。在野外成年猩猩偶尔会因为其他猩猩恳求而同意分享食物。它们没有固定的吃饭时间,一天到晚都在吃。一组搜索食物的猩猩已经开拔,其中一位或许还扛着缀满了浆果的树枝,边走边吃。

午夜时分,在搭建于高枝的叶子床上,它们被捕食者的叫声惊醒,惊恐地互相抓住,尿和粪像雨点般落在下方的森林地面上。

它们喜欢玩耍。孩子们的能量总是惊人的,比成年人更喜欢玩乐。成年人的玩耍也很常见,尤其是当有足够多的食物和大量的黑猩猩聚集在一起的时候。游戏通常包括但不限于模拟格斗。

雄性黑猩猩保护雌性和幼崽。它们愿意冒着生命危险保护妇孺不受袭击,或者拯救一个身陷困境的幼崽。古道尔[1]写道,通常情况下,雄性似乎不假思索地伸手拥抱婴儿,轻拍它,或者温柔地和它玩耍。当一个雄猩猩被发现和雌性做爱(这是常有的事),小猩猩会跑上来打雄猩猩嘴巴,甚至骑到雌性(往往是它的母亲[2])的背上。在这样的情形下,雄性的忍耐力常常超过人类的极限。

但在争夺统治权的展示大赛中,所有善意的平静都消失了,通常保护婴儿的雄性现在可能会抓起一个无辜的小旁观者,愤怒地把它摔到地上。当发现有陌生雌性黑猩猩出现在自己领地上,它们会抓住陌生雌性的幼崽的脚踝,把它摔到岩石上。

黑猩猩倾向于挑幼崽中个子较矮的下手,并把自己的愤怒从地位较高的黑猩猩(可能会伤害自己)身上转移到那些性情温和、年轻、体质较弱的雌性黑猩猩身上。1966年,在冈贝脊髓灰质炎流行,导致部分猩猩瘫痪。疾病使它们残废,不得不拖着四肢以奇怪的方式移动。其他黑猩猩一开始也很害怕;随后便威胁、攻击受害者。

因为攻击行为是偶发的,友好关系更为常见,所以一些早期的实地观察人员倾向于认为处于自然状态(即未被监禁)的黑猩猩不喜暴力,热爱和平。事实并非如此。在狩猎其他动物的时候,在统治阶层的工作中,在与雌性的

---

1 珍·古道尔(Jane Goodall),爵士,英国生物学家、动物行为学家和著名动物保育人士。以对坦桑尼亚贡贝溪国家公园黑猩猩进行异常详细和长期的研究而闻名。——译者注

2 年轻的母亲在给婴儿断奶之前通常不会再次发情。可以理解的是,婴儿可能会把断奶解释为拒绝。母亲对成年(和亚成年)雄性重新产生"性"趣可能加剧婴儿的痛苦和怨恨。也许我们也和猿类一样有恋母情结。

争吵中,还是发脾气以及与外来的猩猩(也就是我们故事中的外地人)打斗,黑猩猩都表现出了施加严重暴力的能力。

肉含有猩猩必需的氨基酸和其他更难从植物中获得的分子结构。两性都渴望吃肉。在极少数情况下,雌性会攻击群体中的其他雌性,偷走并吃掉它们的幼崽。一旦孩子在手里,就不会再对孩子的母亲抱有恶意。有一次,一只母猩猩朝吃其婴儿的猩猩们走过去,其中一位伸出双臂来拥抱和安慰哀伤的母亲。众所周知,黑猩猩会捕食小老鼠、大老鼠、小鸟和二十公斤重的刚成年的灌丛野猪,也吃猿猴类动物,如狒狒、红髯猴和别的黑猩猩。

一次成功的狩猎总是伴随着巨大的兴奋。观众们尖叫着,拥抱着,亲吻着,互相拍打安抚。那些真正参与猎杀的动物立即开始进食,或试着拿走猎物最美味的部分。森林里充满了尖叫声、犬吠声、长啸声和鸣叫声——这吸引了更多的黑猩猩,有的还会从很远的地方被吸引过来。一般来说,雄性比雌性吃得多。位高权重者更有可能分配战利品,而且不管怎样,大多数真正参与杀戮的黑猩猩都能获得份额。新来的会求得一些残羹冷炙。肉块会被偷掉,丢了战利品的黑猩猩会很生气,甚至大发脾气。有些黑猩猩会拿着一些肉上床供午夜加餐。

老鼠的头会被先吃掉。通常会把猴子或小羚羊的头撞在岩石或树干上,或者在脖子后面咬上一口,一举杀死猎物。先被吃掉的总是头部。这往往是真正杀死猎物的猎人的战利品。其他美味的部位包括雄性受害者的生殖器和怀孕雌性受害者的胎儿。古道尔报道了一只年轻的丛林猪最后微弱的尖叫,黑猩猩就像一个古老的阿兹特克牧师,撕裂了它的心脏。烹饪、餐具、餐桌礼仪、拘谨都还未发明。这是一个血肉模糊的世界。

珍妮丝·卡特描述了当一只幼年黑猩猩和一只与自己差不多大小的疣猴互相梳理毛发玩闹的情景。一头路过的成年黑猩猩抓住后者的尾巴将其头部撞向一棵树弄死之后,小黑猩猩毫无顾忌同大家一道吞食刚才还在一起玩的伙伴。多数被黑猩猩捕杀的猴子(和小型哺乳动物)都是婴儿和少年,往往被从母亲的怀里抢走。有时候母亲企图拯救孩子,结果自己也被吃掉。

对于食物来说是没有仁慈可言的,即使它还在走动。食物是用来吃的。

有悲悯之心的黑猩猩只会落得更少的食物,留下的后代也更少。黑猩猩显然没有背负道德的十字架,认为猴子或其他群体的黑猩猩,甚至本群体内的某些成员根本不值得怜悯。它们可能在保护后代方面表现得很英勇,但对其他物种群体的后代却丝毫没有同情心。也许是认为那些不过是"动物"而已。

狩猎是一项需要合作完成的工作。大规模捕杀需要合作,躲避危险同样需要合作——比如一头被激怒的丛林猪为了保护自己的幼崽,顶着獠牙冲过来。猎手们展现出真正的团队精神。当一只黑猩猩在灌木丛中发现猎物时,它会轻声呼唤另一只黑猩猩。它们互相微笑。猎物从掩体中冲出来,冲向埋伏着的其他黑猩猩。埋伏战术一再改进,猎物的逃生路线被堵,游戏暂停。捕杀后充满激情的黑猩猩,其实事前已冷静地计划好了一切。

黑猩猩的巡逻小组

在浓密的森林栖息地,一个黑猩猩群体所控制的领地只有几公里宽。在树木稀少的地区,则可长达 30 公里。黑猩猩群体把这些领地视为自己的地盘、自己的家园、自己的祖国,它们对这些领地怀有爱国情怀。这是不允许外人侵入的。外面是一片丛林。黑猩猩的日常巡逻范围通常有几公里。如果它们生活在茂密的森林里,它们可以很容易地在一天内巡逻边境的大部分区域。如果植被和食物供应较少,它们的领地也相应更大,那么从一端到另一端的旅程可能需要几天,如果绕着外沿走一圈,则需要更长时间。

巡逻的典型特征是谨慎和沉默。在此期间,团队成员一般会以紧凑的团队方式行动。黑猩猩在环顾四周、侧耳倾听时,队伍会停顿多次。有时会爬上高大的树干,静静坐上个把小时,凝视周围社区的"不安全"区域。它们非常紧张,当突然听到一个声音(灌木丛中树枝断裂的声音或树叶的沙沙声),它们可能会咧嘴笑,伸手去触摸或拥抱对方。

巡逻过程中,雄性(偶尔也会有雌性)可能会嗅地面、树干或其他植物。它们也许会捡起树叶闻一闻,特别注意吃剩的食物、粪便和被抛弃在白蚁堆上的工具。如果发现了刚刚有猩猩睡过的窝，一两个成年雄性猩猩会爬上去检查，然后通过拉扯树杈，将其部分或全部拆除，向敌人示警。

巡逻行为最引人注目的方面或许就是所有参与者的静默。它们避免踩到干燥的叶子，避免在植被上发出沙沙声。有一次，静默保持了三个多小时……当巡逻的黑猩猩再次回到熟悉的区域，经常会大声呼喊、击鼓表演、投掷石块，甚至个体之间会有一些追逐和轻微的攻击……这种吵闹而充满活力的行为可能是无声进入不安全地区所产生的压抑的紧张感和社会兴奋感的一种发泄。

在珍·古道尔对冈贝的一次巡逻的上述描述中，我们惊讶于黑猩猩克服恐惧的能力、通过抑制通常的嘈杂交流来锻炼自我控制能力，特别是演绎能力。它们根据得到的证据，例如树枝、脚印、粪便和手工制品做出判断。或许可以推论，食物短缺时，不同群体的追踪能力决定了这些群体的生死存亡。这儿所需要的不仅仅是力气和侵略性，还要有推理能力和敏捷思维，以及秘密行动。当一个和一群黑猩猩生活了很长时间的人类试着参与它们的巡逻时，所有黑猩猩都用责备的眼光看着他。他太笨了，做不到像猩猩那样悄无声息地穿过森林。

长距离的战斗巡逻组会蜿蜒穿过森林达到领地边境。如果要走一天的路，它们会在晚上扎营，然后明天继续前进。如果遇到另一个群体的成员或邻近地区的陌生猩猩怎么办？如果只有一两个入侵者，它们会试图攻击并杀死对方。没什么心情搞威胁和恫吓那一套。但如果双方势均力敌，碰到一起，就会出现一整套威胁的表演，扔石头、甩木棒、敲树干。仿佛可以听到它们说："如果谁拉着我，我就打碎它的膝盖。"它们会对威胁的效果进行估算：如果觉得寡不敌众，就可能快速撤退。还有些时候，黑猩猩的巡逻小组可能会渗入敌方领土，甚至袭击其数量稠密的中心地方——理由很多，包括想和不熟悉的雌性交配。跟踪、偷袭、危险、团队工作、打击仇敌、与陌生雌性交配，这一切对雄性黑猩猩极具吸引力。

当巡逻队成员成功从危险的领地（还可能是敌占区）返回时所表现出的

喜悦，与黑猩猩意外遇到大量食物时所表现出的喜悦没什么不同——尖叫、亲吻、拥抱、牵手、拍打对方的肩膀和臀部，跳上跳下。开始下大雨的时候，雄性黑猩猩经常会表演一种壮观的舞蹈。当它们来到小溪或瀑布边时，会用惊险的杂技展示自己——抓住藤蔓，从一棵树荡到另一棵树，在水面上跳来跳去等，持续十多分钟。也许它们被大自然的美所震撼，或者被白噪声所吸引。它们溢于言表的快乐揭示了 18 世纪的一种学说，即由于人类拥有无与伦比的幸福能力，所以有权奴役其他动物。

休厄尔·赖特为如何进化以应对环境变化开出的处方与黑猩猩社会的许多方面非常吻合。该物种被分为自由放养的群体，通常包括 10 到 100 个个体。它们有不同的领地，因此，如果环境改变，对不同种群的影响至少会略有不同。在广袤的热带森林的一端的主食在另一端可能就是罕见的美味。在森林的这头可能导致黑猩猩严重营养不良或导致饥荒的枯萎病或蝗灾，在森林的那头或许只是忽略不计的小问题。每个属地的群体都有足够多的近亲繁殖，基因频率出现系统性的不同。然而，近亲繁殖的模式被外婚制（远亲交配）所缓解。与邻近领地的黑猩猩有性接触是很关键的，比如当某个巡逻队员进入陌生领地或某个陌生的雌性黑猩猩四处游荡时就可能发生。这类结合提供了群体之间基因的交流，一旦某群体在生存环境危机中比别的群体更适宜生存，其生存力就会通过一系列的性接触传遍整个黑猩猩社会。（一条包含多达数百次交配的辐射链把热带森林中最遥远的不同群体联系起来。）如果只是中度的环境危机，黑猩猩已能应对。

如果这就是对黑猩猩社会特有的领地性、种族中心主义、仇外心理和偶尔的外族通婚的准确解释（至少某个角度），我们很难认为黑猩猩个体能理解自己的行为。它们只是无法忍受陌生人出现，觉得它们可恨，应该群起攻之——当然，异性黑猩猩除外，因为它们会莫名地兴奋。雌性偶尔会和陌生的雄性逃跑，不管之前它对祖国或亲人犯下了何种罪行。也许它们的感受和欧里庇得斯让特洛伊的海伦所感受到的一样：

> 我的心里究竟是什么
>
> 让我忘记家园、祖国和所爱的一切，

> 跟陌生男子逃离？……
> 啊，你还是我丈夫，为何要抬手
> 杀我？不仅如此，如果公义最终会到来，
> 你能带来些什么，除了对过去苦痛的安慰，
> 以及给满是伤痕的女子一个港湾：
> 她曾被暴力的男人带走……

母亲知道自己的儿子是谁，所以能够特别抵制儿子的性企图（极少发生）。但是父亲不确定谁是女儿，反之亦然。因此，当一只雌性在一个小群体中长大时，很有可能出现乱伦，进一步近亲繁殖，导致更高的婴儿死亡率以及更少的基因序列传给后代。所以在第一次排卵期左右，雌性通常会有一种莫名的想去邻近领地的冲动。这可能是一项危险的任务，它也许完全明白。因此，这股迫切渴望必须十分强烈，反过来又强化了它的使命在进化上的重要性。这种初次排卵期的渴望并不罕见，再加上兄妹结合，尤其是母子结合的罕见，很明显在黑猩猩中存在着高度优先且运转良好的乱伦禁忌。

黑猩猩的领地有一个其他类人猿所不具备的方面——所有类人猿都被划分为领地性、排外性、异族通婚（虽然较少）等群体：与群体内部遭遇战不同（主要形式是恫吓和恐吓，鲜有重伤），当两个黑猩猩群体互动时，可能会有真正的暴力。迄今从未观察到主力部队间的正面战斗。它们喜欢游击战术。一组会把另一组的成员逐一干掉，直到剩余的黑猩猩无法保卫自己的领土。黑猩猩群体经常发生小规模冲突，看看是否有可能吞并更多的地盘。如果输掉战斗的惩罚是雄性的死亡和雌性成为外族的性奴，雄性很快会发现自己被卷入一场激烈的军事技能淘汰赛中。这些技能的基因在热带森林中通过异族通婚的方式传播，直到几乎所有的黑猩猩都拥有了这些技能。如果谁没有，谁就会死。

此外，擅长巡逻和战斗的黑猩猩往往也擅长狩猎。如果你有高超的战斗技能，就可以给朋友、妻妾——更不用说自己——赢得更多美味的红肉。除了美食这部分之外，做雄性黑猩猩有点像参军。

第十六章

猿的生活

山暝听猿愁，
沧江急夜流。

——孟浩然
唐朝，8 世纪 30 年代初
《宿桐庐江寄广陵旧游》

黑猩猩对阶层的维护

猿猴们的首领坐得笔直,满脸严肃,神气十足地盯着不远处。它头上、肩膀上和背上的毛发根根竖立,看起来颇有气势。它面前蹲着一个下属,脊背弓得很深,以至于目光只能盯着面前的几丛草。如果它们是人类,这种姿态不仅代表顺从,还代表屈辱降服,奴颜媚骨,卑躬屈膝。下位者可能会亲吻上位者的脚。他可能是中国或奥斯曼帝国皇帝脚下落败的分支头目,是在罗马主教面前朝拜的十世纪天主教神父,或者是觐见法老的附属国使臣。

冷静而自信的雄性首领不会对谦卑的下属皱眉。相反,它会伸出手,摸摸它的肩膀或头。地位较低的雄性慢慢站起来,放下心来。首领缓步离去,对它的臣民抚摸、轻拍、拥抱,偶尔赏赐亲吻。许多臣民伸出手臂,乞求与首领有瞬间的碰触。无论地位高低,几乎所有臣民都从与首领的触碰中得到鼓励。碰触缓解了焦虑,甚至还能治愈小恙。

臣民纷纷伸出手来,形成手的海洋。首领与他们互动。这对我们来说似乎是再熟悉不过的情形——比如总统在发表国情咨文演说前从众议院中央走廊大步走来,特别是总统在民调中遥遥领先的时候。还有经常出访各国的爱德华八世、参加总统竞选活动的参议员罗伯特·肯尼迪等无数政治领袖,回家后发觉手掌已被热情的支持者握得发青。

为防止冲突发生,政治领袖会进行干预,尤其是阻止雄激素旺盛的冲动的青少年以及针对婴幼儿的攻击。有时领袖只需一瞥就解决问题;有时则会冲向它们,迫使对方分开。它一般会大摇大摆,双手叉腰,以示威严。这里不难看出政府维持公平秩序的雏形。和所有灵长类动物的领导职位一样,雄性领袖必须履行义务。作为众人服从和尊重它的回报,为了性和食物特权,它必须为社区提供服务——包括实用的和象征性的。它会采取令人印象深刻甚至略显浮夸的举动。一部分原因是下属要求它这样做——追随者们渴望得到安抚。它们是天生的下属,无法抗拒被人支配的渴望。

除了伸手,还有许多表达服从的方式。在科学文献中,最常见的被"庄重地"称为"进献"。献上的是什么呢？（这里讨论雄性处于支配地位的情况）追随者（无论雄雌）向雄性头领致敬时，它们的肛门和生殖器朝向头领抬高，翘起尾巴，摇摆臀部。它们可能会呜咽，或咧嘴笑，慢慢靠近雄性头领，抬起臀部。追随者渴求以这种方式表达敬意，甚至会对熟睡的领袖这样"进献"。

雄性头领如果醒着，会走向前，从背后抓住恭顺的动物，紧紧抱住，互相摩擦下体。由于这是黑猩猩交配时不变的姿势和动作，所以这种交换的象征意义是不会错的：从属动物请求性交，而占主导地位的动物也许有点不情愿，但最终顺从了。

在大多数情况下，这些行动只是象征性的。没有插入，也没有高潮。它们在假装性交。你想对高阶雄性显示尊重，却没有与生俱来的灵巧喉舌。好在日常生活中的动作和姿态容易理解，被广泛接受。如果雌性必须接受所有的性邀请，性行为本身就是一个生动、有力、明确的顺从象征。事实上，不止是猿类和猴子，进献是许多其他哺乳动物之间表达尊重的标志。

高阶雄性的愤怒十分可怕。它兴奋时，任何旁观者都无法忽视，因为它身上所有的毛发都竖起来。它可以发号施令，也可以恐吓，从树上扯下树枝。如果你不准备与它单挑，最好安抚它，让它开心，密切关注它的每一个动作。你不仅要不断表示顺从（"只要你想要我，我就是你的"），为了你的安全还要保证它不会生你的气。它生气时会变得更强壮，更凶残；并示意如果对手不屈服，它将展示武器——它的雄性特征，这将让更多年轻男性屈服。这些年轻男性又会用它们的雄性特征在等级中排序。炫耀武力是对挑衅的回应，或者只是提醒其他人，宣告这里有个不可轻视的人。这不全是虚张声势。如果仅是诈唬那就没用了，只有可信的暴力威胁才行。保持威胁信任度非常重要。如果事态发展到紧要关头，它们也会动手。但更多时候，这种展示具有仪式性质。（几乎每一次都是雄性首领胜利。它偶尔失败不意味着族群等级的颠覆。想要改朝换代，得有能力长期压制首领才行。）

首领展示威慑力，态度通常简单明了："与我作对，你将面对我这般体格、这般肌肉、这般牙齿（注意我的犬齿）、这般愤怒。"人类最早的军事著作描述过一种策略，即公元前6世纪孙子在《孙子兵法》中写道："不战而屈人之兵，善之善者也。"威慑是一种古老的策略，而想象力是它的前提。

法律和秩序因此得以维持。领导层的地位不仅通过暴力威慑（如果必要的话，采用现实暴力）得以保持，也通过为选民提供福利，利用大众渴望崇拜英雄的心理——特别是当有外来威胁时，英雄能为我们指引方向呢。尽管有些人享受被惩罚和欺负，将其视为亲密的表现，但光有暴力和恐吓是不够的。

天性驱使雄性黑猩猩在政治阶梯上不断往上爬。这需要勇气、战斗力（通常取决于体型大小）以及驾驭手下的政治技巧。等级越高，其他雄性对它的攻击就越少，顺从越多。但级别越高，越有义务安抚下属、构建等级制度、维系社会的稳定。这不仅因为高阶雄性有能力平息下属之间的争斗，还因为等级制度本身，以及下位者骨子里的服从基因都对抑制冲突有正面作用。想当领导的一个强有力的动机是首领可以优先占有雌性。和所有哺乳动物一样，该行为是由睾酮和相关类固醇激素决定的。自然选择的意义在于留下更多后代。仅这个原因就能让等级制度在进化上有了意义。

雄性首领的崇高地位惹得阴谋团体分外眼红，级别较低的雄性可能会通过虚张声势、恐吓或决斗的方式挑衅领导。特别是在人多的情况下，雌性在怂恿造反和助力政变方面起到关键作用。但是雄性首领也有充分准备，通常能够单挑两个、三个甚至四个结盟的对手。

雄性首领行使它无上的权利时，手下其他人有时会质疑——这并非出于抽象的哲学理想，不过是自私的表现罢了。我们推测这种敌对的倾向也是人类的天性，是使不同人群之间达到某种平衡状态的方式，且这种平衡在很大程度上取决于社会环境。暴政和自由的根源可以追溯到史前时代，一直铭刻在我们的基因中。

在一个典型的小黑猩猩群体中，经过几年时间，六个不同的雄性可能会相继成为首领——或因为原来的首领死亡，或患病，或被其他雄性逼迫退位。不过，在一个小群体当中保持巅峰地位十年的雄性首领也同样存在。无独有偶，十年任期大致上是人类政府的典型，比如意大利、法国等。作为争夺统治权的政治暗杀(失败的一方丧失生命)则鲜有发生。

战斗时,雄性一般会打人、踢腿、踩脚、拖拉和摔跤。如果有石头它们会扔石头,如果有棍子就会使棍子;雌性则会抓挠拔毛,抓钩打滚。尽管雄性会露出獠牙,但很少咬别人,因为犬齿会造成可怕的伤害。就好像有人教训别人时会亮出锋利的武器,但很少见血。雌性犬齿不明显,威慑力相对较小。任何斗争都有可能激发其他派别之间的斗争。参战的一方可能会痛苦地向路人求助,路人可能无缘无故地挨了打。任何冲突似乎都会提高所有雄性旁观者的睾酮水平,使得大家都做好战斗准备。长期的怨恨或许一下子爆发,导致大混乱。

黑猩猩会把手指放在一只高阶雄性黑猩猩的牙齿之间,如果手指完好无损,它们会感到安心。在群体气氛越来越紧张的时候,雄性黑猩猩可能会握住彼此的睾丸,掂一掂,与古希伯来人和罗马人在缔结条约或出庭做证时的做法一样。事实上"做证"和"证词"的词根即拉丁语的"睾丸"。该手势的意义不仅跨文化,还跨种族,如今不再常见大概是因为男人都穿裤子了吧。

黑猩猩间的联盟

从婴儿期开始,黑猩猩就享受由母亲为自己梳理打扮的待遇。婴儿从出生的那一刻起就紧抓着母亲的皮毛,陶醉于与母亲的身体接触,并从中获得影响一生的深远的心理益处。即使身体需求得到了满足,但如果在婴孩时期,猴子和黑猩猩幼崽没有被母亲拥抱或梳毛,长大后还是会在社交、情感和性方面不成熟。随着婴儿长大,母亲梳理毛发的行为会慢慢被其他人代替。成年猩猩有很多梳理毛发的伙伴,每一对伙伴中有明确的分工,一方做,一方享受。角色不固定,即使是首领也会扮演两种角色。一个安静地坐着,另一个则梳理它的头发,按摩它的身体。偶尔会发现寄生虫(虱子或扁虱——可以用丁酸去除),则立即抓住吃掉。有时黑猩猩会一直牵着手。压力比较大的成年雄性会回到母亲身边,母亲为它们梳毛,安抚它们。被激怒的雄性之间经常匆忙互相抚摸梳毛让对方平静下来。梳理的行为可能在很久以前就被选择作为改善黑猩猩卫生和群体健康的一种方式，现在成为重要的社交活动，可以降低黑猩猩体内睾酮和肾上腺素的水平。

在人类社会中最接近黑猩猩梳理行为的可能是背部按摩或身体按摩，在今天的日本和瑞典、奥斯曼土耳其和共和罗马等文化中，按摩被提升至艺术的高度。上述地方有专门的工具——刮身板。人类以特有的方式，用其按摩背部。英国复辟时期的绅士们通过一起梳理假发打发时间。在体虱流行的地方，人类父母会小心翼翼地例行检查孩子的头发。被雄性首领梳理毛发给黑猩猩带来的精神力量在人类中可能类似于萨满、治疗牧师、脊椎指压治疗师、魅力非凡的外科医生或国王的手轻落在普罗大众身上带来的治愈和安心的感觉。

尽管雄性占统治地位的等级制度很重要，却绝不是黑猩猩唯一重要的社会结构。正如成对的黑猩猩梳理行为所示，母亲和孩子或者两个成年兄弟姐妹之间存在特殊的、终生的、相互支持的纽带。如果儿子地位高，可能对母亲的社会地位有利。在没有血缘关系的同性个体之间也有长期的联系，这种情感可能被称为友谊。在雄性占统治地位的等级制度之外，有一套复杂的雌性纽带体系，它们的地位通常取决于亲戚朋友的数量和地位。这些等级制度外的联盟提供了重排地位等级的重要手段：即使雄性首领在一对一的战斗中未尝败绩，两三个低等级雄性与支持它们的雌性联盟也可能会让它逃跑。众所周知，高级别的雄性会与有前途的年轻雄性建立联盟，拉拢它们防止政变。雌性偶尔会介入以缓和紧张氛围。

联盟的建立与破裂每天都在发生。忠诚易主。勇气与奉献，背弃与背叛。在黑猩猩的政治中，对自由和公平的忽视可见一斑，但社会体制会对冷酷的暴政发出咕噜咕噜的抗议声，令其收敛：目的只有一个——分权与制衡。弗兰斯·德·瓦尔写道：

> 丛林法则不适用于黑猩猩，它们的联盟网限制了最强者的权力；群体中每个个体牵一发而动全身。

在复杂多变的社会生活中,有一类人会获得巨大的好处,他们往往善于捕捉他人的兴趣、希望、恐惧和感受。联盟策略是机会主义,今天的盟友可能是明天的对手,反之亦然。唯一不变的是野心和目标。19 世纪的英国首相帕麦斯顿勋爵将英国外交政策描述为"没有永远的朋友,只有永远的利益"。他与黑猩猩们不谋而合。

雄性不是一直处于竞争状态。它们会在狩猎和进入敌方领土的巡逻中合作,彼此信任能事半功倍。它们需要联盟才能一路走上权力的巅峰或者保住自己的地位。因此尽管雄性普遍争强好胜,却也愿意积极和解。

卡尔霍恩把大量老鼠放在一起时发现它们的行为发生了巨大变化。他观察到它们好像有一种群体策略——通过杀死大量老鼠以降低出生率,使下一代的数量减少到可控范围内。鉴于我们记录下的所有黑猩猩习性(以及下一章中描述的事实,即狒狒聚集在一起时会进入一种凶残的、毁灭性的群体狂热),你或许预计就像在动物园里一样,当黑猩猩群体数量过多时,它们会陷入无秩序的狂乱。在狭小空间里,雄性黑猩猩无法逃脱被攻击,无法带领雌性黑猩猩逃入灌木丛,以远离雄性首领支配的目光,无法感受到狩猎或巡逻的刺激,也无法与来自邻近领地的雌性黑猩猩接触。你可能会预计它们的挫折水平上升,等级制度会遇到更多挑战,没有耐心虚张声势。如果没有准备好一场死斗,下属黑猩猩最好想方法表达敬意,履行义务,对首领俯首称臣。这样雄性首领就不会对你的存在有不满了。

令人惊讶的是,真实的情况恰恰相反。在所有的动物园里,雄性——尤其是高阶雄性——在拥挤的生活条件下会表现出一定程度的克制。它们在自由的情况下不会这样。被囚禁的黑猩猩更愿意分享食物,可以说不知为何囚禁这种行为带来了民主精神。被关在一起时,黑猩猩会努力让社会体系运转。在这个显著的转变中,雌性是和平的缔造者。比如,打架后,当两个雄性故意忽视对方,太骄傲而不愿道歉或和解时,通常是雌性引导它们相处并让它们互动。是它们搭建了沟通的桥梁。

在荷兰阿纳姆的黑猩猩群落,成年雌性黑猩猩能够促进那些任性、有等级意识、怀恨在心的雄性黑猩猩之间实现沟通和调解。战斗一触即发之际,雄性开始用石头武装自己,雌性却能轻轻地撬开它们的手指,移开武器。如果雄性再次武装自己,雌性亦会再次解除它们的武装。在解决争端和避免冲突方面,[1]雌性起了带头作用。

所以,事实证明黑猩猩不是老鼠。在拥挤的环境下,它们会做出非凡的努力变得更友好:克制愤怒、调解争端、尽量有礼;在这个过程中,雌性在安抚雄激素上头的雄性方面起了关键作用。从一个物种推断另一个物种的行为,尤其是当这两种物种不是非常密切相关的时候,这是重要的教训。人类更像黑猩猩,而不像老鼠。

黑猩猩的求偶

研究黑猩猩的学者称此为"求偶"。这是一套仪式化的手势,雄性会通过这些手势向雌性传达性意图。在日常生活中,"求偶"是一个描述人类长期耐心求爱过程的词语,通常非常温和微妙,目的是建立以互相信任为基础的长期关系。雄性黑猩猩的求偶交流更简短、更切题,更接近"我们做爱吧"。雄性黑猩猩可以昂首阔步,摇动一根树枝,使得树叶沙沙作响,眼睛注视着雌性黑猩猩,向它伸出一只手臂。此时雄性黑猩猩头上的毛发会竖起来——其实不止毛发,阴茎也是。因为充血变得鲜红,与黑色的阴囊形成鲜明的对比。这些是黑猩猩"求偶"中不变的部分。你可能认为这还不坏,因为大多数其他象征性的求偶动作与那些用来恐吓其他雄性黑猩猩的行为几乎一模一样。在黑猩猩中,"我们做爱吧"听起来几乎就像"我要杀了你"。这种相似性会让雌性黑猩猩服从。一个普通的雌性拒绝陌生雄性的性要求的可能性大约是3%。

单独饲养的雌性灵长类动物在进入第一次发情期时,会很容易地将自己奉献给路过的雄性动物、人类甚至家具。某种程度的顺从与生俱来,真正的性热情也是如此。就像在穿戴着奇怪皮具的仓鼠实验中那样,如果雌性

1　指在雄性中。在各自的性别中,雌性也可能会记仇多年,拒绝和解。

可以选择,它们通常会喜欢地位更高的雄性——大首领,它挺不错。雄性也会向更高等级的个体奉献自己,与其说是用屈辱手段得到地位提升,不如说是因为它们的生存策略使然。

弗兰斯·德·瓦尔记录到,在一名低阶雄性为一名高阶雄性梳理很长时间后,

> 低阶雄性可能会邀请雌性交媾而不受其他人的干扰。这些互动给人的印象是,雄性通过提供梳理毛发服务来换取不受干扰的交配"许可"……也许性交易是最古老的"针""锋"相对的形式之一,在这种形式中,安抚行为创造了宽容的氛围。

为了在雌性发情期间获得完全的性"垄断",热情的雄性必须引导雌性远离群体。研究黑猩猩的科学家称之为"配偶",并将其与"求偶"区分开来。它们这样向雌性邀约:先走几步,回头看雌性;如果雌性没有跟上,它会摇一摇附近的树枝;如果还不足以引诱雌性,雄性会追雌性;如有必要,甚至还会打雌性。大多数情况下,特别是当雄性级别很高时,雌性会安静地过去。在森林的某个地方,它独自拥有雌性。这是一夫一妻制的远古告示。

配偶关系通常持续数周,并非完全没有风险。这对幸福的夫妇可能会遭到邻近领土的捕食者或巡逻队的攻击,雄性在等级制度中的地位可能会在它不在的时候受到挑战。珍·古道尔报告了几个案例,其中年轻雌性的母亲自愿加入一对配偶中。她"对雄性来说,是最不受欢迎的伴侣"。在最有可能受孕的地方,乱伦禁忌尤其强烈,没有一例雄性黑猩猩邀请自己的母亲或姐妹做它的配偶。

为什么雌性可以忍受这一切?当然,雄性比雌性更大、更强壮,如果出于地位晋升的需要,雄性能够且将会伤害雌性。但交配是一对一的互动,为什么雌性不团结起来保护自己免受雄性的性掠夺?如果两三个不够,七八个总够了吧。这种现象在野外的确存在,但很罕见。(科特迪瓦境内的科莫埃和塔伊国家森林公园里黑猩猩的习俗。)不过,生活在更拥挤地方的黑猩猩群时有发生,比如荷兰的阿纳姆殖民地。这里的社会习俗与其他地方的

有所不同。如果一个雄性黑猩猩向雌性黑猩猩求偶，而它不感兴趣，它会表明态度，没有讨价还价的余地。如果雄性黑猩猩想霸王硬上弓，就可能遭到一个或多个雌性黑猩猩的攻击。令人惊讶的是，野生雄性黑猩猩对雌性的性压迫这一标志性特征竟然因为它们生存在拥挤的低设防监狱而可以发生逆转。我们已经见识过，在这种情况下，雌性的克制、结盟和缔造和平的能力是多么强大。雌性拥有平等的地位，社会将从它们的政治技能中受益。

在自由状态下，带着爱人去乡下旅行可以避开你的对手，也可以通过逃跑远离恶霸，不需要像在拥挤的环境中那么慎重。如果环境特别拥挤，雄性激素水平处于最高值，几乎没有绅士行为。灵长类动物专家莎拉·布莱弗·赫尔迪推测，在野生黑猩猩中，雌性顺从雄性的性需求是单身母亲保护孩子的绝望策略。赫尔迪提出，雄性对任何拒绝都怀有怨恨，可能会趁母亲不备攻击孩子（就算不是立刻），至少不会保护它们免受别人的攻击。[1] 她认为在残酷的黑猩猩的世界，雄性发话，雌性最好照办，以此来贿赂它们，这样它们就不会杀死自己的孩子（如果它们心情好的话，甚至会帮助孩子们）。[2] 如果赫尔迪是对的，雄性也许没有忘记达成的交易。它们威胁幼崽是否为了让母亲们乖乖就范？它们随意攻击孩子作为对不听话的母亲的警示？雄性黑猩猩是否成了一个勒索保护费的组织，妇幼是受害者？

让我们抛开有意识勒索的可能性，再考虑一下赫尔迪的推测。雄性不靠雌性提供食物，雌性似乎也并不比雄性更擅长梳理毛发。也许它们能为保护孩子提供的唯一商品，也是最有价值的商品，就是它们的身体。所以它们充分利用绝望的处境，只有这样雄性才不太可能攻击孩子，更有可能保护孩子。当环境改变时，当攻击性因为拥挤而受限制时，雌性方能在性命无忧的情况下说"不"。

我们不能猜测黑猩猩会想通这一切。它们必须有一些其他的、更直接

1　这不仅发生在黑猩猩族群中，它还发生在大猩猩、狒狒和许多其他猿类和猴子身上。在对卢旺达维龙加火山附近的大猩猩进行的长达15年的研究中，超过三分之一的婴儿死亡是由雄性大猩猩造成的，杀婴是它们的一种生存方式。

2　在其他完全不同的两性繁殖的物种中也观察到类似的现象。例如在树篱麻雀中，首领雄性努力阻止下属在雌性的生育期交配。然而，雌性即使在生育期，偶尔也可能会逃跑，与其他雄性偷偷会面。只有在这种情况下，下属雄性才会帮助雌性喂养幼鸟。雌性再次利用雄性对性的专注来诱导它们帮助自己的孩子。

的强化行为。赫尔迪提出了高潮的选择性优势问题,尤其是在雌性猿和人类中的多重高潮。一夫一妻制能在进化上带来什么益处?她认为没有明显的益处。但是,如果相反,我们想象女性与许多男性交媾,以便他们中无一会伤害她的后代,那么多重高潮在与许多性伙伴的连续交配中起着至关重要的作用。

雌性的性顺从在多大程度上是被雄性强迫的,在多大程度上是自愿和积极的,这点目前尚不清楚。

精卵结合

世界普遍存在核酸竞争、个体生物竞争、社会群体竞争、物种竞争,在另一个层次还有一种竞争:精子竞争。人类一次射精约有 2 亿个精子,其中最适者甩着尾巴,以平均每小时 5 英寸[1]的速度前进。每一个都努力(至少看起来很努力)想第一个到达卵子。然而,正常的、有生育能力的雄性也会有一定数量的残次品精子,它们有畸形的头部、扭曲的尾部,或者有多个头部或尾部,或者只是一动不动,死在水里。有些笔直地游着,有些则在迂回曲折的道路上,还可能掉头。卵子实际上可能会在精子中做选择。化学上说,卵子向精子们发出信号,怂恿它们前进。精子配备有一系列复杂的气味受体,有些与人类鼻子中的气味受体奇怪地相似。当精子顺从地到达召唤它们的卵子的附近时,似乎并不知道该停止游泳和拍打了。此时卵子表面的分子可能会抛出一种钓鱼线,钩住精子,把它卷进去。受精卵形成后迅速建立起一道屏障,将所有可能闯入的其他精子拒之门外。这些科技上的最新发现与卵子在被动等待冠军精子认领的传统观点大相径庭。

不过普通的受孕即意味着一次成功和两亿次失败。因此,尽管受孕在很大程度上受卵子控制,但至少在一定程度上仍然是精子在速度、范围、轨

1　1 英寸 = 0.025 4 米。——译者注

迹和目标识别方面竞争的结果。[1]

在每一次受孕中，一个精子成功的概率接近两亿分之一。从地质年代起，每一代人都是这样，这意味着精子接受自然选择的概率非常大。更瘦、更流线型的精子可能会最先到达。这些精子的鞭毛摆动更快速，可以直线游动，并且有更好的化学传感器。但与诞生的个体长大后的特征关系不大。比方说，首先到达卵子的是带有粗鄙或愚蠢基因的精子，其进化益处似乎并不明朗，大量的努力似乎被浪费在精子的自然选择上。为何如此多的精子会功能失调，目前还不清楚。

影响精子成功与卵子结合还有很多因素：谁能与卵子结合取决于卵子进入输卵管的过程、射精的精确时刻、父母的体位、他们的运动节奏、微妙的干扰或鼓励、周期性激素和代谢变量等。在繁殖和进化的核心，我们再次发现了惊人的随机成分。

猴子和猿是动物中的佼佼者，许多雄性动物一个接一个地与同一个雌性动物交配。雄性在等候时简直无法自己，兴奋得上蹿下跳。我们注意到排卵期的雌性黑猩猩可能有几十次快速连续的交配。所以性交过程不长，细节也不够丰富。下体碰撞几次，每次大概一秒，然后就结束了。一般雄性一天内可能每小时交配一次。发情期则远不止如此。

在十分钟或二十分钟内，许多雄性可能与同一只雌性交配。看看这些不同雄性黑猩猩的精子，它们相互竞争，也算从同一起跑线出发。在其他条件相同的情况下，给定雄性授精的概率与精子数量成正比。因此，每次射精精子数量最多的以及精疲力尽前连续交配次数最多的个体就具备优势。拥有更多的精子需要更大的睾丸，雄性黑猩猩睾丸大的能占整个体重的 0.3%，至少是一夫一妻制或一夫多妻制灵长类动物的 20 倍。一般而言，一妻多夫的物种，睾丸的相对重量要大得多。不仅有睾丸体积的选择，还有对交配的兴趣的挑剔。这可能是我们灵长类动物走向群体性癖好的途径之一——正如之前谈到的，这方面存在许多相互强化的行为。与雄性黑猩猩相比，男性

---

1 携带较小 Y 染色体（构成男性的染色体）的精子比携带较大 X 染色体（构成女性的染色体）的精子质量稍小。如果较轻的精子移动更快，或能解释为什么受孕时男性略多于女性。

的睾丸相对较小,因此我们可能会猜测滥交在人类早期社会并不常见。但是在几百万年前,我们的祖先可能在性方面不加节制,于是进化出了更好的天赋。

雌性黑猩猩抚养后代的本能

母亲和成年女儿分开觅食几个小时,它们相遇时可能只是互相看着对方,咕哝几声。如果分开一周或更长,它们可能会发出咕哝声或兴奋地小声尖叫,互相拥抱,然后坐下来好好梳理一番。

雌性黑猩猩和幼崽有着深厚的感情纽带,而青少年和成年雄性似乎对等级制度和性着迷。青年黑猩猩喜欢打着闹腾。婴儿如果发现自己离开了母亲的视线,就会呜咽尖叫。如果母亲受到攻击,它的孩子会去帮助它,反之亦然。兄弟姐妹可能会在它们的一生中相互表现出特殊、深切的关心。如果母亲在孩子长大之前就去世,它的兄弟姐妹会照顾幼儿,这种情况很常见。特殊情况下,即使不是近亲,不论何种性别的黑猩猩都会冒着生命危险去帮助别人。狩猎或巡逻时,雄性之间亲密关系显而易见。显然,在黑猩猩社会中,文明、友爱甚至利他的行为是存在的,在睾酮水平较低的时候尤其明显。

尽管有等级制度,成年雄性很多时候仍是独自一人。在它们的第一个或两个孩子出生后,大多数雌性会与他人共度一生。因此,雌性能够磨练出必需的精细社会技能。通常猴子和猿类一次只能生一个孩子。除了发情期,雌性都会和孩子们在一起,这对下一代至关重要。之前提到,没有被成年猩猩定期照顾、护理、拥抱、爱抚和梳理的猿和猴子长大后可能会存在社交障碍、性无能,成为糟糕的父母。

雌性不是天生就知道如何成为称职的母亲,它们是跟着称职的母亲学会的。因此每一代母亲在孩子身上需要投入大量时间,幼崽五六岁才断奶,十岁左右进入青春期。它们在断奶前无法照顾自己。不过,它们很擅长抓着母亲的毛发，倒挂在母亲的腹部和胸部。哺乳期黑猩猩母亲随时需要哺乳婴儿，频率是每小时几次，此时她们通常是不育的，对男性也没有吸引力。这种现象被称为"哺乳期乏情"。没有雄性不断地与她们发生性关系，她们可以花更多时间陪伴孩子。

黑猩猩母亲很少使用体罚，婴儿通过密切观察年长的雄性榜样学习传统的威胁技能。幼小的雄性很快学着恐吓雌性，但这可能需要一些努力，因为雌性，尤其是地位高的雌性，不太喜欢被一些自以为是的年轻黑猩猩欺负。但母亲可能会帮助它恐吓别的黑猩猩。成年之前，几乎每个雄性都能得到所有雌性的顺从。还未断奶的雄性幼崽，包括那些离断奶还有几年的幼年黑猩猩，通常会成功地与成年雌性交配。青春期的雄性小心翼翼地模仿成年雄性（例如，模仿它们恐吓别人时表现出每一个细微动作），希望成为它们的学徒和助手，在它们面前会表现得紧张、顺从和有上进心。它们在寻找让自己崇拜的英雄。有时候，一个被成年雄性黑猩猩残酷殴打过的青少年黑猩猩会离开母亲，跟随侵略者到处游历，隐忍不发，渴望在某个未来和光荣的时候被再次接受。

从人类视角看黑猩猩的社会等级

从人类的视角看，黑猩猩的社会生活有许多噩梦般的繁荣。尽管黑暗，人类却一点也不觉得陌生。很多野生雄性群体充斥着等级制度、血腥打斗和无爱的性行为。这个社会是占支配地位的雄性、顺从的雌性、各怀鬼胎的下属、对等级制度尊卑有别的强烈渴望、用当前的恩惠换取未来的忠诚、几乎泛滥的暴力、保护费以及对所有成年雌性的性剥削的结合，它与专制君主、独裁者、军阀、各国官僚、帮派、有组织犯罪以及历史上不少被定性为"伟大"的人物的真实一面有不少相似之处。

黑猩猩的恐怖日常生活让我们想起了历史上相似的事件。在报纸上，在现代通俗小说中，在最古老文明的编年史和宗教经典里，在欧里庇得斯和莎士比亚的悲剧中，我们发现人类社会和黑猩猩一样糟糕。伊波利特·泰纳以莎士比亚戏剧为基础的人性把"人"定义为：

> 一种神经机器，受情绪控制，容易产生幻觉，被无节制的激情驱使，本质上很不理智……被恒定和复杂的环境随机引向痛苦、犯罪、疯狂和死亡。

我们不是黑猩猩的后代（反之亦然），因此没有必要探究人和黑猩猩有什么共同特征。但它们与我们的关系如此密切，所以不妨合理猜测我们有许多相同的遗传倾向，也许我们在努力抑制这些倾向，指引人类走上其他的道路，但这些遗传倾向无疑仍在我们体内燃烧。我们被人类社会制定的规则所约束。假设放松规则，就可以看到是什么一直在心底翻腾和发酵。在法律与文明、语言与情感的优雅外表下，在非凡的成就背后，我们与黑猩猩究竟有多大不同？

在一系列遗传倾向上，人类社会设置了一种标准，允许一些遗传倾向可以完全表达，一些只能部分表达，另一些几乎不能表达。在女性与男性拥有相当的政治权力的文化中，很少或根本不存在强奸这回事。无论对强奸的遗传倾向有多强烈，社会平等是一种非常有效的解毒剂。社会结构的不同可以引发许多不同的人类倾向。

总　结

黑猩猩社会大多数成员都遵循一套独特的规则生活：服从地位更高的个体；雌性顺从雄性；关心父母，爱护孩子；有某种"爱国主义"情操，保卫族群不受外来侵犯；分享食物；憎恶乱伦。但就目前所知，它们没有法律，没有石碑，没有神圣的典籍以规定行为准则。然而，它们之间有某种类似道德规范的东西在起作用。人类对这种道德规范十分熟悉，且从目前来看，两者相差无几。

第十七章

格正君心

从人到猿，到猴子到狐猴，
再无其他哺乳动物能有此番精彩的渐变，
将我们从物种的巅峰一棒子打入最低级生物之列。
自然似乎早已预见人类的傲慢，
遂以罗马式的威严，
规定人类的智慧须让奴隶显赫，
同时告诫征服者：
你们不过是尘埃。

——托马斯·亨利·赫胥黎
《人类在自然界的位置》

英格兰首席主教是约克大主教。爱尔兰首席主教是阿玛大主教。波兰首席主教是华沙大主教。意大利首席主教是教皇。这个星球的首席主教是坎特伯雷大主教——至少圣公会教徒这么认为。这些古老的头衔来源于中世纪的拉丁语单词 primus，而 primus 又来源于更古老的拉丁语单词，意为"主要"和"第一"。这个词在教会中的用法很直白，一个地区的首席主教是所有主教的首领（"第一"）。近几个世纪，该头衔已变成尊称，其他头衔取而代之。但"总理"和"总统"等词均源自相似的词源，意即"第一"。

我们注意到，林奈绘制地球生命族谱时不愿把人类归在类人猿族下。尽管很多人反对，还是无法否认猴子、猿和人类之间的深层联系。[1] 于是上述均被归入灵长目（对林奈来说，目的分类单元高于属）。研究非人灵长类动物的科学家——当然，他们本身都是灵长类动物——被称为灵长类动物学家。

"灵长类"的另一个意思也来源于拉丁语中的"第一"。很难看出按照何种标准松鼠猴竟被认为是地球生命形式中的"第一"。但是，如果一个例子证明人类是"第一"，那么眼镜猴、布须猴、山魈、狓猴、狐猴、鼠狐猴、树熊猴、懒猴、蜘蛛猴、直猴，以及所有其他动物都会和我们一起被拖进来。我们是"第一"，它们是我们的近亲。因此，从某种意义上说它们也必须是"第一"。在我们这个小到病毒大到巨鲸组成的生物世界中，这个结论令人怀疑，尚未经证实。或许，争论走向了另一个方向，灵长类动物部落大多数成员的卑微地位让我们怀疑自己是否配得上这么崇高的头衔（自封的）。如果其他灵长类动物在解剖学、生理学、遗传学及个体和社会行为上不像我们，就能让我们的自傲更有根据。

"灵长类"这个词不仅表现了人类的自鸣得意，还体现了当前通过实践得出的一个普遍赞同的观点——人类僭取了地球上所有生命的指挥权和控制权，将其掌握在自己手中。不是同类中的第一，是万物之首。作为领头羊来说，相信地球上的生命是一个巨大的统治阶层，是"生命的大链条"，对我

1　猿比猴子更大、更聪明，没有尾巴。猿包括黑猩猩、大猩猩、长臂猿、暹罗猿和红毛猩猩。暹罗猿和长臂猿的关系就像黑猩猩和人类的关系一样密切。

们来说十分自洽。有时,我们会说这不是我们的主意,我们被一个更高的力量,被领袖中的领袖管理着。我们别无选择,只能服从。

目前,已知大约有两百种灵长类动物。在迅速缩小的热带雨林中还有一些昼伏夜出或擅长伪装的灵长类动物,可能到目前为止都没有被我们发现。灵长类动物的种类和地球上的国家一样多。和各国一样,它们有不同的习俗和传统,本章会介绍一二。

狒狒的等级制度

以狒狒为例,卡拉哈里沙漠的科伊桑人[1]恭敬地称呼它们为"紧随其后的人"。埃及狒狒大约在 30 万年前从稀树草原狒狒分化而来,二者有些区别。自由狒狒的行为与挤在动物园里的狒狒非常不同。18 世纪的一位博物学家描述后者"荒淫无耻"。尽管它们不同,却都有一个明显的共同特征:两个群体的雄性狒狒均不会共享肉类,而这一行为在黑猩猩中相当普遍。

日出时分,狒狒从睡觉的悬崖上醒来,分成若干小群体。每个群体白天在热带草原上各奔东西,觅食、蹦跶、玩耍、恐吓、交配。入夜后,都汇聚在同一个偏远的水洞上,每天打一枪换一个地方。在一天大部分时间接触不到对方的情况下,这些群体如何知道去同一个水洞集合? 在太阳从大家睡觉的悬崖上升起时,小团体的首领们讨论过这件事吗?

埃及狒狒[2]中成年雄狒狒几乎是雌性狒狒的两倍大。它们有狮子一样的鬃毛,有像毒蛇獠牙一般的巨型犬齿和冷酷的性格。这些雄性被古埃及人神化了:"它们交配时发出低沉而持久的咕噜声。它们的脸色和生牛排差不多,与雌性像老鼠一样的灰棕色不同,仿佛是两个不同的物种。"雌性接近性成熟时会被特定的雄性选择并被赶入后宫。雄性之间会相互竞争雌性的所有权,但首要任务是保持和提高它们在统治阶层中的地位。

一只雄性狒狒的后宫一般由一到十只雌性组成。雄性动物关心的是如

1　Kung San people。——译者注
2　Hamadryas baboons。——译者注

何保持雌性之间的和平，确保它们不去看其他雄性。这是一种不可能逃脱的束缚，雌性必须在它的余生里都追随雄性。它必须在性事中顺从，即使有一点不情愿也会被咬脖子。雌性狒狒因轻微违反雄性的行为准则而被雄性巨大的下巴弄裂头骨的情况并不罕见。在雌性狒狒排卵期，它周围的冲突和紧张度很高，孕期或哺乳期则较为平静。与黑猩猩不同，从狒狒的交配姿势中能够看出性胁迫：雄性在交配时通常抓住雌性的脚踝，保证它不会逃跑。与狒狒相比，黑猩猩社会堪称近乎平权。

雌性狒狒争吵时有时会用牙齿和前臂威胁它的对手，同时向雄性狒狒诱惑地抬起臀部。它通过这种故作姿态的交易诱使雄性狒狒攻击它的对手。从属的雄性稀树草原狒狒和巴巴里猿在接近高阶雄性时，可能会把一个无关的旁观者的幼崽，或者一个它正在照看的幼崽作为人质、盾牌或安抚工具。如果雄性首领心情不好，幼崽往往会让它平静下来。

雄性埃及狒狒体型较大、性情凶猛，无疑在群体受到捕食者威胁或与其他群体发生冲突时非常占优势。放眼整个动物界，当两性之间的身高有明显差异时（通常是雄性体型较大），就存在对体型较小和较弱的一方（通常是雌性）的剥削和虐待。[1] 在所有非人灵长类动物中，狒狒种群的另一个特性是结盟能力。战斗中两群狒狒会联合对抗第三群狒狒。

在稀树草原狒狒中，性别之间的体型差异并不明显，没有妻妾成群的情况发生。它们是徒步高手，群体一天可以走 20 英里[2]。与黑猩猩和埃及狒狒不同，这里的雄性在青春期会离开出生的群体。这可能是一种避免乱伦的进化手段；从遗传学上看，这还连通了不同的半隔离群体。当一只狒狒试图加入新队伍，队伍里的雄性很可能会提出反对意见。要被群体接受通常得使出在雄性等级体系中惯用的屈服、虚张声势、胁迫和结盟等伎俩。不过大多数时候另一个策略很有效：和队伍中的某个雌性以及它的孩子交朋友。给那个雌性梳理毛发，帮忙照看它的孩子。别为了让雌性进入排卵期而杀

---

1 事实上，灵长类动物学家注意到，在每个人类族群和文化中，男性平均比女性体格更大。这可能导致男性在不受惩罚的情况下倾向于性别歧视、强迫女性、强奸和妻妾成群。我们要关注的关键问题是：解剖学上的差异能在多大程度上决定命运？

2 1 英里 = 1 609.344 米。——译者注

死亟待哺育的幼崽,只有老鼠和狮子才会这样做。如果一切顺利,它会支持自己加入队伍。想象得出经过一番努力后成功入伙该有多么愉快,它抛下过往的失态和敌人,一切重新开始,个人社交技能成就今日的成功。

雄性比雌性轻浮狂暴,社会稳定还得靠雌性。尤其是考虑到雄性稀树草原狒狒的流动性,雌性更是保持群体结构连贯性的唯一希望。总之,雌性狒狒比较保守,雄性狒狒雄激素水平高,敢闯敢拼。

雌性占统治地位的等级制度以世袭为主。雌性首领的女儿早在青少年时期便独享特权,长大后很可能晋身首领地位。雌性首领的每一个近亲——即群体里的那些皇亲国戚们,地位都可能高于普通成员。在稀树草原狒狒和许多其他猴类的雌性等级中,支配和服从通过历史悠久的献身及后入式性交表现,异性性行为再次扮演了传递信息的角色。

动物园里的狒狒

由于一些尚未完全理解但值得仔细研究的原因,埃及狒狒近来吸引了人类更多的目光,关注度超过其稀树草原近亲。人们有时会有一种印象:埃及狒狒的行为是所有非人灵长类动物,甚至所有灵长类动物的典型代表。例如,埃及狒狒即使身无长物,雄性也清楚知道雌性是自己的私有财产。但绝非所有灵长类动物都是如此。事实证明,埃及狒狒可能是灵长类动物中等级制度和野蛮行为最极端的例子。在人类设计的一系列残酷但无害的环境中,埃及狒狒的这种行为方式尤其明显。

直到最近,灵长类动物学家才有兴趣与猿或猴子一起在野外生活。伦敦动物学会的解剖学家索利·祖克曼对他的祖国——南非的一次考察极具代表性:

> 1930 年 5 月 4 日,我在东部省格雷厄姆斯顿附近的一个农场成功地从一群狒狒中收集了 12 只成年雌性狒狒。其中四个没有怀孕。5 个孕妇:第一个胚胎长 2.5 毫米;另一个 16.5 毫米;第三个 19毫米;第四个 65 毫米;第五个显然是足月的雄性胎儿,头尾长 230

毫米。三个雌性正在哺乳，它们的幼崽被活捉，一个幼崽估计有四个月大，另外两个各约两个月大。

他尽职尽责地记录下他的雌性受害者生殖道内不同深度有多少新鲜精液。事实证明，他笔下的"收集"是"杀死"的委婉说法。在南非，狒狒被正式宣布为"害虫"，因为它们很聪明，能破坏庄稼。弄死一只狒狒就能得到赏金。因此，相较于农民组织的大规模屠杀，为科学"收集"几只狒狒便没什么好大惊小怪的了。通过这样的研究，祖克曼"幸运地从已死亡狒狒中发现，成熟雌性的排卵发生在每月性周期的中间。"有关人类月经周期的研究结果也是在同一时间获得的。

他一直对人类在灵长类动物中的地位感兴趣。在南非解剖狒狒时，他还是一个青年。但他对被猎杀的狒狒并不完全无动于衷，这里引用他20世纪初的记录：

> 它紧紧把幼崽抱在怀里，眼里充满了悲伤。它喘息着，颤抖着死去。我们暂时忘记了它只是一只猴子。它的行为和表情如此接近人类，让我们自觉犯了罪。朋友嘟囔了一句誓言，转身快步走开了，发誓这是他最后一次射杀猴子。朋友说："这不是玩笑，这是彻头彻尾的谋杀。"我完全同意。

如果你生活在一个没有野生狒狒的国家，你想认识一只狒狒可以去当地的动物园，看看那些关在狭小的隔间里的毛发肮脏、精神萎靡的囚犯。第一次世界大战后，部分欧洲动物园认为，如果大量的狒狒可以聚集在一个部分开放的围栏里，接受城市灵长类动物学家的观察，或许更好，也更"人性化"。伦敦动物园便是其中之一。多年来，祖克曼博士是这些实验的主要参与人：

1925年春天，大约100只狒狒被引入护城河边的猴山，面积约为33×20平方米。每只狒狒平均只有不到7平方米，或约60平方英尺[1]，也即一个小牢房大小的区域活动。本来这是一个全是雄性的群体，但是因为"偶然的疏

1　1英尺＝0.304 8米。——译者注

忽"，100 只狒狒中有 6 只是雌性的。过了一段时间，这种疏忽得到了纠正，这个群体又增加了 30 名雌性和 5 名雄性。到 1931 年年底，64% 的雄性死亡，92% 的雌性死亡：

> 在死亡的 33 名雌性中，有 30 名在打斗中丧生。雌性是雄性战斗的战利品。这些战争给雌性所造成的伤害程度不一，四肢、肋骨，甚至头骨都有碎裂，伤口有时会穿透胸部或腹部，许多动物的肛门−生殖器部位出现了大面积的撕裂伤……从人类中心主义的角度来看，导致一只雌性都不留的斗争是如此漫长、令人厌恶，研究人员决定将五只幸存的雌性从山上移走……伦敦动物园里雌性狒狒的死亡比例非常高，这表明它们所属的社会团体在某种程度上不符合自然规律。

尽管最后采取了措施，伦敦动物园的埃及狒狒群落让人们更加坚信达尔文式的生存斗争不择手段。尽管猴子山上发生的事并非野生动物的普遍特征——否则狒狒将很快灭绝——但不少人由此得以一窥大自然的原始面貌——残忍的大自然，刀光剑影，血肉模糊——全靠文明制度和情感把人类保护起来，让人与之隔开。祖克曼是最早强调狒狒的社会组织可能主要由性因素决定的人之一，他对狒狒无限制的性生活的生动描述使人类对其他灵长类动物更为蔑视。

猴子山出了什么问题？首先，几乎所有被引入"地盘"的狒狒彼此都不认识。没有长期的相互适应，没有优势等级制度的预先建立；其次，习惯了妻妾成群的雄性群体，对于谁该有多个雌性，谁不配有雌性这一问题没有达成共识。没有建立基于亲缘关系的以雌性占统治地位的等级制度。与野外情况不同，雄性比雌性多得多。最后，这些狒狒拥挤在一起，而自然界中几乎不可能这样。

由于它们有力的下颚和引人注目的犬齿，狒狒群中的雄性从不认真争斗，尽管雌性狒狒会因为小小的叛逆而受到体罚。但在伦敦动物园，优势等级制度必须重新建立，当与雌性偷情后，躲避攻击者的退路被护城河切断，驯顺的雌性能够带来的平静的力量在这里远远不够。结果便是大屠杀。在6年半的时间里，只有一个婴儿存活下来。当雄性为雌性争斗时，成年雌性会无精打采地等待，好像"瘫痪了"。雌性被殴打、被撕裂、被刺穿，还会被一连串的雄性性侵。

不过雌性也不甘只是被动的工具：

> 当它的霸王转过身去时，它很快便对群体中的单身汉示好，然后是后入式性交。霸王微微侧过头，雌性冲向它，雌性把身体放低贴近地面，尖叫着向霸王示好，同时威胁奸夫——一边做鬼脸，一边在岩石上快速抓挠。这种行为立即引发了霸主对奸夫的攻击……光棍被紧紧追赶，逃之夭夭。还有一次，当它的霸王在猴山驱赶一个单身汉时，这只雌性狒狒被单独留下四十秒钟。在那段时间里，它勾引了两个雄性，它们骑在她身上。霸王返回后，雌性故技重施，害得俩奸夫落荒而逃。

当雌性被杀死时，雄性会继续拖着它们，继续争夺它们，和她的尸体交配。动物园工作人员冷酷地看着恋尸癖场景，出于"人道主义"，他们觉得有必要进入院子移走尸体。此时雄性一致强烈反对并激烈反抗。早在20世纪20年代，祖克曼在描述雌性狒狒的命运时，就使用并可能创造了"性客体"这个词语。

我们在卡尔霍恩对老鼠的实验中看到，即使食物充足，雄性和雌性一样多，严重的拥挤也会导致暴力、行为异常及适应不良（很多专家均如此认定）。在类似的情况下，我们还在阿纳姆黑猩猩群体中看到抑制暴力的新行为模式出现的过程。从伦敦动物园的狒狒身上我们了解到，如果给一个惯于性暴力的物种提供最好的生活条件并提供少量的性作为奖励让它们争夺，安排它们进入一个没有秩序的社会，把所有个体聚集在一起不准离开，最可能的结果就是陷入混乱。猴子山揭示了性、等级、暴力和拥挤环境的致命交叉点；并不意味着该结论适用于其他灵长类动物。[1]

正如祖克曼所言，大自然中的埃及狒狒生活得更加平和。雄性首领被一小群雌性、后代和一些下属"单身汉"雄性包围。它们妻妾成群，结队地在这片土地上游荡，收集食物。数百只狒狒像部落成员般聚集，每晚都在悬崖上扎营过夜。几乎不会因为抢夺雌性（或任何其他原因）而进行死斗。各人都知道自己的地位，尤其是雌性。当然雌性经常被虐待，平均每天被咬一次，但不会到流血的地步。它们当然不会因为对其他雄性感兴趣就全部被杀死，伦敦动物园发生的事情不会在自然界中发生。

埃及狒狒在非常小的群体中表现得非常不同：一只单身雄性狒狒在相邻的笼子里观察一对狒狒第一次约会。几天过去了，它被迫独自坐着观察它们交配。当把它放入它们的笼子，它不会攻击雄性或者引诱雌性离开。相反，它尊重它们的关系，它们做爱时它会把目光移开。即使它可以强迫它们，但它不会这么做。它是正直和谨慎的典范。

我们可以构建一个灵长类社会，然后使其崩溃，个体一个接一个死去。灵长类动物在这种情况下会发现自己是罪犯吗？它们对自己的行为负责吗？它们有自由意志吗？或者我们是否应该把主要责任归咎于那些危害社会的个体？一个社会要想成功，它必须适应自然，适应其中的个体。如果那些设计社会结构的人忽视了组成社会的个体，或感情用事，或平庸无能，灾难就会降临。

祖克曼一直认为，通过研究猴子和猿类无法了解关于人类本性或进化的东西——这与许多研究动物行为的学者意见相左，后者认为理解灵长类动物是理解人类的直接途径。祖克曼说："我从小就对通过动物世界类比人类来解释人类行为持坚定的批判态度。"他将康拉德·劳伦兹、德斯蒙德·莫里斯和罗伯特·阿特里描述为"三位同样擅长浅显类比的作家"，这些人都认为人类可以通过研究其他动物了解自己。

祖克曼是伦敦动物园负责动物尸体解剖的官员，他后来将一本名为《猴

1　1790 年，英国皇家海军"邦蒂号"发生兵变，一些逃亡的英国人在没有确立牢固的统治阶级制度的情况下，领头的男性、他的亲密追随者和一些波利尼西亚妇女一起在皮特凯恩小岛定居，发生了类似的事情。

子和猿的社会生活》的书的手稿提交给动物园的领导审核。这本书很快被驳回,理由是此书在性的问题上表达不准确(例如,"霸王"的注意力被它的一只雌性的会阴区域吸引,通常是当雌性的性器官部位的皮肤肿胀的时候。它把头向前弯,伸出手,嘴唇和舌头动来动去,激起雌性的"性"趣,于是它骑上去交配")。祖克曼最终还是把这本书出版了。46年后,他出版的自传《从猿到军阀》中有许多生动的细节,但对猴山事件只是简略提及。

第二次世界大战伊始,祖克曼研究了空中轰炸对平民的影响。他的解剖学知识在那里很实用。他开始分析空中轰炸在实现战略目标方面的有效性,此时他的怀疑倾向派上了用场。他发现英国皇家空军轰炸机司令部(和美国陆军航空兵)一直夸大大规模空中轰炸的潜力,以削弱敌人的战斗意志,缩短战争时间。

战后,祖克曼去了伦敦动物园,之后他的职业生涯经历了几次转变,成为英国国防部的首席科学顾问,这个岗位需要他在理解优势等级方面的专业知识。祖克曼勋爵创建了一个生命对等体,多年来致力于减缓各国核军备之间的竞赛。

长臂猿和倭黑猩猩的社会等级

总体来看,狒狒的行为只是广阔的灵长类动物行为舞台上的一员。可以很容易地观察到:

> 许多狐猴群体中雌性通常会统治雄性。拿害羞的夜枭猴为例。雄性和雌性在抚养幼儿时通力合作,雄性主要背负和保护婴儿。有一种温和的南美洲猴子叫"穆里基(muriqui)",擅长躲避攻击性的互动行为。在社会组织中雌性发挥积极作用的灵长类物种还有很多。

以长臂猿为例,它们的长臂允许它们在森林的树冠上进行大幅度跳跃,有时可以从一根树枝跳到10米开外的另一根树枝,让人类体操冠军都自叹不如。长臂猿是一夫一妻制,它们和伴侣私订终身。它们会唱歌,歌声能传到方圆一公里以外。成年雄性在破晓前的黑暗中独唱,单身汉比已婚老男人唱得更久,二者不会同时唱歌。长臂猿妻子更喜欢和丈夫二重唱。寡妇们默默承受悲伤,不再歌唱。

长臂猿也是领地动物,早上会通过唱歌阻止入侵者。一个核心家庭通常是父母和两个孩子,控制一个小地盘。它们对领地的保护一般不是通过扔石头或打架,而是通过唱歌来完成。歌者的节奏、音色、频率和振幅令前来偷猎的同类生畏。有时候,年迈的父亲会把保护家园的责任交给青春期的儿子,把火炬传递给年轻一代。令人痛心的是为了避免乱伦的诱惑,青少年有时会被父母驱逐出家园。成年雄性和雌性的行为非常相似,社会地位几乎相等。灵长类动物学家将雌性描述为"共显性的",而婚姻中的伴侣则很"放松"和"宽容"。

长臂猿的生活似乎完全是歌剧式的。人们很容易想起狂热的爱情独唱,歌颂婚姻幸福的二重唱,以及在森林之夜响起的恐吓歌曲:"我们在这里,我们很坚强,我们唱着美妙的歌曲。你们最好离远点。"长臂猿中的威尔第也许会唱着退位的咏叹调,充满悲怆,对荣耀和流光充满深情的哀叹。

倭黑猩猩(bonobo)是一种独居的黑猩猩亚种,生活在扎伊尔河以南的中非。倭黑猩猩比较特殊,一般不适合在动物园里生活,这可能是它们不像前面几章描述的普通黑猩猩那样出名的原因之一。倭黑猩猩,林奈分类的名字是 Pan paniscus,也被称为侏儒黑猩猩。和普通的黑猩猩相比,它们身材更小巧,更苗条,脸没那么突出。[1] 倭黑猩猩经常用两条腿站立走路。(第二和第三趾之间有皮肤网的结构。)它们昂首挺胸大步前进,不似黑猩猩那般无精打采。德·瓦尔写道:"当倭黑猩猩直立时,它们看起来就像从艺术家对史前人类的想象中走出来的一样。"

与普通雌性黑猩猩在发情期特征十分明显,其间有显著的性感受性不同的是,雌性倭黑猩猩一生中大约有一半的时间生殖器是肿胀的,它们几乎

1　研究黑猩猩和倭黑猩猩的人被称为泛人类学家。

总是对成年雄性倭黑猩猩有性吸引力。普通的黑猩猩和其他很多动物一样,交配时雄性从后面进入雌性阴道,雄性的前面对着雌性的背后。但是倭黑猩猩的交配是面对面的。这似乎是雌性更喜欢的体位,可能是因为它们的阴蒂比黑猩猩的更大,更靠前。倭黑猩猩通过长时间凝视彼此的眼睛表示相互吸引,交配之前都会这样做,而普通黑猩猩没有类似行为。只有双方都想交配的时候,倭黑猩猩才会交配。这与黑猩猩不同——黑猩猩的性活动是强制性的,几乎总由雄性发起。总的来说,在更广阔的社会背景下,雄性倭黑猩猩主宰着雌性倭黑猩猩。但情况并不总是如此,尤其是当它们单独在一起的时候。晚上,在森林的树冠上,一对成年倭黑猩猩有时会依偎在同一个树叶巢里,而成年黑猩猩从来不会如此缱绻。

按照人类的标准,普通黑猩猩的性行为似乎已经到了疯狂的程度。但对倭黑猩猩而言,前者堪称保守。拿灵长类动物学家感兴趣的性强度指标——交配期间阴茎平均插入次数来说,倭黑猩猩大约 45 次,黑猩猩不到 10 次。倭黑猩猩每小时的交配次数是黑猩猩的 2 倍。需要注意的是这些观察是针对圈养倭黑猩猩,与自由时相比,它们可能有更多的空闲时间或更需要相互安慰。生完孩子不到一年,雌性倭黑猩猩就准备重新拥有性生活,而雌性黑猩猩需要三到六年时间。

除了满足性冲动,倭黑猩猩在日常生活的很多方面也会使用性刺激,比如哄婴儿入睡(据说这种做法曾经在中国古代盛行),也能作为解决同性之间冲突的手段,可以交换食物,以及作为通用的社会纽带和社区组织方法。倭黑猩猩中,只有不到三分之一的性接触发生在成年异性之间。雄性会相互摩擦臀部或进行口交,这在拘谨的黑猩猩中闻所未闻;雌性会相互摩擦生殖器,这种同性接触有时比异性接触更受欢迎。雌性们在即将争夺食物或有吸引力的雄性时通常会摩擦彼此的生殖器,这似乎是缓解紧张的一种方式。在压力大的时候,雄性倭黑猩猩会伸开双腿,以友好的姿态向对手展示自己的阴茎。

尽管有这些小差别,倭黑猩猩仍然是黑猩猩。首先,它们均有雄性占统治地位的等级制度。占主导地位的雄性优先享有雌性(尽管雄性并不总能主导雌性），它们会做出顺从的手势，问候对方。其次，倭黑猩猩群体的大小和黑猩猩差不多，由几十只组成。青春期雌性也会游荡到邻近的群体，雄性更喜欢捕食动物，但不会组成狩猎小队。雄性比雌性数量多，两性比例与黑猩猩差不多。群体之间会相互接触，气氛总体不错，其乐融融，有时也暴力相向。迄今为止，倭黑猩猩尚不存在杀婴或谋杀同类的行为。和我们一样，它们在遇到陌生人时的最初反应颇具黑猩猩风格——摆出一副杀气腾腾的模样。

倭黑猩猩的梳理行为与黑猩猩相反，在异性之间最常见，在雄性同性之间最不常见。露齿一笑不是一种屈服的姿态，而是一系列类似于人类微笑的功能。雄性倭黑猩猩之间的纽带比黑猩猩社会弱得多，雌性的社会地位比黑猩猩高得多。部分母亲和儿子的关系很好，直到儿子成年前都保持着亲密的关系。而在黑猩猩中，当年轻的雄性黑猩猩进入青春期，母子之间的亲密关系往往会中断。倭黑猩猩解决冲突的社交技能比黑猩猩更发达，占主导地位的个体在与对手和解时表现得也更慷慨。

如果人类对与狒狒当亲戚感到厌恶，那可能会从与长臂猿和倭黑猩猩的联系中得到一些安慰。事实上，我们和类人猿的关系远比和猴子的关系密切。黑猩猩和倭黑猩猩同属一个属，某些分类下甚至是同一物种。考虑到这一点，它们之间的差异令人吃惊。二者之间有很多区别，比如性交频率、性行为种类、性的社会效用以及雌性更高的社会地位等。也许这两者之间的许多区别是由于倭黑猩猩在进化上面的进步，倭黑猩猩不再有每月排卵的显性广告，丢弃了发情期。当排卵不再明显时，雌性便不再仅被视为性资产。

灵长类动物的潜力如此之大，以至于即使是解剖或生理上的一个小小变化，也能带我们窥探到在曾经广阔的热带森林的低矮树枝上休憩时从没梦到过的宇宙。

第十八章

猕猴里的阿基米德

对所有这些看上去简单易懂、唾手可得的成果，

有人归因于他的天赋，

有人说他是因为付出了艰苦卓绝的努力。

你自己再费劲都无法证实的东西，

而一旦亲见，

便会马上相信一定能做到。

他能通过一条如此简单且快速的途径引导你得出结论。

他，就是阿基米德。

——普鲁塔克
《高贵的希腊人和罗马人的生活》之《马塞拉斯传》

灵长类动物的族谱

人类不是从现有的 200 种灵长类动物进化而来。相反,我们和它们一样来自共同的祖先。重建灵长类动物的族谱,方能弄清谁才是我们的近亲。即使是同一个属的灵长目动物,其行为差别依然很大。想正确认识自己,务必清楚谁是我们的近亲。

之前提到,似乎黑猩猩是和人类最近的近亲,二者有 99.6% 的活跃基因相同。当然你一定猜到了,通过 DNA 测序得知,倭黑猩猩和普通黑猩猩更像,它们彼此的亲缘程度比和我们的关系近得多但 99.6% 已是一个非常高的相似度,所以两者的许多特征在人类身上也存在。(的确,我们即使和关系最远的灵长类表亲也应该有着共有的行为特征。)

根据从分子和解剖学上找到的证据以及对化石的研究,可以绘制出灵长类动物的整个族谱,并标注时间线。这些来自分子和解剖学的数据随着时间的推移变得趋同,但又不完全一致。在这本书里,我们非常重视基因测序和 DNA 杂交数据。根据分子证据,大猩猩大约在 800 万年前从人类的进化线上分离。可能在一百万年后,人类和黑猩猩的共同祖先与大猩猩分离,这一点至今仍未确认,因为这个祖先现已灭绝。此后不久,黑猩猩和人类开始向各自的命运演变。对一个古老的星球来说,这并不是很遥远的事,相当于一个 50 岁的中年人最近过的两周一样。这并不意味着人类和黑猩猩出现在 600 万年前,只是我们作为漫长的进化树上的普通树枝,终于有了属于自己的那一支。

为了更好地了解灵长类动物的本性及发展,不妨回顾一下约 1 亿年前的中生代末期的情形。大概相当于一个中年人回忆一年前的生活。那时,哺乳动物已经存在,但不太容易找到。白天是恐龙的天下,有一些恐龙是陆地上进化出的最可怕的杀人机器。而我们的哺乳动物祖先胆小、软弱,一般只有老鼠那么大。有些恐龙(如同现今的爬行动物和两栖动物)是冷血动物(这一说法仍有争议),意味着它们在寒冷的夜晚和冬天会进行休眠。尤其是那些捕食老鼠大小的哺乳动物的小恐龙很容易伤风感冒。哺乳动物是恒温动物,夜晚无须休眠。

月黑风高,恐龙毫无知觉地沉睡。这对我们的祖先来说可是个好机会,它们四处奔跑,忙忙碌碌——抓幼虫、啃树叶、交配、照顾幼崽等。但是要在黑暗中正常工作,它们必须非常善于使用视觉以外的感官。在那个时代,哺乳动物的大脑在进化的同时,还得发展出更精良的机制以适配更强的听觉和嗅觉,这是它们抵御夜间恐龙捕猎的屏障。

我们的祖先白天在洞穴里睡觉时可能会辗转反侧,噩梦中看见一排排针状的牙齿,于是敏捷地躲藏到安全的地方。它们的一生可能都在惶恐中度过,提心吊胆,渴望夜幕降临。

6 500万年前,一个晴天霹雳——小行星撞地球似乎灾难性地改变了地球环境——消灭了恐龙,在夹缝中求生的哺乳动物得到了繁荣和多样化的契机。我们不知道究竟是这么早便有了灵长类动物,还是其他一些哺乳动物很快进化成了第一种灵长类动物。从化石研究中可以得知,恐龙灭绝后不久,在今天的阿尔及利亚地区出现了几盎司重、牙齿大约一毫米长的小猴子样生物。到5 000万年前(相当于50岁中年人的半年前),树栖灵长类动物出现在亚热带的怀俄明州,雄性动物的犬齿是雌性动物的两倍长。

如果根据这种差异在如今猴子中的意义来推断,那时应该还存在雄性统治雌性、雄性建立自己占统治地位的等级制度并相互竞争、一夫多妻制等一些从我们还是灵长类动物的时候就存在的行为。

通常认为第一批灵长类动物比现代猴子、猿和人类更像早期哺乳动物(吻长,眼睛长到头部两侧,有爪子)。所谓的"低等"灵长类动物或原猴亚目类动物(如狐猴或懒猴)与最早的灵长类动物或有几分相似。比如,一眼就能看出它们是夜间活动:它们的眼睛相对于脸来说非常大,眼睛里更大的光圈是为了适应夜视,能看清只有月亮和星星照亮的世界。

　　它们或是通过特殊腺体散发的气味进行交流，但不排除存在其他交流方式。[1] 它们用硕大的大脑思考，用立体视觉观察，用手改变环境。灵长类动物典型的等级制度可能已经出现，两性都把展示臀部作为服从头领雄性的姿态。

　　灵长类动物早期进化的标志，是活跃时间从夜晚变为白天，嗅觉相对抑制，却发展出更精细的视觉，发展表达情绪的面部肌肉，母子间联系更紧：婴儿依赖期延长，大脑皮层得到改善，各个大脑中枢系统从古老的低级中枢转变为新的高级中枢，控制侵犯等其他行为。这些改变导致灵长类动物社会的主要变化：侵略性变小，更有可能开展真正的群体生活；童年期变长，父母能教给孩子的更多；联盟出现，社会成员能够相互和解、信赖、宽恕，不忘过去，规划未来。我们的祖先变得更机敏、更聪明、更会交流、更有爱。

　　恐龙灭绝后，哺乳动物开始在白天生活。它们度过了一段安全且自由的美好日子。但是随着哺乳动物不断地生长、繁殖和分化，它们最终成为彼此的美餐。它们开始互相吞食。新的捕食者——如猛禽——出现了。白天又变得危险。一项有关现代美洲角雕的研究表明，它们带回窝的"猎物"中有39%是猴子的肢体。我们的祖先白天必须十分警惕，集体防御必不可少——比如观察天空，一旦发现老鹰就发出空袭警报。

　　面对捕食者，正在觅食的狒狒通常会聚集起来快速行动。我们常称此类集体行动为军事行为，一种古老的对捕食威胁的适应性反应。强大的捕食者可以迫使潜在的猎物快速进化——拥有双目视觉、树栖、团队协作、战斗力增强、智力提高，甚至掌握一些军事技巧等。

　　猴子天生就有识别各种面部表情意义的能力，但对这些表情做出回应需要经验和训练。当一只猴子看到另一只猴子的眼睛、嘴或皮毛时，某个特定的大脑神经元就会优先启动。甚至有一种脑细胞，专门对蹲伏或弯腰姿势做出反应。在灵长类动物中，面部表情和身体姿势的意义与生俱来，不是

1　环尾狐猴的雄性会在尾巴上涂抹一种信息素，黑白相间的尾巴相互挥舞，将气味飘散到空气中。主要目的是竞争雌性：显然，最芳香的狐猴会赢得最有吸引力的雌性。在一个狐猴物种中，所有的成年雄性可能在同一个晚上得到回应，因为所有的成年雌性会在银色（和满月）的光的照射下一起发情。

社会的约定俗成。比如雄性恒河猴伸出下巴并撅起嘴唇就表示"到这儿来"，如果你是一只恒河猴（无论雌雄），了解这些表情的意义是很重要的技能。

记仇是进化中的灵长类大脑的用途之一。猴子通常在打架后的几分钟内和解，通常表现是象征性的相互骑乘。雄性黑猩猩之间产生了纷争，则需要几个小时或几天和解，并通常由雌性黑猩猩来充当调解员的角色。雌性黑猩猩就没有这么宽容了，它们甚至会记仇一辈子。对人类而言，无论男女，记仇从一瞬间到一辈子都有可能。即使在猴子中，对一只猴子的怨恨经常牵涉其亲戚。在灵长类动物发明的新的社会形式中，争斗和仇杀有时会延续几代人——昭告了历史的开端。

与大多数哺乳动物一样，灵长类动物的攻击性、支配性、领土性和性欲都是由血液中循环的睾酮进行调节，睾酮主要由睾丸产生。几乎可以肯定的是，最早期的灵长类动物也是如此。发育中的胎儿大脑接受的睾酮等雄性激素越多，动物长大后表现出的雄性特征就越多。雄性动物的雄性激素水平越低，表现出雄性特征的倾向就越受抑制，就越可能被其他雄性取代。可以说雄性激素水平与领导能力呈正相关。当雌性处于发情期且周围没有地位更高的雄性时，地位低的雄性的睾酮水平会飙升。在一定限度内，灵长类动物能随机应变，可谓"时势造猴子"。

许多灵长类的雄性（一般不包括人类）表现出对已生育雌性性伴侣的明显偏好，年轻的雌性黑猩猩可能需要特别努力来吸引雄性。我们曾经提到雄性黑猩猩头领在雌性黑猩猩排卵期间如何独占它。然而，灵长类动物中的性已经不仅仅是一种繁殖手段，更不是简单的复制和重组 DNA。被专家描述为"滥交""堕落""反常"和"不加选择"的看似让人无法自拔的性行为有其存在的原因。它已经进化成一种社交机制，这在倭黑猩猩中最为明显。尽管存在性嫉妒，但它将族群团结在一起。它能维系情感，确保成员目标一致，是互相认同的一种方式，同时还能软化危险的侵略行为。群居是灵长类动物生活的核心，它带有诸多人类文化和社会性质。而性就是共同生活的主要动机之一。

在动物中,如果说童年的学习有着至关重要的作用,那么大人的榜样力量更是不可或缺。等级制度一定程度上减少了群体内部的暴力行为(不包括攻击倾向)。合作意识对狩猎行动至关重要(尤其是狩猎大型动物);有时对躲避捕食者的追捕也必不可少。在调查了30种野生灵长类动物后,科学家发现每个个体在年底被吃掉的概率都是1/16。由此可见,躲避捕食者已成为灵长类动物日常生活的重中之重,共同生活则让早期预警和集体防御成为可能。

长尾黑颚猴冒险走出了相对安全的森林,进入了开阔的热带草原,草原上没多少遮蔽,比森林更加危险。科学家通过回放它们的叫声记录,揭示了叫声的意义。这些叫声清晰易懂,能引发特殊的反应——如果敌人是蟒蛇或黑曼巴蛇,它们会踮起脚尖,焦虑地注视着旁边的草丛;如果是雄鹰,它们会仰望天空,然后钻入茂密的树叶中;如果是豹子,它们会迅速上树。不同的捕食者会引发不同的叫声和相应的躲避行为,这些反应有一部分是后天习得的。年幼的个体看到一只小鸟飞过头顶,也会慌忙发出"老鹰来了"的警报,有时看到一片落叶也会大惊小怪。通过从过往经验和他人身上学习,它们越发擅长辨别其间的不同。长尾黑颚猴可以发出一系列咕噜声,有科学家认为这些声音可以助其互相交流,并且含义是可以破解的。群体生活能通过各种途径促进社交的发展。论社交能力,灵长类动物绝对称得上所有生物中的进化王者。

和长尾黑颚猴一样,狒狒、黑猩猩等许多灵长类动物都怕蛇。你把蛇或者像蛇的东西放在野生猕猴面前,它们会吓得屁滚尿流。如果用实验室饲养的从未见过蛇的恒河猴做同样的实验,会发现有些猴子虽然害怕,但不会像野生同胞那般惊慌失措。科学家们做了一项实验:每当黑猩猩看到蛇,便给黑猩猩一根香蕉作为奖励。最终,野生黑猩猩对蛇的恐惧几乎可以抑制。这是否意味着它们对蛇的恐惧并非天生,而是母亲以某种方式教给婴儿的呢?抑或是该恐惧确属天生,但因实验室里的猴子已习惯了无害的蛇形物体(如软管),所以克服了天性?究竟是什么决定了这一切:是遗传密码还是环境因素?关于蛇的样子以及它是灵长类动物的威胁等信息,是编码在

DNA 中的，还是灵长类的婴儿只是在仔细观察成年灵长类动物的反应后，在模仿它们的反应呢？

几乎可以肯定，答案是两者兼而有之。灵长类动物的大脑中似乎天生自带了厌恶蛇的程序。但这并非外界信息无法插入的固定程序。相反，它是一个开放的程序，可以根据经验进行修改。例如，"我一生中见过很多蛇，它们对我没有太大伤害，所以见到它们我可以放松一点"或者"每次我看到蛇，香蕉就会奇迹般地出现，蛇也有它们的优点"。大多数灵长类的程序是开放的、适应性的，可以根据经验塑造，使自己更适应新环境。这必然就产生了矛盾性、复杂性和不一致性。

在典型的现代年表里，122500 万年前我们从旧世界的猴类分支出来；1800 万年前与长臂猿分支；1400 万年前与红毛猩猩分支；800 万年前与大猩猩分支；约 600 万年前与黑猩猩分支。大约在 300 万年前，倭黑猩猩和普通黑猩猩各自进化。我们人类这一种，有 200 万年的历史了。智人的出现大约在 10 万到 20 万年间，相当于那个 50 岁中年人的昨日。

灵长类动物致力于社会群居，在食肉动物带来的巨大选择压力下，随着大脑的快速进化和对年轻个体教育的有效制度化，新的智力形式不断发展。有好奇心、乐于尝试和思维敏捷是灵长类动物能够成功的部分原因。

日本世奈小岛上的猕猴

下面是一位日本灵长类动物学家记述的一系列事件，发生在一群居住于一个名为世奈[1]的小岛上的猕猴中。1952 年伊始，那儿只有二十只猕猴。接下来的十年里，这个数字几乎翻了三倍。世奈岛的天然食物供应很有限，得给猴子们提供额外的食物——红薯和小麦，由观察它们的灵长类动物学家扔到海岸上。

在海边野餐过就知道，沙子会黏在食物上，吃起来硌牙。1953 年 9 月，

1　Koshima，也被称为幸岛，是日本九州宫崎县的一个小岛，因为学者做百猴效应的实验而闻名。

一只一岁半的雌性猕猴"伊莫"想出了办法,它把红薯放进在附近的小溪里浸泡然后洗掉沙子。

伊莫之后,下一个学会洗红薯的猕猴是它的伙伴,在十月份学会了这项技能。伊莫的母亲和另一个雄性伙伴在 1954 年 1 月开始洗红薯。在随后的几年里(1955 年和 1956 年),伊莫的三个亲戚(弟弟、姐姐和侄女)和其他家族的四只猴子(两只比伊莫小一岁,另两只大一岁)也开始这样做。因此,除了伊莫的母亲,快速学会洗红薯的猕猴要么是它的同龄人,要么是年轻近亲。

1959 年后,信息传递的特点发生了变化。洗红薯不再是一种新的行为模式。当幼年猕猴出生时,它们大多发现母亲和长辈都在洗红薯,于是它们开始跟着学,就像学吃东西一样。幼年猕猴还在哺乳期时就会被带到水边,母亲洗红薯时,幼年猕猴会仔细观察,把母亲掉在水里的红薯块捡起来放进嘴里。大多数幼猴在一岁至两岁半左右就学会了洗红薯。

在第二个时期(1959 年至今,"前文化传播"时期),学会清洗红薯这一技能与性别和年龄无关,几乎所有的猴子都在婴儿期或青少年时期便从母亲或玩伴那里学会了。

然而,还有一个问题没有解决,小麦中也混有沙子。伊莫第二次顿悟:

1956 年,伊莫 4 岁。它带了一把混着沙子的小麦来到河边,把它们撒落在水面上,沙子沉了下来,水面上漂浮的小麦可以捞起,又变得干净了。这种淘沙技术[1]被别的种类的猴子学会,很快别的动物也学会了。

与洗红薯相比,淘沙技术的传播速度相当慢。

淘沙子似乎需要更好地理解物体之间的复杂关系,可能特别难学,因为猴子必须首先"丢弃"食物;而在洗红薯的过程中,猕猴需要从始至终把红薯抓在手里。

1　用于淘金。

伊莫是灵长类里的天才，是猕猴中的阿基米德或爱迪生。但它的发明传播得并不顺利，猕猴社会像传统的人类社会一样保守。要是它来自一个重视传统母系制度的上层家庭，大家也许更容易接受它的发明。通常情况下，成年雄性最固执，接受新事物的速度最慢。一个雌性发明了这个工艺，其他雌性模仿它，然后这个过程被所有年轻人接受。最终连婴儿都能在母亲的膝盖上学会这门技能。成年雄性的不情愿，透露了信息。它们竞争激烈，等级森严，不喜欢友谊，甚至不太喜欢联盟。如果它们模仿伊莫，就意味着跟随它的领导，在某种意义上就成为它的附庸。这对它们来说十分屈辱。为了保持自己的统治地位，它们宁愿吃点沙子。

就已知信息看，世界上没有其他猕猴搞出这般创造发明。至1962年，其他岛屿以及本土猕猴也开始在食用前清洗红薯。尚不清楚这是他们的独立发现还是文化的传播。比如1960年，一只很擅长洗红薯的猕猴——重吾，从自己生活的小岛游到附近的岛上，一待就是四年。或许是它教会了当地的猕猴，抑或是那个小岛上也有个阿基米德。伊莫仍是我们唯一确定的猕猴中的阿基米德。

仅仅是接受这两个实用的发明就用了日本猕猴整整一代的时间。它们身上表现出一种趋向：既保守，又有偏见，不管益处有多么明显，都不愿接受新方法。这种趋向不单局限于日本猕猴身上。随着年龄的增长，学习的速度会逐渐变慢，这可能是成年猕猴如此"麻木不仁"的原因之一。这跟年轻人似乎比父母更擅长摆弄计算机和相机差不多。但这并不能解释为什么成年雌性猕猴比雄性猕猴更乐意学习新事物。

即使在猕猴身上也能看到，这种在几乎孤立的各个群体中做出的发明如何导致文化差异。由此猜测，对一个更具创新精神的灵长类物种而言，群体间偶尔的接触、摩擦和竞争有利于创造先进的文明和技术。

动物的语言智能

早期的阿尔及利亚神话提到，类人猿在很久以前其实就会讲话了，但它们犯下罪孽,遭到神明惩罚,不得再开口。在非洲和其他地方也有许多类似的故事。在另一个广为流传的非洲故事里,猿猴可以讲话,但出于谨慎拒绝开口,因为一旦讲话就会暴露自己的智力,然后被人类拉去劳作。它们的沉默正是其智慧的体现。有时,土著人会带领探险家拜访一只拥有许多非凡技能的黑猩猩,并告诉他这只黑猩猩也会说话。不过没有哪个探险家见过猩猩开口讲话。

露西是黑猩猩里的名人,是首批学会使用人类语言的猿类之一。与人类不同,黑猩猩的嘴和喉咙不那么适合说话。究竟是因为它们没有语言的智能,还是由于解剖结构的限制? 20 世纪 60 年代,心理学家比阿特丽斯和罗伯特·加德纳夫妇对此颇为好奇。考虑到黑猩猩的双手十分灵活,加德纳夫妇决定教一只名叫“瓦肖”的黑猩猩一种听力受损人群常使用的特殊语言——美国手语。在美国手语中,一个手势代表一个单词,而不是一个音节或一个声音。在这方面,美国手语更像汉语中的文字,而不是希腊语、拉丁语、阿拉伯语或希伯来语中的字母。

年轻的雌性黑猩猩是班上的优等生,有些甚至学会了上百个词汇。T.H.赫胥黎的孙子朱利安·赫胥黎是著名的进化生物学家,他曾说:“许多动物都可以表达它们饿了,但只有人会表达要鸡蛋还是香蕉。”但如今,学会手语的黑猩猩也能急切地索要香蕉、橘子、巧克力糖果等很多东西,每一种都用不同的手势或符号表示。它们的交流清晰、明确且符合逻辑。听觉障碍者们在观看黑猩猩使用手语的影片时表现得非常兴奋,这足以证明其表达的有效性。据说它们不仅能掌握基础语法,还能用已知的单词创造出新的短语。比如,已发现黑猩猩会将“更”这样的词运用到新的语境中,比如“走更多”和“更多的水果”。一只天鹅能够引发它们创造新词“水鸟”。人类也有这样的能力。

露西是第一批受训的黑猩猩之一,它在第一次品尝西瓜后用手语打出“糖果、饮料”,第一次品尝萝卜后用手语打出“哭泣、受伤、食物”。据说它能够区分“露西挠罗杰”和“罗杰挠露西”的意思,也能理解挠痒痒是一种类似于梳理毛发的行为。当露西闲来无聊翻看杂志时,看到老虎的照片打出

"猫"的手势,看到葡萄酒广告时比划出"喝"的手势。在它做语言实验时它只有几岁,考虑到年轻的黑猩猩特别渴望情感上的支持,便给露西安排了一位人类养母。养母简·特梅林离开实验室那天,露西凝视着她,打出手语:"哭我。我哭。"

四下无人时,学会手语的黑猩猩经常偷偷互相打手语。对它们来说或许只是文字游戏,尝试把新技能掌握得更扎实;又或许在做实验,看是否能在无人在场的情况下,通过正确使用手语从空气中变出"水果"来。毕竟当人类在场时这招儿挺管用。

露西和同伴在多大程度上理解了它们正在使用的手语,又在多大程度上只是机械记忆而非理解这些符号序列的真正含义,仍是科学界讨论的主题。人类儿童学习母语属于上述哪种情况同样存在争议。

科学界还存在另一种争议,认为也许只有成功的例子被记录下来,失败的例子则被忽视了。也就是说,露西和其他黑猩猩或许并未真的学会了美国手语,它们发出的手语符号都是随机的;当它们随机的表达有逻辑时,就会被人类观察者记录下来并在科学会议上讨论;当它们的表达无法被观察者理解时,这些表达就被忽略了。这是困扰该领域的"传闻谬误"[1]。

心理学家赫伯特·特拉斯和同事们对黑猩猩的手语语言和语法能力进行了彻底的检查,他们在录像带上记录了一只名叫尼姆的雄性黑猩猩所打出的近两万次手语符号。经统计,尼姆掌握了一百多种不同的手势。它经常表达"玩我"或"尼姆吃",并且表达符合沟通逻辑。但特拉斯认为,没有证据表明尼姆有逻辑能力把两个以上的标记组合到一起。它表达的句子平均长度不到两个单词,记录到最长的一句话是"给橘子我给吃橘子我吃橘子给我吃橘子给我你。"这看起来确实有点乱,但毕竟橘子很好吃,黑猩猩又性急,任何一个和兴奋的小孩待过的人都听得懂这种表达。值得注意的是,句中的四个词("给""我""橘子""你")都不是多余的,这十六个词中没有与这个紧急请求无关的词。通过重复表示强调,在人类语言中很常见。由于

---

[1] 也称列举有利情况的谬误。没有暗示人类主观上不诚实,是由于人类往往不是冷静的观察者所导致的失败。

句式简单,黑猩猩的语言能力未给许多心理学家和语言学家留下深刻的印象,且由于尼姆常用自己的手语打断训练者的手语,过多重复训练师的语言,以及没有创造出语法(比如主谓结构),它没有赢得那些科学家的重视。

反过来,这项工作也遭到了质疑。通常认为像学习语言这样困难的任务,黑猩猩需要紧密的情感支持来助其完成。但事实恰好相反,四年时间里尼姆换了六十个教练。教授语言技能本需要一个充满爱的、一对一的环境,然而,为了提高实验结果的可靠性,排除干扰,就需要避免实验者产生主观感情,这两者是相互矛盾的。人们常常发觉,这些黑猩猩的手语表达最具创造性的时机恰恰是在日常生活中,而不是在实验室。尼姆实验尤其强调训练,完全背离了语言的自发性。尼姆打断教练手语这事儿其实不算什么,因为两个人同时打手语而不打断对方对于手语交流而言是可行的,这是手语对比言语的优势所在。这种延迟模仿正是人类儿童初次学习语言时所做的事情。这群黑猩猩究竟掌握了多少语法技巧呢?由于种种原因,我们依旧不得而知。

但很明显,黑猩猩在语音基础方面比加德纳夫妇实验前所预计的更熟练。它们可以毫不含糊地将某些手语符号与某些人、动物或物体联系起来。考虑到猴子可以对不同的捕食者做出相应的报警声和躲避策略,黑猩猩能用手语符号对应人和物也并不奇怪。它们已经掌握了上百个单词,相当于一个两三岁小孩的词汇量。一只猩猩掌握了某个词汇的含义和用法,同伴自然就学会了。研究发现,有的猩猩没有接受过任何训练,却仍然能从接受过训练的同伴那里学会了几十个手语符号。

心理学家威廉·詹姆斯说:"现在可以认为这一事实已被证明——即人类心智与兽性心智之间最基本的单一区别就在于兽性心智缺乏发现相似性的能力。"他认为这是人类独特性的更为根本的原因,而非理性、语言和笑声——人类能发现不同思想之间的相似性。

研究人员首先教黑猩猩使用一个共同的符号指代三种食物中的任一种,使用另一个符号指代三种工具中的任何一种;再教它们其他食物和工具的名称,要求将新学的这些名称归入适当的类别。这里所说的并不是归纳新食物或工具本身,而是新食物和工具的名称。结果显示,它们完成得很好。这怎么可能呢？除非黑猩猩具备推理、抽象思维且"通过相似性将想法联系起来"的能力。另一只驯养的黑猩猩维奇·海斯也完成了类似的任务:将两堆照片放在面前,一堆是人类,另一堆是非人类,递给它一堆额外的照片让它进行分类。它表现得很完美,只有一个小小的差错:它把自己的照片归进了人类那一堆。

心理学家苏·萨维奇-伦巴格和同事设计了一种键盘,它的左右两边共有 256 个符号,每个符号代表一种黑猩猩感兴趣的东西——"挠痒痒""追逐""果汁""球""虫子""蓝莓""香蕉""户外""录像带"等。这些符号并非某国的文字,而是几何图形或抽象图形,并被看似任意地赋予其含义。科学家试图把这种符号语言教给一只成年倭黑猩猩,但它并不是一个好学生。它 6 个月大的儿子坎济经常陪母亲参加培训,科学家从未注意过它。两年后,尽管受训的不是坎济,它却向科学家证明了它正在学习他们试图教给它母亲的东西。(它的主动性终于引起了科学家的重视:当母亲要选择一个词汇时,它会跳到母亲的手上、头上或键盘上)。最终,科学家决定将研究的重点转向坎济。

坎济四岁时已经完全掌握了键盘。它能够用符号字提出要求,确认,模仿,做另一种选择,表达感情或发表议论。它会预告将要做什么事情,然后去做。通过把两个表示行动的符号字连在一起,它能够预告(不如说是透露)将会出现的一串事情。假如它在键盘上选择"追赶,挠痒痒",那么它就会先去追赶,然后挠实验员或者另一只黑猩猩,极少会出现先挠后追的情况。坎济也会选择"藏匿,花生",然后付诸行动。因此,很难否认坎济在脑子里安排了它的计划,而且有适当的行动顺序。随着时间推移,它还发展了其他的语法规则,特别是把动词放在宾语前面。(例如"咬西红柿"而不是"西红柿咬")。发明语法比学会语法更加令人惊讶。

　　然而几年之后,坎济的语言里仍有 90% 是单一的符号[1],它们很少能表达超过两个符号。尼姆身上也发生了同样的情况。也许我们在教黑猩猩学习语言方面遇到了瓶颈。

　　机缘巧合,人们偶然发现坎济能够理解几百个英语口语词汇。给它戴上耳机,再坐到另一间屋里通过麦克风向它提出要求,摄像机就拍摄到它正在做所要求的事情。这种实验方法避免了猿猴从人类手势上得到暗示。六百个新奇的、典型的要求,每一个都得到了完美的回复,包括"把背包放到车里""你看见石头了吗""你能把它放到帽子里吗""把蘑菇拿到室外""切橙子""吃西红柿"和"我要坎济去抓罗斯"。诚然会有一些小错误,例如当被问道:你能把橡皮筋放到脚上吗?"它立刻把橡皮筋放到了头上。它的表现相当于一个两岁半的人类小孩。我们还发现,其他倭黑猩猩也能理解英语口语。

　　坎济爱打球。将球藏在 55 英亩森林实验室中的七个指定地点之一,然后通过符号或口语告诉它球在哪里,坎济能够准确地找到该地点,然后搜索并找到球。在这种情况下,理解英语口语对坎济而言意味着会得到奖励。但是在大多数情况下,除了得到人类的认可和产生一些令人满意的交流,坎济并不会得到任何回报。这一点和人类幼儿学习语言的动机可能非常相似。

　　在另一个实验室里,一只名叫莎拉的黑猩猩认识到红色比绿色更能代表苹果(它没有见过绿色的苹果),有茎的正方形比没有茎的正方形更能代表苹果。它还能够将描述苹果特征的单词与苹果这个单词联系起来。这些单词不是手语单词,而是它所学的象征性符号单词。这些符号与实体之间没什么关联。(例如"苹果"用一个蓝色的小三角形表示)。这怎么可能呢,难道说,黑猩猩具备抽象化和分类思考的能力?

　　其他实验表明,黑猩猩能够通过类比和推理来思考,发现黑猩猩这一思维特点的科学家把其描述为"'A r B, B r C,因此 A r C',其中 r 表示某种传

1　一位评论专家将这句话比作:"从金矿中挖出的 90% 的材料都不是金矿。"

递关系,相当于大于的符号"。(据我们所知,有些批评家可能都不理解前面的逻辑,却否认黑猩猩有理性。)更多实验表明黑猩猩将心比心,或者正如心理学家大卫·普雷马克和G.伍德拉夫所说,黑猩猩有一个心理的理论。

至少到目前为止,黑猩猩在语法和句法方面仍有缺陷。它们没有从句、冠词、介词、时态、动词变化等。就像小孩第一次学习语言一样,缺乏语法概念,这阻碍了表达,误解也会越来越多。再加上词汇量有限,有点像一个中年美国人,依靠几乎不记得的高中法语,试图在普罗旺斯与人交流。比喻得更贴切一些,就好像在有两种以上成熟的人类语言的地方,会出现"混杂"的语言,尽管生活在那里的人语言能力很强,说话时还是会变得有点像黑猩猩。从未有人认真系统地教它们语法和句法,所以我们不能确定猿猴是不是真的没有这种能力。一位现代语言学家写道:"在有人认真系统地教猿猴语法和句法之前,即使希望渺茫,也不能完全排除猿类可能获得最完整意义上的语言的可能性。"

萨维奇-伦堡和同事认为黑猩猩和倭黑猩猩在学习人类语言方面表现出惊人的能力,因为它们有自己的语言。至于它们的语言是语音还是手势,至今还是个谜。在通报猎物、捕食者或敌方巡逻队的位置时,自然选择会赋予它们最实用的语言。早在人类和黑猩猩分道扬镳前,我们的灵长类动物祖先一定已经酝酿着思维、发明和语言的能力。

部分是因为特拉斯的工作,部分是因为人类对黑猩猩这样一个如此情绪化的生物难以开展干净、可控、专业的实验,许多研究的财政支持几乎消失了。比如,一群曾经学过美国手语的猿猴就遭遇了不幸。研究开展几年后,资金支持慢慢减少,似乎没有人对和黑猩猩交谈感兴趣了。研究场地变得杂草丛生,当地的猿猴即将被送到实验室进行医学实验。在结束之前,有两个曾经认识它们的人拜访了这群黑猩猩。"你想要什么?"来访者用手语问道。"钥匙。"两个黑猩猩在牢笼里打手语。它们想退出。它们想逃跑。请求却没有被批准。

在人类社会中长大的黑猩猩露西的结局

黑猩猩接近性成熟时，行为会变化。两性均比人类强壮很多，偶尔会发生难以预测的暴躁和暴力。因此，随着黑猩猩年龄的增长，实验人员几乎不可避免地要用铁笼子、项圈、皮带和电棒。黑猩猩渐渐地感到被人类背叛了，不再愿意配合他们奇怪的语言游戏。因此，在这项研究还能得到慷慨支持的时代，人们觉得应该在黑猩猩成熟之前尽快结束实验。所以我们也不知道成年黑猩猩的语言潜力有多大。像长大的童星一样，露西在青春期后不久便被迫退休。它当年展示手语成就的实验室也已关闭。

珍·古道尔那时已经在野外与黑猩猩生活了 15 年，她见到露西时非常惊讶：

> 露西像一个人类孩子一样长大，它的黑猩猩属性被多年来获得的各种人类行为所覆盖，在黑猩猩中它就像一个低能儿。它不再是纯粹的黑猩猩，也已经远离了人类。它是某种人造的新奇生物。我惊讶地看着它打开冰箱和各种橱柜，找到瓶子和玻璃杯，给自己倒了一杯加奎林水的杜松子酒。它端着饮料走向电视机前，打开电视机，从一个频道切换到另一个频道，然后似乎很厌恶地关掉了电视。它从桌子上挑选了一本精美的杂志，仍然端着饮料，坐在一把舒适的椅子上。偶尔在翻阅杂志时，它会用手语表达它看到的东西……

露西的后半生是和其他黑猩猩在冈比亚的一个小岛上一起度过的。她难以适应非洲，成了

> 一个瘦弱、无毛的废人……她在美国出生和长大，生活在养尊处优的中上层社会……露西曾是一个挑剔的、训练有素的黑猩猩公主……睡在床垫上，小口喝着苏打水，有过少女的爱恋，会坐在客厅里翻阅杂志消磨午后时光。

在冈比亚待了一两年后,詹妮斯·卡特·露西开始适应那里的生活。它经常与人类接触,并且经常是第一只迎接岛上游客的黑猩猩。它习惯了与人类相处,与其他黑猩猩的关系则很紧张。它错过了一个本该在野外嬉戏的黑猩猩的童年。

1987 年,露西的骨骸被发现。最有可能的推测是有人来到岛上杀死了露西。露西很可能死于枪杀,随后被剥皮。让它成名的手脚都不见了。罪犯至今没有落网。

论无常

生命无常,一生只是一个瞬间,一个变数。 感官是昏暗中的一盏明灯,人身是虫子的猎物,灵魂是无休无止的漩涡。 他的前途暗淡,他的名声可疑。 肉体是落花流水,灵魂是镜花水月。 生活是一场纷争,是异乡的短暂停留。 名声过后是长久的遗忘。 那么,人类在何处能够找到指引和守护自己的力量呢? 只有一件事:对知识的热爱。

——马可·奥勒留

《沉思录》

第十九章

何谓人

既然人类和野兽有着共同的生理基础，
那思想也就不言而喻了。

——查尔斯·达尔文
《物种嬗变记》

人类和动物本质上的不同

很多证据都表明人类在地球上居于主导地位。例如，人类踏遍了地球的每个角落，征服了许许多多的动物（冠冕堂皇的说法叫驯化），又将大部分植物为己所用，甚至改变了地表环境。为何偏偏是人类做到了这些呢，毕竟很多物种都天赋异禀。它们有的善于猎捕，有的善于脱逃，有的多产多育，有的长于伪装。而为何人类这种赤裸无毛、弱小无力的灵长类动物，能征服其他物种，占领整个世界呢？

我们为何如此与众不同？抑或，我们真的与众不同吗？或许解剖学或基因序列能为"人类"下一个明确的定义，这个定义涵盖几乎所有人类个体，且排除其他一切异己。但事实上并不能。我们的解剖结构和基因序列并无别出心裁之处。也许未来的某一天，我们会发现一段独一无二的基因序列，这个序列的 A、C、G、T 碱基编码所构成的氨基酸能构成一种特殊的蛋白质，继而促进特殊的化学反应，诱发某种我们人类独有的行为。但是迄今为止还没发现这样的序列。

那么，如果无法从基因序列或解剖结构上找到人类统治地球的原因，就只好从人类行为上一探究竟了。我们的日常行为看似有别于其他物种，但出乎意料的是，很多行为猿类也能完成。1893 年，英格兰切斯特动物园一只名叫康索的黑猩猩，就很好地证明了这一点。下面是康索完成的行为：

> 它能自己穿衣服、戴帽子、乘车出行；能和别人一起坐在桌旁，得体地使用刀叉，把自己的盘子递过去索要食物，并使用餐巾，餐后洗手。它知道往火里添煤，会摇铃呼叫饲养员，跑到厨房和女孩子们嬉戏，能够自行回到住所，和朋友们握手，并亲一亲酒吧女服务员，也能够抽烟斗，并自己调酒。

的确，有人会认为康索的行为只是单纯的模仿，更有人对其惊叹不已。

　　是否存在只有人类才能完成的行为,不管哪种文化背景,在哪个历史时段都能完成,且是其他任何物种都做不到的? 也许你会觉得这样的例子很容易想到,但很可能这个例子本身就充斥着自欺欺人的味道。因为此事事关重大,所以我们容易失之偏颇。

　　人类的高科技文明咄咄逼人,哲学家们也总认为人类与其他[1]物种截然不同,凌驾于众物种之上。但只有个别特质区别显著,而其他特质相差无几,是远远不够的。我们需要找寻且热切期盼的是显著的本质差别,而非模棱两可的程度分异。

　　西方思想史上的哲学巨擘大多认为人类和动物有本质上的不同。柏拉图、亚里士多德、马可·奥勒留、爱比克泰德、奥古斯丁、阿奎纳、笛卡尔、斯宾诺莎、帕斯卡、洛克、莱布尼茨、卢梭、康德和黑格尔等人一致认同这一点,认同人与其他物种有着"显著的本质差别"。除了卢梭之外,他们都认为人类与其他物种最本质的区别在于"理性、智力、思维和认知"。所有这些人都认为区别我们和动物的是一种人类特有的东西,这种东西既不是由某种物质构成的,也不是由某种能量构成的。然而,科学界从未证明此种东西的存在。只有大卫·休谟和达尔文等少数哲学家认为人类和其他物种的差异只是量变而非质变。

　　许多著名科学家完全接受进化论,却在这个问题上却与达尔文意见相左。比如,西奥多修斯·多布赞斯基认为:"智人不仅是唯一能制造工具的生物,也是唯一讲政治、懂伦理的生物。"乔治·盖洛德·辛普森认为:"人类是一个全新的物种……其独特本质的核心,就在于其他动物所不具有的特征,"尤其是自我意识、文化、语言、道德等。根据一些当代哲学家的观点,人类和其他动物的区别如下所述:

　　　　正因为其他物种进行不了创造性的思维活动,所以它们:
　　（一）不能用语言描述过去和将来;（二）不会制造工具以备不时之需;（三）缺乏构建悠久历史传统的文化积累;（四）无法做出超越此

1　许多人不会用"其他"一词,即便在今日仍有人对把人称为"动物"愤恨不已——哪怕只是出于遗传学的客观描述。

刻感性认识的行为。

基于本书已经阐明或即将阐明的依据，除了在第三条中多久才算悠久存在争议外，其他每一条论断都是错的。在不同时期不同的文化背景下，很多人——其中不乏杰出学者——都强烈反对别的物种是我们的近亲这一观点，即便我们自己不会以之为耻，时代也已欣然接受"近亲"说。这种矛盾反映出人类的一些很重要的问题。如此明显的错误，还能由古今这么多重要的哲学家和科学家广为传播，并且让他们备感笃定与满足。从中能得出什么结论？

一种可能的回答是：若我们让"动物"屈从于我们的意志，让它们为我们工作，穿它们的皮毛，吃它们的血肉，还毫无不安与愧疚，那么人类和"动物"之间的区别属实鲜明。我们可以为了短浅的利益，甚至仅仅是因为粗心大意，就让一个物种灭绝，连眼都不眨一下。我们总是跟自己说，那些物种的灭绝无关紧要，因为它们没我们重要。于是，这个不可逾越的鸿沟不仅仅是人类自负的产物，也造成了很多其他后果。关于这一点，达尔文的解释是，我们想让动物做我们的奴隶，所以不愿意承认它们和我们是平等的。

人的定义

现在，让我们沿着达尔文的足迹，审视现有的对"人类"所下的定义——正是这些定义回答了我们是谁。我们会尝试探讨这些定义是否合理，尤其要结合对这个星球上其他生物的认识来讨论。

最早尝试对人类下明确定义的是柏拉图：人是没有羽毛的两足动物。当哲学家第欧根尼得知这超前的定义时，故事展开了。他提出这种定义下的人类就是一只拔了毛的鸡，并让赞同该定义的学者向"柏拉图式人类"致敬。这显然有失公允，因为鸡的羽毛是天生的，就像两只脚也是天生的一样。不管我们后天如何残害那只鸡，都不会改变其本质。但学者们认真思考了第欧根尼的类比，并增加了一项新的条件，于是人类被重新定义为：拥有扁宽指甲的无羽毛两足动物。

当然,这并不能使我们深刻洞悉人的本质。不过,柏拉图式的定义暗含了某种必要条件——必要不充分条件。因为用两腿站立对释放双手至关重要,而双手是发展技术的关键,技术又是定义人类的关键。然而浣熊和草原犬鼠拥有双手,倭黑猩猩大部分时候也是直立行走的,都没有发展出技术。我们将在后文中简单讨论黑猩猩的技术。

人与动物真的不同吗

亚当·斯密在关于资本主义自由企业的经典论断中称:"以物易物,又称物物交换,也就是用一件物品交换另一件物品……是人类中普遍存在的倾向,而在其他任何物种中都找不到。"事实真的如此吗? 16 世纪的马丁·路德和 19 世纪的教皇利奥十三世提出,人类与动物之间最主要的区别就是私有财产。该说法属实吗?

黑猩猩喜爱交易并深谙此道。它们用食物、抚摸异性背部、背叛首领,甚至孩子的生命来换取交配机会。事实上它们愿意牺牲任何东西来换取交配机会。而倭黑猩猩更是将这种交易提升到了一个新的水平。但它们对交易的兴趣绝不仅限于性:

> 黑猩猩的交易能力广为人知。实验研究表明,它们的这种能力无须专门训练。每个动物园管理员都知道,如果不小心将扫帚忘在狒狒笼子里,须得进入笼子才能将其取回。而如果是忘在黑猩猩笼子里,就简单多了。只需要给它们看一个苹果,指一指或点一点扫帚,它们就会理解这笔交易,将扫帚从栏杆中间递出来。

雄性黑猩猩具有更强的私有财产意识(这种意识在阿拉伯狒狒中上升到了制度地位),并且在底层观念里将食物及某些工具视作私有财产,至少与雌性黑猩猩相比是这样的。

1776 年《国富论》出版,早在那时,人类还未对猿类进行过正式研究,哪怕是圈养的猿类。然而,亚当·斯密在书中认为交易是人类独有的,正是根植于人类对动物世界的误读：

> 除人类外，几乎所有动物在成熟以后都是孤立无援的，一般情况下得不到其他生物的帮助。人类却不同，随时可以得到帮扶。可若是期待别人仅仅因仁慈而帮助自己，恐怕会徒劳无功。若能激发对方的"自利心理"，也就是让对方知道帮助这个人对自己有好处，获得帮助的可能性将大大提升。

不过灵长类动物的一个标志就是合群。不管是捕猎或逃避猎杀时，还是种内不同群体发生冲突时，都会互相帮助。不仅灵长类动物会这样，大多数哺乳动物和鸟类中也存在这种现象。

利己、剥削、交易在黑猩猩群体中很普遍，而且我们与黑猩猩也有血缘关系，但不能因此就认为自由放任经济是合理的，也不能因此就抨击自由市场社会[1]。合作、友谊和利他也是黑猩猩的特征，但这不能成为某些排他的社会主义经济学说的论据。还记得之前提到的那些猕猴吗，它们为了使与自己毫无关系的猕猴免遭电击，宁愿挨饿，甚至拒绝大量的物质奖励。这不是对资本主义拥护者的非难吗？因为至少从伊索时代开始，人们就用动物的行为来解释各种经济学理论。甚至在意识形态辩论中，我们也利用动物来证明自己的观点。

人与动物的本质区别

亚里士多德曾在著述中提到："人是社会性动物"，有时也译为"人是政治性动物。"人类确实具有这种特性，但该特性不足以为人类下定义；重申一下，这是必要条件，不是充分条件。黑猩猩和倭黑猩猩的社会也有着既微妙又易变的派别，说明这个特性远不足以区分人类和动物。昆虫（蚂蚁、蜜蜂、白蚁）也具有社会性，其社会结构甚至比人类更有序，更稳定。尽管人们已

1　1858年7月14日恩格斯致信马克思："让现代资产阶级发展丢脸的莫过于这样一个事实——它还未超越动物世界的经济形式。"

经从人类社会行为的某些方面入手，给出了若干关于"何为人"的定义，但在这些方面人类并没有显著突出的表现，例如，人类会精心呵护自己的孩子，但大多数哺乳动物和鸟类也同样如此。

据塔西佗记载，罗马贵族克劳狄斯·希维里斯曾说："勇气这种优秀品质是人类所特有的。"但是雌鸟为了保护幼崽，会假装翅膀受伤甘愿被捕食；若是大象或黑猩猩的孩子落入天敌口中或被洪水冲走，它们会实施救援；贝塔鹿会凝眸注视狼的双眼，以换取同伴逃跑的机会……即使在克劳狄斯生活的时代人们对这些动物行为知之甚少，难道他对狗的行为也闻所未闻吗？他曾被铁链锁着带到尼诺面前。从他那段陷入困境的历史中，可看不出多少"特有的优秀品质"。

另一种对人类的定义十分古老，可以追溯到亚里士多德时代，即"人是理性动物"。许多西方哲学巨擘都提及过此种区别。然而不管是懂得分类、类比、推理的黑猩猩，还是能交流的倭黑猩猩，抑或拥有文化创新能力的猕猴，都向我们表明了动物也有推理能力。当然，它们的推理能力肯定比不上那些伟大的西方哲学家。但是哲学家们仍相信人和动物的区别是质变而非量变。

"人类与非理性动物的不同之处在于，人能控制自己的行为。"这是圣托马斯·阿奎那所著《神学大全》的主旨。但是，我们真的在所有情况下都能"控制自己的行为"吗？动物永远不会有这种"控制"的表现吗？阿奎那在辩论"非理性动物是否会做选择"时，为他所讨论的命题预设了主观判断。他提到一头雄鹿在经过十字路口时，通过排除其他道路而选择了一条道路。阿奎那认为这并不能说明雄鹿会选择，因为"选择应是意志的产物，而非理性动物依靠的是灵敏的嗅觉，并不是意志。因此，非理性动物不会做选择。"他还认为"既然非理性动物没有理性"，它们便无法对自己下达指令。尽管此种观点获得了好几代哲学家的认同，甚至达成了一种共识，还对笛卡尔产生了深刻影响，但想想阿奎那最初对"非理性动物"的论述，难道不是在用一个假定的论据来证明自己的观点？

颇具影响力的动物行为学家雅各布·冯·埃克斯库尔曾在著述中提

到："动物无法做出有目的的行为。"但我们只需想想黑猩猩的例子就知道这种观点错误至极。它们会背着棍子寻找对手，会收集石头投向敌人，雌性黑猩猩会将对方的手撬开并拿走石头。

哲学家约翰·杜威认为，让人类与众不同的是记忆：

> 对于动物来说，一件事只要发生了，就过去了，事件与事件之间，经历与经历之间，均相互独立。但于人类而言，每件事都激荡着过去的回音，充满了往昔的回忆，每一件事都与其他事件有着千丝万缕的联系。

对于许多动物来说，这种说法显然不正确。比如说，前述的黑猩猩就生活在一个"充满回音和回忆"的世界里。猫被滚烫的炉子烫到过以后，便会避开炉子；大象和鹿很快便学会了提防猎人；当有人举起卷起的报纸时，被打过的狗马上就会畏缩起来；哪怕是蠕虫，甚至是单细胞生物，也可以在训练下走出一个简单的迷宫。等级制度是对过去高压政治的冻结记忆。杜威给人类下定义时，多么无视动物的真实生活！

人类的许多性行为方式曾被用来定义人类。这也许体现在亲吻上。"只有人类会接吻。因为只有人类才有理智、逻辑，能幸运地体会到亲吻的魅力、美好、极致的欢愉、充满激情的满足！"一本与亲吻有关的书曾这样写过。但是，黑猩猩也常常激情热吻。

也许人类的特殊之处在于性交姿势："面对面性交是人类的基本性交姿势。"但是倭黑猩猩也常常采用这种姿势。

有人认为，只有人类才有隐蔽排卵期，也只有人类才有女性性高潮。但是倭黑猩猩也从不过分暴露其排卵期，且雌性黑猩猩、倭黑猩猩、短尾猴等不少雌性灵长类动物都有雌性性高潮。马斯特斯和约翰逊设计了一个实验，为交配前的雌性动物装上生理传感器，有力地证明了这一点。

这也许体现在性胁迫上。在1928年发表的一篇关于灵长类动物的文章中，一位科学家说道："强奸……是人类特有的，这毋庸置疑。"但在猩猩和短尾猩猩中均存在强奸行为，而且在狒狒和黑猩猩中，暴力性胁迫很普遍。所以通过胁迫性行为来定义人类并不严谨。

又或者体现在前戏的精细程度和持续时间上。在这方面，最起码有一部分人比其他灵长类动物强。但由一些证据可以推知，这是一种习得的行为。例如人类普遍存在早泄的情况，特别是青春期，许多男性会因此自觉地延迟射精。在将性行为融入日常社会生活方面，人类在灵长类动物中要算倒数了。大多数人类文化中，即使是符合公序良俗的性行为也要在私下进行。黑猩猩群体中也有类似的情况，在占统治地位的雄性黑猩猩看不到时，黑猩猩们会秘密进行性接触。

这种差别也许体现在一贯且明确的性别分工上：男人负责打猎和战斗，女人负责采集和生育。但是，这并不足以为人类下定义，因为黑猩猩也具有类似的劳动分工：雄性猩猩主要负责巡逻、保护群体、拿东西投掷敌人；雌性猩猩主要负责照顾幼崽以及用工具撬开坚果。值得注意的是，当今男女工作的性别差异越来越小。

人类从出生开始直至青春期，会经历一个漫长的童年，这个时期对于人类的教化来说至关重要，但大象的青春期比我们更长。过去几个世纪中，人类性成熟的时间逐渐提前，童年相应缩短，现在只比黑猩猩的幼年时期稍长（黑猩猩在十岁左右性成熟）。游戏在我们的成长中至关重要，因此我们曾把我们这个物种命名为"智人（Homo ludens）"（"玩游戏的人"）。但是整个哺乳动物群体中，都存在游戏行为，特别是在性成熟较晚的哺乳动物中。

罗马哲学家爱比克泰德认为人类与动物的区别在于注重个人卫生。这位哲学家以前是个奴隶。他不可能对鸟、猫和狼的习性一无所知，但仍认为"……若我们看到动物在清洁自己，定会觉得惊讶，并感叹动物竟会做出像人一样的行为"。他又抱怨说，那些"肮脏""发臭""污秽"的人不配为人，还建议这样的人"滚到沙漠里去……好好嗅一嗅自己的臭气"。

有人认为人类是唯一会笑的动物。然而，黑猩猩也常莞尔一笑，又或是哈哈大笑。柏拉图的《理想国：法律篇》中的"雅典陌生人"说人类"比任何其他动物都更经常哭泣"。但是这种哭泣的倾向在不同文化间差异很大，而且不管是幼年黑猩猩还是成年黑猩猩，日常生活中都经常哽咽和哭泣。

人类总是假装动物感受不到痛苦,我们奴役、阉割动物,用动物做实验,切食动物的肉。对于是否应给动物一点权利的问题,哲学家杰里米·边沁强调,问题的关键不在于它们有多聪明,而在于它们能感受到多少痛苦。达尔文被这个问题困扰:

> 据说狗为了缓解临死前的痛苦,会与主人亲昵。众所周知,狗在被活体解剖的过程中,会舔舐解剖者的手。除非该解剖确实丰富了人类的知识,或者解剖者是个铁石心肠的人,否则一定会为这个场景悔恨终身。

从所有关于痛苦的现有标准看(例如,受伤动物的哭声可以代表痛苦,尤其是那些平时很少发出声音的动物[1]),这个问题似乎没有任何意义。众所周知,人脑的边缘系统造就了我们丰富的情感生活,但这在哺乳动物群体中都普遍存在。人类的止痛药也可以减轻动物的疼痛表现,例如哭泣等。我们常常对其他动物表现得如此冷酷无情,还争辩说只有人类才能感受痛苦,实属不该。

如前几章所述,谋杀、同类相食、杀婴、领地意识、游击战并非人类所独有。蚂蚁就拥有奴隶,会驯养其他动物,还拥有作战部队。

日本的灵长类动物学家西田利贞写道:"似乎只有人类用惩罚的手段训练年幼的孩子(除了逃避行为),除人类以外的灵长类动物,没有通过打击来教育下一代的。"但他说的人类以外的灵长类动物,包含许多言外之意。而且许多动物在教育后代过程中会胁迫和惩罚幼小的动物,以帮助它们顺利进入统治阶层。这有点像我们人类中的对犯错者的惩戒和启蒙。

人类建立了婚姻制度,并主张一夫一妻制,至少理想情况是这样。但是长臂猿、狼以及许多鸟类也都实行一夫一妻制,并持续终身。动物的求爱舞蹈就是一种结婚仪式。下面是典型的人类婚姻的特征:

> 夫妻对对方具有一定的义务,并且享有性接触权(通常具有排他性,但不绝对),并且可以预见这种关系将在怀孕、哺乳和育儿期

1　例如东南亚的水牛会例行公事地用两个石头捣毁自己的睾丸。

间一直持续。另外，夫妇的子女拥有合法身份。

其他动物中也存在上述约定，例如长臂猿。且长臂猿群里也遵从长子继承制。

19 世纪的哲学家、神学家路德维希·费尔巴哈以其对卡尔·马克思的影响闻名于世。他提出，人类与其他物种的区别在于，我们能认识到自己是一个独立的物种。但是很多动物也能轻易地将自己的同类与其他物种相区分——比如，通过嗅觉信息来区分。众所周知，有时人类会妖魔化特定的人群，声称他们不配为人，以便对他们大开杀戒，这在战争时期尤甚。

人们有时也认为人类比其他灵长类动物更善于区分等级，但灵长类动物的等级制度（其中一些通过世袭承袭地位）似乎也包含了微妙的社会鄙视链，而且在某些方面的程度之深，甚至超越人类。

我们的结论是，这些性行为特征和社会特征似乎都不能为人类定性。动物——尤其是黑猩猩和倭黑猩猩的一些行为，使这些自命不凡的定义显得似是而非，因为它们与人类属实相像。

能用文化来定义人类吗

知识与行为模式并不是我们基因中固有的，而是通过学习在某一群体内一代一代流传下来，这就是文化。那么是否能用文化来定义人类呢？

《不列颠百科全书》中的一篇文章提到：

> 文化来源于人类一种独有的能力。人类与低等动物头脑的区别到底是本质上的不同还是程度上的差异，已争论多年。直到今天（1978 年），仍有著名科学家在这个问题上存在分歧。但是那些认为只是程度上的差异的人却举不出任何证据表明动物有能力做某种所有人类都会做的行为。

作者接着列举了三种他认为能够代表人类的行为，然后概括道："动物完全不能解读与理解此类行为的意义和行为本身。"

那么这三个例子是什么呢？一个是"规定禁止乱伦"。但就像之前讲过的，几乎所有的灵长类动物都禁止乱伦，至少父女之间、母子之间，它们用复杂的习俗来保证高度的远系交配。这种忌讳在其他动物身上同样存在。生物学家史蒂芬·埃姆伦在研究肯尼亚一种叫作食蜂鸟的鸟类时，仔细记录了每一只鸟的身份和行为。在十一年的工作里，他没有发现过一例乱伦的情况，无论是鸟群兄弟姐妹之间，还是父母和孩子之间。（《不列颠百科全书》文章还有两个例子：一个是有的动物"能够把自己的亲属分类，而且把一类亲属与另一类亲属区别开来"，这一点黑猩猩做得很好，起码在母子和兄弟姐妹的关系上；另一个是"铭记神圣的安息日"。安息日这种制度在很多人类文化中都没有）。

尽管人们经常把乱伦描述为一种文化禁忌，将禁止乱伦视作后天习得，但实际上禁止乱伦在很大程度上是天生的。它通过遗传起到伦理的禁忌作用，从而保证好的基因，并由社会的习俗和规则进行巩固（尽管无法百分之百地发挥作用——在文明的社会里特别不理想）。

很显然，黑猩猩起码已有文化的雏形。在不同的森林里，它们要应对不同的地形和生态环境。它们可以记住白蚁的巢穴、敲鼓树、某一场重要打斗的地点，长达数周，甚至数年。这些对它们来说都是常识。一个群体只要有了自己的领地、自己历史事件的序列，就有了自己的微型文化。黑猩猩群体相互孤立，不同群体在捕捉白蚁或者矛蚁时，抑或在用树叶当海绵汲取饮用水时使用的方法都不同。它们互相梳理时如何拥抱，在求偶时使用哪些手势，在打猎时遵守哪些礼节，也都有自己的习俗。多亏了伊莫，这只琢磨出如何把沙子和小麦分开的天才猕猴，我们现在甚至能够些许懂得新发明和新的文化制度在灵长类动物中是如何产生与传播的。

著名哲学家亨利·柏格森倡导"向理性造反"，他认为某种无形的"生命冲动"浸润着生命，使生命得以进化，他因此闻名。他曾写道："只有人知道会生病"。但是黑猩猩也会备好一大批药品，以及某些偏方或者草药。比如，生活在贡贝和马哈尔的黑猩猩经常食用一种叫作蟛蜞菊的植物叶子，而且尤其喜欢在清晨吃。虽然吃的时候皱着鼻子（味道很苦），但无论男女老幼、健康与否,所有黑猩猩都会食用。有一点令人不解:黑猩猩有规律地食用这些叶子,但是每一次食用量很小,所以因营养价值食用的观点存疑。每当雨季来临,猿猴饱受蛔虫和其他肠胃病的困扰,这种植物的食用量就会急速增加。对蟛蜞菊叶子的分析显示,其叶中含有强效抗菌素,且含有能杀死线虫的成分。所以,它们很有可能是在为自己治病。在其他例子中,曾有一只得了肠道病的黑猩猩,大量吞服了一种植物的根,这种根里含有丰富的自然抗体。该植物与蟛蜞菊不同,一般不作为日常食物。

黑猩猩的"民间医药学"是怎么形成的呢?它是否源于某种遗传的信息:你觉得生病了,就突然极想吃某种叶子,其形状和味道一开始就植入在大脑里——例如据人们所知,小鹅生来就对鹰的样子感到害怕?或者说,也许更为可能的是,这是一种文化信息,通过模仿或者传授一代代流传下去,而且会随着现有的药用植物、新的疾病出现或者新的"民间医药"而迅速变化。显然,猿猴之中没有专业草药师、医师或者医学家,除了这一点之外,黑猩猩的民间医药与人类的民间医药似乎没有什么区别。对于某种常见病,大家都知道吃什么药。这是在成长过程中要学的知识。对于它们来说,药理机制尚不清楚;其实对人类来说,亦常如此。

一些学者曾认为,克制性欲是人类文化的第一步,也是开创性的一步。他们认为毫无节制地追求性欲(特别是在年轻男女间)会摧毁社会架构。因此早期人类文化一定在性活动上严加限制,鼓励大家知耻、谦逊、勤劳,鼓励大家洗冷水浴并穿着衣物。然而在很多文化中,特别是在热带地区,其社会结构并没有因为成年人习以为常的赤身裸体受到任何影响。在这里,他们可能只系一条细藤条或者棉花带,但并不能遮掩阴部。在南美洲的亚诺玛米,妇女除了穿着这样一条带子浑身精光;其男性会把自己的包皮系到带子上(虽然阴茎滑下来会很尴尬)。在新几内亚等地,男人会戴上葫芦做的护套,使其阳具显得硕大。澳大利亚原住民在欧洲人到来之前,即便天气寒冷也不穿衣服。在古代的希腊、埃及和克里特岛,成年人裸体非常正常,起码对于奴隶和运动员来说(尽管女性观众禁止观看奥林匹克比赛,因为看着男性运动员赤身裸体比赛,属实不太庄重)。裸体的一方似乎成了恪守礼仪的典范。正像詹姆斯·库克船长在塔希提岛上所发现的那样,跟更为克制的文化环境比起来,这种包容之中的限制也就不算什么了。

显然,维多利亚时代对性的态度在人类中并不典型。并且在猴子和猿类之中,性嫉妒是导致家暴的常见原因。尽管它们对性行为的规矩比较宽松,仍少不了诸多禁忌。所有灵长类动物社会中,包括人类社会和动物社会在内,对哪些性行为可以接受都有规定。所以,性克制和羞耻感并不是我们这个物种特有的标志。

美术、舞蹈和音乐是文化生活中的另一部分,有时候被认为是人类独有的。但只要黑猩猩有一定的动机,再思虑一番,并且给它们笔和颜料,照样可以进行艺术创作。尽管它们的画作与现实世界相去甚远,但部分业内人士认为这些画作颇具艺术气息。雄性园丁鸟会打扮自己的鸟窝,并且很符合人类的审美。它们会定期更换掉不太新鲜的花朵和水果以及看厌了的羽毛。整个夏天它们都在创作艺术。长臂猿在高高的森林中荡来荡去,像个芭蕾舞演员;黑猩猩在瀑布前和大雨天也一定会摇来摆去地跳舞。黑猩猩喜欢听敲击东西的回音,长臂猿喜欢唱歌。尽管我们一厢情愿地认为人类文化达到了最精致巧妙的程度,但是文化并不局限于人类,甚至不局限于灵长类动物。

下面是1932年索利·祖克曼有关灵长类动物文化和人类文化的分析:

> 猴子和猿类是一个极端,它们实行一夫多妻制,以水果为食,没有一丝文化进程的遗迹。另一个极端是人类,通常是一夫一妻,杂食,其每一活动都出自文化习俗。从社会学上讲,人类和猿类不怎么类似。

黑猩猩也吃肉,大多数猴子和猿类没有自己的后宫,而且即便在1932年也不会不知道,在很多文化里,人类并不都实行一夫一妻制。让我们先撇开这些事实不谈,比较一下上述祖克曼的分析和西田利贞多年后总结的二十五年来对马哈尔山上黑猩猩群的研究:

> 以下社会行为模式在黑猩猩和人类中都存在:很强的回避乱

伦的倾向、很长的母子间的关系、雄性的归家冲动(雄性喜欢待在
出生的群体内不走)、很强的群体间的敌对性、雄性间的合作、相互
来往的利他主义的发展、三人组合的意识(比如三角恋爱)、变化无
常的战略联盟、复仇系统、政治行为中的性别不平等,等等。

这些现象里的绝大多数是由文化和基因决定。不过从"社会学"上讲,
人和猿猴之间似乎确有一些"明显的相似性"。

观念和自我意识是人性的根本吗

西方一般将观念和自我意识视作人性的根本(东方一般把无自我视作
一种优雅与至善);意识的起源深不可测,也许是在生命孕育之时就把无形
的灵魂注入每个人的体内,动物则没有这种待遇。意识也许没有神秘到非
得用超自然的力量来解释不可。如果意识的本质就是能够认识到有机物内
部与外部的区别、自我与他人的区别,那么就如之前所论证的那样,多数微
生物在一定程度上都具有意识。如此说来,在这个星球上意识的起源可以
追溯到三十亿年前。那时,大量的微生物经受了汹涌的海水与洋流的冲击,
沉醉于阳光的照射,每一个都具有最初级的意识,或者说是微意识,甚至可
以说是纳米或者皮库意识[1]。

在一个健康的机体内,每一个细胞都可以把自己与其他细胞区别开来,
那些没有这种能力的细胞就会使机体患上自身免疫性疾病,很快杀死自己
或成为有害微生物的猎物。但是也许你会觉得一个细胞能区分自身与其他
细胞(无论在你体内还是在原始的大海里)并非通常所说的观念或自我意
识。即使是最没心没肺的人,其意识也远超细胞。确实如此。如前文所述,
或许在早期地球生命史上,最初级的意识就已经存在了。当然,自那以后有
了实质性的进化。我们能否确知(即便很难办到)动物也具有人类般的自我
意识?

1　英文原文是 nano- or picoconsciousness。——译者注

我们一般认为,意识在人性中很关键,毕竟它使很多事情成为可能:

> 自我意识的特性,包含人能把自己与世间万物区别开来的能力……它对于理解人类适应社会文化的模式的前提至关重要……人类社会秩序意味着一种生存方式,在自我意识层面对每个个体具有意义。比如,人类社会秩序永远是一种道德秩序……人类具有发展自我意识的能力,使克制、合理化等无意识的心理机制,在个人寻求适应的过程中变得很重要。

鱼、猫、狗或鸟在镜子里看到自己的形象之后,多半会认为那是同一物种的另一个成员。假如看不惯镜子里的影像,雄性动物往往会吓唬它,认为它是个竞争对手。看到影像会反过来威胁,动物就会逃跑。不过最终动物会习惯于无声、无味、无害的影像,逐渐不予理睬。从这个镜子的例子来看,这些动物似乎并不聪明。据说人类小孩一般要到两岁左右才能明白镜子里的影像不是另外孩子在模仿自己。在认识影像方面,猴子就像鱼、猫、狗、鸟和人类婴儿一样,弄不明白这是怎么回事。但是有些猿类却和我们很相像。

1977 年,心理学家戈登·盖洛普发表题为“灵长类动物中的自身识别”的文章。野生黑猩猩面对一个全身镜,最初与别的动物一样,认为影像是另外一个人。但是几天之内它们就搞明白了,然后就用镜子来打扮,检查自身通常接触不到的部位:它会转过头来看自己的后背。盖洛普之后给一些猩猩注射麻醉剂,然后给它们上色——把在镜子里才能看到的部位染成红色。黑猩猩醒来之后,继续快乐地在镜子里观察自己,很快发现了红色的印记。它们伸手去触摸镜子里面的猿猴了吗?并没有,相反,它们摸索自己的身体,时不时地碰一碰被染的地方,然后闻自己的手指。相比染色前,它们每天花在检查镜子里的影像的时间增加了两倍[1]。

在其他大猿猴里,盖洛普发现红毛猩猩有镜中的自我意识,大猩猩没有。后来他发现海豚也有自我意识。他提出,我们知道自己的存在,说明我们有意识,我们能感知自己的精神状态,说明我们有头脑。根据这些标准,

---

1　照镜子戴帽子也是流行做法,看上去它们十分兴奋。

盖洛普下结论,黑猩猩和红毛猩猩最起码是有意识、有头脑的。

蒙田曾说:"说到诚实,世界上没有任何动物像人一样善于背叛。"但雄性萤火虫会熟练地用自己闪烁的光去干扰对手,致使对手的求爱信息得不到雌性的青睐。一些雌性黑猩猩会像吸血鬼一样跟踪群体中的年轻母亲,等待机会偷抢和吃掉它们的新幼崽。待黑猩猩首领的注意力稍微分散,许多灵长类动物会偷偷寻求交配的机会。纵观等级制度里的雄性动物,一旦年老体衰便不再能保有统治地位。动物社会关系中的欺骗行为,甚至动物中的自我欺骗现象,在生物学中是个新兴的热门话题,有学者就此出版过专门的论著。

黑猩猩有时会撒谎,有时候也会想法儿智胜欺骗自己的对手。可以通过这一事实窥探它们的内心:

> 一个寓意丰富的例子是黑猩猩所展现的两面性:黑猩猩一方面企图把隐藏食物的地方保密,另一方面又要虚张声势……从逻辑的角度看,说这种谎不可能没有目的性。即使是自我欺骗也是有意为之,那是自身的一部分想欺骗其他部分。虚张声势的黑猩猩先要明白别人会怎么理解自己的行为,然后再行动,因此说是有意为之。

然而不久以前,许多持有此观点的现代哲学家中的一位如此说道:

> 就算动物有了记忆,能够区别以往事件的先后顺序,也没有用。若是动物有了预测将来事件顺序的能力,同样是没有用的。因为动物没有顺序的概念,甚至不懂任何概念。

他凭什么这样说呢?

不错,黑猩猩的内心独白够不上普通哲学家的水平,但是它们也有某种自我意识,知道自己长什么模样,懂得自己的需求,有自己过去的经验和对将来的期望,知道如何与别的猩猩交往——足够满足"社会秩序"的要求——这一切似乎毋庸置疑。

语言是人类特有的吗

19 世纪著名语言学家麦克斯·缪勒称:"语言是我们的卢比孔河[1],没有什么动物胆敢跨越。"语言能让分散在各地的人类互相交流,使我们能学习过去的智慧,把一代代人在时间线上联系起来。它是帮助人类提高智力的重要工具,使我们思维更加清楚。它是不可或缺的记忆助手。所以我们有很好的理由来珍视它。在文字发明之前,语言在人类的成功上起了重大的作用。就是由于这一主要原因,赫胥黎曾满怀信心地下结论道:"即使知道人在实质和结构上与动物类似这个事实,我们对人的崇高敬意也丝毫不会减损。"但是这是否意味着别的物种一定没有语言,哪怕是简单的语言,或者学习语言的能力? 对于缪勒的军事、防守性隐喻和他提出"动物"有可能掌握语言只是无胆量这样做的说法,我们感到吃惊。

很多人认为动物不可能有语言。类似的主张由来已久,可以追溯到欧洲启蒙的开端,也许该从 1649 年勒内·笛卡尔的一封信开始:

> 在我看来,能让我们相信动物不具备理性的最主要论据是……没有任何动物能使用真正的语言,并达到如此完美的程度。也就是说,必须得通过噪声或者别的符号直接向我们的思想传达东西,而非借助大自然本身的活动,因为文字是证明思想隐藏于体内的唯一的标志和证据。所有人,无论多傻、多笨,甚至包括那些发声器官受损的人,都可以运用符号,这是动物做不到的;此可视作人与动物的真正区别。

毋庸置疑,黑猩猩与倭黑猩猩能够运用丰富的手势和文字符号进行交流。我们见识了有关动物使用语言能力的激烈的科学辩论。在讨论有关黑猩猩的语言问题时,从很多方面我们都可以看到部分科学家的紧张态度——比如游戏已经开始之后不断地改变规则。例如,有些科学家否认使

1　意大利北部河流。——译者注

用美国符号语言的黑猩猩有语言能力,因为它们显然不会使用否定句和疑问句。而一旦黑猩猩的表现推翻了上述标准,批评家就又会找出黑猩猩不具备而人类具备的方面,而那一方面又变成使用语言的必要条件。令人吃惊的是,科学家和哲学家轻率地断言,猿类不可能运用语言。他们态度激昂,只要与其意见相左的证据出现,就绝对不予理会。相反,达尔文认为一些动物有语言能力,"起码在粗糙且初级的阶段",而且如果"某些能力比如自我意识、抽象化思维等,是人类专有的",那么他们"不过是不断使用这种高度发展的语言的结果"。

黑猩猩平常能把多少个有意义的和非重复的词放到一个句子里仍有争议。但可以肯定,黑猩猩(和倭黑猩猩)能够操作人类教的几十个符号或表意文字,运用这些词来表达自己的愿望。之前讨论过,字词可以代表物体、行动、人、其他动物或者黑猩猩自己。词里有普通名词和专有名词、动词、形容词和副词。黑猩猩和倭黑猩猩能提要求,因此很明显是在思考着不在眼前的事情或者行动,比如食物和梳理毛发。就像懂得美国手语的露西和懂得图形字的坎济,有证据显示它们能把字词重新组合,创造一种崭新的意义。它们之中有些可以发明甚至遵守至少几个简单的语法规则;它们能为无生命的物体、动物和人贴标签和分类,不是运用这些东西本身而是运用约定俗成代表东西的字词。它们能够进行抽象思维。有时候它们似乎使用语言和手势来撒谎和欺骗,这反映出对因果关系的基本理解。它们能自我反思,不仅在行动上(就像对待镜子的映像那样),还体现在语言上,比如一个名叫伊丽莎白的黑猩猩用一把刀来切一个假苹果,然后用一种它熟悉的特殊的象征性语言打手势说:"伊丽莎白苹果切。"

它们最多只懂得"基本英语"词汇的百分之十,或者满足人类日常生活交流的最低限度的词汇。正如一位著名的语言学家所争辩的那样,这种区别被我们夸大了,有限的人类词汇可以被组合成"无限"的句子以及"无限"的可以交流的主题,而猩猩则陷在那有限的词汇里。诚然整个人类的词汇和思想范围对猿类来说是有限的。黑猩猩和倭黑猩猩在实验室里的语言上的成绩,是在其自己的一整套信号之外额外取得的。因为我们对它们用姿势、声音和气味表达的信息几乎一无所知。在黑猩猩和倭黑猩猩身上能够明显发现笛卡尔认为动物所不具有的"字词"和"符号"能力。

没有一个猿类运用语言的能力可以和一个普通幼儿园孩子的水平相提并论。然而它们似乎确实具有运用语言的能力，尽管非常基础。我们许多人都会同意：如果一个两三岁的孩子所具有的词汇和语言运用能力，能够达到水平最高的黑猩猩和倭黑猩猩的水平，那么不管孩子在语法和句法上的错误有多少，也会被认为懂得语言。根据社会科学里的传统观念，文化预先假定有语言，而语言预先假定有一种自我的意识。不管这是对是错，黑猩猩和倭黑猩猩显然具有最基本水平的意识、语言、文化。它们可能完全不具备我们的自控力，不如我们聪明，但确实能进行思维。

我们中多数人都有类似的记忆：你躺在婴儿床里，从睡梦中醒来。你大哭想让妈妈来到你身边，一开始是试探性的，若是没有人出现则会哭得更大声。然后你就慌了，你会想，她在哪儿，她为什么不来？虽然你不是用说话来表达这一切，因为你还不具备语言能力。她微笑着走进房间，伸出手把你抱起，你听到了她如同音乐般的声音，闻到了她的香气——你的心雀跃不已！这些强烈的情感是先于语言的，这样的情感就像大多数成年人的期待、激情、预判和恐惧。我们有一天会学会用语法清晰地解析情感，会学会应对与克制情感，但早在这些之前，情感就已经存在。在对最初情感和与母亲的关系的模糊记忆中，我们可以依稀看到些黑猩猩、倭黑猩猩和人类祖先的意识和感情生活。

第二十章

心中的野兽

漫长的历史并未让人脑演化得尽善尽美，

它的某些方面相较于其他方面更为原始和古老。

我们已经认识到，

人类的过往似乎在大脑中留下了古怪而恣意的影子，

这些影子会在压力之下拉长，让我们骤然失去理性。

人类已经不再坚信 18 世纪的启蒙力量——纯粹的理性，

因为明白人不是绝对理性的动物。

人类阴暗的天性连自己都害怕，

我们不会觉得"我们现在是人而不是野兽，必须活得像个人一样"，

而是会以警惕怀疑的目光相互猜忌，

悄悄在心中对自己说："谁都不能信任，谁都是邪恶的。

人是野兽，是从黑暗的森林和山洞里走出来的。"

——洛伦·艾斯利

《达尔文的世纪》

　　看看人类刚出现在地球上时的样子，让我们尝试用零碎的记录拼凑出人类这个孤儿物种的发展历程，给我们头脑中的"影子"注入一点光亮。现在是时候回头看了。

　　当时，人们煞费苦心挖了很多沟渠和护城河，造了很多雷区来保护自己，把我们和其他动物分隔开来，但如今这些已经废置不用。那些想找一些独特的、明确的、限定性的特征来定义人类的人，现在又想试图改变定义的范畴，想在我们思想的周围划下最后一道界限。若黑猩猩和倭黑猩猩的语言真的很有限，我们便无法弄清楚它们在想什么、能感觉到什么、赋予了生命什么样的意义。起码到目前为止，它们没有写出任何自传、任何反思的文章、忏悔录、检讨书、自我分析或哲学回忆录。如果选择一些特定的思想和感情来为自己下定义，没有哪个黑猩猩能驳斥我们。比如，可以用学到的知识举例说，所有人都知道人总有一死或唯有交配才能繁衍后代——这是人类的常识，尽管有时候不被承认。也许猿猴从未意识到这些道理，又或许有猿猴曾思考过，我们无从得知。人类自说自话只能取得虚假的胜利——一旦对动物了解更多，这种胜利感就会土崩瓦解，正如那些当年被大肆吹嘘的人类特性，这些偶然得来的见解跟那些特性比起来显得更加微不足道。往细里想，很难不怀疑那些想用各种思想来为人类下定义的人的动机。人类排他主义倾向在此处极为明显。

　　用观察得到的行为来比较人类和动物合情合理，但若在无法了解动物真实内心的情况下，就自说自话地断定动物的所思所见，做出对动物不利的比较，难免有失公允。无法证实并不意味着就能证伪。与其胡乱猜想，不如多花点心思探寻猿类的思想。约三个世纪前，第一代博林布鲁克子爵亨利·圣·约翰就指出了这一点：

> 人类的天性将人和整个动物界联系在一起，与某些动物的联系如此紧密，以至于人类的智力与那些动物的智力……看上去差不多。若我们能观察它们的行为，了解它们的动机，会发现区别更小。

人类常用宗教来区分人和动物，认为只有人类才有宗教，问题似乎迎刃而解。什么才是宗教？如何得知动物有没有宗教？达尔文在《人类的由来》一书中引用了一句话："一只狗视主人为上帝"。安布罗斯·比尔斯也曾经将"敬畏"定义为："人在精神上对上帝的态度，就像狗对其主人。"草根把首领当作上帝看待，对其完全服从和谦卑的程度在现存的宗教里鲜有其比。很难知道狗和猿类情感中含有多少敬畏，面对严厉的主人或者地位稳固的头领时，它们的感情里混杂了多少畏惧成分，它们是否带着神圣的希冀以求原谅、安抚或者祈求得到比自己强大得多的力量。如果一个动物由比自己强壮和聪明得多的父母抚养、教育和训练长大，或一直生活在等级制度中，或整天面对掌握生杀大权的人类——这样的动物就完全可能具有我们称之为宗教的感情。很多哺乳动物和所有灵长类动物都能满足这些条件。

纵观人类历史，有些宗教经过演变不止于此——在其发展的顶峰，确实能超越恐吓、等级观念和官僚主义，为无依无靠的人提供慰藉。一些世间鲜有的宗教巨擘遵循着人类的良知，作为有目共睹的榜样激励了千百万人，帮助我们突破了狒狒那样因循守旧的生活方式。这些与我们的论点并不矛盾，在人类社会广为传播的宗教素养，在动物王国里可能也普遍存在。

如果进入处于自然状态的猿类的内心，或许能感受到一系列情感，其中作为猿猴的满足感，也许并不亚于我们作为人的满足感。每一个物种都有类似的感情，这样有利于生存。如果真是这样，我们甚至不能声称自己是唯一一个会自鸣得意的物种。

如果没有走进过别的物种的精神世界，甚至没有认真研究过它们，就可能把一些美德与优点、恶习与缺点强加到它们身上。看看诗人沃尔特·惠特曼的这段诗吧：

> 我觉得我可以转过身和动物生活在一起，
> 它们是如此平和独立。
> 我对着它们伫立着久久凝望。
> 它们没有浑身冒汗，抱怨出身，
> 没有辗转难眠，为它们的罪恶哭泣，

也不整天抱怨上帝赋予的使命令人心烦，

没有谁不满，没有谁是因为执着占有而精神错乱，

没有谁向别人下跪，也不向几千年前的同类下跪，

放眼四海，没有人寻求体面，没有人闷闷不乐。

尽管应当允许诗人有一点儿诗意，关注诗的主旨而不是咬文嚼字，但基于在本书中提及的证据，我们对惠特曼提出的六个所谓人兽间的区别是否站得住脚表示怀疑。蒙田认为，在称别的动物有"野心、猜忌、妒忌、报复、迷信和失望"等思想情绪时，我们仅仅是把自己"病态的品质"投射到动物身上。正如世人清楚看到的黑猩猩的生活，这也许言过其实。一方面，许多评论家夸张了人"兽"间的区别，而且提醒大家莫把动物人格化；另一方面，像惠特曼和蒙田那样的作家则把动物浪漫化和情感化。这两种过激言论都意在否认我们之间的亲缘关系。

制造和使用工具的能力让人成为人吗

人类能够成功，在很大程度上源于我们的智力以及制造和使用工具的能力。很明显，是这两种能力使人类文明遍布世界。如果没有这两种能力，我们就没法自我保护。但是"很多动物，即使是低等动物，经常会有一点……判断力或者理性在起作用"，达尔文在《物种起源》里如是说。他晚年广泛研究了蚯蚓的智力。当然你也许认为这项研究没什么前途。他为了测量蚯蚓的智力，让它们摆弄真假树叶，结果它们完成得很好；变形虫为了获得奖励，能够通过一个简单的迷宫；甚至小虫也有某种程度的智力。在《小猎犬号环球航行记》记载的航行中，达尔文研究过加拉帕戈斯群岛上的拟鹟树雀，它们会用小枝子把树枝里的幼虫弄出来，所以鸟类也具有最初级的技术。

当然，如果没有智力和技术，我们不可能形成文明。但说文明是我们这个物种的决定性特征，或者用一个特定的智力水平和手的灵巧程度作为定义人类的标准则有失公允，特别是自人类出现至今的岁月中，只有最近 1%

的时间才谈得上文明。在文明出现以前,人类和现在一样,同样是人,但做梦也没想到过文明。然而,已知的最早期人类和原始人可以追溯到几百万年而不是几十万年前,他们的化石经常伴随有石头工具。所以早在那时候我们便有一定程度的才能,只不过当时还未创造文明罢了。

正如乔赛亚·韦奇伍德和伊拉兹马斯·达尔文的月亮学社的会员本杰明·富兰克林所首次提出的那样:人类有使用工具的自然倾向而许多动物均没有使用工具,这一对比自然地启发了我们把自己定为使用制造工具的动物。1878 年 4 月 7 日詹姆斯·鲍斯威尔公开支持富兰克林的定义。然而牢骚满腹、时常过分追求字面意义的约翰逊博士反驳道:"可是很多人从来没有造过工具。假设一个人没有胳膊,他就不可能制造工具。"话说回来,如果我们要为人类下一个定义,应该使用所有的个体无一例外全都具有的特点,还是使用那些仅仅是大家潜在的特点呢? 如果是后者,谁能知道其他动物是否也有深藏不露的特征,只是尚未被环境或需求充分诱导展现出来而已?

黑猩猩也使用工具

黑猩猩幼崽依偎在妈妈怀里,抓着妈妈的毛,有点碍到妈妈干活了。黑猩猩妈妈小心地把硬壳的坚果放在树干上,用专门找来的石头、锤子和砧木把它砸开。它不会灵光一现,不会沉思,没有天才的洞察力,没有上天的启示,也没读过《查拉图斯特拉如是说》。对黑猩猩来说,那些只不过是繁琐的日常事务。只有人类明白工具的意义并感到惊叹。

虽然很多黑猩猩不懂得避雨,但却能够使用工具。不仅如此,它们还能提前做计划,并为以后要做的事情准备工具。它们会千里迢迢寻找合适的石头或木棒提回家去,仿佛一早就在心里规划好了用途一样。

达尔文在《人类的由来》中写道:"人们常说动物不会使用工具,但是在自然状态下,黑猩猩会用石头把类似胡桃的坚果砸开。"这一例证掷地有声,很有可能使维多利亚时代的黑猩猩专家托马斯·萨维奇博士感到不悦。黑猩猩经常会把硬壳的种子和坚果放在一个石头或木头的砧板上，用石头做的锤子砸开，为此它们常常会背着工具走上近一公里。其他时候，它们还会用木头棍子砸核桃。在象牙海岸的塔依森林，黑猩猩会带着一根合适的木棒爬到可乐果树上，挑好中意的可乐果，然后把树枝当木砧，用木棒当锤子把果子砸开。雌性黑猩猩比雄性黑猩猩更加喜欢用锤子和砧子的技术，且更在行[1]。

黑猩猩为了把美味的白蚁从树干或巢穴里引诱出来会提早撅断一根长长的草茎或者芦苇秆，以便在一小时之后的几百米开外派上用场。它必须把秆上多余的叶子和小枝去除，整理其形状，将其裁短，把它塞到白蚁的隧道里，顺着隧道内的形状熟练地转动手腕，抖动秆儿，吸引白蚁爬上去，然后很小心地将其从洞里取出而不碰掉太多白蚁。黑猩猩常常要花很多年来提高自己的技术，然后传授给下一代，年轻的黑猩猩也非常好学。这正好符合了"人会制造工具这个独一无二的特性"的定义，即"用天然的材料制作一种器械，以供在较远的将来用在目前无法感知的物体上"。

黑猩猩抓白蚁有多难，需要多高的智商、多巧的手呢？假设你身无长物，被扔到坦桑尼亚的贡贝保护区，即便十分不满，但你发现能充饥和补充营养的东西只有白蚁。你知道它们具有丰富的蛋白质，你也知道世界上很多体面人都经常食用白蚁。你好不容易才做好心理建设。但一次抓一个白蚁是不值当的。除非很幸运遇到成群的白蚁，否则想要捕获大量的白蚁你须制作一个工具，不断地插进一米深的白蚁巢穴里，然后把这个工具塞到自己嘴里。当你把工具从嘴里撤出来的时候，用牙齿和嘴唇把黏在上面的白蚁撸掉。你能否做得像黑猩猩一样好呢？

人类学家格扎·特莱基尝试寻找答案。他在贡贝停留数月，观察一只黑猩猩如何取食白蚁。它叫李基，非常擅长这项技术。特莱基将其发现发

1　其他物种也存在类似情况。幽默、聪明的海獭定期深潜海底，带着硬壳贻贝以及合适的石块游回海面。一边仰泳，一边把石块当铁砧砸开贻贝。某些鸟会把双壳贝从空中扔下令其裂开。埃及秃鹫和黑胸秃鹰会从空中朝鸸鹋和鸵鸟蛋扔石头以饱餐一顿。有一个真实性有待考究的故事，说的是一只秃鹫（或老鹰）朝古希腊剧作家埃斯库罗斯的秃头扔石头（或乌龟……说法各异）将其砸死——它或许将剧作家的秃头看成了不会飞的鸟的蛋吧。

表在权威科学期刊上,题目是《黑猩猩的生存技巧》。贡贝的白蚁主要在夜间活动,黎明之前便巧妙地把进入巢穴的洞口全部封死。黑猩猩通常会先刮去这些洞口的障碍,再开始取食白蚁。特莱基从这里开始探索:

> 我观察到很多次黑猩猩走近一个蚁穴,站在上面或旁边,快速地审视一番,然后很有把握地伸出手去,精准预测位置,把巢穴的通道打开。我很吃惊它们竟能轻松地找到通道的位置。为了学习这个技巧,我进行了几个实验:我非常细致地查看各种缝隙的模样、隆起和凹陷的部位等"地形"特征。经过几周的努力,都没能找到关键线索,只好用折叠刀去刮巢穴的表层,直到偶然揭露了一条通道。我没能找到一种自然的特征作为视觉上的线索。这最终使我明白,黑猩猩们可能具备某种完全超乎我想象的知识。
>
> ……在此刻唯一能够解释观察到的事实的一种假设就是成年黑猩猩也许之前就知道(记忆了)熟悉区域中的一百多个通道的准确位置。而且一年之中深探蚁穴的季节很短,自然让人想到猩猩可能在其余的十个月里通过观察形成了一幅标记着巢穴主要特征的心象地图。黑猩猩需要长期的训练(四五年)以熟练掌握该技巧……有人指出有些黑猩猩能够在记忆中多年保持具体的信息,这为此假设提供了佐证。

接下来,特莱基研究了如何选择制作捕蚁探头的原材料:

> 如果是经验丰富的黑猩猩,选择的步骤看上去非常简单。它对着附近的植物扫视一眼,然后熟练地伸出手去撅下一根树杈、藤条或草秆。有时它会从巢穴旁边往附近走几步,拿一个合适的棍子。有时它会先选两三样迅速对比一下,从中选一个中意的带到蚁巢,把其余的扔掉;或者几个都会被拿到巢穴那里,用的时候再慢慢选择。每次这种情况,它们做选择很快,甚至很不经意的样子。必要时还会做些修改。如果没有注意到其中的奥妙,很容易忽视做这些事中所需要的技巧。

黑猩猩好像对选探头很有经验，每次使用探头之前都对其性能了如指掌，因为它们选的探头用起来很少失败……事实上掏白蚁对探头的要求严格得惊人：如果藤条或草茎太柔软，伸进弯弯曲曲的通道时就会弯曲（就像手风琴的形状那样）；相反，如果太硬、太脆，它要么会刮碰通道的墙壁，要么折断，要么进不到需要的深度……

成年黑猩猩能轻松、快速、准确地选择探头，实在令人欣羡。尽管我观察和模仿了好几个月，还是达不到它们的水平。只有四五岁的黑猩猩才会像我一样笨拙。

最后，特莱基不再执着于寻找通道入口和制作工具的方法，开始学习怎样使用这个颇有匠心的工具：

我一遍遍地把探头伸进去，在终点位置停下，然后再把探头抽出。花上几个小时都捕不到一只白蚁。经过几个星期的徒劳无功后，终于开始明白症结在哪里……

要采集这些地底下的白蚁，先要小心而熟练地把探头插进去八至十六厘米，手腕灵活地转动，那样探头才能在曲折的通道里前进。停下来后，要用手指轻轻震动探头，否则白蚁不会受刺激从而紧紧咬住探头。但震动时间过长或过猛，探头很可能会被地道里的白蚁咬穿。待正确完成上述动作，探头上应该已经附着了几十只白蚁，须从通道里取出探头。此处也有许多需要观察的微妙之处。比如，如果探头抽出时过快或者动作太笨拙，上面的白蚁就可能在通道两侧被刮掉，拿出来时只剩下一根被咬坏的探头。手的动作要快，但不能过头，抽出的动作要平稳、柔和。如果通道特别弯曲（探入时就应知道），要想成功捕获就全靠慢慢扭动手腕把探头取出。

跟着黑猩猩学了几个月，科学家会沮丧地发现，人类经常自诩技术优越，却干得不如一个青春期前的黑猩猩。特莱基对自己的失败比较宽容、幽默，在论文结尾致谢部分，他除了感谢各种组织在经济和后勤方面的帮助外，还这样写道："除此之外，我要特别感谢耐心和宽容的李基，它采集白蚁的技术远胜于我。"

黑猩猩以放松的方式传授敲核桃和逮白蚁的技巧——通过实例教学而非死记硬背。学生可以随意摆弄工具，试验各种方法，而不是像奴隶一样模仿教师手上的每一个动作。如此一来技术就慢慢提高了。也就是因为这一点，人们说黑猩猩没有真正意义上的文化（具有讽刺意义的是，一组科学家否认黑猩猩具有语言，因为他们认为黑猩猩太擅长模仿，就像我们早先描述的那样；另一组科学家则否认黑猩猩具有文化，因为嫌黑猩猩模仿得不够）。

伟大的物理学家恩里科·费米有一种学习方法，即让同事复述他们最近解决的问题，但不给出答案。他认为只有亲自解决问题才能充分理解这个问题。在实践中学习科学技术比死记硬背有效得多，在其他很多人类活动中也是如此。就像黑猩猩一样，知道问题存在，而且知道通过手里的工具可以解决，便已成功了一大半。

贡贝的狒狒也食用白蚁，但几乎仅在昆虫迁徙的两三周之内。它们会捕捉路上的白蚁，饱餐一顿，有时甚至跳起来捕捉飞行着的白蚁。在白蚁不多的时候，狒狒会被新来的黑猩猩从白蚁巢穴旁轰走。有时被撵走的狒狒会生气地坐在附近，看着黑猩猩拿工具在白蚁窝旁边忙活。黑猩猩完事后，会把改良过的草茎和芦苇秆留在蚁窝旁。但从没见过狒狒试图拿起这些工具，明明这样做就能把捕捉白蚁的时长从几周延长到几个月。显然狒狒不会这项技能。它们不够聪明，可能是脑容量太小了吧。

正如黑猩猩比狒狒更擅长捕食白蚁，常吃白蚁的还没进入工业时代的人们在这方面同样比黑猩猩高明。他们能挖开白蚁的巢穴，或通过火熏、水灌的方式把它们撵出来。最优雅的方法是：他们把舌头顶在上颚，或用两根小木片轻轻搭在白蚁巢穴的表面用以模仿雨滴声，把白蚁从窝里引诱出来。科学家从未见过黑猩猩使用这种技巧[1]。也许它们不够聪明，或者脑容量太

1　在几内亚俄科罗比克山区，黑猩猩使用粗大的棍子在土堆上穿孔，让逃窜的白蚁大量聚集。几内亚其他地区的黑猩猩不会这一技巧，而附近的喀麦隆和加蓬地区的黑猩猩却会。

小了。

我们发现这几个物种重叠的部分最有趣。有些黑猩猩甚至缺乏用探头捕食技术,它们捕捉白蚁比狒狒强不了多少。而另一些黑猩猩则掌握了一些一般只有人类才会的相对成熟的原始技术。这些技术的步骤很多,必须全部正确完成,且顺序不能搞错,方能奏效。在某些技术上,它们甚至与人类做得一样好,另一些则比不上人类。有的人类文化还赶不上黑猩猩捕捉白蚁的最高水准,另一些人类文化也就和狒狒差不多。找不到非常明显的界限区分狒狒和黑猩猩或者黑猩猩和人类。

黑猩猩还会向来犯者头上扔树枝,用树叶汲取饮用水。虽不能说黑猩猩很挑剔,爱干净,但曾观察到黑猩猩把树叶当卫生纸和手绢用,把树枝当牙刷用。它们会用棍子挖掘营养丰富的根或者块茎或刺探藏在地洞或植物节孔里的动物,或者像赌台上的赌场管理员那样用木棍把手接触不到的水果弄到面前。假如能够制造更加复杂的工具,黑猩猩肯定具有足够多的智慧和技巧使用它们:在动物园里,黑猩猩会设法从管理员口袋里偷钥匙;一旦成功,它们常常会想办法把锁打开。它们有时能用智力从关押地逃走,就像人类一样。

雄性黑猩猩还喜欢投掷"导弹"。手里有什么就扔什么,一般用棍子和石头(偶尔也会扔食物,就像大学联谊会)。雌性黑猩猩对此兴趣不大。在以前的动物园里如果有石头的话,黑猩猩会向呆望着它们的游园者投掷石头。但一般情况下,它们只能用自己的粪便。当把一个非常逼真的假豹子放到野生黑猩猩面前时,它们先是一番狂叫,拥抱同伴或者跑到同伴背上去,在得到安慰支持之后,就找来称手的棍棒要打死这个假豹子,或打到填充物掉出来为止。有时候它们会用石头砸假豹子(在同样的情况下,狒狒也会愤怒地攻击豹子,但是从来没想过用棍棒。狒狒不知道利用工具)。

黑猩猩能通过投掷石头打晕或杀死其他动物。它们投掷得很准,但射程欠缺。在与猎物或敌手相遇的紧张时刻,它们投掷的命中率仅有几个百分点。这种情况下年幼的人类男孩做得也差不多。尽管扔得不够准,暴风雨般的石头扔过来也挺吓人。

要搞清楚使用工具和制作工具之间的区别。很多科学家承认其他动物也能使用工具，同时也追随本杰明·富兰克林的观点，将人类定义为会制造工具的动物，并且提出假说：一个物种一旦有制造工具的能力，语言的出现也就为时不远了。但黑猩猩捕捉白蚁的例子清楚地说明，它们有事先谋划的能力，既能使用工具也能制造工具。尽管没有证据表明它们在野外会制造石头工具，但人工喂养的黑猩猩也有简单利用石头的技术。比如被圈养的黑猩猩坎济——前述那个极有语言天赋的倭黑猩猩——会模仿人类，用撞击石头的方法砸出尖利的碎片，然后用它切断绳子，打开装有食物的盒子（完成这个工作至少涉及五个步骤）。只要第一次敲打出来的粗糙石头刀的锋利度能把绳子切断，坎济就会一直用它。如果需要切断更粗的绳子，它会重新制作更大、更锋利的石刀。

人类已经积累了几十年的证据，证明黑猩猩有能力把不同的东西组合起来制作工具：

> 1913 年到 1917 年，沃尔夫冈·柯勒为了研究黑猩猩的智力在北非的一个野外观察站进行观测和试验。在一项研究中，一只叫作苏丹王的雄性黑猩猩被领到一间屋子里，屋子一角的顶上悬挂着一根香蕉。屋子中央放了一个很大的木头箱子，上面的盖儿打开着。一开始苏丹王想跳起来摘水果，但很快就发现这是徒劳。它"焦虑地踱步，突然站在木箱前面一动不动，然后拿起箱子，倒转过来……直接走向目标……它开始爬到箱子上……全力纵身一跳，把香蕉扯了下来。"几天之后，苏丹王被领进另一个房间，房顶要高得多，也吊着一根香蕉，也有一个木箱子和一根木棍。最初，苏丹王只用木棍没有能拿到香蕉，它坐下来"一脸疲倦，搔着头，朝周围注视着"，然后，它开始盯着箱子，突然跳起拎起木棍，将木箱子推到香蕉下面，举起木棍把香蕉打了下来。苏丹王解决问题之前那一段沉思的时间和其后突然的、目的明确的动作让柯勒震惊。这种"顿悟"的行为与其他学习方式明显不同，因为一般的学习需要循序渐进，不断巩固。

不难想象，一只特别聪明的黑猩猩或倭黑猩猩也会琢磨如何用更好的方法让石刀更锋利或者让"导弹"投掷得更远。

人类的技术发展是持续不断的，所以要想从中找出特别的里程碑作为定义人类的标准——比如安全用火或发明弓箭、农业、运河、冶金技术、城市建设、书本、蒸汽机、发电机、原子武器、宇宙飞船——不仅显得太过随意，还会把在这些东西发明之前我们所有的祖先都排除在"人"之外。没有哪一种特别技术的出现能作为定义人的标准，最多只能说是一般的科技，或者说是运用科技的天性，但是在这一点上，我们和其他动物是相通的。

和人类一样，非人类灵长目存在物种内差别。个体与个体之间、群体与群体之间均有所不同。有一些像前述的伊莫一样，是技术天才；也有其他的，比如雄性猕猴沉迷于等级地位，极其保守、顽固不化；有的黑猩猩能砸碎坚果取食，有的就不能；有些会用探头捕捉白蚁，另一些只能抓普通蚂蚁；有些用草茎或藤条引诱昆虫，另一些使用棍子和小树枝；雌性喜用锤子和砧板，雄性喜欢投掷石头。据我们所知，还没有一只黑猩猩用棍子挖掘营养丰富的根或者块茎，尽管这很简单且利于生存。虽然群体中有成员在使用技术，并且有很多明显的收获，有些黑猩猩就是觉得技术不适合其本性，或者太费脑筋，因此从来不用。还有些大的群体根本就没有技术。一位观察乌干达黑猩猩群的人说："很遗憾地告诉大家，基巴莱的黑猩猩看来是猩猩世界的乡巴佬。"他继续猜测可能是因为基巴莱的生活太轻松，食物太丰富，因此不思进取。"

黑猩猩非常聪明。它们脑子里有一张领地的准确地图。它们似乎知道什么季节吃什么样的植物，并在应季的时候成群结队到领地边缘采集成熟的水果或者植物。它们具有初级的文化、医药和技术。它们有惊人的使用简单语言的能力。它们能为将来做计划。请再想一想要实现黑猩猩如此完善的社会生活，需要多少感官和认知能力：你必须能辨认几十张脸和表情；必须记住每一个猩猩曾经怎么对待你或者为你做过什么；必须明白潜在的盟友和对手的弱点、缺陷及野心；脚上动作要快；思维要灵活。如果具备了所有这些能力，那么世界上还有许多其他事情，早晚你都会明白甚至改变。

人类大脑的比重

人类的所谓特质清单上的内容被黑猩猩和倭黑猩猩一项接着一项彻底抹掉：自我意识、语言、思想及相关东西，理性、贸易、游戏、选择、勇气、爱和利他主义、大笑、隐蔽的排卵期、亲吻、面对面做爱、雌性性高潮、劳动分工、同类相食、美术、音乐、政治、无毛两足动物定义，包括使用和制造工具等。哲学家和科学家自信地提出一些所谓的人类独一无二的特征，都被猿类毫不留情地否定了。它们同时还推翻了人类是地球生物中的贵族这一自命不凡的说法。相反，我们更像暴发户，还没习惯迅速到手的崇高地位，对身份缺乏安全感，所以费心费力地在现今地位和卑微出身之间插上一段尽可能大的差距。我们近亲的存在却驳斥了所有的说明和辩解。因此，作为对人类狂妄和傲慢的制衡，地球上有猿类存在对我们是件好事。

黑猩猩和倭黑猩猩的很多行为只是最近才发现的。毋庸置疑，它们的很多才能到现在我们也没有认识到。我们是带着偏见的观察者，在答案中混杂了自己的既得利益。治疗偏见最好的方法是更多的数据。总体来说，不管是实验室还是对野生灵长目行为的研究，相关资金支持不仅少得可怜，还给得很勉强。

如果坚持要绝对而非相对的区别，至少到目前为止没能发现任何我们这个物种独有的特质。对于人与动物的区别，特别是与我们近亲之间的区别，不过是量变而非质变，不是吗？这不是和我们在进化论中学到的一样吗？如果坚称人是唯一拥有工具、文化、语言、贸易、美术、舞蹈、音乐、宗教，或者概念智能物种，我们将不可能理解我们是谁。相反，如果愿意承认人与动物的区别无非是一个习性多一点，另一个习性少一点，我们才可能取得一些进步。如果我们乐意，就会对人类正在把灵长目的才能发扬光大而自豪。

动物越重，大脑需要控制的地方就越多，因此大脑容量就相对越大。尽管同一物种的个体之间无此区别，但物种间确乎如此。一个物种相对其体重来说脑容量越大，尤其是高级中枢越大，可能在某种层面上它就越聪明。

的确,以同样的体重相比较,人类的大脑一般比其他灵长目的大;灵长目的大脑比哺乳动物的大;哺乳动物的大脑比鸟的大;鸟的比鱼的大;而鱼的比两栖动物的大。数据库中这方面的数据很零散,但是两者的关系很清楚。它与广泛公认的(当然是被人类所公认的)动物智力的等级排行相对应。最早的哺乳动物比同时期同体重两栖动物拥有大得多的头脑;最早的灵长目与其他哺乳动物相比也同样天赋不凡。我们是脑容量巨大的种族的后裔。

成年人的体重只比成年黑猩猩略重一点点,而大脑却比它们要大三四倍。人类几个月大的婴儿,大脑容量已经超过成年黑猩猩。看来我们很可能比黑猩猩要聪明得多,因为尽管体重相仿,但我们的脑容量要大得多。大脑的重量每增加三四倍,大脑的尺寸(比如说周长)就要增长百分之五十。但是人类的大脑并不是黑猩猩大脑的等比例放大。先不说前述赫胥黎的发现,至少人类大脑的一些结构——尽管不太多,但有一些——是其他灵长目所没有的,特别是与语言有关的部分。

人类大脑的一些部分,与身体的比例比其他灵长目的相同部位大得多:人类主管思维的大脑皮层与身体比例比黑猩猩要大许多(或者说是比我们非人类的灵长目祖先要大)。支配双脚平衡的小脑也是如此。人类大脑额叶也比黑猩猩大得多,据说这一区域对预测当前行为在将来所产生的结果以及事先规划起着重要作用[1]。

可是,必须谨慎对待这些大脑解剖学上的所谓区别。仍然有很多灵长目我们还没有充分研究过,而且错误主张比比皆是。比如,人类大脑皮层的两个半球储藏着不同的信息,并且控制人的不同能力——这个惊人的发现来自对一些连接两个半球的神经纤维束离断的病人的研究。这种不对称的情况叫作"偏侧性",和语言,甚至与使用工具有关。于是人们又有了一种自负的说法,认为只有人类大脑才有偏侧性。后来发现,鸣禽的曲调都只储藏在大脑的一侧,还发现学过语言的黑猩猩的大脑也有偏侧性。不管怎样,黑猩猩与人类的大脑在本质上的区别,即使有也很小,且很细微。

1　人脑尺寸的增长和结构优化发生得十分迅速——仅用了几百万年,或许还有诸多待完善之处。

这就是全部区别了吗？如果给黑猩猩更大的头脑和清楚说话的能力，或者减少一点睾酮以让它们的排卵期隐藏起来，给它们多一点抑制性，给它们刮去毛发，令它们后腿直立，并让它们在夜晚不再上树休息，它们是否就和最早的人类没有区别了呢？

我们也许并不比高级的猿猴强多少，人与它们之间的区别也许只是程度上不同而非本质相异——本质上的区别即使有也很难被发现——所有这些可能性在人们刚开始认真思考人类进化过程的时候曾引起巨大的不安。在《物种起源》出版后没有几年，赫胥黎写道：

> 很想让尽可能多的有文化的读者看到我对此问题的研究结论。大多数读者有可能对我经过极其认真仔细的研究而得出的结论感到厌恶。对此，我不会视而不见，那是无意义的怯懦。

> 我从各个方面听到这种呼声——"我们是人，而不是更优秀、腿更长、脚更紧凑、头脑比野蛮的黑猩猩和大猩猩更大的另一种猿猴。不管野兽看上去和我们有多么接近，人类知识的力量、对善与恶的良知、感情的温柔怜悯，都将人类从众多野兽中突显出来。"

> 对此我只能说，假如这与问题相关的话，这种心态完全可以理解，而且我百分之百地同情。但是，我可没有把人类的尊严建立在其大脚趾上，或暗示如果猿猴的脑子也有海马体，那么我们就会迷失。相反，我竭尽全力在清除这种虚荣……

> 确实，那些权威人士曾告诉我们……人与动物有相同起源的观点会有把人兽性化和退化的嫌疑。果真如此吗？硬要把这个结论强加在我们头上的肤浅的雄辩家，一个有常识的小孩子通过简单的争论不就可以驳倒吗？照耀时代的诗人、哲学家和艺术家，真的会仅因为他们是赤裸的野蛮人（他们的智力刚好使其比狐狸更狡猾，比老虎更危险）的直系后代就被拉下神坛了吗？

人类的理性

设想你有一台大约和打字机一般大的计算机放在桌上,运算速度比几百个数学家计算得还快。几十年前,地球上还没有类似的东西。基于这台计算机的优势,制造商开发出配备更快、更强大芯片的新机型和若干周边产品。毫无疑问,开发这部新计算机的成就不如最先发明个人计算机的成就那么令人瞩目。但你发现这部新的计算机可以执行一系列旧计算机没有的功能。它解决一些问题只需要很短的时间,而以前——无论从哪一点来看——都要花费无尽的时间。同样,以前根本没法解决的很多问题,现在都解决了。如果解决这些问题对于计算机的存在极其重要,那么不久便会出现大量配备了新功能的计算机。也许我们独一无二的特性无非是——或者差不多是:改良已有的发明、道理、语言并提高我们的总体智力,从而让我们在理解和改变世界的能力上迈上新的台阶。

然而更强的逻辑能力并不见得一定是好事,要看用在哪些地方。亚里士多德写道:"人比一切都更具理性。"马克·吐温反驳道:

> 我认为这一点有待商榷……对人的智商最不利的证据是尽管有那么多历史证据,人还能平静地把自己当成高等动物。

如果一味认定人类是彻底的——哪怕大多数时候是——理性动物,我们将永远无法认清自己。

我们太弱小了,不能摧毁或者严重破坏这个星球,或者让地球上所有的生命灭绝,那不是我们力所能及的。我们所能做到的是在全球范围内摧毁我们的文明,为了私利改变环境,导致大量物种灭绝。科技赋予了我们惊人的力量,尽管这种力量还不能让本物种灭绝,但在我们祖先看来那是上帝才会有的神力。我不过是陈述事实,没有劝止的意思,也不是在为人类下定义。但是我们不得不回过头来审视自己,在这个问题上我们是否有其他选择?还是说哪怕明明具有更高的智力,原本可以更有前途,却早晚都会把事情搞砸是我们的天性使然？

亨利·大卫·梭罗写道："我们意识到，自己心中的野兽的一面在我们更高的本性沉睡之后苏醒过来。"这个道理其实非常简单，稍事内省即可明白。该思想至少可以追溯到柏拉图时代。柏拉图提到在梦中"灵魂的温柔部分睡着后，理性失去了控制……我们体内的野兽的一面……就变得肆无忌惮。"他接着说：那个野兽"在这样的时刻会使我们不顾羞耻、谨慎，让我们无所不为"——包括乱伦、谋杀和偷吃"禁食的食物"。让我们熟知"心中的野兽"这一概念的当数西格蒙德·弗洛伊德，他称其为"id"，即拉丁文"it"之意；还有 J.休林·杰克逊开创的神经生理学。最新的表述可以在神经生物学家保罗·迈克莱恩的观点里找到。他认为控制性、侵略、统治和领地意识的神经中心隐藏在大脑的古老区域，称之为 R 复合体——R 代表爬行动物，因为我们和两栖动物都有 R 复合体，而两栖动物缺少大脑皮层这个意识控制中心。

我们极力否认心中有兽性，可不仅限于科学和哲学领域。这种否认的态度反映在男人刮脸、衣着和饰物的穿戴、准备肉食时的费心尽力（以掩盖动物被我们屠宰、扒皮和吃掉）等方面。雄性灵长类动物通常做模仿性交的相互乘骑动作以示权威，这种行为在人类中并不流行，这让有些人颇感欣慰。但是在包括英语在内的许多语言里，最厉害的骂人话无过于"操"，隐含了主语的"我"。骂人者显然是在宣称自己更高的地位，表达对别人的蔑视。在这里，人以典型的方式把一个姿势形象转变成语言形象，在含义上和其他灵长类动物几无不同。这句话每天在地球上重复几百万次，却没人停下来想一想它是什么意思。我们脱口而出，说起来痛快，也达到了目的。这是我们作为灵长类动物的标记，揭示了我们的本性。这是不管我们怎么否认，怎么装腔作势都改变不了的事实。

其中的危险似乎很明显。我们心中一定藏着某种自我推进的东西，偶尔会脱离我们意识的控制——某种尽管我们有很好的意愿却给我们带来害处的东西："我所愿的善，我不去做；我所不愿的恶，我倒去做了。"

有时我们用"更高级的本性"——我们的理性，来唤起心中的野兽。我们所害怕的是那蠕动着的动物。假如我们承认其存在,有些人就担心我们会慢慢倒向某种危险的宿命论。比如,罪犯可以祈求说:"我就是这样,我也很想好好做人,遵纪守法当个好公民,但也只能尽力而为。我心中有个禽兽在驱使着我。说到底,这是天性。我没法对自己的行为负责,因为是睾酮让我这样做的。"人们担心,这样的观点一旦广泛流行,将打破社会秩序。因此,最好封锁住有关我们心中的野兽的说法,然后宣称那些发现和讨论这种动物本性的人试图淹没人类的自信,玩火自焚。

我们真正害怕的或许是,假如探究得太深入就会发现深藏于人心的恶毒,一种不能抑制的自私与嗜血的本性,内心深处我们都是鳄鱼般没有头脑的杀人机器。这话说起来有损形象,如果传扬开去肯定会削弱人类的自信。在人类有破坏整个地球环境的能力的当下,这种说法会给人类泼冷水。

这个主张的奇怪之处——除了认为罪犯和有反社会人格的人可以从他们也是动物的科学发现里找到安慰——是其在接触有关动物的数据时有多少选择权,尤其是关于我们的近亲灵长目。其实我们在灵长目中也可以找到友谊、利他主义、爱、忠诚、勇气、智慧、发明、好奇、先见等特征,人类应该为具有大量这样的品质而感到高兴。那些否认或者谴责我们"动物"性的人完全低估了这些本性到底是什么。在猴子和猿猴生活中除了有让我们感到耻辱的一面,是否还有很多值得我们骄傲的东西呢?我们是否应该很高兴我们和伊莫、露西、苏丹王、李基和坎济是近亲?是否还记得那些宁可挨饿也不愿意残害同类的猕猴?如果我们肯定自己的道德达到了它们的水准,是否应对人类的未来持更加乐观的态度?

假如我们的智力是我们的特别之处,如果人类本性之中至少具有两面,难道不该利用智力来分别促进和抑制这两面吗?重新组建社会结构的时候——在过去的几个世纪里我们一直疯狂地做这件事——充分理解人类的本性难道不会使结果更好、更安全吗?

柏拉图担心一旦社会失去了控制,我们心中的野兽就会促使我们"与母亲或者其他人、男人、上帝或者野兽"乱伦,并犯下更多罪行。但是猴子与猿类等"野兽"几乎很少会在父母与孩子、兄弟姐妹之间乱伦。在灵长目中这种抑制现象早就存在,同样是为了进化。我们把自身所具有的天生乱伦倾向归咎于动物,是在贬低它们。柏拉图担心我们心中的动物会使我们干"流血的事情",但是猴子和猿猴等"野兽"天生不愿意干这样的事情,起码在本群体内是这样。健全的等级制度依靠统治和臣服、友谊、联盟和性的关系,使真正的暴力保持在低沉的咆哮阶段。没有听说过猿猴这样的动物进行大规模屠杀,也未观察到它们有真正的主力部队参战。可以说,当把暴力倾向归咎于非人类祖先,实在是看轻了人家。它们本来就有的抑制兽性的倾向很可能被我们避开了。

在感情上,用牙和拳头干掉敌人比扣动扳机或摁一个按钮要艰难得多。通过发明工具和武器、通过建立文明,我们失去了对野性的控制——有时是无心的,有时却出于精心谋划——如果这些与我们最亲近的野兽不顾一切地乱伦,爆发大规模的冲突,它们早就灭绝了。如果我们非人类的祖先也如此行事,就不会有今天的我们。对于人类的各种不幸,我们只能埋怨自己和治国之道——而不是责怪心中的"野兽"与我们远古的祖先——对我们强加于它们的自私的指责,它们现在没法辩解。

我们没有理由绝望或怯懦。真正应该惭愧的是,有人在竭力避免自我怀疑,甚至掩耳盗铃地把真实的本性遮蔽起来。我们只有知道在与谁打交道才能真正解决自身的问题。要抑制我们所感知到的自身的危险倾向,就需要明白我们的祖先和近亲物种都能够抑制和控制暴力——至少在发生群体内冲突时,暴力只是虚晃一招;需要明白我们有能力建立同盟和友谊;需要明白政治是我们的强项;需要明白我们有能力认识自己,并建立社会组织;需要明白我们与地球上的其他物种相比,都更有理性发现事情的原因,并创造前所未有之物。

即使在最古老的生物化石中,我们也能找到它们集体生活与相互合作的有力证据。我们人类能够创造出文明,在数十万年间促成了一套天生的特性而阻止了另一套形成。从大脑的解剖、人类的行为、个人的内省、文字记录的史册、化石的纪录、DNA序列和与人类亲缘关系最近的动物的行为中我们清楚地明白:人类本性不仅仅只有一面。如果说更高的智慧是我们这个物种的特质,就该好好利用它,就像其他动物利用自己独特的优势以确保后代繁多、遗传基因能传续下去一样。我们有义务明白,一些先天倾向无非是进化史上的残余。这些不好的倾向如果和我们的智力相结合——特别是当智力被置于从属地位时——有可能会威胁到我们的未来。我们的智力并不完美,而且是新近出现的;它可以被甜言蜜语轻松哄骗、制服,或者被其他天生倾向颠覆(有时这些天生的倾向会伪装成一道理性而冷静的光芒),这一切令人非常担忧。假如智力是我们唯一的优势,我们必须学会更好地运用它,让它更锋利,同时要熟知其局限与弱点——就像猫利用偷袭一样,使其为我们的生存服务。

论无常

死亡就像一只隐蔽的老虎,等待捕杀毫无戒心的猎物。

——马鸣菩萨

叙事诗《孙陀利难陀》,约 1165 年

第二十一章

被遗忘祖先的影子

男孩、女孩、灌木丛、鸟，
大海里一条无声的鱼，
都是我曾经有过的模样。

——恩培多克勒
《净化论》

进化造就了地球上的各式生命,它们在地表行走,跳跃,飞翔,滑行,漂浮,打洞,慢跑,蹒跚,游泳,打滚,阔步流星踏过水面,在树梢摇曳,或等待猎物时屏息凝神。蜻蜓羽化,乔木发芽,大型猫科动物追逐猎物,羚羊逃窜,小鸟啁啾,线虫渴望腐殖颗粒,昆虫傍在树的枝叶上栖身,蚯蚓雌雄同体激情缠绕,海藻与真菌在苔藓里相互依偎,大鲸鱼唱着哀歌畅游苍海,柳树悄无声息地汲取大地水分,一小块泥土里有无数微生物在涌动。我们这个星球表面上的每一个角落都是孕育生命的沃土,在这里,每一块泥土、每一滴水、每一口空气都有生命存在。哪怕高空中也漂浮着细菌,在最高的山顶有蜘蛛跳跃,深不见底的海沟有幼虫代谢硫磺,地球表层下几公里处甚至有嗜热细菌。所有生物紧密联系,互相猎捕,吸入对方呼出的废气,寄居对方体内,伪装成对方的样子,与对方密切合作,悄悄改变对方的基因指令。所有生物一起形成相互依赖、相互作用的网络,覆盖整个星球。

30亿年前,地球上的生命改变了内海的颜色;20亿年前,它们改变了大气层的组成;10亿年前,它们改变了天气和气候;3亿年前,则是土壤质地。在过去的几亿年间,它们的影响力已经扩展到了地表的角角落落。这些深刻的变化是由我们称之为"原始生命"的生命形式带来的,这一过程被称为"自然变化"。这些深刻的变化表明,认为人类已经凭借科技到达了"自然的顶端"实属无稽之谈。人类造成许多物种灭绝,也许有一天会轮到自己,这在地球上并不是什么新鲜事。历史上曾有过一些新兴物种,它们登上自然舞台,改变了一些自然环境,除掉几个其他角色,然后便永别舞台。若最后人类真毁于自己之手,便将成为这类物种里的最新一员。此般演出周而复始,大自然见证着,包容着。

生命仅仅渗透到了地球薄薄的表面,其未到之处上如天堂般高渺,下如地狱般深邃。这个星球本身以日为单位自转,以年为单位公转,每两亿五千年环绕银河系中心一周。这个由石头和金属组成的星球内部有强大的对流,不断地创造和破坏陆地,产生地球磁场。星球本身并不在意生命。无论有生命与否,地球都会一如既往地运行。地球是冷漠的,除了薄薄的温柔的地表之外,丝毫不受生命荣枯的影响。

承认人与其他物种具有亲缘关系

当地球从巨大的、摧枯拉朽般的大爆炸中出现时,到处是炽热的熔岩,天空一片漆黑,形成海洋和生命的物质还漂浮在太空,我们与周围宇宙的联系开始显现,生命谱系之树在那时便已扎根。人类这个孤儿物种的发展轨迹便在这个史诗般的宏大景观中展开了。

正如本书所说,我们人类之中只有极少数家族的谱系可以追溯到二三十代以前,绝大多数人只能回溯三到四代,历史记录就会逐渐消逝。除了少数特殊情况,早期的祖先都仅仅是个幻影。从文明开端到现在,经历了几百个代际;从人类的起源开始,经历了几千个代际;而我们和第一个智人之间,是十万代人的距离。然而,需要多少代际才可以把我们与非人类的灵长类、其他哺乳动物、爬行动物、两栖动物、鱼以及更早的祖先,直到原始海洋的微生物联系起来,又需要多少代际才能把我们带到最早的能自我复制的有机分子时代? 可能需要近一千亿年吧。我们的谱系因这些伟大的发明家而得到延展:第一次实现自我复制,第一次合成蛋白质,出现细胞,进行合作,捕食,共生,光合作用,呼吸氧气,交配,产生激素,大脑进化等。我们使用这些发明,有些甚至一秒也离不开,但在这一千亿年的历史长河里,我们从未想过它们是谁设计的,也没想过这些无名的恩人对我们有多大的贡献。

很多人认为人类与动物显而易见的亲缘关系是对人类的亵渎。但我们任何一个人,不管是与爱因斯坦和斯大林,还是与甘地和希特勒,不都有着比其他物种更近的关系吗? 难道我们应该因此认为自己多多少少受其影响吗? 现在是时候去探索所有人类的本质与地球上其他生物之间的深刻联系了,这可以帮助我们更好地认识自己。

既然承认与其他物种具有亲缘关系,就不得不反思我们的行为是否道德(以及是否谨慎):在整个星球上,我们夜以继日,每几分钟就消灭一个别的物种。在过去的几十年里,我们导致约一百万个物种灭绝,其中有潜在的食品供应源,有救急的药物。但这些具有独特的 DNA 序列,经过四十亿年艰难曲折进化而来的物种,现在都永远消失了。我们是背信弃义的继承人,扼杀家园的资源，不为后代着想。

必须停止自以为是。不该不分青红皂白地把动物浪漫地人格化，也不该焦虑地否认人和动物的亲缘关系（人类是"特殊"的创造这一概念能完美印证后者），我们大可以采取中间立场。

假如宇宙果真为人类而创造，假如真有一位仁慈、全能的上帝，那么科学就做了一件残酷无情的事情，仅有的效用就是考验我们古老的信仰。但如果宇宙对人类的命运漠不关心，那么科学最大的作用便是唤醒我们，让我们来面对真正的境况。面对自然选择的冷酷无情，我们必须为自己的生存负责，否则就会灭绝。

然而，人类从未停止对其他物种的杀戮，科技越强大，发生这种悲剧的可能性就越大。近代很多悲惨事件说明，人类可能患有学习障碍症。我们曾以为，第二次世界大战和屠杀犹太人的惨状足以让人对此种毒素产生抗体，但我们的免疫力很快便消失了。新的一代人好了伤疤忘了疼，丢掉了批判与怀疑的能力。以前的口号和仇恨都像灰尘一样被掸掉了。有的东西不久之前还是罪恶的化身，现在倒成了政治学的公理被提上日程。种族优越、仇外、恐同、种族歧视、性别歧视和领土主义又卷土重来。我们如释重负地长松一口气，想要屈从于造物主的意志，抑或期待有一个可以跟从的造物主。

一万代以前，我们分成了许多小的群体，这些天生的习性对我们这一种族来说很有用。不难理解为何这些习性几乎与生俱来、一触即发，为何会成为每个煽动家和职业政客的惯用伎俩。但是我们不能坐等自然选择来修正这些古老灵长类动物的法则，我们等不起。必须利用现有的条件探寻我们是谁，要如何才能变为理想中的样子，如何超越自身缺陷。如此方能开创一个社会，一个不至于激发出我们最坏的一面的社会。

然而，着眼近一万年，了不起的改变悄然发生。让我们想想人类是如何建立组织的。曾经人们认为，等级制度如同世袭首领制一样是人类政治结构的标准，为伟大的哲学家和宗教领袖所推崇。这种等级制度要求下级对上级的臣服与顺从。这些制度现在几乎从地球上消失了。同样，奴隶制也几乎被全世界取缔，而在曾经很长一段时间里，该制度曾被德高望重的思想家认为是理所应当的、符合人性的。若是不考虑少数几个特例，仅仅在一分钟之前，女性还从属于男性，没有平等的地位和权利，这也被认为是天经地义的、不可避免的。在这一点上，变化可谓天翻地覆。对民主和人权的拥护席卷全球，少数几个开倒车的地方除外。

总的来看，近十代人发生了戏剧性的社会变迁，这些证据有力地驳斥了我们注定要过像黑猩猩那样的社会生活的谬论。这些变化来得如此之快，不可能是自然选择造成的。相反，有些东西早就深藏心底，文化只是把它们表现出来而已。

人类起码有 99.9% 的 DNA 序列是相同的，相互之间的联系比与任何其他动物的联系都要紧密。根据我们看待其他事物所用的相似标准，即便是最迥异的文化和民族起源，在遗传方面也极其相似。已知和未知的芸芸众生中，我们都是由同一块布料裁剪而来，具有相同的模式和优缺点，最终会踏上相同的旅途。既然我们相互依存，智力相似，且都面临危险，为什么不能跳出固有的行为模式呢？那些行为模式只是在很久以前对古老的祖先行之有效罢了。

我们不断摒弃陈规，尝试新的体制。强大的经济和文化纽带联结起了整个星球，把人类变成一个相互交流的整体。越来越多的问题呈现出全球化的特征，只能由统筹的方法予以解决。我们不断发掘着人类过去的奥秘和宇宙的本质。我们发明了威力无穷的工具，探索邻近的天体，并向遥远的恒星进发。诚然，我们无法预测未来，没有被赐予洞察未来的能力。我们完全不知道未来会发生什么。但我们没有权利也没有立场因此感到悲观。在那些身影中隐藏着祖先遗留给我们的某种能力，即便它或许有诸多限制，却可能改变制度，改变自己。没有什么东西是预先注定的。

如果我们能正确地认识父母，既不情绪化，也不神秘化，不任性地把自己的不完美归咎于他们，从一定程度上就可以说我们成熟了。成熟需要直面幽深的黑暗、骇人的阴影，尽管可能令人悲伤和痛苦。在这个回忆和接受先辈的过程中，或能寻得一线光亮，照亮子孙回家的路。

后记

我们描述了人类诞生以前地球的模样。靠着化石以及今日世界精彩纷呈的生命万象，我们努力探寻祖先的踪影。虽然这份婴儿档案依然有大量内容缺失，但科学技术的进步让我们得以一窥部分已遗失或遗忘的条目——其中诸多弥足重要。但目前探寻到的，不过是本档案开头的一小部分罢了。其核心部分——我们这一物种从发源到步入文明的全过程编年史——将是本系列下一本书的主题。

一旦知道事物的起源，便已知晓事物的结局。

——托马斯·阿奎那

《神学大全》

参考文献

序 言

1. Attributed to Empedocles by Sextus Empiricus, in *Against the Mathematicians*, Ⅶ, 122-125, in Jonathan Barnes, editor and translator, *Early Greek Philosophy* (Harmondsworth, Middlesex, England: Penguin Books, 1987), p. 163.

2. *Science and Humanism* (Cambridge: Cambridge University Press, 1951). Schrödinger was one of the discoverers of quantum mechanics.

3. 在诸多关于人类起源的科学著述中,均记载着类似的故事。尽信书不如无书,与其死磕证据,我们更倾向于认为,可以考查的证据只是人类起源的冰山一角。人类起源实属卑微。从多个角度看,我们已成为地球的统治物种,走到这一步有一部分原因是我们自己努力的结果。然而事关自身起源的诸多细节问题,我们却知之甚少。于是,我们将自己比喻为在迷离光景中成长的宠儿,一位勇闯天涯挑战命运的英雄,倒也合情合理。该比喻最大的危险在于我们可能会将成功归功于一代人、一个民族或一个国家,可能会被胜利冲昏头脑,看不见自己正自掘坟墓。

4. Robert Redfield, *The Primitive World and Its Transformations* (Ithaca, NY: Cornell University Press, 1953), p. 108.

5. Fyodor Dostoyevsky, *Brothers Karamazov* (1880), translated by Richard Pevear and Larissa Volokhonsky (San Francisco: North Point Press, 1990), Book Six, Chapter 3, p. 318.

6. Mary Midgley, *Beast and Man: The Roots of Human Nature* (Ithaca, NY: Cornell University Press, 1978), pp. 4, 5.

7.《物种起源》第十章也有类似的比喻,达尔文称地质编录是"地球换着方言写就且保管不当的一段历史;我们手里只剩这本历史书的最后一卷……勉强拼凑出一个章节,内容不过零星数行。"

第一章

1. In Lucien Stryk and Takashi Ikemoto, translators, *Zen Poems of China and Japan: The Crane's Bill* (New York: Grove Press, 1973), p. 20.

2. Translated by Dennis Tedlock (New York: Simon and Schuster/Touchstone, 1985, 1986), p. 73.

3. 此处我们谈论的是太阳系的起源问题,而非宇宙起源或其在现代社会的化身——如今普遍称之为宇宙大爆炸。

4. 热力学第二定律规定任何过程都会造成宇宙中的无序的净增加。某区域愈发有序的同时其他区域愈发无序。大千世界里有大量的秩序有待发现;行星或生命的起源完全符合热力学第二定律。

5. 源于银河系某处的大量原子的放射性衰变,很小一部分除外。

6. 在他的最后一位崇拜者死后约两千年,人们用该名字命名了一颗新发现的行星。

第二章

1. Translated by Dennis Tedlock (New York: Simon and Schuster/Touchstone, 1985, 1986), p. 72.

2. In *Just So Stories* (New York: Doubleday, Page & Company, 1902), p.171.

3. 就目前所知,开车在地球里穿梭的画面最初源自宇航员弗雷德·霍伊尔。

4. 为讨论方便,假设远古海洋的面积和深度与当下无异,同时远古地球上由于没有其他生物吞噬有机分子,后者存续了约摸一千万年才崩塌,或者说转入了地球熔体内部。接着,在最理想的情况下,远古海洋成为有机质含量 0.1% 的溶液(相当于一碗稀牛肉汤)。全球海洋都是如此。相对而言,部分湖泊、海湾和河湾的有机分子含量或稍高一些。

5. D. H. Erwin, "The End-Permian Mass Extinction," *Annual Review of Ecology and*

Systematics 21（1990），pp. 69-91.

6. 终结二叠纪的大灾难比两亿年后导致恐龙灭绝的白垩纪灾难要恐怖得多。

7. Marcus Aurelius，*Marcus Aurelius*：*Meditations*，Ⅳ，48，translated by Maxwell Staniforth（Harmondsworth，UK：Penguin Books，1964），quoted in Michael Grant，ed.，*Greek Literature*：*An Anthology*（London and Harmondsworth，Middlesex，England：Penguin Books，1977），p. 430.

8. The Venerable Bede，*The Ecclesiastical History of the English Nation*（*Historia Ecclesiastica*）（London：J. M. Dent，1910，1935）（written in 732），Book Ⅱ，Chapter ⅩⅢ，p. 91.

第三章

1. 这场大火至今未灭。写作此书时，一位观看《卡尔·萨根的宇宙》系列电视节目的观众给我们来信表达愤怒，抗议该片支持进化论。他写道："我们告诉孩子们大家是从猴子演变而来的后，他们竟然学起了猴子的动作！否定道德的绝对标准，以相对道德观看待一切行为，其结果只可能是道德沦丧。"他闭口不谈进化论的种种证据，只谈假想出的种种社会后果。

时至今日，美国部分中学的生物课程仍会花一半时间讲述神创论（且矛盾地称之为"科学神创论"）。地理课要不要也花一半时间讲述天圆地方？这可是《圣经》作者的观点，受部分边缘游说团体的支持。在《创世纪》写成的公元前六世纪，神创论和天圆地方论都是合理的科学猜想，但今日已经行不通了。

为神创论辩护的代表性著作有《进化？化石不同意！》（D. T. Gish，San Diego：Creation Life Publishers，1979）和《科学神创论》（H. M. Morris，ibid.，1974）。科学家著述的反神创论作品有《科学与地球历史》（A. N. Strahler，Buffalo，N. Y.：Prometheus，1987）、《审判科学——进化论一案》（D. J. Futuyama，New York：Pantheon，1983）、《地球的年龄》（G. B. Dalrymple，Stanford，CA：Stanford University Press，1991）、《进化论与神创论迷思》（Tim M. Berra，ibid.，1990）。另外，国家科学院编撰了一本浅显易懂的小册子《科学与神创论》（Washington，D. C.：National Academy Press，1984），称神创论为"无效的假设"，并做了一个总结——"任何源于教义材料（如《圣经》）而非科学观察的信仰都不应被承认为科学……将此类教义的教学纳入科学课程会扼杀批判性思维的发展……并严重损害公共教育的最佳利益。"此书有诸多可圈可点之处，比如献词部分——"谨以此书献给同意我在吃饭时看书的母亲"。

1982 年盖洛普民调显示 44% 的美国居民相信"一万年前上帝参照自己的形象创造

了人"。只有9%的人认为"数百万年来,人类从低级物种逐渐进化而来。上帝与此无关"(*Creation/Evolution*, No.10, Fall, 1982, p. 38)。

1988年,43名国会议员同意参加一项调查,回收的问卷显示43人中有约88%的人认为"进化论有坚实的科学基础"。但能粗略说出进化论基本观点的人不到一半。只有三分之一的人肯定地球的年龄为40亿至50亿年。俄亥俄州立法机构里有四分之一的成员参加了上述调查,结果分别是74%、23%和23%。(Michael Zimmerman, "A Survey of Pseudoscientific Sentiments of Elected Officials," *Creation/Evolution*, No. 29, Winter, 1991/1992, pp. 26-45.)

2. Erasmus Darwin, *The Botanic Garden*, Part Ⅱ, *The Loves of the Plants* (1789), Canto Ⅲ, line 456; in Desmond King-Hele, editor, *The Essential Writings of Erasmus Darwin* (London: MacGibbon & Kee, 1968), p. 149.

3. Dumas Malone, *Jefferson and His Time*, Volume One, *Jefferson the Virginian* (Boston: Little, Brown, 1948), p. 52.

4. Gerhard Wichler, *Charles Darwin: The Founder of the Theory of Evolution and Natural Selection* (Oxford: Pergamon Press, 1961), p. 23.

5. London, 1803 (published posthumously). Quoted in Howard E. Gruber, *Darwin on Man: A Psychological Study of Scientific Creativity* (Chicago: The University of Chicago Press, 1974), p. 50.

6. This example is from J. B. S. Haldane, *The Causes of Evolution* (New York: Harper, 1932), p.130.

7. 19世纪末期,奥古斯特·魏斯曼做了一个实验:把连续五代的小鼠的尾巴剪掉,后代并未受到影响。萧伯纳认为上述案例忽略了拉马克的观点:老鼠并不渴望不长尾巴,和为了长脖子而努力的长颈鹿不同。(《回到玛士撒拉:一个元生物学的摩西五经》,New York:Brentano's,1929)这想法十分奇妙。拉马克学说幸存至今的典型观点包括:亚当在伊甸园的越轨行为导致了"原罪"世代相传(天主教会在特伦特会议上对此表示接受,并在1950年庇护十二世的教皇通谕中重申)以及斯大林最喜欢的伪科学家特罗菲姆·李森科满是欺骗的农业遗传学家。然而,获得性特征的遗传——虽然在生物体层面上显然是错误的——在基因层面上却可能是正确的:突变是一种化学事故,会稍微改变基因结构。后代继承了事故基因。但奥古斯特·魏斯曼的刀太钝了,无法触及到基因。

8. Sir Francis Darwin, editor, *Charles Darwin's Autobiography, with His Notes and Letters Depicting the Growth of the ORIGIN OF SPECIES* (New York: Henry Schuman, 1950), pp. 29, 30.

9. *Ibid.*, pp. 34, 35.

10. John Bowlby, *Charles Darwin: A New Life* (New York: W.W.Norton, 1990), p. 110.

11. *Ibid.*, p. 118.

12. *Charles Darwin's Autobiography*, p. 33.

13. *Ibid.*, p. 37.

14. Stephen Jay Gould, *Ever Since Darwin* (New York: Norton,1977), p. 33.

15. Charles Darwin, *The Voyage of the Beagle* (London: J. M. Dent & Sons Ltd., 1906), p. 18.

16. Frank H. T. Rhodes, "Darwin's Search for a Theory of the Earth: Symmetry, Simplicity and Speculation," *British Journal of the History of Science* 24 (1991), pp. 193-229.

17. *The Autobiography of Charles Darwin* (unexpurgated edition edited by Nora Barlow, his granddaughter) (New York: Harcourt Brace, 1958), p. 95.

18. Bowlby, *op. cit.*, p. 233.

19. Francis Darwin, editor, *The Life and Letters of Charles Darwin* (London: John Murray, 1888), Volume Ⅱ, p. 16.

20. Ronald W. Clark, *The Survival of Charles Darwin: A Biography of a Man and an Idea* (New York: Random House, 1984), p. 90.

21. *Ibid.*, pp. 90, 91.

22. *Ibid.*, p. 105.

23. 以下摘录自华莱士的文章："野猫多产,敌人很少。那为什么它们的数量不如兔子?唯一可以理解的答案是,它们的食物供应更加不稳定。显而易见,只要某个区域的客观条件保持不变,其动物种群的数量就不可能实质性地增加。如果某一物种的数量大幅增加,需要相同种类食物的其他物种势必会相应减少。每年有相当数量的个体死亡,由于每只动物的存活取决于自身,则死去的一定是最弱的——年幼、年老或患病——而存活下来的必定身体健康,充满活力,比如能够定期捕获食物和避开众多敌人等。之前说过,这就是'生存斗争',那些最弱小、进化最不协调的必定面临灭顶之灾……"(Alfred Russel Wallace, "On the Tendency of Varieties to Depart Indefinitely from

the Original Type", Wallace's contribution to Darwin and Wallace, "On the Tendency of Species to Form Varieties; and on the Perpetuation of Varieties and Species by Natural Means of Selection", in *Journal of the Proceedings of the Linnean Society*: *Zoology*, Volume Ⅲ, London: Longman, Brown, Green, Longmans & Roberts, and Williams and Norgate, 1859, pp. 56, 57.)

24. 在随后的版本里,此句修改为"人类的起源和历史会变得较为明朗。"(强调点不同)

第四章

1. In *Philosophical Works*, *with Notes and Supplementary Dissertations by Sir William Hamilton*, with an Introduction by Harry M. Bracken, 2 volumes (Hildesheim: Georg Olms Verlagsbuchhandlung, 1967), Vol. 1, p. 52.

2. Charles Darwin, *The Origin of Species by Means of Natural Selection or the Preservation of Favored Races in the Struggle for Life* (New York: The Modern Library, n.d.) (originally published in 1859) (Modern Library edition also contains *The Descent of Man and Selection in Relation to Sex*), Chapter ⅩⅤ, "Recapitulation and Conclusion," p. 371.

3. 当然,对"适应性"的宗教解释一直都是"上帝的意愿",但并未对过程进行阐释。

4. Unattributed quotations in this chapter are excerpted from Charles Darwin, *op. cit.*, pp. 29, 31, 33,34,64-67, 359, and 370; and from Charles Darwin and Alfred R. Wallace, "On the Tendency of Species to Form Varieties; and on the Perpetuation of Varieties and Species by Natural Means of Selection," *Journal of the Proceedings of the Linnean Society*: *Zoology*, Volume Ⅲ (London: Longman, Brown, Green, Longmans & Roberts, and Williams and Norgate, 1859), p. 51.

5. Francis Darwin, editor, *The Life and Letters of Charles Darwin* (John Murray: London, 1888), Volume Ⅲ, p. 18.

6. *The Westminster Review* 143 (January 1860), pp. 165-168.

7. *The Edinburgh Review* 226 (April 1860), pp. 251-275.

8. John A. Endler's *Natural Selection in the Wild* (Princeton: Princeton University Press, 1986) provides a useful modern summary of what natural selection is and isn't, its role in evolution, and how to test that it operates. His Table 5.1, culled from the recent scientific literature, summarizes over 160 "direct demonstrations" of natural selection in the wild.

9. *The North American Review* 90 (April 1860), pp. 487 and 504.

10. *The London Quarterly Review* 215（July 1860），pp. 118-138.

11. *The North British Review* 64（May 1860），pp. 245-263.

12. *The London Quarterly Review* 36（July 1871），pp. 266-309.

13. George Bernard Shaw, *Back to Methusaleh*：*A Metabiological Pentateuch*（New York：Brentano's，1929），p. xlvi. The last sentence is in fact the modern evolutionary point of view.

14. 里根第一任期内的内政部长詹姆斯·瓦特为掠夺公共土地辩护,理由是不确定"在主降临前"我们有多少时间。布什总统时期的内政部长曼努埃尔·卢扬反对保护濒危物种,因为"人类处于食物链顶端。我认为上帝给了我们对这些生物的统治权……他将人类放在了更高的地位。也许这是因为鸡不会说话……上帝创造了亚当和夏娃,那是我们所有人的起源。我们今天的样子皆为上帝所造"（Ted Gup, "The Stealth Secretary," *Times*, May 25, 1992, pp. 57-59)。《创世记》敦促我们"征服"自然,并预言我们的"恐惧"和"害怕"将发生在"每一只野兽"身上。这些宗教戒律在人类对环境的进军过程中起到了相当关键的作用（cf. John Passmore, *Man's Responsibility for Nature*：*Ecological Problems and Western Traditions*, New York：Scribner's，1974)。然而,各种宗教的领导人用坚定的立场和政治行动开展环保工作（e.g., Carl Sagan, "To Avert a Common Danger：Science and Religion Forge an Alliance," *Parade*, March 1, 1992, pp. 10-15)。

15. 阿尔弗雷德·拉塞尔·华莱士和达尔文是自然选择促使生物进化现象的共同发现者。他慷慨、自谦,形容自己"害羞、尴尬、不习惯好社会"——他与后者在一个关键问题意见不一。他认为野兽和蔬菜都进化了,但人类没有。他认为神圣的（和自我繁殖的）火花必定是在进化过程中距今较近的时期引燃的。华莱士有没有证据?

与那个时代的种族主义者不同,华莱士惊讶地发现所有人的大脑尺寸及生理解剖结构并无差异:"看到不文明的人越多,我对人性就越乐观,文明人和野蛮人之间的本质差异好像消失了……当下关于史前人类道德和智力水平低下的普遍看法,目前还很难证明"（Quoted in Loren Eiseley, *Darwin's Century*, New York：Doubleday, 1958, p. 303)。但他认为,工业时代之前的人不需要一个能够发明蒸汽机的大脑。因此,人类大脑一定是在早期就已设计好,以便在以后执行复杂的适应性任务。他深知,这种远见与自然选择的偶然性和短期性不符。因此,"一些更高级的智能生物可能指导了人类的进化过程。"（*Ibid.*, p. 312.)

　　然而，华莱士大大低估了工业革命前人类社会的复杂性。哪儿有什么能脱离工艺的人类文化。制作石器和狩猎大型动物绝非易事。大脑从一开始就是我们的优势。华莱士也被维多利亚晚期英格兰甚为流行的一连串灵性主义行为所震撼，包括招魂术、降神会、与死者对话、灵外质的物化等。这些似乎揭示了人类隐藏的精神成分，那是其他生物所不具备的。据我们所知，这种令人陶醉的啤酒是由熟练的骗子和轻信的上层阶级观众共同调制而成。魔术师哈里·胡迪尼为后来揭露其中一些欺诈行为起了重要作用。华莱士绝非维多利亚时代唯一一个被骗的精英。在本书的结尾，在探索黑猩猩在测试中展露的非凡认知天赋时，我们会遇到类似的问题：它们怎样做到提前就适应好的，竟能解决如此复杂的问题？ 答案（至少是部分答案）或能回答华莱士当年的难题：在日常野外生活中，黑猩猩需要一种宽泛的、多用途的智能——不像人类那么先进，但比我们想象的要先进得多。

16. Nora Barlow, editor, *The Autobiography of Charles Darwin* (New York：Harcourt Brace, 1958), p. 95.

17. James H. Jandl, *Blood：Textbook of Hematology* (Boston：Little Brown, 1987), pp. 319 *et seq.* See also David G. Nathan and Frank A. Oski, *Hematology of Infancy and Childhood*, 3rd ed. (Philadelphia：W. B. Saunders, 1987), Chapter 22.

18. A. C. Allison, "Abnormal Haemoglobin and Erythrocyte Enzyme Deficiency Traits," in D. F. Roberts, editor, *Human Variation and Natural Selection*, *Symposium of the Society for the Study of Human Biology* 13 (1975), pp. 101-122.

19. Nora Barlow, *op. cit*, p. 93.

20. E.O.威尔逊的《社会生物学：新的合成》(Cambridge, MA：Harvard University Press, 1975)是一本从达尔文主义角度对动物群体行为进行评估的重要著作。总的来说，这本书没有引起什么争议，但最后一章说到自然选择也适用于人类，由此引发了一场批评风暴。甚至在一次科学会议中有人将一壶水倒在作者头上。威尔逊小心翼翼地强调，人类行为是遗传和环境影响的产物。他谦虚谨慎地提出："不论是对自己做出的任何结论，还是对自然科学的角色所抱的希望，抑或是对科学唯物主义的信任，凡此种种，我随时都可能犯错。如果科学精神本身发生动摇，如果思想不能接受客观检验而变得绝对化，那么进化论对人类生存的所有方面的适用性将毫无意义。"（E. O. Wilson, *On Human Nature*, Cambridge, MA：Harvard University Press, 1978, pp. x-xi.）

　　可以从以下或可称为过激的评论中一瞥这场辩论的激烈程度："美国社会科学家

害怕和鄙视生物学,尽管他们几乎没人愿意去了解一二……在社会科学家的著作中一次又一次地发现"生物"等同于"不变"……暴露了对生物学领域的不理解。"(Martin Daly and Margo Wilson, *Homicide*, New York：Aldine de Gruyter, 1988, p. 154.)

近年来,面向大众读者的进化论优秀书籍包括理查德·道金斯的书籍[如《自私的基因》(Oxford：Oxford University Press, 1976)、《延伸表现型》(Oxford：Oxford University Press, 1982)《盲人制表师》(New York：Norton, 1986)]和斯蒂芬·古尔德的作品[如《自达尔文以来》(New York：Norton, 1977)、《熊猫的拇指》(New York：Norton, 1980)、《精彩的生活》(New York：Norton, 1990)]。这些书让我们看到在现代进化生物学的支持下,科学的思辨蓬勃发展,健康而激烈。

21. John Bowlby, *Charles Darwin：A New Life* (New York：W. W. Norton, 1990), p. 381.

22. Francis Darwin, *op.cit.*, Volume Ⅰ, pp. 134, 135.

23. *Ibid.*, Volume Ⅲ, p. 358.

24. See, e.g., Leonard Huxley, *Thomas Henry Huxley* (Freeport, NY：Books for Libraries, 1969); Cyril Bibby, *Scientist Extraordinary* (Oxford：Pergamon, 1972).

25. 尽管大多数引文都是在事件发生数年甚至数十年后才写的,所有引文(除了最后艾玛·达尔文提供的部分)都来自目击者的叙述。收录于史蒂文·古尔德的《对布朗托龙的恶霸》(New York：W. W. Norton, 1991)的《骑士带走主教?》,是一篇令人难忘的关于这场辩论的文章。赫胥黎对威尔伯福斯的回应的版本来自当时在场的 G.约翰斯通·斯托尼的回忆。(斯托尼在行星大气层逃逸到太空方面的研究堪称开创性,是第一个解释月球上面无空气的原因的人。)这与赫胥黎自己后来的回忆不同,后者是这样的:"如果要我选一个当祖先,一边是可怜的猿猴,另一边是天赋异禀、拥有巨大影响力且利用这些能力和影响力将嘲笑引入严肃的科学讨论的人,我会毫不犹豫地选前者(Bibby, 1959, *op. cit.*, p. 69)。"

26. Cyril Bibby, *T. H. Huxley：Scientist, Humanist and Educator* (London：Watts, 1959), pp. 35, 36.

27. Thomas H. Huxley, "On the Hypothesis that Animals Are Automata, and its History" (1874), in *Collected Essays*, Volume Ⅰ, *Method and Results：Essays* (London：Macmillan, 1901), p. 243.

28. Francis Darwin, editor, *The Life and Letters of Charles Darwin* (London：John Murray, 1888), Volume Ⅲ, p. 358.

29. Bibby,1959, *op.cit.*, p. 259.

第五章

1. *The Bhagavad Gita*, translated by Juan Mascaró（London：Penguin, 1962）, Introduction, p. 14.

2. Lucien Stryk and Takashi Ikemoto, translators, *Zen Poems of China and Japan：The Crane's Bill*（New York：Grove Press, 1973）, p. 87.

3. 即使在我们的语言中,仍然有观点认为运动需要灵魂。但是,如果一个尘土飞扬的灵魂决定了它如何以及何时移动,那又是什么激发了这个灵魂呢？它是否还有一个更小的灵魂——一个灵魂的灵魂——以此类推,存在于一个无限分割的微观、非物质的激励因素中？没有人相信这一点。如果尘埃微尘的灵魂不需要自己较小的灵魂来告诉它该做什么,为什么尘埃微尘本身需要一个灵魂呢？它会在没有精神指导的情况下自行移动吗？

4. 遗传的离散单位(基因)的发现可以追溯到植物育种者格雷戈尔·孟德尔于1866年首次发表的实验。当时鲜有人读过他的成果,直到他的遗传学定律在20世纪初被重新发现。查尔斯·达尔文对孟德尔的工作一无所知,否则他的工作将容易很多。虽然核酸于1868年在细胞中被发现,但它对遗传的核心作用一直到20世纪40年代才得到关注。DNA非凡的结构——像书中的字母一样有长长的核苷酸链,两条相互交织的链子暗示着一种现成的复制方式——于1953年由詹姆斯·沃森和弗朗西斯·克里克解密。经典遗传学还真没研究到分子水平。

5. How reading the genetic instructions of different organisms might unlock the evolutionary record was first stated by Emile Zuckerkandl and Linus Pauling, "Molecules as Documents of Evolutionary History," *Journal of Theoretical Biology* 9（1965）, pp. 357-366.

6. Loren Eiseley, *The Immense Journey*（New York：Vintage, 1957）.

7. Wen-Hsiung Li and Dan Graur, *Fundamentals of Molecular Evolution*（Sunderland, MA：Sinauer Associates, 1991）, Figure 21, p. 135. The sequences shown are from the DNA encoding the 5S ribosomal-RNA［r-RNA］sequences.

8. *Ibid.*, pp. 6,10.

9. Cf. Edward N. Trifonov and Volker Brendel, *Gnomic：A Dictionary of Genetic Codes*（New York：Balaban Publishers, 1986）, p. 8.

10. Natalie Angier, "Repair Kit for DNA Saves Cells from Chaos," *New York Times*, June 4, 1991, pp. C1, C11.

11. Daniel E. Dykhuizen, "Experimental Studies of Natural Selection in Bacteria," *Annual Review of Ecology and Systematics* 21 (1990), pp. 373-398.

12. Quoted in Monroe W. Strickberger, *Evolution* (Boston: Jones and Bartlett, 1990), p. 34.

13. A semi-popular early exposition by Lord Kelvin of his argument (he was then merely "W. Thomson" of the University of Glasgow) appeared as "On the Age of the Sun's Heat" in the March 1862 number of *Macmillan's Magazine*.

14. Thomas Henry Huxley, "On a Piece of Chalk," in *Collected Essays*, Volume Ⅷ, *Discourses: Biological and Geological* (London and New York: Macmillan, 1902), p. 31.

15. Niles Eldredge, *Time Frames: The Rethinking of Darwinian Evolution and the Theory of Punctuated Equilibria*, New York: Simon and Schuster, 1985。"间断"分好几种。埃尔德里奇和古尔德一直强调的观点(并且有充分的理由)与第二次世界大战以来进化生物学家的普遍观点[如乔治·盖洛德·辛普森的《进化中的节奏和模式》(New York: Columbia University Press, 1944)]一致,或可说与达尔文本人的观点一致[如理查德·道金斯的《盲人制表师》(New York: Norton, 1986),第9章]。与神创论者的主张相反,关于间断均衡的辩论对进化论或自然选择没有构成挑战。古尔德大力主张学校应教授达尔文进化论,取得了相当不错的效果。

16. 确切地说,每条链都制造了一条互补链,其中 As 被 Ts 取代,Gs 代替 Cs,反之亦然。补体在适当的时候再现时,原始链被复制,依次类推。相同的遗传信息每一代都会被复制。

17. DNA 通过 RNA 给细胞下达指示,告诉后者该制造何种蛋白质。它同时还是催化剂,负责将氨基酸连接为 DNA 指定的蛋白质(M. Mitchell Waldrop, "Finding RNA Makes Proteins Gives 'RNA World' a Big Boost," *Science* 256[1992], pp. 1396-1397, and other articles in the June 5, 1992 issue of *Science*)。在分子生物学家看来,这些事实表明了一种早期的生命形式——RNA 完成了信息存储、复制和催化,然后交由 DNA 和蛋白质接管。

18. Jong-In Jong, Qing Feng, Vincent Rotello, and Julius Rebek, Jr., "Competition, Cooperation, and Mutation: Improvement of a Synthetic Replicator by Light Irradiation," *Science* 255 (1992), pp. 848-850; J. Rebek, Jr., private communication, 1992. A survey of the present state of knowledge is Leslie Orgel, "Molecular Replication," *Nature* 358 (1992), pp. 203-209.

19. In Lucien Stryk and Takashi Ikemoto, translators, *Zen Poems of China and Japan: The Crane's Bill* (New York: Grove Press,1973), p. xlii.

第六章

1. Book XXIII, line 262.

2. Lynn Margulis, *Symbiosis in Cell Evolution* (San Francisco: W. H. Freeman, 1981).

3. Andrew H. Knoll, "The Early Evolution of Eukaryotes: A Geological Perspective," *Science* 256 (1992), pp. 622-627.

4. Margulis, *op. cit.*

5. L. L. Woodruff, "Eleven Thousand Generations of *Paramecium*," *Quarterly Review of Biology* 1 (1926), pp. 436-438.

6. Z. Y. Kuo, "The Genesis of the Cat's Response to the Rat," *Journal of Comparative Psychology* 11 (1930), pp. 1-30.

7. Benjamin L. Hart, "Behavioral Adaptations to Pathogens and Parasites: Five Strategies," *Neuroscience and Biobehavioral Reviews* 14 (1990), pp. 273-294.

8. George C. Williams and Randolph M. Nesse, "The Dawn of Darwinian Medicine," *Quarterly Review of Biology* 66(1991), pp. 1-22.

9. Harry J. Jerison, "The Evolution of Biological Intelligence," Chapter 12 of Robert J. Sternberg, editor, *Handbook of Human Intelligence* (Cambridge: Cambridge University Press,1982), Figure 12-11, p. 774.

10. A view championed in recent times by the neurophysiologist Paul D. MacLean and described in Carl Sagan's *The Dragons of Eden: Speculations on the Evolution of Human Intelligence* (New York: Random House, 1977). MacLean sets forth a comprehensive summary of his views in *The Triune Brain in Evolution: Role in Paleocerebral Functions* (New York and London: Plenum Press, 1990).

11. 理查德·道金斯的《自私的基因》(修订版)(Oxford: Oxford University Press, 1989)让普通读者也能理解该方法。他用一段生动的文字(pp. 19-20)这样描述基因:"它们蜂拥进入巨大的殖民地,安全地停留在巨大而笨拙的机器人内,与外界隔绝,通过曲折的间接路线与机器人实现通信,远程操纵它。它们就在你和我的身体里。它们创造了我们的身体和思想,我们有今天,全靠它们在这里……我们也是它们的生存机器。

12. 本书后面将谈到一个与之相关且更激烈的争论——母鸟真的知道自己在做什么吗,还是说她不过是一台碳基自动机器？那些否认群体选择的学者也承认互惠利他主义，即用现在换取未来的恩惠。

13. Martin Daly and Margo Wilson, *Homicide* (New York：Aldine de Gruyter, 1988), pp. 88, 89.

14. W. D. Hamilton, "The Genetical Evolution of Social Behavior," *Journal of Theoretical Biology* 7 (1964), pp.1-51; John Maynard Smith, "Kin Selection and Group Selection," *Nature* 201 (1964), pp. 1145-1147.

15. 想象一下，挤在一起的群体(比如昆虫)呈球状，其产生的热量与体积(尺寸的立方)成正比，但因辐射损失的热量与面积(尺寸的平方)成正比。因此，该群体越大，保留的热量就越多。在一个大群体中，只有一小部分成员在球体表面，它们的身体暴露在寒冷中，其余则心满意足地被四面八方温暖的同伴包围着。群体越小，暴露在寒冷边际的个体所占比例就越大。

16. 当聚众骚扰的个人妨碍到彼此时，就是极限。

17. Dawkins, *op. cit.*, p. 171, citing the work of Amotz Zahavi.

18. 同上，1989 年版序言。反对的观点，现在是少数派。见 V.C.Wynne-Edwards, Evolution Through Group Selecion, Oxford：Blackwell, 1986。"广泛接受的观点是，群体选择可以被视为有效的进化力量，这种观点是基于假设，而不是基于证据……这是一种不加批判地从人类经验中得出的观点，就像骗子、罪犯和压迫者，他们以牺牲他人为代价，而且忽略了一个事实，即动物世界中所有可行的剥削者都必须能够在必要时限制自己的数量"。

奇怪的是，在现实世界和人为的视错觉中，两种完全不同的解释可以给出相同的结果。这在物理学(比如量子力学或基本粒子研究)中司空见惯——用不同起始假设和不同数学模型的两种方法最终得出相同的定量答案，因此被认为是解决问题的等效方式。

19. K. Aoki and K. Nozawa, "Average Coefficient of Relationship Within Troops of the Japanese Monkey and Other Primate Species with Reference to the Possibility of Group Selection," *Primates* 25 (1984), pp. 171-184; J. F. Crow and Kenichi Aoki, "Group Selection for a Polygenic Behavioral Trait：Estimating the Degree of Population Subdivision," *Proceedings*, *National Academy of Sciences* 81 (1984), pp. 6073-6077.

20. Aoki and Nozawa, *op. cit.*

21. Jules H. Masserman, S. Wechkin, and W. Terris, "'Altruistic' Behavior in Rhesus Monkeys," *American Journal of Psychiatry* 121(1964), pp. 584, 585; Stanley Wechkin, J. H. Masserman, and W. Terris, "Shock to a Conspecific as an Aversive Stimulus," *Psychonomic Science* 1 (1964), pp. 47, 48.

22. 特别是当某个有权势的人要求我们进行电击,我们这些人似乎十分愿意制造痛苦(这点让人颇为不安)——就为了从前者那儿得到丁点卑微的小奖励。而饥饿的猕猴却能拒绝珍贵得多的食物(cf. Stanley Milgram, *Obedience to Authority: An Experimental View*, New York: Harper & Row, 1974)。

23. Translated by Richmond Lattimore (Chicago: The University of Chicago Press, 1951), Book XXI, lines 463-466, p. 430.

第七章

1. Fragment 118 in *Herakleitos and Diogenes*, Guy Davenport, translator (Bolinas, CA: Grey Fox Press, 1979).

2. Jonathan Barnes, editor, *Early Greek Philosophy* (Harmondsworth, UK: Penguin Books, 1987), p. 104.

3. Wen-Hsiung Li and Dan Graur, *Fundamentals of Molecular Evolution* (Sunderland, MA: Sinauer Associates, 1991), pp. 10-12.

4. B. Widegren, U. Arnason, and G. Akusjarvi, "Characteristics of Conserved 1,579-bp High Repetitive Component in the Killer Whale, *Orcinus orca*," *Molecular Biology and Evolution* 2 (1985), pp. 411-419 (bp is an abbrevation for nucleotide basepairs, the letters in the genetic sequences).

5. 在人类层面上,这可能非常严重。例如在 19 号染色体上,大多数人都有一个核苷酸序列 CTGCTGCTGCTGCTG,重复了五次。但有些人有数百甚至数千个连续的 CTG 序列,他们因此患有一种叫作强直性肌营养不良的严重疾病。其他一些遗传性疾病可能有类似的原因。

6. M. Herdman, "The Evolution of Bacterial Genomes," In *The Evolution of Genome Size*, T. Cavalier-Smith, ed. (New York: Wiley, 1985), pp. 37-68.

7. Richard Dawkins, *The Blind Watchmaker* (New York: Norton, 1986), pp. 46-49.

8. J. W. Schopf, private communication, 1991; Andrew W. Knoll, "The Early Evolution of Eukaryotes: A Geological Perspective," *Science* 256 (1992), pp. 622-627.

9. Philip W. Signor, "The Geologic History of Diversity," *Annual Review of Ecology and Systematics* 21 (1990), pp. 509-539.

10. Sewall Wright, *Evolution and the Genetics of Populations*: A Treatise in Four Volumes, Volume 4, *Variability Within and Among Natural Populations* (Chicago: The University of Chicago Press, 1978), p. 525.

11. Sewall Wright, "Surfaces of Selective Value Revisited," *The American Naturalist* 131 (1) (January 1988), p. 122. This article was written when the pioneering population geneticist was ninety-eight.

12. Cf. Ilkka Hanski and Yves Cambefort, editors, *Dung Beetle Ecology* (Princeton: Princeton University Press, 1991); Natalie Angier, "In Recycling Waste, the Noble Scarab Is Peerless," *New York Times*, December 19, 1991.

13. Charles Darwin, *Origin of Species*, quoted in John L. Harper, "A Darwinian Plant Ecology," in D. S. Bendall, editor, *Evolution from Molecules to Men* (Cambridge: Cambridge University Press, 1983), p. 323.

14. Clair Folsome, "Microbes," in T. P. Snyder, editor, *The Biosphere Catalogue* (Fort Worth, TX: Synergetic Press, 1985), quoted in Dorion Sagan, *Biospheres*: Metamorphosis of Planet Earth (New York: McGraw-Hill, 1990), p. 69.

第八章

1. George Santayana, *The Works of George Santayana*, Volume II, *The Sense of Beauty*: Being the Outlines of Æesthetic Theory, edited by William G. Holzberger and Herman J. Saatkamp, Jr. (Cambridge: The MIT Press, 1988), Part II, § 13, p. 41.

2. Richard Taylor, editor, quoted in George Seldes, *The Great Thoughts* (New York: Random House, 1985), p. 373.

3. 遗传学家 H.J.穆勒首次对性做出明确解释——它既可以作为快速进化的手段,也可以帮助种群(尤其是小种群)从有害突变的累积影响中逃脱(e.g., "Some Genetic Aspects of Sex," *American Naturalist* 66[1932], pp. 118-138; "The Relation of Recombination to Mutational Advance," *Mutation Research* 1 [1964], pp. 2-9)。他的建议有理论和实验上的支持(e.g., Joseph Felsenstein, "The Evolutionary Advantage of Recombination," *Genetics* 78, 1974, pp. 737-756; Graham Bell, *Sex and Death in Protozoa*: The History of an Obsession, Cambridge: Cambridge University Press, 1988; Lin Chao, Thutrang Than, and

Crystal Matthews," Muller's Ratchet and the Advantage of Sex in the RNA Virus φ6," *Evolution 46*, 1992, pp. 289-299)。

穆勒强调,有性繁殖远非物种存续所必需,但"从进化的长远看,缺乏重组将极大阻碍一个物种跟上有性繁殖的竞争对手。性别为物种提供长期利益的观点似乎是群体选择的一个例子,正如现代群体遗传学的创始人之一 R.A.费舍尔(*The Genetical Theory of Natural Selection*, Oxford: Clarendon Press, 1930)明确指出的那样,没有引起不必要的惊恐。费舍尔首次提出,在其他情况下,表面看上去像群体选择的实际上可能是亲属选择罢了。

4. D. Crews, "Courtship in Unisexual Lizards: A Model for Brain Evolution," *Scientific American* 259 (June 1987), pp. 116-121.

5. Raoul E. Benveniste, "The Contributions of Retroviruses to the Study of Mammalian Evolution," Chapter 6 in R. I. MacIntyre, editor, *Molecular Evolutionary Genetics* (New York: Plenum, 1985), pp. 359-417.

6. 无论是在分子水平还是个体有机体层面上,我们几乎没有触及性机制的复杂性和多样性,也没有什么关于性有多少益处的讨论。詹姆斯·古尔德和卡罗尔·格兰特·古尔德的《性选择》(New York: W. H. Freeman, 1989)对此有简明扼要的阐述。另见约翰·梅纳德·史密斯的重要著作《性的演变》(Cambridge: Cambridge University Press, 1978)、H.O.哈尔沃森和 A.门罗伊担任编辑的《性的起源和演变》(New York: A. R. Liss, 1985)、林恩·马古利斯和多里安·萨根著的《性的起源》(New Haven: Yale University Press, 1986)、R·E·米乔德和 B.R.莱文著的《性的演变》(Sunderland, MA: Sinauer, 1988)、阿伦·安德森著的《性别的进化》(*Science* 257 (1992), pp. 324-326; and Bell, *op. cit.* in Note 3.)。

7. D. J. Roberts, A. B. Craig, A. R. Berendt, R. Pinches, G. Nash, K. Marsh and C. I. Newbold, "Rapid Switching to Multiple Antigenic and Adhesive Phenotypes in Malaria," *Nature* 357 (1992), pp. 689-692.

8. W. D. Hamilton, R. Axelrod, and R. Tanese, "Sexual Reproduction as an Adaptation to Resist Parasites (A Review)," *Proceedings of the National Academy of Sciences* 87 (1990), pp. 3566-3573.

9. Helen Fisher, "Monogamy, Adultery, and Divorce in Cross-Species Perspective," in Michael H. Robinson and Lionel Tiger, editors, *Man and Beast Revisited* (Washington and

London：Smithsonian Institution Press，1991），p. 97.

10. E. A. Armstrong, *Bird Display and Bird Behaviour*：*An Introduction to the Study of Bird Psychology*（New York：Dover，1965），p. 305.

11. W. D. Hamilton and M. Zuk, "Heritable True Fitness and Bright Birds：A Role for Parasites?" *Science* 218（1982），pp. 384-387.

12. 同样的交易也出现在常见的性压抑版本的伊甸园故事里——亚当和夏娃的性活动让上帝愤怒，将他们变为凡人。

13. This wonderfully vivid image is Frans de Waal's, in *Peacemaking Among Primates*（Cambridge：Harvard University Press,1989），p. 11.

14. Translated by Edward Kissam and Michael Schmidt（Tempe, AZ：Bilingual Press/Editorial Bilingüe，1983），p. 47.

第九章

1. Alexander Pope, *An Essay on Man*, Frank Brady, editor（Indianapolis：Bobbs-Merrill, 1965）（originally published in 1733-1734），Epistle Ⅰ，"Argument of the Nature and State of Man, with Respect to the Universe," p. 13, lines 221-226.

2. An updating after Jakob von Uexküll, "A Stroll Through the Worlds of Animals and Men：A Picture Book of Invisible Worlds"（1934），reprinted in Claire H. Schiller, translator and editor, *Instinctive Behavior*：*The Development of a Modern Concept*（New York：International Universities Press, 1957），pp. 6 ff.

3. 六个碳原子组成了这个分子的环。化学家按从 1 到 6 的顺序对它们进行编号。氯原子附着在 2 和 6 位置。相反，如果它们被附加在 2 和 5 的位置上，异性的蜱虫就不会感兴趣。

4. 蜱虫是有八条腿的蜘蛛类动物，如蜘蛛、狼蛛和蝎子。对牲畜和人类而言它们是个问题，因为它们是落基山斑疹热和莱姆病等疾病传播的媒介。我们谈过某一特定物种的若干基本感官技能，但需要对更多物种进行更仔细的观察，才能知道它们拥有怎样的策略和能力。一些物种在生命周期的不同阶段有三个不同的哺乳动物宿主。那些生活在洞穴中的蜱虫可能会等待数年才找到合适的宿主。蜱虫用化学方法干扰纤维蛋白原和其他可以阻止宿主血液流动的机制，使一些物种能够用一百倍于其空腹体重的血液来填饱肚子。在寻找哺乳动物血液的过程中，它们不仅可以察觉到丁酸，还能检测到乳酸（$CH_3HCOHCOOH$）和氨（NH_3）。蜱虫将信息素用于吸引异性以外的目的，例如组装信息素可以召集部落在裂缝或洞穴中聚会（Daniel E. Sonenshine, *Biology of Ticks*, Volume 1, New York: Oxford University Press, 1991）。尽管如此，蜱虫的基本感官武器和 20 世纪 30 年代时没啥区别，仍旧非常简单。

5. J. L. Gould and C. G. Gould, "The Insect Mind: Physics or Meta-physics?" in D. R. Griffin, editor, *Animal Mind-Human Mind* (Report of the Dahlem Workshop on Animal Mind-Human Mind, Berlin, March 22-27, 1981) (Berlin: Springer-Verlag, 1982), p. 283.

6. Thomas H. Huxley, "On the Hypothesis that Animals Are Automata, and its History" (1874), in *Collected Essays*, Volume Ⅰ, *Method and Results: Essays* (London: Macmillan, 1901), p. 218.

7. von Uexküll, *op. cit*, pp. 43, 46.

8. Karl von Frisch, *The Dancing Bees* (New York: Harcourt, Brace, 1953).

9. A provocative modern discussion, informed by neurophysiology and computer science, is Daniel C. Dennett's *Consciousness Explained* (Boston: Little, Brown, 1991). Optimistic assessments of the near future of artificial intelligence and artificial life include Hans Moravec, *Mind Children* (Cambridge: Harvard University Press, 1988) and Maureen Caudill, *In Our Own Image: Building an Artificial Person* (New York: Oxford University Press, 1992). A more pessimistic assessment is Roger Penrose, *The Emperor's New Mind* (New York: Oxford University Press, 1990).

10. Quoted in Konrad Lorenz, "Companionship in Bird Life: Fellow Members of the Species as Releasers of Social Behavior," in Schiller, *op. cit.*, p. 126.

11. René Descartes, letter to the Marquis of Newcastle, quoted in Mortimer J. Adler and Charles Van Doren, *Great Treasury of Western Thought: A Compendium of Important Statements on Man and His Institutions by the Great Thinkers in Western History* (New York and London: R. R. Bowker Company, 1977), p.12.

12. Aristotle, *History of Animals*, Book Ⅷ, 1, 588ᵃ, in *The Works of Aristotle*, Great Books edition, Volume Ⅱ, translated into English under the editorship of W. D. Ross (Chicago: Encyclopaedia Britannica, 1952) p. 114.

13. Charles Darwin, *The Descent of Man and Selection in Relation to Sex* (New York: The Modern Library, n. d.) (originally published in 1871) (Modern Library edition also contains *The Origin of Species by Means of Natural Selection or the Preservation of Favored*

Races in the Struggle for Life), Chapters 1 and 3.

14. René Descartes, *Traité de l'Homme*, Victor Cousin, editor, pp. 347, 427, as translated by T. H. Huxley, in Huxley, *Collected Essays*, Volume Ⅰ, *Method and Results*: *Essays* (London: Macmillan, 1901), "On Descartes' 'Discourse Touching the Method of Using One's Reason Rightly and of Seeking Scientific Truth'" (1870).

15. Voltaire, "Animals," *Philosophical Dictionary* (1764), T. H Huxley, translator, *op. cit.*, ref. 14.

16. Thomas H. Huxley, "On Descartes' 'Discourse Touching the Method of Using One's Reason Rightly and of Seeking Scientific Truth'" (1870), and "On the Hypothesis that Animals Are Automata, and its History" (1874), in Huxley, *Collected Essays*, Volume Ⅰ, *Method and Results*: *Essays* (London: Macmillan, 1901), pp. 184, 186-187, 187-189, 237-238, 243-244.

17. J L. and C. J. Gould, "The Insect Mind: Physics or Metaphysics?" in D. R. Griffin, editor, *Animal Mind-Human Mind* (Report of the Dahlem Workshop on Animal Mind-Human Mind, Berlin, March 22-27, 1981) (Berlin: Springer-Verlag, 1982), pp. 288, 289, 292.

第十章

1. Thomas Hobbes, *Leviathan, or the Matter, Forme and Power of a Commonwealth Ecclesiasticall and Civil*, Michael Oakeshott, editor (Oxford: Basil Blackwell, 1960), Part 2, Chapter 30, p. 227.

2. Charles Darwin and Alfred R. Wallace, "On the Tendency of Species to Form Varieties; and on the Perpetuation of Varieties and Species by Natural Means of Selection," *Journal of the Proceedings of the Linnean Society*: *Zoology*, Volume Ⅲ (London: Longman, Brown, Green, Longmans & Roberts, and Williams and Norgate, 1859), p. 50. 此处,达尔文也描述了雄性为了获取雌性的好感互相竞争,或雌性根据自己的喜好从几个雄性中进行选择。达尔文说:"只是这种选择不像另一种那么严苛,失败者不需要去死,只是后代会少一些。"

3. Curt P. Richter, "Rats, Man, and the Welfare State," *The American Psychologist* 14 (1959), pp. 18-28.

4. John B. Calhoun, "Population Density and Social Pathology," *Scientific American* 206 (2) (February 1962), pp. 139-146, 148; and references cited there.

5. Frans de Waals, *Peacemaking Among Primates* (Cambridge, MA: Harvard University Press, 1989).

6. 理查德·道金斯认为个人选择和群体选择在解释过度拥挤导致出生率降低现象时有同等效果，无所谓哪种学说更好(*The Selfish Gene*, Oxford: Oxford University Press, 1989, p. 119)。

7. John F. Eisenberg, "Mammalian Social Organization and the Case of *Alouatta*," in Michael H. Robinson and Lionel Tiger, editors, *Man and Beast Revisited* (Washington: Smithsonian Institution Press, 1991), p. 135.

8. Peter Marler, "*Golobus guereza*: Territoriality and Group Composition," *Science* 163 (1969), pp. 93-95.

9. John F. Eisenberg and Devra G. Kleiman, "Olfactory Communication in Mammals," in *Annual Review of Ecology and Systematics* 3 (1972), pp. 1-32.

10. As first pointed out by Charles Darwin (1872) in *The Expression of the Emotions in Man and the Animals* (Chicago: University of Chicago Press, 1965, 1967), p. 119.

11. C. G. Beer, "Study of Vertebrate Communication—Its Cognitive Implications," in D. R. Griffin, editor, *Animal Mind-Human Mind* (Report of the Dahlem Workshop on Animal Mind-Human Mind, Berlin, March 22-27, 1981) (Berlin: Springer-Verlag, 1982), p. 264.

12. Lorenz's translation from cranish. Konrad Lorenz, *On Aggression* (New York: Harcourt Brace, 1966), pp. 174, 175.

13. 举个例子：

　　"我的朋友,同时也是我的老师比尔·德鲁里邀请我去缅因州海岸附近的小岛观鸟。我们放下鸟类图书和望远镜,大步走到一棵孤独的小树旁。他发出一系列高亢的鸟儿声音,树上很快就站满了鸟儿,它们也发出一连串叫声。树梢愈拥挤,似乎愈能吸引鸟。仿佛有魔力似的,所有的小鸣禽都朝着我们头上这棵树飞来。比尔跪下来,弯着腰,发出某种低沉的呻吟。鸟儿们似乎排着队想尽可能地近距离观察比尔——它们在树枝间跳来跳去,最后停在离地面大约八英尺的树枝上,离我的脸不过两英尺。仿佛约好了似的,每只鸟跳下来时,比尔就开始介绍它们。这是一只雄性黑顶雏鸟,因为脖子和肩膀上有黑色。我猜大概两三岁。看到它两肩之间背上的黄色了吗? 那是明显的年龄标记。

"我觉得那一刻很神奇。短短几分钟,比尔将我们与这些鸟类之间的距离——物理距离和社会距离——缩短了几个数量级。我们的关系变得这么特别,甚至能允许有人近在咫尺为我介绍它们。比尔显然在捣鼓某种把戏,通过他的鸟鸣诱发了某种恍惚。比尔起初只是模仿该地区几个小路人的叫声,穿插偶尔的猫头鹰嘶吼声。猫头鹰是夜幕下的致命动物,但在白天却很软弱。成群的鸣禽会为了将它赶出它们的区域(估计是这样)发起暴动,甚至当场骚扰或杀死它。猫头鹰的声音将它们越来越快地吸引到树上,毕竟每多到一位,参与聚集的个体的安全(以及骚扰猫头鹰的能力)也就更加有保证。待其降落在树上,看到两个四眼人类,猫头鹰却不见踪影。比尔弯下腰,从地上嘶吼着,意在暗示猫头鹰藏在他身下。于是它们尽可能地靠近我们,最后离我的脸只有两英尺。与魔术不同的是,即便知晓这背后的原理,我的享受却丝毫不打折扣。"(Robert Trivers, "Deceit and Self-Deception: The Relationship Between Communication and Consciousness," in Michael H. Robinson and Lionel Tiger, editors, *Man and Beast Revisited*, Washington: Smithsonian Institution Press, 1991, pp. 182, 183.)

14. Mary Jane West-Eberhard, "Sexual Selection and Social Behavior," in Robinson and Tiger, *op. cit.*, p. 165.

15. T. J. Fillion and E. M. Blass, "Infantile Experience with Suckling Odors Determines Adult Sexual Behavior in Male Rats," *Science* 231 (1986), pp. 729-731.

16. Marcus Aurelius, *Meditations*, translated with an introduction by Maxwell Staniforth (Harmondsworth, Middlesex, England: Penguin, 1964), II, 17, p. 51.

第十一章

1. Charles Darwin, *The Origin of Species by Means of Natural Selection or the Preservation of Favored Races in the Struggle for Life* (New York: The Modern Library, n.d.) (originally published in 1859) Chapter XV, "Recapitulation and Conclusion," p. 371.

2. From George Seldes, *The Great Thoughts* (New York: Ballantine, 1985), p. 302.

3. E. g., Natalie Angier, "Pit Viper's Life: Bizarre, Gallant and Venomous," *New York Times*, October 15, 1991, pp. C1, C10.

4. 蛇当然会争夺领土。例如鼠蛇之间会彼此争夺鸟巢上方的结洞。失败者不得不寻找另一棵树。

5. David Duvall, Stevan J. Arnold, and Gordon W. Schuett, "Pit Viper Mating Systems:

Ecological Potential, Sexual Selection, and Microevolution," in *Biology of Pitvipers*, J. A. Campbell and E. D. Brodie, Jr., editors (Tyler, TX: Selva, 1992).

6. B. J. Le Boeuf, "Male-male Competition and Reproductive Success in Elephant Seals," *American Zoologist* 14 (1974), pp. 163-176.

7. C. R. Cox and B. J. Le Boeuf, "Female Incitation of Male Competition: A Mechanism in Sexual Selection," *American Naturalist* 111 (1977), pp. 317-335.

8. E. g., Peter Maxim, "Dominance: A Useful Dimension of Social Communication," *Behavioral and Brain Sciences* 4 (3) (September 1981), pp. 444, 445.

9. Charles Darwin, *The Descent of Man and Selection in Relation to Sex* (New York: The Modern Library, n.d.) (originally published in 1871) Part II, "Sexual Selection," Chapter XVIII, "Secondary Sexual Characters of Mammals—continued," p. 863.

10. Paul F. Brain and David Benton, "Conditions of Housing, Hormones, and Aggressive Behavior," in Bruce B. Svare, editor, *Hormones and Aggressive Behavior* (New York and London: Plenum Press, 1983), p. 359.

11. *Ibid*, Table II, "Characteristics of Dominant and Subordinate Mice from Small Groups," p. 358.

12. 单挑中的支配地位和等级制度中的支配地位,两者或有不同,不一定能从一方推导出另一方[Irwin S. Bernstein, "Dominance The Baby and the Bathwater," and subsequent commentary, *Behavioral and Brain Sciences* 4(3), September 1981, pp. 419-457]。有些动物会对比自己低级或高级的同类表现出不同的行为;有些动物(如狒狒)则只对与自己等级相差悬殊的同类有所区别,对等级相差不大的同类则没那么明显(Robert M. Seyfarth, "Do Monkeys Rank Each Other?" *ibid.*, pp. 447-448)。

13. W. C. Allee, *The Social Life of Animals* (Boston: Beacon Press paperback, 1958), especially p. 135 (originally published in 1938 by Abelard-Schuman Ltd.; this revised edition published in hardback in 1951 under the title *Cooperation Among Animals With Human Implications*).

14. V. C. Wynne-Edwards, *Evolution Through Group Selection* (Oxford: Blackwell, 1986), pp. 8-9.

15. Neil Greenberg and David Crews, "Physiological Ethology of Aggression in Amphibians and Reptiles," in Svare, *op. cit.*, pp. 483 (varanids), 481 (crocodiles), 474 (*Dendrobates*

［dendratobids］）, and 483（skinks）.

16. B. Hazlett, "Size Relations and Aggressive Behaviour in the Hermit Crab, *Clibanarius Vitatus*," *Zeitschrift für Tierpsychologie* 25（1968）, pp. 608-614.

17. Patricia S. Brown, Rodger D. Humm, and Robert B. Fischer, "The Influence of a Male's Dominance Status on Female Choice in Syrian Hamsters," *Hormones and Behavior* 22（1988）, pp. 143-149.

18. One of many other examples: Bart Kempenaers, Geert Verheyen, Marleen van den Broeck, Terry Burke, Christine van Broeckhoven, and Andre Dhondt, "Extra-pair Paternity Results from Female Preference for High-Quality Males in the Blue Tit," *Nature* 357（1992）, pp. 494-496.

19. Mary Jane West-Eberhard, "Sexual Selection and Social Behavior," in Michael H. Robinson and Lionel Tiger, editors, *Man and Beast Revisited*（Washington and London: Smithsonian Institution Press, 1991）, p. 165.

20. 1857 年,伊丽莎白·卡迪·斯坦顿写道:"（女人的衣服）完美地描述了她的状况。她紧绷的腰部和长长的裙子剥夺了她所有的呼吸和活动自由。难怪女人的社会活动范围受制于男人。不管是上下楼梯,马车内外,骑马,爬山,跨过水沟和栅栏,女人处处离不开男人的帮助。男人自然便教会了女人一首诗——凡事依附于人（J. C. Lauer and R. H. Lauer, "The Language of Dress: A Sociohistorical Study of the Meaning of Clothing in America," *Canadian Review of American Studies* 10 ［1979］, pp. 305-323）。自 1857 年来,社会发生了翻天覆地的变化,而依附于人的传统诗歌仍在女性时尚界广泛传诵。

21. Owen R. Floody, "Hormones and Aggression in Female Mammals," in Svare, *op. cit.*, pp. 51, 52.

第十二章

1. Elizabeth Wyckoff, translator（Chicago: University of Chicago Press, 1954）, line 781.

2. David Grene, translator（Chicago: University of Chicago Press, 1942）, line 1268.

3. Ovid, *Metamorphoses*, translation by Frank Justus Miller（Cambridge: Harvard University Press/Loeb Classical Library, 1916, 1976）, Book Ⅻ, pp. 192-195; Robert Graves, *The Greek Myths*（Harmondsworth, Middlesex, England: Penguin Books, 1955, 1960）, Volume 1, pp. 260-262; Froma Zeitlin, "Configurations of Rape in Greek Myth," in Sylvana

Tomaselli and Roy Porter, editors, *Rape: An Historical and Social Enquiry* (Oxford and New York: Basil Blackwell, 1986), pp. 133, 134.

4. 少量雄激素产生于覆盖在肾脏上的肾上腺皮质、体内的其他激素和胎盘。

5. R. M. Rose, I. S. Bernstein, and J. W. Holaday, "Plasma Testosterone, Dominance Rank, and Aggressive Behavior in a Group of Male Rhesus Monkeys," *Nature* 231 (1971), pp. 366-368; G. G. Eaton and J. A. Resko, "Plasma Testosterone and Male Dominance in a Japanese Macaque (*Macaca fuscata*) Troop Compared with Repeated Measures of Testosterone in Laboratory Males," *Hormones and Behavior* 5 (1974), pp. 251-259.

6. Peter Marler and William J. Hamilton Ⅲ, *Mechanisms of Animal Behavior* (New York: John Wiley & Sons, 1966), p.177.

7. D. Michael Stoddart, *The Scented Ape: The Biology and Culture of Human Odour* (Cambridge: Cambridge University Press, 1990), pp. 136, 137, 163.

8. J. Money and A. Ehrhardt, *Man and Woman, Boy and Girl: The Differentiation and Dimorphism of Gender Identity from Conception to Maturity* (Baltimore: Johns Hopkins University Press, 1972); J. Money and M. Schwartz, "Fetal Androgens in the Early Treated Adrenogenital Syndrome of 46XX Hermaphroditism: Influence on Assertive and Aggressive Types of Behavior," in *Aggressive Behavior* 2 (1976), pp.19-30; J. Money, M. Schwartz, and V. G. Lewis, "Adult Erotosexual Status and Fetal Hormonal Masculinization and Demasculinization," *Psychoneuroendocrinology* 9 (1984), pp. 405-414; Sheri A. Berenbaum and Melissa Hines, "Early Androgens Are Related to Childhood Sex-Typed Toy Preferences," *Psychological Science* 3 (1992), pp. 203-206.

9. Aristotle, *Generation of Animals*, in *The Oxford Translation of Aristotle*, W. D. Ross, translator and editor (London: Oxford University Press, 1928), 737[a]28.

10. Stefan Hansen, "Mechanisms Involved in the Control of Punished Responding in Mother Rats," *Hormones and Behavior* 24 (1990), pp. 186-197.

11. Mary Midgley, *Beast and Man* (Ithaca, NY: Cornell University Press, 1978), p. 39.

12. John Sparks with Tony Soper, *Parrots: A Natural History* (New York: Facts on File, 1990), p. 90.

13. Owen R. Floody, "Hormones and Aggression in Female Mammals," in Bruce B. Svare, editor, *Hormones and Aggressive Behavior* (New York: Plenum Press, 1983), pp. 44-46.

14. Alfred M. Dufty, Jr, "Testosterone and Survival: A Cost of Aggressiveness?" *Hormones and Behavior* 23 (1989), pp. 185-193.

15. Hansen, *op. cit.*

16. Lester Grinspoon, Harvard Medical School, private communication, 1991.

17. John C. Wingfield and M. Ramenofsky, "Testosterone and Aggressive Behaviour During the Reproductive Cycle of Male Birds," in R. Gilles and I. Balthazart, editors, *Neurobiology* (Berlin: Springer-Verlag, 1985), pp. 92-104.

18. Stephen T. Emlen, Cornell University, private communication, 1991.

19. R. L Sprott, "Fear Communication via Odor in Inbred Mice," *Psychological Reports* 25 (1969), pp. 263-268; John F. Eisenberg and Devra G, Kleiman, "Olfactory Communication in Mammals," in *Annual Review of Ecology and Systematics* 3 (1972), pp. 1-32.

20. 康拉德·洛伦茨和日光·廷伯根分别于 1939 年和 1948 年发文描述这些经典实验。此后的研究表明,雏鸡和雏鹅因为习惯了天鹅的剪影(而且它不吃人)变得不那么害怕剪影了。沃尔夫冈·施莱德("Über die Auslösung der Flucht vor Raubvögeln bei Truthühnern," *Die Naturwissenschaften* 48 [1961], pp. 141-142)认为,地面上的鸟类害怕任何不熟悉的飞行物的剪影,熟悉的天鹅是无害形象,但对不太熟悉的鹰却十分恐惧。这与幼儿对陌生人的害羞和对"怪物"的恐惧相似。

21. Peter Marler, "Communication Signals of Animals Emotion or Reference?" Address, Centennial Conference, Department of Psychology, Cornell University, July 20, 1991.

22. Marcel Gyger, Stephen J. Karakashian, Alfred M. Dufty, Jr., and Peter Marler, "Alarm Signals in Birds: The Role of Testosterone," *Hormones and Behavior* 22 (1988), pp. 305-314.

23. Stoddart, *op. cit.*, pp. 116-119.

24. The chemicals in question are gamma aminobutyric acid and serotonin. Cf., e.g., Jon Franklin, *Molecules of the Mind* (New York: Laurel/Dell, 1987), pp. 155-157.

25. Heidi H. Swanson and Richard Schuster, "Cooperative Social Coordination and Aggression in Male Laboratory Rats: Effects of Housing and Testosterone," *Hormones and Behavior* 21 (1987) pp. 310-330.

第十三章

1. Edward Conze, editor, *Buddhist Scriptures* (Harmondsworth, UK: Penguin, 1959), p. 241.

2. 种群中新突变的初始增速极低。群体遗传学家詹姆斯·克劳估计，从 0.001（几乎没有人）到 0.9（几乎每个人）的基因频率需要经历数千代。

3. Sewall Wright, *Evolution and the Genetics of Populations: A Treatise in Four Volumes*, Volume 4, *Variability Within and Among Natural Populations* (Chicago: The University of Chicago Press, 1978); Wright, *Evolution: Selected Papers*, edited by William B. Provine (Chicago: The University of Chicago Press, 1986); Wright, "Surfaces of Selective Value Revisited," *The American Naturalist* 131 (January 1988) pp. 115-123; William B. Provine, *Sewall Wright and Evolutionary Biology* (Chicago: University of Chicago Press, 1986); J. F. Crow, W. R. Engels, and C. Denniston, "Phase Three of Wright's Shifting-Balance Theory," *Evolution* 44 (1990), pp. 233-247. Also, Roger Lewin, "The Uncertain Perils of an Invisible Landscape," *Science* 240 (1988), pp. 1405, 1406.

4. Carl Sagan, "Croesus and Cassandra: Policy Responses to Global Change," *American Journal of Physics* 58 (1990), pp. 721-730.

5. Plutarch, "Antony," *The Lives of the Noble Grecians and Romans*, translated by John Dryden and revised by Arthur Hugh Clough(New York: The Modern Library, 1932), p. 1119.

6. Stewart Henry Perowne, "Cleopatra," *Encyclopaedia Britannica*, 15th Edition (1974), *Macropaedia*, Volume 4, p. 712.

7. Graham Bell, *Sex and Death in Protozoa: The History of an Obsession* (Cambridge: Cambridge University Press, 1988), pp. 65-66.

8. K. Ralls, J. D. Ballou, and A. Templeton, "Estimates of Lethal Equivalents and Cost of Inbreeding in Mammals," *Conservation Biology* 2 (1988), pp. 185-193; P. H. Harvey and A. F. Read, "Copulation Genetics: When Incest Is Not Best," *Nature* 336 (1988), pp. 514-515.

9. James L. Gould and Carol Grant Gould, *Sexual Selection* (New York: W. H. Freeman, 1989), p. 64.

10. Anne E. Pusey and Craig Packer, "Dispersal and Philopatry," Chapter 21 of Barbara B. Smuts, Dorothy L, Cheney, Robert M. Seyfarth, Richard W. Wrangham, and Thomas T. Struhsaker, editors, *Primate Societies* (Chicago: University of Chicago Press, 1986), p. 263.

11. P. H Harvey and K. Ralls, "Do Animals Avoid Incest?" *Nature* 320 (1986), pp. 575,

576；D. Charlesworth and B. Charlesworth，"Inbreeding Depression and Its Evolutionary Consequences，" *Annual Review of Ecology and Systematics* 18（1987），pp. 237-268. The latter reference contains a good summary of the means by which the incest taboo is enforced in plants.

12. John Paul Scott and John L. Fuller, *Genetics and the Social Behavior of the Dog*（Chicago：University of Chicago Press，1965），pp. 406，407.

13. William J. Schull and James V. Neel, *The Effects of Inbreeding on Japanese Children*（New York：Harper and Row，1965）.

14. Morton S. Adams and James V. Neel，"Children of Incest，" *Pediatrics* 40（1967），pp. 55-62.

15. 狄奥多西·多布占斯基是 20 世纪著名的遗传学家。他在《人类进化》（New Haven：Yale University Press，1962，p. 281）中给出了论证。

16. 只要时间够长，与世隔绝的区域（甚至是较大区域）也能产生多样性。例如，盘古超大陆分裂时，邻近陆地上的种群不再能够（或至少没有多大能力）杂交，在一个大陆上建立的基因组合绝不会自动转移到另一个大陆；杂交不再将广泛分离的种群的基因库联系起来。澳大利亚、新西兰、马达加斯加或加拉帕戈斯群岛等孤立地区生物独特性的原因是这些地区处于均源自地壳构造上的或其他类型的地理孤立状态。

17. George Gaylord Simpson, *Tempo and Mode in Evolution*（New York：Columbia University Press，1944），p. 119.

18. 和莱特一样，我们知道这种说法接近于预先假定这是基于群体选择。但是在我们看来，任何关于种群中最佳基因频率的讨论都是这样做的。

19. John Tyler Bonner, *The Evolution of Culture in Animals*（Princeton，NJ：Princeton University Press，1980）："We can see the seeds, the origins, of everything we know about our culture in the distant past. This means that every aspect of our culture can benefit from some understanding of the biology from which it sprang"（p. 186）.

第十四章

1. London and Edinburgh：Williams and Norgate, 1863, p. 59.

第十五章

1. Translated by E. Gurney Salter（London：J. M. Dent and Co., 1904），Chapter Ⅷ, p. 85.

2. Book Ⅲ, Chapter 30（added as a footnote to the edition of 1781）；translated by Arthur O.

Lovejoy in *The Great Chain of Being: A Study of the History of an Idea* (Cambridge, MA: Harvard University Press, 1953), p. 235.

3. For Hanno's expedition, see Jacques Ramin, "The Periplus of Hanno," *British Archaeological Reports*, Supplementary Series 3 (Oxford: 1976). For scholarly debate on which kind of primates Hanno and his men slaughtered, see William Coffmann McDermott, *The Ape in Antiquity* (Baltimore: Johns Hopkins Press, 1938), pp. 51-55.

4. Aristotle, *History of Animals*, Book II, 8-9, 502^a-502^b, in *The Works of Aristotle*, Great Books edition, Volume II, translated into English under the editorship of W. D. Ross (Chicago: Encyclopaedia Britannica, 1952) (originally published by Oxford University Press), pp. 24, 25.

5. H. W. Janson, *Apes and Ape Lore in the Middle Ages and the Renaissance* (London: University of London, 1952).

6. Paul H. Barrett *et al.*, editors, *Charles Darwin's Notebooks*, 1836-1844 (Ithaca, N.Y.: Cornell University Press, 1987), p. 539.

7. Thomas N. Savage and Jeffries Wyman, "Observations on the External Characters and Habits of the Troglodytes niger, by Thomas N, Savage, M.D., and on its Organization, by Jeffries Wyman, M.D.," *Boston Journal of Natural History*, Volume IV, 1843-4; quoted in Thomas Henry Huxley, *Man's Place in Nature and Other Anthropological Essays* (London and New York: Macmillan, 1901).

8. Quoted in Keith Thomas, *Man and the Natural World: A History of the Modern Sensibility* (New York: Pantheon Books, 1983), p. 66.

9. William Congreve, *The Way of the World*, edited by Brian Gibbons (New York: W. W. Norton, 1971), pp. 37, 42, 44.

10. Letter of July 10, 1695; in William Congreve, *Letters and Documents*, John C. Hodges, editor (New York: Harcourt, Brace and World, 1964), p.178.

11. Jeremy Collier, *A Short View of the Immorality and Profaneness of the English Stage*, edited by Benjamin Hellinger (New York: Garland Publishing, 1987) (originally published in London in 1698), p. 13.

12. G. L Prestige, *The Life of Charles Gore: A Great Englishman* (London: William Heinemann, 1935), pp. 431, 432.

13. Aelian, quoted by McDermott, *op. cit.*, p. 76.

14. 伦敦林奈协会以林奈的名字命名。正是在该学会的期刊上,世界第一次从达尔文和华莱士的笔下学到自然选择的知识。

15. Arthur O. Lovejoy, *The Great Chain of Being: A Study of the History of an Idea* (Cambridge: Harvard University Press, 1953), p. 235.

16. Letter to J. G. Gmelin, February 14, 1747, quoted in George Seldes, *The Great Thoughts* (New York: Ballantine, 1985), p. 247.

17. Thomas Henry Huxley, *Evidence as to Man's Place in Nature* (London and Edinburgh: Williams and Norgate, 1863), pp. 69,70.

18. *Ibid.*, p. 102.

19. Quoted in Monroe W. Strickberger, *Evolution* (Boston: Jones and Bartlett, 1990), p. 57.

20. Michael M. Miyamoto and Morris Goodman, "DNA Systematics and Evolution of Primates," *Annual Review of Ecology and Systematics* 21 (1990), pp. 197-220. In humans the genes coding for beta-globins are on Chromosome 11.

21. M. Goodman, B. F. Koop, J. Czelusniak, D. H. A. Fitch, D. A. Tagle, and J. L. Slightom, "Molecular Phylogeny of the Family of Apes and Humans," *Genome* 31 (1989), pp. 316-335; and Morris Goodman, private communication, 1992. Similar results are found from DNA hybridization studies: C. G. Sibley, J. A. Comstock and J. E. Ahlquist, "DNA Hybridization Evidence of Hominoid Phylogeny; A Reanalysis of the Data," *Journal of Molecular Evolution* 30 (1990), pp. 202-236.

22. Based on data in Strickberger, *op cit.*, pp. 227, 228.

23. E.g., Richard C. Lewontin, "The Dream of the Human Genome," *New York Review of Books*, May 28, 1992, pp. 31-40. (This is, incidentally, an engaging critical review of the justifications offered for the project to map all of the roughly 4 billion nucleotides in human DNA, and is at variance with the views of many prominent molecular biologists). Also ref. 21.

24. Donald R. Griffin, "Prospects for a Cognitive Ethology," *Behavioral and Brain Sciences* 1 (4) (December 1978), pp. 527-538.

25. Jane Goodall, *The Chimpanzees of Gombe: Patterns of Behavior* (Cambridge, MA: The Belknap Press of Harvard University Press, 1986); Goodall, *Through a Window: My*

Thirty Years with the Chimpanzees of Gombe (Boston: Houghton Mifflin, 1990); Toshisada Nishida and Mariko Hiraiwa-Hasegawa, "Chimpanzees and Bonobos: Cooperative Relationships among Males," Chapter 15 in Barbara B. Smuts, Dorothy L. Cheney, Robert M. Seyfarth, Richard W. Wrangham, and Thomas T. Struhsaker, editors, *Primate Societies* (Chicago: University of Chicago Press, 1986); Nishida, "Local Traditions and Cultural Transmission," Chapter 38 in Smuts *et al.*, eds, *op. cit.*; Nishida, editor, *The Chimpanzees of the Mahale Mountains: Sexual and Life History Strategies* (Tokyo: University of Tokyo Press, 1990); Frans de Waal, *Chimpanzee Politics: Power and Sex among Apes* (New York: Harper & Row, 1982); de Waal, *Peacemaking among Primates* (Cambridge, MA: Harvard University Press, 1989).

26. B. M. F. Galdikas, "Orangutan Reproduction in the Wild," in C. E. Graham, editor, *Reproductive Biology of the Great Apes* (New York: Academic Press, 1981), pp. 281-300.

27. Anne C. Zeller, "Communication by Sight and Smell," Chapter 35 of Barbara B. Smuts, Dorothy L. Cheney, Robert M. Seyfarth, Richard W. Wrangham, and Thomas T. Struhsaker, editors, *Primate Societies* (Chicago: University of Chicago Press, 1986), p. 438.

28. Jane Goodall, *The Chimpanzees of Gombe: Patterns of Behavior*, (Cambridge, MA: The Belknap Press of Harvard University Press, 1986), p. 368.

29. 说到复仇,以色列人在巴比伦流亡期间,在《诗篇》里提议去探望让他们沦为囚徒的巴比伦人的孩子,唯美的文笔透着恐怖:将要被灭的巴比伦城啊("城"原又作"女子"),报复你像你待我们的,那人便为有福。拿你的婴孩摔在磐石上的,那人便为有福。——《诗篇》137篇,第8、9节

30. Janis Carter, "A Journey to Freedom," *Smithsonian* 12 (April 1981), pp. 90-101.

31. Goodall, *The Chimpanzees of Gombe*, pp. 490, 491.

32. Thomas, *op. cit.* (ref. 8), p. 22.

33. Euripides, *The Trojan Women*, in *The Medea*, Gilbert Murray, translator (New York: Oxford University Press, 1906), p. 59.

第十六章

1. In Greg Whincup, editor and translator, *The Heart of Chinese Poetry* (New York: Anchor Press/Doubleday, 1987), p. 48.

2. The principal sources for unattributed details on chimpanzee life in Chapters 14, 15, and 16

are Goodall, Nishida, and de Waal: Jane Goodall, *The Chimpanzees of Gombe: Patterns of Behavior* (Cambridge, MA: The Belknap Press of Harvard University Press, 1986); Goodall, *Through a Window: My Thirty Years with the Chimpanzees of Gombe* (Boston: Houghton Mifflin, 1990); Toshisada Nishida and Mariko Hiraiwa-Hasegawa, "Chimpanzees and Bonobos: Cooperative Relationships among Males," Chapter 15 in Barbara B. Smuts, Dorothy L. Cheney, Robert M. Seyfarth, Richard W. Wrangham, and Thomas T. Struhsaker, editors, *Primate Societies* (Chicago: University of Chicago Press, 1986); Nishida, "Local Traditions and Cultural Transmission," Chapter 38 in Smuts *et al.*, eds., *op. cit.*; Nishida, editor, The *Chimpanzees of the Mahale Mountains: Sexual and Life History Strategies* (Tokyo: University of Tokyo Press, 1990); Frans de Waal, *Chimpanzee Politics: Power and Sex among Apes* (New York: Harper & Row, 1982); de Waal, *Peacemaking among Primates* (Cambridge, MA: Harvard University Press, 1989). Also other chapters of Smuts, *et al.*

3. Chapter Ⅲ, verse 1.

4. Frans de Waal, *Peacemaking among Primates* (Cambridge, MA: Harvard University Press, 1989), p. 49.

5. Frans de Waal, *Chimpanzee Politics: Power and Sex among Apes* (New York: Harper & Row, 1982), pp. 37, 38.

6. 以下是达尔文关于恋爱季节红屁股的观点：

　　"在我的《人类的后裔》中关于性选择的讨论中，我最感兴趣同时也最困惑的莫过于某些猴子的屁股和相邻部分变得色彩靓丽的现象。由于这些部分在一种性别中的颜色比在另一种性别里更鲜艳，且在恋爱季节会变得更加灿烂，我得出结论，这些颜色的获得与性吸引力有关。我知道大家都在嘲笑我。其实，猴子展示鲜红色的屁股和孔雀展示靓丽的尾巴并无二致。然而，当时我没有证据证明猴子在求爱期间展示了这一部位。反倒是鸟类提供了最好的证据，证明雄性用装饰品吸引或刺激雌性为其服务。来自德国哥达的乔·冯·费舍尔发现不仅山魈、鬼狒和另外三种狒狒，而且黑狒狒、恒河猴和狒猴——这些物种的尾端都有不同程度的鲜艳颜色——都会在高兴时把身体的这个部位对着他和其他人，这是它们问好的方式。他费了好大劲才成功让一只养了五年的恒河猴改掉这个不良习惯。每当有新老朋友到来，这些猴子总是一边把红屁股朝着它，一边龇牙咧嘴；相互展示后，就开始一起玩……

"成年动物的习惯在某种程度上与性感觉有关。冯·费舍尔透过玻璃门看着一只雌性黑杪椤,它几天来都喜欢转过身展示它红得发亮的背部,同时发出咕噜咕噜的声音——我以前从未在这种动物身上观察到这个现象。看到这一幕,雄性变得焦躁不安——他用力敲打笼子的栏杆,同样发出咕噜咕噜的声音(这句话是达尔文谨慎引用的德语原文,此处为翻译)。根据冯·费舍尔的说法,由于身体末端多少有些色彩的猴子都生活在开阔的山地,他认为这些颜色有助于个体看到远处的异性,但由于猴子是典型的群居动物,应当认为个体没有必要去吸引远处的异性。在我看来,更大可能性是,鲜艳的颜色无论是在脸上还是在屁股上,抑或像山魈那样脸上屁股上都有,都是一种性装饰和性吸引。"(Charles Darwin, "Supplemental Note on Sexual Selection in Relation to Monkeys," *Nature*, November 2, 1876, p. 18.)

7. R. M. Yerkes and J. H. Elder, "Oestrus, Receptivity and Mating in the Chimpanzee," *Comparative Psychology Monographs 13* (1936), pp. 1-39.

8. Helen Fisher, "Monogamy, Adultery, and Divorce in Cross-Species Perspective," in Michael H. Robinson and Lionel Tiger, editors, *Man and Beast Revisited* (Washington and London: Smithsonian Institution Press, 1991), p. 98.

9. de Waal, *Peacemaking among Primates*, p. 82.

10. Sarah Blaffer Hrdy, "The Primate Origins of Human Sexuality," in Robert Bellig and George Stevens, eds., *Nobel Conference XXIII: The Evolution of Sex* (San Francisco: Harper & Row, 1988), pp. 112 ff.

11. Kelly J. Stewart and Alexander H. Harcourt, "Gorillas: Variation in Female Relationships," Chapter 14 of Barbara B. Smuts, Dorothy L. Cheney, Robert M. Seyfarth, Richard W. Wrangham, and Thomas T. Struhsaker, editors, *Primate Societies* (Chicago: University of Chicago Press, 1986), p.163.

12. Work of Nicholas Davies in the U. K., described by Stephen Emlen, private communication, 1991.

13. Emily Martin, "The Egg and the Sperm: How Science Has Constructed a Romance Based on Stereotypical Male-Female Roles," *Signs: Journal of Women in Culture and Society* 16 (1999), pp. 485-501.

14. 不准确。因为决定精子细胞属性的是父亲的基因,而不是精子细胞本身携带的下一代DNA指令。无论如何,精子竞争对这些动物非常重要——尤其是灵长类动物——毕竟不止一个雄性会射精到雌性体内。

15. Goodall, *The Chimpanzees of Gombe*, p.366.

16. H［ippolyte］A. Taine, *History of English Literature*, translated by H. van Laun, second edition (Edinburgh: Edmonston and Douglas, 1872), Volume Ⅰ, p.340.

17. Jacqueline Goodchilds and Gail Zellman, "Sexual Signaling and Sexual Aggression in Adolescent Relationships," in *Pornography and Sexual Aggression*, Neil Malamuth and Edward Donnerstein, editors (New York: Academic Press, 1984).

18. Neil Malamuth, "Rape Proclivity among Males," *Journal of Social Issues* 37 (1981), pp. 138-157; Malamuth, "Aggression against Women: Cultural and Individual Causes," in Malamuth and Donnerstein, editors, *op. cit.*

19. 美国受害者中心和南卡罗来纳州医科大学的犯罪受害者研究和治疗中心在美国卫生与公众服务部的财政支持下开展了一次全面的调查。(David Johnston, "survey Shows Number of Rapes Far Higher than Official Figures," *New York Times*, April 24, 1992, p. A14.)

20. 束缚和强奸是英国、法国、德国、南美、日本和美国等国男性色情作品中的热门主题。日本色情电影里反复出现的主题是强奸高中女生(Paul Abramson and Haruo Hayashi, "Pornography in Japan," in Malamuth and Donnerstein, editors, *op. cit.*)。

21. Robert A. Prentky and Vernon L. Quinsey, *Human Sexual Aggression: Current Perspectives*, Volume 528 of the Annals of the New York Academy of Sciences (New York: New York Academy of Sciences, 1988); Howard E. Barbaree and William L. Marshall, "The Role of Male Sexual Arousal in Rape: Six Models," *Journal of Consulting and Clinical Psychology* 59 (1991), pp. 621-630; Gene Abel, J. Rouleau, and J. Cunningham-Rather, "Sexually Aggressive Behavior," in *Modern Legal Psychiatry and Psychology*, A. L. McGarry and S. A. Shah, editors (Philadelphia: Davis, 1985); Gene Abel, quoted in Faye Knopp, *Retraining Adult Sex Offenders. Methods and Models* (Syracuse, NY: Safer Society Press, 1984), p. 9.

22. E. g., Lee Ellis, "A Synthesized (Biosocial) Theory of Rape," *Journal of Consulting and Clinical Psychology* 59 (1991), pp. 631-642.

23. E. g., Susan Brownmiller, *Against Our Will: Men, Women and Rape* (New York: Simon & Schuster, 1975); Judith Lewis Herman, "Considering Sex Offenders: A Model of

Addiction," *Signs*: *Journal of Women in Culture and Society* 13(1988), pp: 695-724.

24. Lee Ellis, *Theories of Rape* (New York: Hemisphere, 1989).

25. Peggy Reeves Sanday, "The Socio-Cultural Context of Rape: A Cross-Cultural Study," *Journal of Social Issues* 37 (1981), pp. 5-27.

第十七章

1. (London and Edinburgh: Williams and Norgate, 1863), p. 105.

2. Sarah Blaffer Hrdy, "Raising Darwin's Consciousness: Females and Evolutionary Theory," in Robert Bellig and George Stevens, editors, *Nobel Conference XXIII The Evolution of Sex* (San Francisco: Harper & Row, 1988), p. 161.

3. John Paul Scott, "Agonistic Behavior of Primates: A Comparative Perspective," in Ralph L. Holloway, editor, *Primate Aggression, Territoriality, and Xenophobia: A Comparative Perspective* (New York: Academic Press, 1974), especially p. 427; Shirley C. Strum, *Almost Human: A Journey into the World of Baboons* (New York: Random House, 1987).

4. Dorothy L. Cheney, "Interactions and Relationships Between Groups," Chapter 22 in Barbara B. Smuts, Dorothy L. Cheney, Robert M. Seyfarth, Richard W. Wrangham, and Thomas T. Struhsaker, editors, *Primate Societies* (Chicago: University of Chicago Press, 1986), p. 281.

5. Solly Zuckerman, *The Social Life of Monkeys and Apes* (New York: Harcourt, Brace, 1932), pp. 49, 50.

6. Solly Zuckerman, *From Apes to Warlords* (New York: Harper & Row, 1978), p. 39.

7. *Ibid*, p. 12.

8. F. W. Fitzsimons, *The Natural History of South Africa*, Volume 1 *Mammals* (London: Longmans, Green, 1919), quoted in Zuckerman, *The Social Life of Monkeys and Apes*, p. 293.

9. Zuckerman, *From Apes to Warlords*, pp. 220, 219, and footnote, p. 220.

10. Zuckerman, *The Social Life of Monkeys and Apes*, pp. 228, 229.

11. *Ibid.*, p. 237.

12. Scott, *op. cit.*; H, Kummer, *Social Origin of Hamadryas Baboons* (Chicago: University of Chicago Press, 1968).

13. Zuckerman, *From Apes to Warlords*, p. 41.

14. *Ibid.*, p. 42.

15. Zuckerman, *The Social Life of Monkeys and Apes*, p. 148.

16. Hrdy, *op. cit.* (ref. 2), p.163.

17. Donna Robbins Leighton, "Gibbons: Territoriality and Monogamy," Chapter 12 in Smuts *et al.*, eds, *op. cit.*, pp.135-145.

18. Randall Susman, editor, *The Pygmy Chimpanzee: Evolutionary Biology and Behavior* (New York: Plenum, 1984).

19. Frans de Waal, *Peacemaking among Primates* (Cambridge, MA: Harvard University Press, 1989), p. 181.

20. Toshisada Nishida and Mariko Hiraiwa-Hasegawa, "Chimpanzees and Bonobos: Cooperative Relationships among Males," Chapter 15 in Smuts et al., *op. cit.*, p. 167.

21. Charles Darwin, *The Descent of Man and Selection in Relation to Sex* (New York: The Modern Library, n.d.) (originally published in 1871) pp. 396, 397. Both Pliny and Aelian wrote about wine-imbibing apes who could be captured when drunk.

22. Edward O. Wilson, *Sociobiology: The New Synthesis* (Cambridge, MA: The Belknap Press of Harvard University Press, 1975), p. 538.

23. Irenäus Eibl-Eibesfeldt, *The Biology of Peace and War: Men, Animals, and Aggression*, translated by Eric Mosbacher (New York: The Viking Press, 1979) (originally published in 1975 as *Krieg und Frieden* by R. Piper, München), p. 108.

24. Paul D. MacLean, "Special Award Lecture: New Findings on Brain Function and Sociosexual Behavior," Chapter 4 in Joseph Zubin and John Money, editors, *Contemporary Sexual Behavior: Critical Issues in the* 1970s (Baltimore: The Johns Hopkins University Press, 1973), p. 65.

25. Barbara B. Smuts, "Sexual Competition and Mate Choice," Chapter 31 in Barbara B. Smuts, Dorothy L. Cheney, Robert M. Seyfarth, Richard W. Wrangham, and Thomas T. Struhsaker, editors, *Primate Societies* (Chicago: University of Chicago Press, 1986), p. 392.

26. Sarah Blaffer Hrdy, "The Primate Origins of Human Sexuality," in Robert Bellig and George Stevens, editors, *Nobel Conference XXIII: The Evolution of Sex* (San Francisco: Harper & Row, 1988).

27. Alison F. Richard, "Malagasy Prosimians: Female Dominance," Chapter 3 in Smuts *et al.*, eds., *op. cit.*, p. 32. Reference for quotation within passage: A. Jolly, "The Puzzle of Female Feeding Priority," in M. Small, ed., *Female Primates: Studies by Women Primatologists* (New York: Alan R. Liss, 1984), p. 198.

28. Toshisada Nishida and Mariko Hiraiwa-Hasegawa, "Chimpanzees and Bonobos: Cooperative Relationships among Males," Chapter 15 in Smuts *et al.*, eds., *op. cit.*, p. 174.

29. Mireille Bertrand, Bibliotheca Primatologica, Number 11, *The Behavioral Repertoire of the Stumptail Macaque: A Descriptive and Comparative Study* (Basel: S. Karger, 1969), p. 191.

30. Frans de Waal, *Peacemaking among Primates* (Cambridge, MA: Harvard University Press, 1989), pp. 153, 154.

31. Frank E. Poirier, "Colobine Aggression: A Review," in Ralph L. Holloway, editor, *Primate Aggression, Territoriality, and Xenophobia: A Comparative Perspective* (New York and London: Academic Press, 1974), pp. 146-147, 130-131, 140-141.

32. Sherwood L. Washburn, "The Evolution of Human Behavior," in John D. Roslansky, editor, *The Uniqueness of Man* (Amsterdam: North-Holland, 1969), p. 170.

33. Robert M. Seyfarth, "Vocal Communication and Its Relation to Language," Chapter 36 in Smuts *et al.*, eds, *op cit.*, pp. 444, 450, 445.

34. P. D. MacClean, "New Findings on Brain Function and Socio-sexual Behavior," in *Contemporary Sexual Behavior*, Zubin and Money, eds., *op. cit.*

35. Solly Zuckerman, *The Social Life of Monkeys and Apes* (New York: Harcourt, Brace, 1932), p. 259.

36. Darwin, *op. cit.*, p. 449.

37. Zuckerman, *op. cit.*, p. 474.

38. Patricia L. Whitten, "Infants and Adult Males," Chapter 28 in Smuts *et al.*, eds, *op. cit.*, pp. 343, 344.

第十八章

1. Translated by John Dryden and revised by Arthur Hugh Clough (New York: The Modern Library, 1932), pp, 378, 379.

2. Work of Wendy Bailey and Morris Goodman; private communication from Morris Goodman,

1992. See also ref. 12.

3. Michael M. Miyamoto and Morris Goodman, "DNA Systematics and Evolution of Primates," *Annual Review of Ecology and Systematics* 21 (1990), pp. 197-220.

4. Marc Godinot and Mohamed Mahboubi, "Earliest Known Simian Primate Found in Algeria," *Nature* 357 (1992), pp. 324-326.

5. Leonard Krishtalka, Richard K. Stucky, and K. Christopher Beard, "The Earliest Fossil Evidence for Sexual Dimorphism in Primates," *Proceedings of the National Academy of Sciences of the United States of America* 87 (13) (July 1990), pp. 5223-5226.

6. 食虫动物("食虫者"是一种可能类似于灵长类动物祖先的小型哺乳动物)大脑体积的近9%与气味的分析有关。对于猿猴类动物,这个数字下降到1.8%;猴子约15%;类人猿约0.07%。人类则只有0.01%:我们大脑的一万分之一用于嗅觉(H. Stephan, R. Bauchot, and O. J. Andy, "Data on Size of the Brain and of Various Brain Parts in Insectivores and Primates, in *The Primate Brain*, C. Noback and W. Montagna, editors [New York: Appleton-Century-Crofts, 1970], pp. 289-297)。对于食虫动物,嗅觉是大脑工作的主要部分;而生活经验告诉人类,它不过是我们对世界感知中几乎微不足道的一部分。人能确实嗅到的空气中的丁酸,其浓度必须达到狗的嗅觉阈值的一千万倍;乙酸,2亿倍;己酸,1亿倍;而嗅到不参与性信号传导的乙基硫醇,则为两千倍(R. H. Wright, *The Sense of Smell* [London: George Allen & Unwin, 1964]; D. Michael Stoddart, *The Scented Ape: The Biology and Culture of Human Odour* [Cambridge: Cambridge University Press, 1990] Table 9.1, p. 235.)。

7. J. Terborgh, "The Social Systems of the New World Primates: An Adaptationist View," in J. G. Else and P. C. Lee, eds, *Primate Ecology and Conservation* (Cambridge: Cambridge University Press, 1986), pp. 199-211.

8. H. Sigg, "Differentiation of Female Positions in Hamadryas One-Male-Units," *Zeitschrift für Tierpsychologie* 53 (1980), pp. 265-302.

9. Connie M. Anderson, "Female Age: Male Preference and Reproductive Success in Primates," *International Journal of Primatology* 7 (1986), pp. 305-326.

10. Dorothy L. Cheney and Richard W. Wrangham, "Predation," Chapter 19 in Barbara B. Smuts, Dorothy L. Cheney, Robert M. Seyfarth, Richard W. Wrangham, and Thomas T. Struhsaker, editors, *Primate Societies* (Chicago: University of Chicago Press, 1986), pp.

227-239.

11. Susan Mineka, Richard Keir, and Veda Price, "Fear of Snakes in Wild- and Laboratory-reared Rhesus Monkeys (*Macaca mulatta*)," *Animal Learning and Behavior* 8 (4) (1980), pp. 653-663.

12. Wendy J. Bailey, Kenji Hayasaka, Christopher G. Skinner, Susanne Kehoe, Leang C. Sien, Jerry L. Slighton and Morris Goodman, "Re-examination of the African Hominoid Trichotomy with Additional Sequences from the Primate β-Globin Gene Cluster," *Molecular Phylogenetics and Evolution*, in press, 1993. See also, C. G. Sibley, J. A. Comstock and J. E. Ahlquist, "DNA Hybridization Evidence of Hominid Phylogeny: a Reanalysis of the Data," *Journal of Molecular Evolution* 30 (1990), pp. 202-236.

13. Toshisada Nishida, "Local Traditions and Cultural Transmission," Chapter 38 in Smuts *et al.*, eds., *op. cit.*, pp. 467, 468. One of the original discussions is by S. Kawamura, "The Process of Subculture Propagation Among Japanese Macaques," *Journal of Primatology* 2 (1959), pp. 43-60. See also Kawamura, "Subcultural Propagation Among Japanese Macaques," in *Primate Social Behavior*, C. A. Southwick, ed. (New York: van Nostrand, 1963); and A. Tsumori, "Newly Acquired Behavior and Social Interaction of Japanese Monkeys," in *Social Communication Among Primates*, S. Altman, ed. (Chicago: University of Chicago Press, 1982.)

14. Masao Kawai, "On the Newly-Acquired Pre-Cultural Behavior of the Natural Troop of Japanese Monkeys on Koshima Islet," *Primates* 6 (1965), pp. 1-30.

15. 这些发现诞生了一个被广泛接受但完全未经证实的神话,有时也被称为第一百只猴子现象(Lyall Watson, *Lifetide* [New York: Simon and Schuster, 1979]; Ken Keyes, Jr., *The Hundredth Monkey* [Coos Bay, OR: Vision, 1982])。据说,清洗马铃薯技术在猕猴群落中缓慢传播,直到达到临界阈值;第一百只猴子一学会这种技术,这种知识就被所有人"一夜之间"所掌握——一种超自然的集体意识。人类社会由此吸取了各种启发性的经验。不幸的是,根本没有证据支持这种令人心动的说法(Ron Amundson, "The Hundredth Monkey Phenomenon," in *The Hundredth Monkey and Other Paradigms of the Paranormal*, Kendrick Frazier, editor [Buffalo, N.Y.: Prometheus, 1991], pp. 171-181),这种说法应该是凭空捏造的吧。

16. 开创性的物理学家马克斯·普朗克在遇到对他的新量子理论的巨大阻力后说,无论怎么解释,物理学家都需要一代人的时间才能接受一种全新的思想。

17. William Coffmann McDermott, *The Ape in Antiquity* (Baltimore: Johns Hopkins Press, 1938).

18. Julian Huxley, *The Uniqueness of Man* (London: Chatto and Windus, 1943), p. 3.

19. B. T. Gardner and R. A. Gardner, "Comparing the Early Utterances of Child and Chimpanzee," in A. Pick, editor, *Minnesota Symposium in Child Psychology* (Minneapolis, MN: University of Minnesota Press, 1974), volume 8, pp. 3-23.

20. H. S. Terrace, L. A. Pettito, R. J. Sanders, and T. G. Bever, "Can an Ape Create a Sentence?" *Science* 206 (1979), pp. 891-902; C. A. Ristau and D. Robbins, "Cognitive Aspects of Ape Language Experiments," in D. R. Griffin, editor, *Animal Mind-Human Mind* (Report of the Dahlem Workshop on Animal Mind-Human Mind, Berlin, March 22 - 27, 1981) (Berlin: Springer-Verlag, 1982), p. 317.

21. Herbert S. Terrace, *Nim* (New York: Knopf, 1979); H. S. Terrace, L. A. Pettito, R. J. Sanders, and T. G. Bever, "Can an Ape Create a Sentence?" *Science* 206 (1979), pp.891- 902; Robert M. Seyfarth, "Vocal Communication and Its Relation to Language," Chapter 36 in Smuts *et al.*, eds., *op. cit.*

22. Roger S. Fouts, Deborah H. Fouts, and Thomas E. Van Cantfort, "The Infant Loulis Learns Signs from Cross-fostered Chimpanzees," in R. A. Gardner, B. T. Gardner, and T. E. Van Cantfort, eds., *Teaching Sign Language to Chimpanzees* (New York: State University of New York Press, 1989).

23. *The Great Ideas: A Syntopicon of Great Books of the Western World*, Volume Ⅱ, Mortimer J. Adler, editor in chief, William Gorman, general editor, Volume 3 of *Great Books of the Western World*, Robert Maynard Hutchins, editor in chief (Chicago: William Benton/ Encyclopaedia Britannica, 1952, 1977), Introduction to Chapter 51, "Man."

24. E. S. Savage-Rumbaugh, D. M. Savage-Rumbaugh, S. T. Smith, and J. Lawson, "Reference—the Linguistic Essential," *Science* 210 (1980), pp. 922-925.

25. Patricia Marks Greenfield and E. Sue Savage-Rumbaugh, "Grammatical Combination in *Pan paniscus*: Processes of Learning and Invention in the Evolution and Development of Language," in *"Language" and Intelligence in Monkeys and Apes*, Sue Taylor Parker and Kathleen Gibson, editors (Cambridge: Cambridge University Press, 1990); *idem*,

"Imitation, Grammatical Development, and the Invention of Protogrammar by an Ape," in *Biological and Behavioral Determinants of Language Development*, Norman Krasnegor, D. M. Rumbaugh, R. L. Schiefelbusch and M. Studdert-Kennedy, editors (Hillsdale, NJ: Erlbaum, 1991).

26. These experiments by Sue Savage-Rumbaugh and Duane Rumbaugh are briefly described in D. S. Rumbaugh, "Comparative Psychology and the Great Apes: Their Competence in Learning, Language and Numbers," *The Psychological Record* 40 (1990), pp. 15-39. A detailed description is in E. Sue Savage-Rumbaugh, Jeannine Murphy, Rose Sevcik, S. Williams, K. Brakke, and Duane M. Rumbaugh, "Language Comprehension in Ape and Child," *Monographs of the Society for Research in Child Development*, in press, 1993.

27. D. M. Rumbaugh, W. D. Hopkins, D. A. Washburn, and E. Sue Savage-Rumbaugh, "Comparative Perspectives of Brain, Cognition and Language," In N. A. Krasnegor, *et al.*, editors, *op. cit.* (ref. 22).

28. David Premack, *Intelligence in Ape and Man* (Hillsdale, NJ: Erlbaum, 1976).

29. D. J. Gillan, D. Premack, and G. Woodruff, "Reasoning in the Chimpanzee: I. Analogical Reasoning," *Journal of Experimental Psychology and Animal Behavior* 7 (1981), pp. 1-17; D. J. Gillan, "Reasoning in the Chimpanzee: II. Transitive Inference," *ibid.*, pp. 150-164.

30. David Premack and G. Woodruff, "Chimpanzee Problem-solving: A Test for Comprehension," *Science* 202 (1978), pp. 532-535; Premack and Woodruff, "Does the Chimpanzee Have a Theory of Mind?" *Behavior and Brain Sciences* 4 (1978), pp. 515-526.

31. An early, although limited attempt: Duane M. Rumbaugh, Timothy V. Gill and E. C. von Glasersfeld, "Reading and Sentence Completion by a Chimpanzee (Pan)," *Science* 182 (1973), pp. 731-733; James L. Pate and Duane M. Rumbaugh, "The Language-Like Behavior of Lana Chimpanzee," *Animal Learning and Behavior* 11 (1983), pp. 134-138.

32. This quotation and the basis for its supporting paragraph is from Derek Bickerton's stimulating *Language and Species* (Chicago: University of Chicago Press, 1990).

33. E. Sue Savage-Rumbaugh *et al.*, *op. cit.* (Note 24).

34. Eugene Linden, *Silent Partners: The Legacy of the Ape Language Experiments* (New York: Times Books, 1986), pp. 144, 145.

35. Jane Goodall, *Through a Window* (Boston：Houghton Mifflin, 1990), p. 13.

36. Linden, *op. cit.*, pp. 79, 81.

37. Janis Carter, "Survival Training for Chimps：Freed from Keepers and Cages, Chimps Come of Age on Baboon Island," *The Smithsonian* 19 (1) (June 1988), pp. 36-49.

38. 地球上现存的黑猩猩总数约为五万只,严重濒临灭绝。

39. Ⅱ, 17, translated by Maxwell Staniforth (Harmondsworth, UK：Penguin Books, 1964); in Michael Grant, editor, *Greek Literature：An Anthology* (Harmondsworth, UK：Penguin Books, 1977) (first published in Pelican Books as *Greek Literature in Translation*, 1973), p. 427.

第十九章

1. Quoted in Gavin Rylands de Beer, editor, "Darwin's Notebooks on Transmutation of Species, Part Ⅳ：Fourth Notebook (October 1838-10 July 1839)," *Bulletin of the British Museum* (*Natural History*), *Historical Series* (London) 2 (5) (1960), pp. 151-183; quotation (from notebook entry 47) appears on p. 163.

2. Frank Roper, *The Missing Link：Consul the Remarkable Chimpanzee* (Manchester：Abel Heywood, 1904). A now-extinct primate of some 30 million years ago, perhaps ancestral to both apes and humans, has been named Proconsul, in honor of the Victorian sophisticate.

3. Mortimer J. Adler, *The Difference of Man and the Difference It Makes* (New York：Holt, Rinehart and Winston, 1967), p. 84.

4. Theodosius Dobzhansky, *Mankind Evolving* (New Haven：Yale University Press, 1962), p. 339.

5. George Gaylord Simpson, *The Meaning of Evolution* (New Haven：Yale University Press, 1949), p. 284.

6. Adler, *op. cit.*, p. 136.

7. 该答案最初是达尔文的朋友——植物学家和进化生物学家阿萨·格雷在耶鲁神学院的演讲中提出(*Natural Science and Religion*, New York：Scribner's, 1880)。

8. *Metaphysics, Materialism and the Evolution of Mind：Early Writings of Charles Darwin*, transcribed and annotated by Paul H. Barrett, commentary by Howard E. Gruber (Chicago：University of Chicago Press, 1974), p. 187.

9. Especially in *The Descent of Man*.

10. Adam Smith, *An Inquiry into the Nature and Causes of the Wealth of Nations*, Edwin Cannan, editor (New York: Modern Library/Random House, 1937), Chapter Ⅱ, "Of the Principle Which Gives Occasion to the Division of Labour," p. 13.

11. Keith Thomas, *Man and the Natural World: A History of the Modern Sensibility* (New York: Pantheon, 1983), p. 31.

12. Frans de Waal, *Peacemaking Among Primates* (Cambridge, MA: Harvard University Press, 1989), p. 82.

13. Smith, *op. cit.*, p. 14.

14. Tacitus, *The Histories*, translated by Alfred John Church and William Jackson Brodribb, in Volume 15 of *Great Books of the Western World*, Robert Maynard Hutchins, editor in chief (Chicago: William Benton/Encyclopaedia Britannica, 1952, 1977), Book Ⅳ, 13, 17, pp. 269, 271.

15. 人类与其他动物另一个所谓的区别是身体形态:"我相信人是唯——种在脸部中间有明显突起的动物",这是 18 世纪美学家乌韦代尔·普莱斯的观点(Quoted in Keith Thomas, *op. cit.*, p. 32)。就算他对貘和长鼻猴一无所知,但他连大象也不知道吗?

16. Thomas Aquinas, *Summa Theologica*, Volume Ⅰ, translated by Fathers of the English Dominican Province, revised by Daniel J. Sullivan, Volume 19 of *Great Books of the Western World* (Chicago: Encyclopaedia Britannica, 1952), Second Part, Part Ⅰ, Ⅰ. "Treatise on the Last End," Question Ⅰ, "On Man's Last End" (p. 610); Part Ⅰ, Ⅱ. "Treatise on Human Acts," Question ⅩⅢ, "Of Choice" (pp. 673, 674); and Question ⅩⅦ, "Of the Acts Commanded by the Will" (p. 688).

17. Jakob von Uexküll, "A Stroll Through the Worlds of Animals and Men: A Picture Book of Invisible Worlds" (1934), Part Ⅰ of Claire H. Schiller, translator and editor, *Instinctive Behavior: The Development of a Modern Concept* (New York: International Universities Press, 1957), p. 42.

18. John Dewey, *Reconstruction in Philosophy* (New York: Henry Holt, 1920), p. 1.

19. Hugh Morris, *The Art of Kissing* (1946), forty-seven pages; no publisher is given in this demure little pamphlet.

20. Desmond Morris, "*The Naked Ape* (New York: Dell, 1984) (originally published in 1967 by McGraw Hill; revised edition published in 1983), p. 62.

21. Donald Symons, *The Evolution of Human Sexuality* (New York: Oxford University Press, 1979), pp. 78, 79.

22. Gerritt S. Miller, "Some Elements of Sexual Behavior in Primates, and Their Possible Influence on the Beginnings of Human Social Development," *Journal of Mammalogy* 9 (1928), pp. 273-293.

23. Gordon D. Jensen, "Human Sexual Behavior in Primate Perspective," Chapter 2 in Joseph Zubin and John Money, editors, *Contemporary Sexual Behavior: Critical Issues in the* 1970s (Baltimore: The Johns Hopkins University Press, 1973), p. 20.

24. Cf *ibid.*, p. 22.

25. For example, K. Imanishi, "The Origin of the Human Family: A Primatological Approach," *Japanese Journal of Ethnology* 25 (1961), pp. 110-130 (in Japanese); discussed in Toshisada Nishida, editor, *The Chimpanzees of the Mahale Mountains: Sexual and Life History Strategies* (Tokyo: University of Tokyo Press, 1990), p. 10.

26. By the philosopher Johan Huizinga, *Homo Ludens* (Boston: Beacon, 1955).

27. Epictetus, *The Discourses of Epictetus*, translated by George Long, pp. 105-252 of Volume 12, *Great Books of the Western World* (Chicago: Encyclopaedia Britannica, 1952), Book Ⅳ, Chapter 11, "About Purity," pp. 240, 241. (In Book Ⅲ, Chapter 7, Epictetus proposes another "unique" quality: shame and blushing.)

28. E. g., Jane Goodall, *Through a Window: My Thirty Years with the Chimpanzees of Gombe* (Boston: Houghton-Mifflin, 1990).

29. Plato, *The Dialogues of Plato*, translated by Benjamin Jowett (in Volume 7 of *Great Books of the Western World*), *Laws*, Book Ⅶ, p. 715.

30. Goodall, *op. cit.*

31. Charles Darwin, *The Descent of Man and Selection in Relation to Sex* (New York: The Modern Library, n.d.) (originally published in 1871) p. 449.

32. Leo K. Bustad, "Man and Beast Interface: An Overview of Our Interrelationships," in Michael H. Robinson and Lionel Tiger, editors, *Man and Beast Revisited* (Washington and London: Smithsonian Institution Press, 1991), p. 250.

33. Toshisada Nishida, "Local Traditions and Cultural Transmission," Chapter 38 of Barbara B. Smuts, Dorothy L. Cheney, Robert M. Seyfarth, Richard W. Wrangham, and Thomas T.

Struhsaker, editors, *Primate Societies* (Chicago: University of Chicago Press, 1986), p. 473.

34. Martin Daly and Margo Wilson, *Homicide* (New York: Aldine de Gruyter, 1988), p. 187.

35. Owen Chadwick, *The Secularization of the European Mind in the 19th Century* (Cambridge: Cambridge University Press, 1975), p. 269.

36. Solly Zuckerman. *The Social Life of Monkeys and Apes* (New York: Harcourt, Brace, 1932), p. 313.

37. Leslie A. White, "Human Culture," *Encyclopaedia Britannica*, *Macropaedia* (1978), Volume 8, p. 1152.

38. Toshisada Nishida, "A Quarter Century of Research in the Mahale Mountains: An Overview," Chapter 1 of Nishida, editor, *The Chimpanzees of the Mahale Mountains*, p. 34.

39. Henri Bergson, *The Two Sources of Morality and Religion* (New York: Holt, 1935).

40. Nishida, *op. cit.* (Note 38), p. 24. Chimpanzee folk medicine seems to have been independently rediscovered by other primatologists (Ann Gibbons, "Plants of the Apes," *Science* 255 [1992], p. 921) Among pre-industrial humans, most plants are used for something. The botanist Gillian Prance and his colleagues found (private communication, 1992) that 95 percent of the rainforest trees accessible to a group of Bolivian indigenous peoples are employed—for example, the sap of a tree in the nutmeg family as a potent fungicide.

41. E. g., Raymond Firth, *Elements of Social Organisation* (London: Watts and Co., 1951), pp. 183, 184; D. Michael Stoddart, *The Scented Ape: The Biology and Culture of Human Odour* (Cambridge: Cambridge University Press, 1990), p. 126.

42. Napoleon A. Chagnon, *Yanomamo: The Fierce People* (New York: Holt, Rinehart, Winston, 1968), p. 65.

43. Desmond Morris, *The Biology of Art* (London: Methuen, 1962); R. A. Gardner and B. T. Gardner, "Comparative Psychology and Language Acquisition," in K. Salzinger and F. E. Denmarks, editors, *Psychology: The State of the Art* (New York: Annals of New York Academy of Sciences, 1978), pp. 37-76; K. Beach, R. S. Fouts, and D. H. Fouts, "Representational Art in Chimpanzees," *Friends of Washoe*, 3: 2-4, 4: 1-4. Oil paintings by a chimp named Congo, which today hang in several private collections, exhibit a gaudy

abstract expressionism and are considered the best of the chimp *oeuvres*.

44. 例如,鸟认出新的捕食者(甚至是牛奶瓶)并展开攻击,在四代之前该捕食者吓坏了鸟的祖先。说到牛奶瓶,在一只蓝色山雀刺穿了留在门口的牛奶瓶的金属箔帽并喝了奶油后不久,据说整个英格兰的蓝山雀都开始喝奶油了(John Tyler Bonner, *The Evolution of Culture in Animals*, Princeton, NJ: Princeton University Press, 1980)。没有人知道这只极富探索精神的鸟的大名,它应该不是通过模仿学会的。一个已经打开的牛奶瓶,附近有一只快乐的鸟,这两个因素可能足以让一只天真的鸟行动起来(D. F. Sherry and B. G. Galef, Jr., "Social Learning Without Imitation: More About Milk Bottle Opening by Birds," Animal Behaviour 40, 1990, pp. 987-989.)。

45. Zùckerman, *op. cit.*, pp. 315, 316.

46. Nishida, "A Quarter Century of Research," p. 12.

47. 那么,当时灵魂能提供意识吗? 一个负责在整个地质时间范围内将灵魂一个一个地精确地注入这个巨大的小生物群的神灵必定是个非常挑剔且非常低效的创造者。为什么不从一开始就设计它,让生命自己来运行呢? 掌管着那微妙、优雅和普适的物理定律的上帝是否会在生物学中当个如此草率且错误百出的熟练工——当生物体已经完全知道如何复制自己和大量信息时,还需要上帝亲自关注每一个可怜的小小微生物吗? 相反,上帝所要做的就是将灵魂需要知道的任何信息直接编码到少数祖先的DNA中。这样灵魂和意识可以自行代代相传,让上帝有时间和精力处理其他更重要的事务。如果DNA中的信息是通过耐心的进化过程而来,为什么还需要上帝来解释数据、基因或灵魂的注入呢?

48. A. I. Hallowell, "Culture, Personality and Society," in *Anthropology Today*, A. L. Kroeber, editor (Chicago: University of Chicago Press, 1953), pp. 597-620; Hallowell, "Self, Society and Culture in Phylogenetic Perspective," in *Evolution After Darwin*, Volume 2, S. Tax, editor (Chicago: University of Chicago Press, 1960), pp. 309-371. The contention that only humans are self-aware can be found in many philosophical and scientific disquisitions, e. g, Karl R. Popper and John C. Eccles, *The Self and Its Brain* (New York: Springer, 1977).

49. G. G. Gallup, Jr, "Self-Recognition in Primates: A Comparative Approach to the Bidirectional Properties of Consciousness," *American Psychologist* 32 (1977), pp. 329-338.

50. 从13世纪开始,猿类喜欢欣赏镜中的自己是中世纪欧洲常见的文学和肖像主题。

51. Montaigne, *The Essays of Michel Eyquem de Montaigne*, Book Ⅱ, Essay ⅩⅡ, "Apology for Raimond de Sebonde," translated by Charles Cotton, edited by W. Carew Hazlitt, Volume 25 of *Great Books of the Western World* (Chicago: Encyclopaedia Britannica, 1952), p. 227. In a nearby passage, Montaigne quotes the Roman epigramist Juvenal: "What stronger lion ever took the life from a weaker?" But, as we've mentioned, lions routinely kill all the cubs on taking over a pride. This saves the male the trouble of caring for young not his, and helps bring the females back into heat.

52. E. g., R. L. Trivers, *Social Evolution* (Menlo Park, CA: Benjamin/Cummings, 1985), especially the chapter "Deceit and Self-Deception"; Joan Lockard and Delroy Paulhus, editors, *Self-Deception: An Adaptive Mechanism?* (Englewood Cliffs, NJ: Prentice-Hall, 1989).

53. C. G. Beer, "Study of Vertebrate Communication—Its Cognitive Implications," in *D. R. Griffin, editor, Animal Mind-Human Mind* (Report of the Dahlem Workshop on Animal Mind-Human Mind, Berlin, March 22-27, 1981) (Berlin: Springer-Verlag, 1982), p. 264; E. W. Menzel, "A Group of Young Chimpanzees in a One-acre Field," in A. M. Schrier and F. Stollnitz, editors, *Behavior of Nonhuman Primates* (New York: Academic Press, 1974).

54. Stuart Hampshire, *Thought and Action* (London: Chatto and Windus, 1959).

55. T. H Huxley, *Evidence as to Man's Place in Nature* (London: Williams and Norgate, 1863), p. 132.

56. Letter of February 5, 1649, in Mortimer J. Adler and Charles Van Doren, *Great Treasury of Western Thought: A Compendium of Important Statements on Man and His Institutions by the Great Thinkers in Western History* (New York and London: R. R. Bowker Company, 1977), p. 12.

57. See, for example, Eugene Linden, *Silent Partners: The Legacy of the Ape Language Experiments* (New York: Times Books, 1986); Roger Fouts, "Capacities for Language in the Great Apes," in *Proceedings, Ninth International Congress of Anthropological and Ethnological Sciences* (The Hague: Mouton, 1973).

58. For example, "Man is the only animal... that can use symbols" (Max Black, *The Labyrinth of Language* [New York: Praeger, 1968]); "Animals cannot have language... If they had

it, they would… no longer be animals. They would be human beings" (K. Goldstein, "The Nature of Language," in *Language*: *An Enquiry into Its Meaning and Function* [New York: Harper, 1957]); "There seems to be no substance to the view that human language is simply a more complex instance of something to be found else-where in the animal world" (Noam Chomsky, *Language and Mind* [New York: Harcourt Brace Jovanovich, 1972]). These examples are taken from Donald R. Griffin's *The Question of Animal Awareness*, revised edition (New York: Rockefeller University Press, 1981). Only occasionally is a contrary note sounded (e.g., A. I. Hallowell, *Philosophical Theology*, Vol. 2 [Cambridge: Cambridge University Press, 1937], p. 94)

59. Derek Bickerton, *Language and Species* (Chicago: University of Chicago Press, 1990), especially pp. 8, 15-16.

60. Bickerton, *op. cit.*, proposes that the early speech of children is a "protolanguage" fundamentally different from fully developed human languages, that this protolanguage may be accessible to apes, and that it was used by our ancestors in the transition from apes to humans.

第二十章

1. New York: Doubleday, 1958, p. 345.

2. 在野外,偶尔会有雌性黑猩猩在任何情况下都拒绝雄性,也因此付出巨大的代价。她们当然就不会生孩子。她们会注意到这里面的相关性么？偶尔,会不会有一只黑猩猩思考性与婴儿之间可能存在某种联系？我们如何肯定就没有黑猩猩这么想过呢？

3. Bolingbroke (1809), quoted in Arthur O. Lovejoy, *The Great Chain of Being*: *A Study of the History of an Idea* (Cambridge: Harvard University Press, 1953), p. 196.

4. Ambrose Bierce, "Reverence," in *The Enlarged Devil's Dictionary*, Ernest Jerome Hopkins, editor (Garden City, NY: Doubleday, 1967), p. 247.

5. Walt Whitman, *Leaves of Grass*, Harold W. Blodgett and Sculley Bradley, editors (New York: New York University Press, 1965), "Song of Myself," stanza 32, lines 684-691, p. 60.

6. The Essays of Michel Eyquem de Montaigne, translated by Charles Cotton, edited by W. Carew Hazlitt, Volume 25 of *Great Books of the Western World*, Robert Maynard Hutchins, editor in chief (Chicago: William Benton/Encyclopaedia Britannica, 1952, 1977), Book

Ⅲ, Essay Ⅰ, "Of Profit and Honesty," p. 381.

7. C. Boesch and H. Boesch, "Possible Causes of Sex Differences in the Use of Natural Hammers by Wild Chimpanzees," *Journal of Human Evolution* 13 (1984), pp. 415- 440, and references given there.

8. See, e.g., John Alcock, "The Evolution of the Use of Tools by Feeding Animals," *Evolution* 26(1972), pp. 464- 473; K. R. L. Hall and G. B. Schaller, "Tool-using Behavior of the Californian Sea Otter," *Journal of Mammalogy* 45 (1964), pp. 287- 298; A. H. Chisholm, "The Use by Birds of 'Tools' or 'Instruments,'" *Ibis* 96 (1954), pp. 380- 383; J. van Lawick-Goodall and H. van Lawick, "Use of Tools by Egyptian Vultures," *Nature* 12 (1966), pp. 1468-1469.

9. Anthony J. Podlecki, *The Political Background of Aeschylean Tragedy* (Ann Arbor: University of Michigan Press, 1966), pp. 1, 7, 155.

10. Mortimer J. Adler, *The Difference of Man and the Difference It Makes* (New York: Holt, Rinehart, Winston, 1967), p. 121.

11. Geza Teleki, "Chimpanzee Subsistence Technology: Materials and Skills," *Journal of Human Evolution* 3 (6) (November 1974), pp. 575-594; our quotes are from pp. 585-588 and p. 593.

12. Michael Tomasello, "Cultural Transmission in the Tool Use and Communicatory Signalling of Chimpanzees?"in *"Language" and Intelligence in Monkeys and Apes*, Sue Taylor Parker and Kathleen Gibson, editors (Cambridge: Cambridge University Press, 1990).

13. Teleki, *op. cit.*

14. C. Jones and J. Sabater Pi, "Sticks Used by Chimpanzees in Rio Muni, West Africa," *Nature* 223 (1969), pp. 100-101; Y. Sugiyama, "The Brush-stick of Chimpanzees Found in Southwest Cameroon and Their Cultural Characteristics," *Primates* 26 (1985), pp, 361-374; W. McGrew and M. Rogers, "Chimpanzees, Tools and Termites: New Record from Gabon," *American Journal of Primatology* 5 (1983), pp. 171-174.

15. Teleki, *op. cit.*

16. E. g., Kenneth P. Oakley, *Man the Tool-Maker* (Chicago: University of Chicago Press, 1964).

17. E. Sue Savage-Rumbaugh, Jeannine Murphy, Rose Sevcik, S. Williams, K. Brakke and

Duane M. Rumbaugh, "Language Comprehension in Ape and Child," *Monographs of the Society for Research in Child Development*, in press, 1993; Duane M. Rumbaugh, private communication, 1992.

18. Susan Essock-Vitale and Robert M. Seyfarth, "Intelligence and Social Cognition," Chapter 37 of Barbara B. Smuts, Dorothy L. Cheney, Robert M. Seyfarth, Richard W. Wrangham, and Thomas T. Struhsaker, editors, *Primate Societies* (Chicago: University of Chicago Press, 1986), pp. 456, 457; Wolfgang Kohler, *The Mentality of Apes*, second edition (New York: Viking, 1959) (originally published in 1925), p. 38.

19. Richard Wrangham, quoted by Ann Gibbons, "Chimps: More Diverse than a Barrel of Monkeys," *Science* 255 (1992), pp. 287, 288.

20. H. J. Jerison, *Evolution of the Brain and Intelligence* (New York: Academic Press, 1973); Carl Sagan, *The Dragons of Eden: Speculations on the Evolution of Human Intelligence* (New York: Random House, 1977), Chapter 2; William S. Cleveland, *The Elements of Graphing Data* (Monterey, CA: Wadsworth, 1985). Cleveland notes that "Happily, modern man is at the top."

21. R. E. Passingham, "Changes in the Size and Organization of the Brain in Man and His Ancestors," *Brain and Behavioral Evolution* 11 (1980), pp. 73-90.

22. *Ibid.*

23. E. g., Sagan, *op. cit.* (note 20).

24. Gordon Thomas Frost, "Tool Behavior and the Origins of Laterality," *Journal of Human Evolution* 9 (1980), pp. 447- 459.

25. E. g., Mortimer J. Adler, *op. cit.* (note 10), p. 120.

26. F. Nottebohm, "Neural Asymmetries in the Vocal Control of the Canary," in *Lateralization in the Nervous System*, S. R. Harnad and R. W. Doty, editors (New York: Academic, 1977).

27. E. g., W. D. Hopkins and R. D. Morris, "Laterality for Visual-Spatial Processing in Two Language-Trained Chimpanzees," *Behavioral Neuroscience* 103 (1989), pp. 227-234.

28. Thomas Henry Huxley, *Evidence as to Man's Place in Nature* (London and Edinburgh: Williams and Norgate, 1863), pp. 109, 110.

29. Aristotle, *Ethica Nicomachea*, in Volume IX of *The Works of Aristotle*, translated into

English under the editorship of W. D. Ross（Oxford：Clarendon Press，1925），Book Ⅹ，
"Pleasure；Happiness，" 7，1178ᵃ5.

30. Mark Twain，*Letters from the Earth*，Bernard DeVoto，editor（New York and Evanston：
Harper & Row，1962），"The Damned Human Race，" Ⅴ，"The Lowest Animal，" p. 227.

31. E. g.，Carl Sagan and Richard Turco，*A Path Where No Man Thought：Nuclear Winter and
the End of the Arms Race*（New York：Random House，1990）.

32. Henry D. Thoreau，*Walden*，edited by J. Lyndon Shanley（Princeton，NJ：Princeton
University Press，1971），"Higher Laws，" p. 219.

33. Plato，*The Republic*，translated by Benjamin Jowett（New York：The Modern Library，
1941），Ⅸ，571，p. 330.

34. J. Hughlings Jackson，*Evolution and Dissolution of the Nervous System*（London：John Bale，
1888），p. 38.

35. Paul D. MacLean，*The Triune Brain in Evolution：Role in Paleocerebral Functions*（New
York and London：Plenum Press，1990）.

36. Romans 7：18（King James translation）.

37. 据我们所知,尚未有人以睾丸激素作为辩护理由。

38. *Buddhist Scriptures*，Edward Conze，editor（Harmondsworth，UK：Penguin，1959），p.
112；*The Saundarananda of Ashvaghosha*，E. H. Johnston，editor and translator（Delhi：
Motilal Banarsidass，1928，1975），Canto ⅩⅤ，"Emptying the Mind，" p. 86 of English
translation，verse 53.

第二十一章

1. Attributed to Empedocles by Hippolytus，in *Refutation of All Heresies*，Ⅰ，iii，2，in
Jonathan Barnes，editor，*Early Greek Philosophy*（Harmondsworth，Middlesex，England：
Penguin Books，1987），p. 196.

后　记

1. Thomas Aquinas，*Summa Theologica*，Volume Ⅰ of *Basic Writings of Saint Thomas Aquinas*，
translated by Father Laurence Shapcote，edited and translation revised by Anton C. Pegis
（New York：Random House，1945），Part Ⅰ，Ⅷ，"The Divine Government，" Question
103，Article 2，p. 952.

图书在版编目（CIP）数据

被遗忘祖先的影子／（美）卡尔·萨根
（Carl Sagan），（美）安·德鲁扬（Ann Druyan）著；
余凌译. -- 重庆：重庆大学出版社，2023.1
书名原文：Shadows of Forgotten Ancestors：A
Search for Who We Are
ISBN 978-7-5689-3706-1

Ⅰ.①被… Ⅱ.①卡… ②安… ③余 Ⅲ.①人类起
源—普及读物 Ⅳ.①Q981.1-49

中国版本图书馆 CIP 数据核字（2022）第 255029 号

被遗忘祖先的影子
BEI YIWANG ZUXIAN DE YINGZI

［美］卡尔·萨根（Carl Sagan） 著
［美］安·德鲁扬（Ann Druyan）
余 凌 译

策划编辑：王 斌
责任编辑：赵艳君 版式设计：赵艳君
责任校对：邹 忌 责任印制：赵 晟
*
重庆大学出版社出版发行
出版人：饶帮华
社址：重庆市沙坪坝区大学城西路 21 号
邮编：401331
电话：（023）88617190 88617185（中小学）
传真：（023）88617186 88617166
网址：http://www.cqup.com.cn
邮箱：fxk@cqup.com.cn（营销中心）
全国新华书店经销
印刷：重庆市正前方彩色印刷有限公司
*
开本：720mm×1020mm 1/16 印张：26 字数：400 千
2023 年 2 月第 1 版 2023 年 2 月第 1 次印刷
ISBN 978-7-5689-3706-1 定价：78.00 元